新世纪土木工程专业系列教材

工程结构抗震与防灾

(第2版)

李爱群　高振世　张志强　主编

东南大学出版社

内容提要

本书根据土木工程本科教学要求，并结合《建筑抗震设计规范》(GB 50011—2010)等国家新规范进行编写。

本书以结构抗震为主，同时介绍了结构抗风和抗火等方面的内容。主要内容包括：结构抗震基本知识、结构抗震概念设计、结构抗震计算、混凝土结构房屋抗震设计、砌体结构房屋抗震设计、钢结构房屋抗震设计、结构隔震和消能减震设计、桥梁结构抗震设计、结构抗风计算与设计、结构抗火计算与设计等。

本书可用作土木工程专业本科教材或教学参考书，也可供研究生和有关技术人员参考使用。

图书在版编目(CIP)数据

工程结构抗震与防灾/李爱群，高振世，张志强主编．—2版．—南京：东南大学出版社，2012.8(2021.12重印)
(新世纪土木工程专业系列教材)
ISBN 978-7-5641-3687-1

Ⅰ．①工…　Ⅱ．①李…②高…③张…　Ⅲ．①工程结构—抗震设计—高等学校—教材②工程结构—防护结构—结构设计—高等学校—教材　Ⅳ．①TU352.04

中国版本图书馆CIP数据核字(2012)第171003号

东南大学出版社出版发行
(南京市四牌楼2号　邮编210096)
出版人：江建中
江苏省新华书店经销　常州市武进第三印刷有限公司印刷
开本：787mm×1092mm　1/16　印张：19.5　字数：487千字
2012年8月第2版　2021年12月第7次印刷
ISBN 978-7-5641-3687-1
印数：13001～14500册　定价：37.00元

新世纪土木工程专业系列教材编委会

序

东南大学是教育部直属重点高等学校，在20世纪90年代后期，作为主持单位开展了国家级“20世纪土建类专业人才培养方案及教学内容体系改革的研究与实践”课题的研究，提出了由土木工程专业指导委员会采纳的“土木工程专业人才培养的知识结构和能力结构”的建议。在此基础上，根据土木工程专业指导委员会提出的“土木工程专业本科(四年制)培养方案”，修订了土木工程专业教学计划，确立了新的课程体系，明确了教学内容，开展了教学实践，组织了教材编写。这一改革成果，获得了2000年教学成果国家级二等奖。

这套新世纪土木工程专业系列教材的编写和出版是教学改革的继续和深化，编写的宗旨是：根据土木工程专业知识结构中关于学科和专业基础知识、专业知识以及相邻学科知识的要求，实现课程体系的整体优化；拓宽专业口径，实现学科和专业基础课程的通用化；将专业课程作为一种载体，使学生获得工程训练和能力的培养。

新世纪土木工程专业系列教材具有下列特色：

1. 符合新世纪对土木工程专业的要求

土木工程专业毕业生应能在房屋建筑、隧道与地下建筑、公路与城市道路、铁道工程、交通工程、桥梁、矿山建筑等的设计、施工、管理、研究、教育、投资和开发部门从事技术或管理工作，这是新世纪对土木工程专业的要求。面对如此宽广的领域，只能从终身教育观念出发，把对学生未来发展起重要作用的基础知识作为优先选择的内容。因此，本系列的专业基础课教材，既打通了工程类各学科基础，又打通了力学、土木工程、交通运输工程、水利工程等大类学科基础，以基本原理为主，实现了通用化、综合化。例如工程结构设计原理教材，既整合了建筑结构和桥梁结构等内容，又将混凝土、钢、砌体等不同材料结构有机地综合在一起。

2. 专业课程教材分为建筑工程类、交通土建类、地下工程类三个系列

由于各校原有基础和条件的不同，按土木工程要求开设专业课程的困难较大。本系列专业课教材从实际出发，与设课群组相结合，将专业课程教材分为建筑工程类、交通土建类、地下工程类三个系列。每一系列包括有工程项目的规划、选型或选线设计、结构设计、施工、检测或试验等专业课系列，使自然科学、工程技术、管理、人文学科乃至艺术交叉综合，并强调了工程综合训练。不同课群组可以交叉选课。专业系列课程十分强调贯彻理论联系实际的教学原则，融知识和能力为一体，避免成为职业的界定，而主要成为能力培养的载体。

3. 教材内容具有现代性，用整合方法大力精减

对本系列教材的内容，本编委会特别要求不仅具有原理性、基础性，还要求具有现代性，纳入最新知识及发展趋向。例如，现代施工技术教材包括了当代最先进的施工技术。

在土木工程专业教学计划中，专业基础课(平台课)及专业课的学时较少。对此，除了少而精的方法外，本系列教材通过整合的方法有效地进行了精减。整合的面较宽，包括了土木工程各领域共性内容的整合，不同材料在结构、施工等教材中的整合，还包括课堂教学内容与实践环节的整合，可以认为其整合力度在国内是最大的。这样做，不只是为了精减学时，更主要的是可淡化细节了解，强化学习概念和综合思维，有助于知识与能力的协调发展。

4. 发挥东南大学的办学优势

东南大学原有的建筑工程、交通土建专业具有 80 年的历史，有一批国内外著名的专家、教授。他们一贯严谨治学，代代相传。按土木工程专业办学，有土木工程和交通运输工程两个一级学科博士点、土木工程学科博士后流动站及教育部重点实验室的支撑。近十年已编写出版教材及参考书 40 余本，其中 9 本教材获国家和部、省级奖，4 门课程列为江苏省一类优秀课程，5 本教材被列为全国推荐教材。在本系列教材编写过程中，实行了老中青相结合，老教师主要担任主审，有丰富教学经验的中青年教授、教学骨干担任主编，从而保证了原有优势的发挥，继承和发扬了东南大学原有的办学传统。

新世纪土木工程专业系列教材肩负着“教育要面向现代化，面向世界，面向未来”的重任。因此，为了出精品，一方面对整合力度大的教材坚持经过试用修改后出版，另一方面希望大家在积极选用本系列教材中，提出宝贵的意见和建议。

愿广大读者与我们一起把握时代的脉搏，使本系列教材不断充实、更新并适应形势的发展，为培养新世纪土木工程高级专门人才作出贡献。

最后，在这里特别指出，这套系列教材，在编写出版过程中，得到了其他高校教师的大力支持，还受到作为本系列教材顾问的专家、院士的指点。在此，我们向他们一并致以深深的谢意。同时，对东南大学出版社所作出的努力表示感谢。

中国工程院院士 吕志涛

2001 年 9 月

第 2 版修订说明

由我校编写、东南大学出版社出版的《工程结构抗震与防灾》于 2003 年 8 月出版发行，迄今已 9 年。期间，教材所涉及的《建筑抗震设计规范》、《混凝土结构设计规范》等国家规范已做了修订，为此本教材编写组结合上述新规范对原教材进行了相应的修订，以适应形势并满足土木工程本科专业的教学要求。

本书的修订工作由李爱群教授和张志强副教授负责。根据《建筑抗震设计规范》(GB 50011－2010)对该书进行修订的部分由张志强具体编写，李爱群审定。

修订过程中，研究生齐曼亦协助做了编写工作，在此深表谢意。

敬请读者继续就书中的疏漏和不妥之处给予批评指正。

编者于东南大学

2012.5.20

前　言

本书是在东南大学编著的高等学校推荐教材《建筑结构抗震设计》基础上，为适应土木工程本科专业的教学要求而组织编写的。本书的编写突出了以下特点：

(1) 由通常的“建筑结构抗震设计”拓展至“工程结构抗震与防灾”，新增了结构隔震和消能减振、桥梁结构抗震、结构抗风和结构抗火等内容，较大程度地拓宽了知识的广度和深度，以更好地满足土木工程本科专业的教学需要；

(2) 以各类结构抗震为重点，同时介绍结构抗风和抗火等方面的内容；

(3) 按照《建筑抗震设计规范》(GB 50011—2001)等国家新规范进行编写；

(4) 注重基本概念、基本理论和基本方法，注重内容的系统性和先进性，注重理论和工程实践的结合，注重学生启发性和创造性思维的培养与训练。

本书在编写过程中，学习和参考了大量兄弟院校和科研院所出版的教材和论著，在此谨向原编著者致以诚挚的谢意。

本书由李爱群教授、高振世教授主编，李爱群教授、高振世教授、梁书亭教授、王修信教授、陈忠范教授、叶继红教授、刘钊副教授等共同编著。具体分工如下：

第1章(除§1—5)、第3章§3—1和§3—2、第4章、第7章由李爱群编写，第1章§1—5由高振世编写，第2章(除§2—6)、第3章§3—3由梁书亭编写，第2章§2—6由王修信编写，第6章由陈忠范编写，第3章§3—4由叶继红编写，第5章由刘钊、王修信、徐文平编写。全书由李爱群负责统稿。

编写过程中，博士生毛利军、叶正强和硕士生丁幼亮等协助做了大量工作，在此深表谢意。

限于时间和水平，书中的疏漏和不妥之处，敬请读者批评指正。

编者于东南大学土木工程学院

2003.7

目　录

第 1 章　结构抗震基本知识 ……………………………………………… (1)
§1—1　地震基本知识 ……………………………………………… (1)
§1—2　地震的基本术语 ……………………………………………… (4)
§1—3　地震动特性 ……………………………………………… (6)
§1—4　工程结构的抗震设防 ……………………………………………… (7)
§1—5　建筑场地 ……………………………………………… (11)
复习思考题 ……………………………………………… (17)
第 2 章　结构抗震计算 ……………………………………………… (18)
§2—1　计算原则 ……………………………………………… (18)
§2—2　地震作用 ……………………………………………… (22)
§2—3　设计反应谱 ……………………………………………… (30)
§2—4　振型分解反应谱法 ……………………………………………… (35)
§2—5　底部剪力法 ……………………………………………… (53)
§2—6　时程分析法 ……………………………………………… (57)
§2—7　结构竖向地震作用 ……………………………………………… (77)
§2—8　结构抗震验算 ……………………………………………… (80)
复习思考题 ……………………………………………… (85)
第 3 章　建筑结构抗震设计 ……………………………………………… (87)
§3—1　结构抗震概念设计 ……………………………………………… (87)
§3—2　混凝土结构房屋抗震设计 ……………………………………………… (97)
§3—3　砌体结构房屋抗震设计 ……………………………………………… (144)
§3—4　钢结构房屋抗震设计 ……………………………………………… (162)
复习思考题 ……………………………………………… (185)
第 4 章　建筑结构基础隔震和消能减震设计 ……………………………………………… (189)
§4—1　建筑结构基础隔震设计 ……………………………………………… (189)
§4—2　建筑结构消能减震设计 ……………………………………………… (207)
复习思考题 ……………………………………………… (217)
第 5 章　桥梁结构抗震设计 ……………………………………………… (218)
§5—1　桥梁震害及其分析 ……………………………………………… (218)
§5—2　桥梁按反应谱理论的计算方法 ……………………………………………… (221)
§5—3　桥梁结构地震响应分析 ……………………………………………… (229)
§5—4　桥梁抗震延性设计 ……………………………………………… (235)
复习思考题 ……………………………………………… (241)
第 6 章　建筑结构抗风设计 ……………………………………………… (243)
§6—1　风灾及其成因 ……………………………………………… (243)
§6—2　风荷载计算 ……………………………………………… (246)
§6—3　结构顺风向抗风设计 ……………………………………………… (262)

§6—4　结构横风向风振计算 …… (263)
复习思考题 …… (267)
第 7 章　建筑结构抗火设计 …… (268)
§7—1　火灾及其成因 …… (268)
§7—2　结构抗火设计的一般原则和方法 …… (271)
§7—3　建筑材料的高温性能 …… (276)
§7—4　结构构件的耐火性能 …… (285)
§7—5　钢筋混凝土构件抗火计算与设计 …… (291)
§7—6　钢结构构件抗火计算与设计 …… (293)
复习思考题 …… (297)
参考文献 …… (298)

第1章　结构抗震基本知识

学习目的：了解地震的主要类型及其成因；了解地震波的运动规律；掌握震级、地震烈度、基本烈度等术语；了解地震动的三大特性及其规律；了解地震动的竖向分量、扭转分量及其震害现象；掌握建筑抗震设防分类、抗震设防目标和两阶段抗震设计方法；了解多遇地震烈度和罕遇地震烈度的确定方法；了解基于性能的抗震设计的基本思想；掌握建筑场地类别划分方法；掌握场地液化的判别方法并了解抗液化措施。

教学要求：通过地震及其成因、地震波运动规律、地震动三大特性、“三水准两阶段”设计方法、若干地震工程术语、建筑场地类别和场地液化等的介绍和分析，建立结构抗震的基本概念，提高对工程结构抗震重要性的认识。

§1—1　地震基本知识

一、地球的构造

地球是一个平均半径约6 400 km的椭圆球体。由外到内可分为3层：最表面的一层是很薄的地壳，平均厚度约为30 km；中间很厚的一层是地幔，厚度约为2 900 km；最里面的为地核，其半径约为3 500 km。

地壳由各种岩层构成。除地面的沉积层外，陆地下面的地壳通常由上部的花岗岩层和下部的玄武岩层构成；海洋下面的地壳一般只有玄武岩层。地壳各处厚薄不一，为5～40 km。世界上绝大部分地震都发生在这一薄薄的地壳内。

地幔主要由质地坚硬的橄榄岩组成。由于地球内部放射性物质不断释放热量，地球内部的温度也随深度的增加而升高。从地下20 km到地下700 km，其温度由大约600℃上升到2 000℃。在这一范围内的地幔中存在着一个厚约几百公里的软流层。由于温度分布不均匀，就发生了地幔内部物质的对流。另外，地球内部的压力也是不均衡的，在地幔上部约为900 MPa，地幔中间则达370 000 MPa。地幔内部物质就是在这样的热状态下和不均衡压力作用下缓慢地运动着，这可能是地壳运动的根源。到目前为止，所观测到的最深的地震发生在地下700 km左右处，可见地震仅发生在地球的地壳和地幔上部。

地核是地球的核心部分，可分为外核（厚2 100 km）和内核，其主要构成物质是镍和铁。据推测，外核可能处于液态，而内核可能是固态。

二、地震的类型与成因

地震按其成因主要分为火山地震、陷落地震和构造地震。

由于火山爆发而引起的地震叫火山地震；由于地表或地下岩层突然大规模陷落和崩塌而造

成的地震叫陷落地震;由于地壳运动,推挤地壳岩层使其薄弱部位发生断裂错动而引起的地震叫构造地震。火山地震和陷落地震的影响范围和破坏程度相对较小,而构造地震的分布范围广、破坏作用大,因而对构造地震应予以重点考虑。就构造地震的成因,仅介绍断层说和板块构造说。

1. 断层说

构造地震是由于地球内部在不断运动的过程中,始终存在着巨大的能量,造成地壳岩层不停地连续变动,不断地发生变形,产生地应力。当地应力产生的应变超过某处岩层的极限应变时,岩层就会发生突然断裂和错动。而承受应变的岩层在其自身的弹性应力作用下发生回弹,迅速弹回到新的平衡位置。这样,岩层中原先构造变动过程中积累起来的应变能在回弹过程中释放,并以弹性波的形式传至地面,从而引起振动,形成地震(图 1—1)。构造地震与地质构造密切相关,这种地震往往发生在地应力比较集中、构造比较脆弱的地段,即原有断层的端点或转折处、不同断层的交会处。

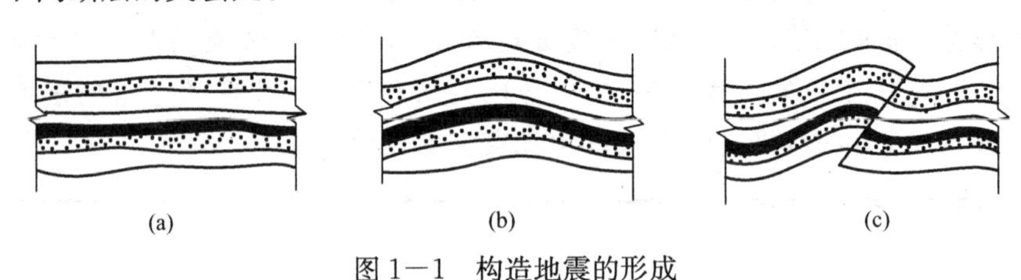

图 1—1　构造地震的形成

(a) 岩层原始状态;(b) 受力后发生褶皱变形;(c) 岩层断裂,产生振动

2. 板块构造说

板块构造学说认为,地球表面的岩石层不是一块整体,而是由六大板块和若干小板块组成,这六大板块即欧亚板块、美洲板块、非洲板块、太平洋板块、澳洲板块和南极板块。由于地幔的对流,这些板块在地幔软流层上异常缓慢而又持久地相互运动着。由于它们的边界是相互制约的,因而板块之间处于拉张、挤压和剪切状态,从而产生了地应力。当应力产生的变形过大时致使其边缘附近岩石层脆性破裂而产生地震。地球上的主要地震带就位于这些大板块的交界地区。

三、世界的地震活动

据统计,地球上平均每年发生震级为 8 级以上、震中烈度 11 度以上的毁灭性地震 2 次;震级为 7 级以上、震中烈度在 9 度以上的大地震不到 20 次;震级在 2.5 级以上的有感地震在 15 万次以上。

在宏观地震资料调查和地震台观测数据研究的基础上,可以得到世界范围内的两主要地震带:一是环太平洋地震带,它沿南、北美洲西海岸、阿留申群岛,转向西南到日本列岛,再经我国台湾省,达菲律宾、新几内亚和新西兰。全球约 80%浅源地震和 90%的中源、深源地震,以及几乎所有的深源地震都集中在这一地带。二是欧亚地震带,它西起大西洋的亚速岛,经意大利、土耳其、伊朗、印度北部、我国西部和西南地区,过缅甸至印度尼西亚与上述环太平洋带衔接。除分布在环太平洋地震活动带的中源、深源地震以外,几乎所有其他中源、深源地震和一些大的浅源地震都发生在这一活动带。

此外,在大西洋、太平洋和印度洋中也有呈条形分布的地震带。

四、我国的地震活动

我国东临环太平洋地震带,南接欧亚地震带,是世界上多地震国家之一,地震分布相当广泛。我国主要地震带有两条：一是南北地震带，它北起贺兰山，向南经六盘山，穿越秦岭沿川西至云南省东北，纵贯南北。二是东西地震带，主要的东西构造带有两条，北面的一条沿陕西、山西、河北北部向东延伸，直至辽宁北部的千山一带；南面的一条，自帕米尔高原起经昆仑山、秦岭，直到大别山区。

据此，我国大致可划分成6个地震活动区：① 台湾及其附近海域；② 喜马拉雅山脉活动区；③ 南北地震带；④ 天山地震活动区；⑤ 华北地震活动区；⑥ 东南沿海地震活动区。

据统计，全国除个别省份（例如浙江、江西）外，绝大部分地区都发生过较强的破坏性地震，有不少地区现在地震活动还相当强烈，如我国台湾省大地震最多，新疆、西藏次之，西南、西北、华北和东南沿海地区也是破坏性地震较多的地区。

五、近期世界地震活动

近半个世纪以来，国内外发生的大地震如表1—1所示。

表1—1　近期世界地震情况

时间	地　点	震级	死亡人数(备注)	时间	地　点	震级	死亡人数(备注)
1960.5.22	智利南部	8.5	1 200 人	1997.5.10	伊朗东北部	6.1	1 560 多人
1964.3.27	美国阿拉斯加	8.4	130 人	1998.2.4	阿富汗塔哈尔省	6.1	4 500 多人
1964.6.27	日本新泻	7.5		1998.5.30	阿富汗塔哈尔省		3 000 多人
1968.5.16	日本十胜冲	7.5		1999.1.25	哥伦比亚	6.2	1 200 多人
1970.1.5	中国通海	7.7	15 621 人	1999.8.17	土耳其西部	7.4	1.3 万人
1970.5.31	秘鲁北部	7.6	66 794 人	1999.9.21	中国台湾	7.6	2 300 多人
1973.2.6	中国甘孜	7.9	2 199 人	1999.9.30	墨西哥	7.5	
1975.2.4	中国海城	7.3	1 300 多人	1999.11.12	土耳其博鲁省	7.2	约 1 000 人
1976.2.4	危地马拉	7.5	22 778 人	2000.1.13	萨尔瓦多	7.6	约 1 000 人
1976.7.28	中国唐山	7.8	242 769 人	2000.6.4	印度明古鲁省	7.9	
1980.10.10	阿尔及利亚	7.3	2 500 多人	2001.1.26	印度西部	7.9	2 000 多人
1980.11.23	那不勒斯市	7.2	2 735 人	2001.6.24	秘鲁	7.9	
1981.6.11	伊朗克尔曼省	6.8	3 000 多人	2001.10.31	中国云南省永胜县	6.0	
1981.7.28	伊朗克尔曼省	7.3	1 500 多人	2001.10.31	巴布亚新几内亚	7.0	
1982.12.12	也门扎马尔省	6.0	3 000 多人	2001.11.14	新疆青海交界	8.1	
1983.10.23	土耳其	6.0	1 300 多人	2002.3.3	阿富汗	7.1	
1985.9.19	墨西哥城	8.1	6 000 多人	2002.3.6	菲律宾	7.1	
1986.10.10	萨尔瓦多	7.5	1 500 多人	2002.6.27	苏门答腊西南	7.4	
1987.3.5	厄瓜多尔	7.0	1 000 多人	2002.6.29	中国吉林汪清	7.2	深源无损伤
1988.12.7	亚美尼亚	6.9	2.5 万人	2003.2.24	中国新疆巴楚伽师	6.8	260 多人
1990.6.21	伊朗里海地区	7.7	3.5 万人	2004.12.26	苏门答腊岛北部	8.7	约 30 万人
1990.7.16	菲律宾	7.7	3.5 万人	2005.3.28	苏门答腊岛	8.7	近 2 000 人
1991.2.1	巴基斯坦	6.8	1 200 多人	2008.5.12	中国四川汶川	8.0	死亡及失踪 9 万余人
1992.12.12	印度尼西亚	6.8	2 200 多人	2010.1.12	海地	7.3	约 30 万人
1993.9.30	印度	6.4	2.2 万人	2010.2.27	智利	8.8	800 多人
1994.6.6	哥伦比亚		1 000 多人	2010.4.14	中国青海玉树	7.1	近 2 700 人
1995.1.17	日本神户	7.2	6 500 多人	2011.2.22	新西兰	6.3	约 170 人
1995.5.28	俄罗斯远东地区	7.5	2 000 多人	2011.3.11	日本东北地区	9.0	死亡及失踪 2.7 万人
1997.2.28	伊朗西北部	7.5	1 000 多人				

这些大地震不但造成了大量的人员伤亡和巨大的经济损失，还给人类在精神上以重创，因此人类一直在探求防御和减轻地震灾害的有效途径。

§1—2　地震的基本术语

一、震源和震中

地层构造运动中，在地下岩层产生剧烈相对运动的部位，产生剧烈振动，造成地震发生的地方叫做震源，震源正上方的地面位置叫震中。震中附近的地面振动最剧烈，也是破坏最严重的地区，叫震中区或极震区。地面某处至震中的水平距离叫做震中距。把地面上破坏程度相同或相近的点连成的曲线叫做等震线。震源至地面的垂直距离叫做震源深度，见图1—2。按震源的深浅，地震又可分为3类：一是浅源地震，震源深度在70 km以内；二是中源地震，震源深度在70～300 km范围；三是深源地震，震源深度超过300 km。浅源、中源和深源地震所释放的能量分别约占所有地震释放能量的85%、12%和3%。据了解，至今世界上震源深度最深的地震是1934年6月9日发生在印尼苏拉西岛东的地震，震源深度达720 km；而最浅的震源深度不足5 km。

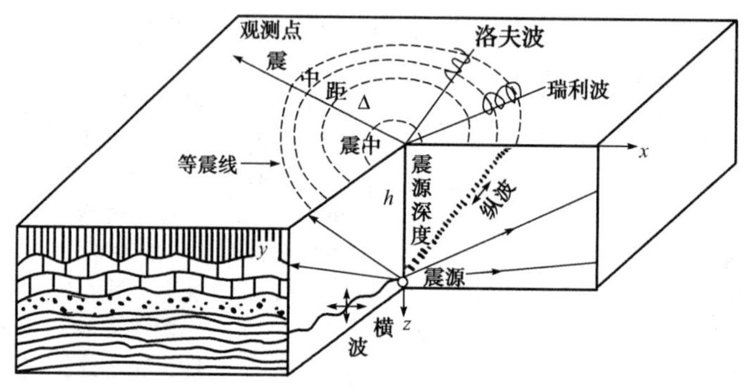

图1—2　地震波传播示意图

二、地震波

地震引起的振动以波的形式从震源向各个方向传播并释放能量，这就是地震波。它包含在地球内部传播的体波和只限于在地面附近传播的面波。

体波又包括两种形式的波，即纵波与横波。

在纵波的传播过程中，其介质质点的振动方向与波的前进方向一致，故又称为压缩波或疏密波；纵波的特点是周期较短、振幅较小。在横波的传播过程中，其介质质点的振动方向与波的前进方向垂直，故又称为剪切波；横波的周期较长、振幅较大，见图1—3。体波在地球内部的传播速度随深度的增加而增大。

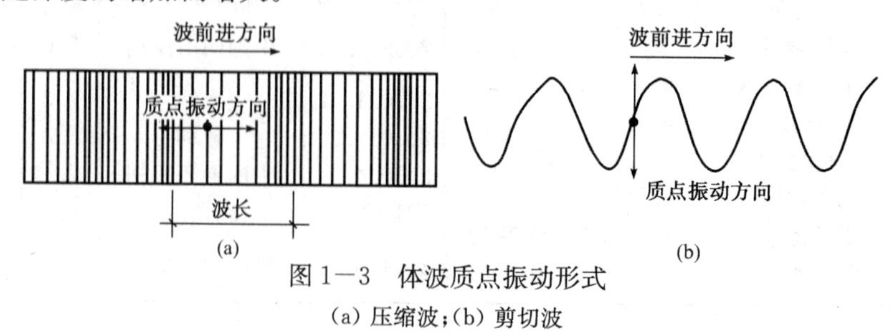

图1—3　体波质点振动形式

(a) 压缩波；(b) 剪切波

观测表明，土层土质由软至硬，在其中传播的剪切波速由小到大。剪切波速度不仅与地基土的强度、变形特性等因素有密切关系，而且可采用较简便的仪器测得，故在地基土动力性质评价中占有重要地位。

由弹性理论计算的纵波与横波的传播速度可知，纵波比横波传播速度快。在仪器的观测记录纸上，纵波先于横波到达，故也可称纵波为初波（或称 P 波），称横波为次波（或称 S 波）。

面波是体波经地层界面多次反射、折射后形成的次生波，它包括两种形式的波，即瑞利波（R 波）和洛夫波（L 波）。瑞利波传播时，质点在波的传播方向和地面法线组成的平面内（xz 平面）作与波前进方向相反的椭圆形运动，而在与该平面垂直的水平方向（y 方向）没有振动，质点在地面上呈滚动形式（图1－4a）。洛夫波传播时，质点只是在与传播方向相垂直的水平方向（y 方向）运动，在地面上呈蛇形运动形式（图 1－4b）。

面波振幅大、周期长，只在地表附近传播，比体波衰减慢，故能传播到很远的地方。

图 1－5 为某次地震所记录的地震波示意图。首先到达的是 P 波，继而是 S 波，面波到达的最晚。一般情况是，当横波或面波到达时，其振幅大，地面振动最猛烈，造成的危害也最大。

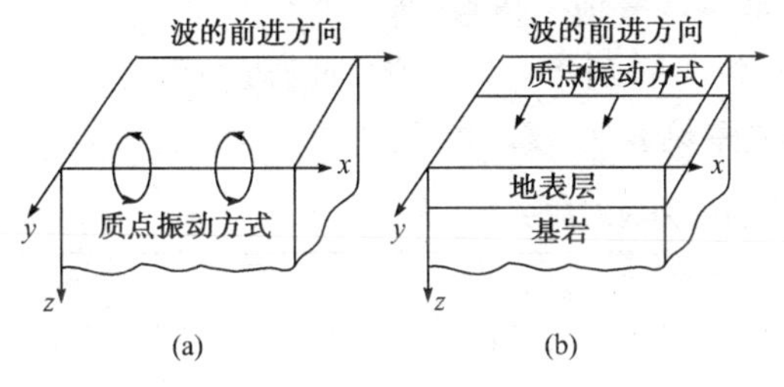

图 1－4　面波质点振动形式

(a) 瑞利波质点振动；(b) 洛夫波质点振动

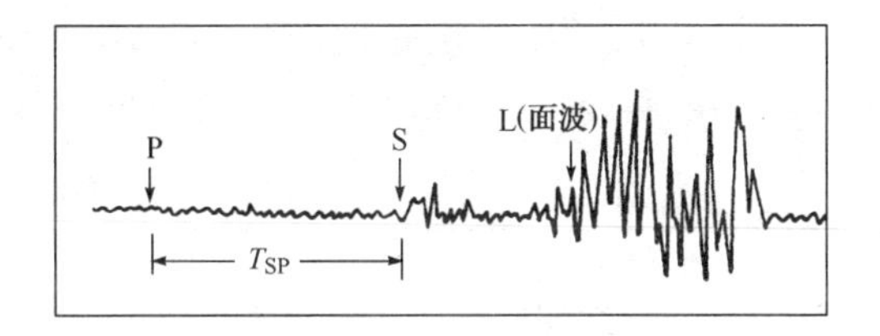

图 1－5　地震波记录图

三、震级

震级是表示地震本身大小的尺度，是按一次地震本身强弱程度而定的等级。目前，国际上比较通用的是里氏震级，其原始定义是在 1935 年由 C. F. Richter 给出，其地震震级 M 为

$$M=\lg A \tag{1-1}$$

式中，A 是标准地震仪（指摆的自振周期 0.8 s，阻尼系数 0.8，放大倍数 2 800 倍的地震仪）在距震中 100 km 处记录的以微米（1 μm＝10^{-6} m）为单位的最大水平地动位移（即振幅）。例如，在距震中 100 km 处地震仪记录的振幅是 100 mm，即 100 000 μm，则 M＝lg 100 000＝5。

震级表示一次地震释放能量的多少，也是表示地震规模的指标，所以一次地震只有一个震级。震级每差一级，地震释放的能量将差 32 倍。

一般认为，小于 2 级的地震，人们感觉不到，只有仪器才能记录下来，称为微震；2～4 级地震，人可以感觉到，称为有感地震；5 级以上地震能引起不同程度的破坏，称为破坏性地震；7 级以上的地震，则称为强烈地震或大震；8 级以上的地震，称为特大地震。20 世纪以来，由仪器记录到的最大震级是 9.0 级，为 2011 年 3 月 11 日发生的日本东北地区太平洋近海地震。

四、地震烈度

地震烈度表示地震时一定地点地面振动强弱程度的尺度。对于一次地震，表示地震大小的震级只有一个，但它对不同地点的影响是不一样的。一般来说，随距离震中的远近不同，烈度有所差异。距震中愈远，地震影响愈小，烈度就愈低；反之，距震中愈近，烈度就愈高。此外，地震烈度还与地震大小、震源深度、地震传播介质、表土性质、建筑物动力特性等许多因素有关。

为评定地震烈度，就需要建立一个标准，这个标准就称为地震烈度表。它是以描述震害宏观现象为主的，即根据建筑物的损坏程度、地貌变化特征、地震时人的感觉、家具反应等方面进行区分。另以地面加速度峰值和速度峰值为烈度的参考物理指标，作为地区性直观烈度标志的共同校正标准，以开辟确定烈度的新途径。由于对烈度影响轻重的分段不同，以及在宏观现象和定量指标确定方面有差异，加之各国建筑情况及地表条件的不同，各国所制定的烈度表也就不同。现在，除了日本采用从 0～7 度分成 8 等的烈度表、少数国家（如欧洲一些国家）用 10 度划分的地震烈度表外，绝大多数国家包括我国都采用分成 12 度的地震烈度表。

一般来说，震中烈度是地震大小和震源深度两者的函数。对于大量的震源深度在 10～30 km 的地震，其震中烈度 I_0 与震级 M 的对应关系见表 1－2。

表 1－2　震中烈度与震级的大致对应关系

震级 M	2	3	4	5	6	7	8	>8
震中烈度 I_0	1～2	3	4～5	6～7	7～8	9～10	11	12

§1－3　地震动特性

地震动是非常复杂的，具有很强的随机性，甚至同一地点、每一次地震都各不相同。但多年来地震工程研究者们根据地面运动的宏观现象和强震观测资料的分析得出，地震动的主要特性可以通过 3 个基本要素来描述，即地震动的幅值、频谱和持时（即持续时间）。

一、地震动幅值特性

地震动幅值可以是地面运动的加速度、速度或位移的某种最大值或某种意义下的有效值。目前采用最多的地震动幅值是地面运动最大加速度幅值，它可描述地面震动的强弱程度，且与震害有着密切关系，可作为地震烈度的参考物理指标。例如，1940 年 EL－Centro 地震加速度记录的最大值为 341.7 cm/s^2。

地震动幅值的大小受震级、震源机制、传播途径、震中距、局部场地条件等因素的影响。一般来说，在近场内，基岩上的加速度峰值大于软弱场地上的加速度峰值，而在远场则相反。

二、地震动频谱特性

所谓地震动频谱特性是指地震动对具有不同自振周期的结构的反应特性，通常可以用反应谱、功率谱和傅里叶谱来表示。反应谱是工程中最常用的形式，现已成为工程结构抗震设计的基础。功率谱和傅里叶谱在数学上具有更明确的意义，工程上也具有一定的实用价值，常用来分析地震动的频谱特性。

震级、震中距和场地条件对地震动的频谱特性有重要影响，震级越大、震中距越远，地震动记录的长周期分量就越显著。硬土且地层薄的地基上的地震动记录包含较丰富的高频成分，而软土且地层厚的地基上的地震动记录卓越周期偏向长周期。另外，震源机制也对地震动的频谱特性有着重要影响。

三、地震动持时特性

地震动持时对结构的破坏程度有着较大的影响。在相同的地面运动最大加速度作用下，当强震的持续时间长，则该地点的地震烈度高，结构物的地震破坏就重；反之，当强震的持续时间短，则该地点的地震烈度低，结构物的破坏就轻。例如，EL－Centro 地震的强震持续时间为 30 s，该地点的地震烈度为 8 度，结构物破坏较严重；而 1966 年的日本松代地震，其地面运动最大加速度略高于 EL－Centro 地震，但其强震持续时间仅为 4 s，则该地的地震烈度仅为 5 度，未发现明显的结构物破坏。

实际上，地震动强震持时对地震反应的影响主要表现在非线性反应阶段。从结构地震破坏的机理上分析，结构从局部破坏（非线性开始）到完全倒塌一般需要一个过程，往往要经历一段时间的往复振动过程。塑性变形的不可恢复性需要耗散能量，因此在这一振动过程中即使结构最大变形反应没有达到静力试验条件下的最大变形，结构也可能因储存能量能力的耗损达到某一限值而发生倒塌破坏。持时的重要意义同时存在于非线性体系的最大反应和能量耗散累积两种反应之中。

§1－4　工程结构的抗震设防

一、基本术语

抗震设防烈度：按国家规定的权限批准作为一个地区抗震设防依据的地震烈度。一般情况下，取 50 年内超越概率 10％的地震烈度。

抗震设防标准：衡量抗震设防要求高低的尺度，由抗震设防烈度或设计地震动参数及建筑抗震设防类别确定。

地震作用：由地震动引起的结构动态作用，包括水平地震作用和竖向地震作用。

设计地震动参数：抗震设计用的加速度（速度、位移）时程曲线、加速度反应谱和峰值加速度。

设计基本加速度：50 年设计基准期超越概率 10％的地震加速度的设计取值。

设计特征周期：抗震设计用的地震影响系数曲线中，反映地震震级、震中距和场地类别等因素的下降段起始点对应的周期值，简称特征周期。

场地：工程群体所在地，具有相似的反应谱特征。其范围相当于厂区、居民小区和自然村或不小于 1.0 km^2 的平面面积。

抗震措施：除地震作用计算和抗力计算以外的抗震设计内容，包括抗震构造措施。

抗震构造措施：根据抗震概念设计原则，一般不需计算而对结构和非结构各部分必须采取的各种细部要求。

二、地震影响和抗震设防烈度

抗震设防烈度是一个地区作为抗震设防依据的地震烈度，一般情况下，可采用中国地震动区划图的地震基本烈度或与《建筑抗震设计规范》(GB 50011—2010)(以下简称《抗震规范》)设计基本地震加速度值对应的烈度值。对已编制抗震设防区划的城市，可按批准的抗震设防烈度或设计地震动参数进行抗震设防。抗震设防烈度与设计基本地震加速度取值的对应关系应符合表1—3的规定。《抗震规范》规定，抗震设防烈度为6度及以上地区的建筑，必须进行抗震设计。

表1—3 抗震设防烈度和设计基本地震加速度值的对应关系

抗震设防烈度	6度	7度	8度	9度
设计基本加速度值	0.05g	0.10(0.15)g	0.20(0.30)g	0.40g

注：g为重力加速度。

建筑所在地区遭受的地震影响，应采取相应于抗震设防烈度的设计基本地震加速度和设计特征周期或规定的设计地震动参数来表征。建筑的设计特征周期应根据其所在地的设计地震分组和场地类别确定。

震害调查表明，虽然不同地区的宏观地震烈度相同，但处在大震级远震中距的柔性建筑物，其震害要比小震级近震中距的情况重得多。《抗震规范》用设计地震分组来体现震级和震中距的影响，建筑工程的设计地震分为三组。在相同的抗震设防烈度和设计基本地震加速值的地区可有三个设计地震分组，第一组表示近震中距，而第二、三组表示较远震中距的影响。

我国主要城镇(县级及县级以上城镇)中心地区的抗震设防烈度、设计基本地震加速度和所属的设计地震分组可参见《抗震规范》。

三、建筑分类

根据建筑物使用功能的重要性，按其地震破坏产生的后果，《建筑工程抗震设防分类标准》(GB 50223—2008)将建筑工程分为四个抗震设防类别：

(1) 特殊设防类：指使用上有特殊设施，涉及国家公共安全的重大建筑工程和地震时可能发生严重次生灾害等特别重大灾害后果，需要进行特殊设防的建筑。简称甲类。

(2) 重点设防类：指地震时使用功能不能中断或需尽快恢复的生命线相关建筑，以及地震时可能导致大量人员伤亡等重大灾害后果，需要提高设防标准的建筑。简称乙类。

(3) 标准设防类：指大量的除(1)、(2)、(4)款以外按标准要求进行设防的建筑。简称丙类。

(4) 适度设防类：指使用上人员稀少且震损不致产生次生灾害，允许在一定条件下适度降低要求的建筑。简称丁类。

国家标准《建筑抗震设防分类标准》(GB 50223—2008)规定，各抗震设防类别建筑的抗震设防标准应符合下列要求：

(1) 特殊设防类(甲类建筑)

地震作用应高于本地区抗震设防烈度的要求，其值应按批准的地震安全性评价结果确定；抗震措施，当抗震设防烈度为6～8度时，应符合本地区抗震设防烈度提高1度的要求，当为9度时，应符合比9度抗震设防更高的要求。

(2) 重点设防类(乙类建筑)

地震作用应符合本地区抗震设防烈度的要求;抗震措施,一般情况下,当抗震设防烈度为6～8度时,应符合比本地区抗震设防烈度提高1度的要求,当为9度时应符合比9度抗震设防更高的要求;地基基础的抗震措施应符合有关规定。

对较小的乙类建筑,当改用抗震性能较好的材料且符合抗震设计规范对结构体系的要求时,应允许仍按本地区抗震设防烈度的要求采取抗震措施。

(3) 标准设防类(丙类建筑)

地震作用和抗震措施均应符合本地区抗震设防烈度的要求。

(4) 适度设防类(丁类建筑)

一般情况下,地震作用仍应符合本地区抗震设防烈度的要求;抗震措施应允许比本地区抗震设防烈度的要求适当降低,但抗震设防烈度为6度时不应降低。

抗震设防烈度为6度时,除规范有具体规定外,对乙、丙、丁类建筑可不进行地震作用计算。

四、多遇地震烈度和罕遇地震烈度

多遇地震是指发生机会较多的地震,因此多遇地震烈度应是烈度概率密度曲线上峰值所对应的烈度,即众值烈度(或称小震烈度)时的地震。大量数据分析表明,我国地震烈度的概率分布符合极值Ⅲ型。当设计基准期为50年时,则50年内众值烈度的超越概率为63.2%,即50年内发生超过多遇地震烈度的地震大约有63.2%,这就是第一水准的烈度。50年超越概率约10%的烈度大体相当于现行地震区划图规定的基本烈度,将它定义为第二水准的烈度。对于罕遇地震烈度,其50年期限内相应的超越概率约为2%～3%,这个烈度又可称为大震烈度,作为第三水准的烈度。由烈度概率分布分析可知,基本烈度与众值烈度相关,约为1.55度,而基本烈度与罕遇烈度相差约为1度,见图1－6。可见,当基本烈度为8度时,其众值烈度(多遇烈度)为6.45度左右,罕遇烈度为9度左右。

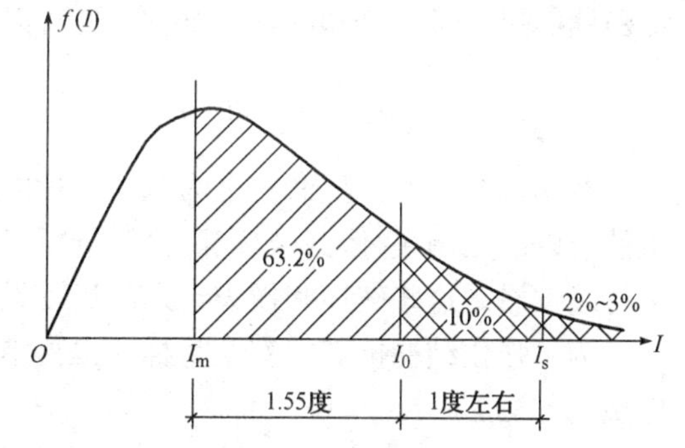

图1－6　三种烈度的超越概率示意图

I_m－多遇地震烈度;I_0－基本烈度;

I_s－罕遇地震烈度

五、抗震设防目标

抗震设防是指对建筑物进行抗震设计和采取抗震构造措施,以达到抗震的效果。抗震设防的依据是抗震设防烈度。

我国《抗震规范》中提出的建筑物基本的抗震设防目标如下:

(1) 当遭受低于本地区抗震设防烈度(基本烈度)的多遇地震影响时,建筑物一般不受损坏或不需修理仍可继续使用。

(2) 当遭受本地区抗震设防烈度的地震影响时,建筑物可能损坏,经一般修理或不需修理仍能继续使用。

(3) 当遭受高于本地区抗震设防烈度预估的罕遇地震影响时，建筑物不致倒塌或发生危及生命的严重破坏。

为达到上述三点抗震设防目标，可以用3个地震烈度水准来考虑，即多遇烈度、基本烈度和罕遇烈度。遵照现行规范设计的建筑物，在遭遇多遇烈度(即小震)时，基本处于弹性阶段，一般不会损坏；在罕遇地震作用下，建筑物将产生严重破坏，但不至于倒塌。即建筑物抗震设防的目标就是要做到“小震不坏，中震可修，大震不倒”。

六、两阶段抗震设计方法

《抗震规范》提出了两阶段抗震设计方法以实现上述3个烈度水准的抗震设防要求。第一阶段设计是在方案布置符合抗震原则的前提下，按与基本烈度相对应的众值烈度(相当于小震)的地震动参数，用弹性反应谱法求得结构在弹性状态下的地震作用标准值和相应的地震作用效应，然后与其他荷载效应按一定的组合系数进行组合，对结构构件截面进行承载力验算，对较高的建筑物还要进行变形验算，以控制侧向变形不要过大。这样，既满足了第一水准下具有必要的承载力可靠度，又满足了第二水准损坏可修的设防要求，再通过概念设计和构造措施来满足第三水准的设计要求。对大多数结构，可只进行第一阶段设计。对《抗震规范》所规定的部分结构，如有特殊要求的建筑和地震时易倒塌的结构以及有明显薄弱层的不规则结构，除进行第一阶段设计外，还要进行第二阶段设计，即在罕遇地震烈度作用下，验算结构薄弱层的弹塑性层间变形，并采取相应的构造措施，以满足第三水准大震不倒的设防要求。

七、基于性能的抗震设计

按现行的以保障生命安全为基本目标的抗震设计规范所设计和建造的建筑物，在地震中虽然可以避免倒塌，但其破坏却造成了严重的直接和间接经济损失，甚至影响到社会和经济的可持续发展。这些破坏和损失远远超出了设计者、建造者和业主原先的估计。

为了强化结构抗震的安全目标和提高结构抗震的功能要求，提出了基于性能的抗震设计思想和方法。

基于性能的抗震设计与传统的抗震思想相比具有以下特点：

(1) 从着眼于单体抗震设防转向同时考虑单体工程和所相关系统的抗震。

(2) 将抗震设计以保障人民的生命安全为基本目标转变为在不同风险水平的地震作用下满足不同的性能目标，即将统一的设防标准改变为满足不同性能要求的更合理的设防目标和标准。

(3) 设计人员可根据业主的要求，通过费用—效益的工程决策分析确定最优的设防标准和设计方案，以满足不同业主、不同建筑物的不同抗震要求。

当建筑结构采用抗震性能化设计时，应根据其抗震设防类别、设防烈度、场地条件、结构类型和不规则性，建筑使用功能和附属设施功能的要求、投资大小、震后损失和修复难易程度等，对选定的抗震性能目标提出技术和经济可行性综合分析和论证，并根据实际需要和可能，开展有针对性的建筑结构及其构件的抗震性能化设计。

应该指出，我国抗震规范所提出的三水准设防目标和两阶段抗震设计方法，只是在一定程度上考虑了某些基于性能的抗震设计思想。基于性能的抗震设计将是今后较长时期结构抗震的研究和发展方向。

§1—5 建筑场地

一、建筑场地类别

应选择对抗震有利的场地和避开抗震不利的场地进行建设，以大大地减轻地震灾害。但是，建筑场地的选择受到地震以外的许多因素的制约，除抗震极不利和严重危险性的场地以外，一般是不能排除其他场地作为建筑用地的。这样，就有必要将建筑场地按其对建筑物地震作用的强弱和特征进行分类，以便根据不同的建筑场地类别采用相应的设计参数，进行建筑物的抗震设计。

1. 建筑场地的地震影响

不同场地上建筑物的震害差异是很明显的，且因地震大小、工程地质条件而不同。对过去建筑物震害现象进行总结后发现以下规律性的特点：在软弱地基上，柔性结构最容易遭到破坏，刚性结构表现较好；在坚硬地基上，柔性结构表现较好，而刚性结构表现不一，有的表现较差，有的又表现较好，常常出现矛盾现象。在坚硬地基上，建筑物的破坏通常是因结构破坏所产生，在软弱地基上，则有时是由于结构破坏而有时是由于地基破坏所产生。就地面建筑物总的破坏现象来说，在软弱地基上的破坏比坚硬地基上的破坏要严重。

不同覆盖层厚度上的建筑物，其震害表现明显不同。例如，1967 年委内瑞拉地震中，加拉加斯高层建筑的破坏主要集中在市内冲积层最厚的地方，具有非常明显的地区性。在覆盖层为中等厚度的一般地基上，中等高度一般房屋的破坏，比高层建筑的破坏严重，而在基岩上各类房屋的破坏普遍较轻。在我国 1975 年辽宁海城地震和 1976 年唐山地震中也出现过类似的现象，即位于深厚覆盖土层上建筑物的震害较重，而位于浅层土上建筑物的震害则相对要轻些。

2. 场地土层的固有周期与场地的地震效应

为了阐明上述不同场地土对建筑物所造成的震害，必须先研究场地土层的固有周期即自振周期，进而研究不同场地的地震效应。

通过对常见场地地质剖面理论分析表明，多层土的固有周期具有下列特点：硬夹层的存在使多层土的基本周期略为减小，而且随着夹层愈靠近基底，减小愈明显；软夹层的存在使多层土的基本周期增大，其增大的程度与夹层位置有关，夹层愈靠近基底，基本周期增大得愈多，最多可增大 1/3 左右；硬表层厚度的变化对固有周期的影响与硬夹层的影响相同，可使固有周期有所减小；土层的固有周期与覆盖层厚度 d_{ov} 有良好的相关性，土层的固有周期随覆盖层厚度的增加而增加。

进一步研究表明，场地土层的固有周期 T 可按下列简化公式进行计算：

对于单一土层时

$$T=\frac{4\,d_{ov}}{v_s} \tag{1-2}$$

式中 d_{ov}——覆盖层厚度，即从基岩算起至地面的厚度。

对于多层土时

$$T=\sum_{i=1}^{n}\frac{4h_i}{v_{si}} \tag{1-3}$$

式中 v_{si}、h_i——第 i 层土的剪切波速和土层厚度；

n——场地覆盖层中的土层总数。

从上式可见，因硬夹层土剪切波速快些，使土层固有周期减小；而软夹层土剪切波速慢些，使土层固有周期加长。还可看出，场地土层的固有周期就是剪切波穿行覆盖层4次所需的时间。

场地土对于从基岩传来的入射波具有放大作用。从震源传来的地震波是由许多频率不同的分量组成的，而地震波中具有场地土层固有周期的谐波分量放大最多，使该波引起表土层的振动最为激烈。也可以说，地震动卓越周期与该地点土层的固有周期一致时，产生共振现象，使地表面的振幅大大增加。另一方面，场地土对于从基岩传来的入射波中与场地土层固有周期不同的谐波分量又具有滤波作用，因此土质条件对于改变地震波的频率特性(或称周期特性)具有重要作用。当由基岩入射来的大小和周期不同的波群进入表土层时，土层会使一些具有与土层固有周期相一致的某些频率波群放大并通过，而将与土层固有周期不一致的另一些频率波群缩小或滤掉。

由于表层土的滤波作用，使坚硬场地土地震动以短周期为主，而软弱场地土则以长周期为主。又由于表土层的放大作用，使坚硬场地土地震动加速度幅值在短周期内局部增大，而坚硬场地的加速度 $A(g)$ 反应谱(有关反应谱的详细说明见第2章)曲线的特征是短周期范围呈锐峰型，长周期范围内幅值急剧降低(图1－7)。同理，由于软弱场地土地震动加速度幅值在长周期范围内局部增大，使软弱场地的加速度反应谱曲线特征是长周期范围内呈微凸的缓丘型(图1－7)。当地震波中占优势的波动分量的周期与建筑物自振周期相接近时，建筑物将由于共振效应而受到非常大的地震作用，导致建筑物出现震害。上述建筑场地上建筑物的共振效应相应于反应谱曲线的峰值区域。由此可以较好地说明，坚硬场地上自振周期短的刚性建筑物一般震害重，而软弱场地上长周期柔性建筑物的震害必然重。

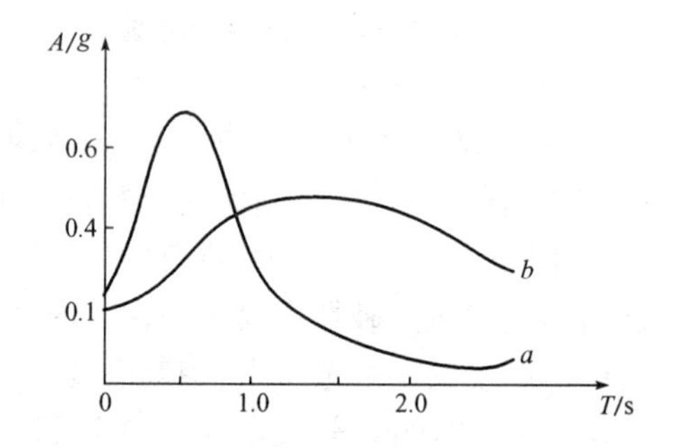

图1－7 硬软场地的加速度反应谱

a—坚硬场地；b—软弱场地

$A(g)$—质点加速度，其中 g 为重力加速度；T—建筑物自振周期

此外，已有的强震观测资料表明，建筑的地震反应并不是单脉冲型的，而是往复振动的过程。因此，在地震作用下建筑物开裂或损坏而使其刚度逐步下降，自振周期增大。如果在地震过程中，建筑物的自振周期由0.5 s增至1 s，由反应谱曲线可知，坚硬场地上的建筑物所受到的地震作用将大大减小，结构原有的损伤不再加重，建筑物只受到一次性破坏。与此相反，在上述过程中，软弱场地上的建筑物所受到的地震作用将有所增加，使建筑物的损伤进一步加重。所以，一般地讲，软土地基上的建筑物震害重于硬土地基上的。

3. 建筑场地类别

建筑场地类别是场地条件的表征，根据上述场地的地震影响、场地土层的固有周期与场地地震效应的研究，《抗震规范》对建筑场地采用了等效剪切波速 V_{se} 和覆盖层厚度作为评定指标的两参数分类方法。建筑的场地类别共分为4类(其中Ⅰ类分为 $Ⅰ_0$、$Ⅰ_1$ 两个亚类)，并按表1－4来确定。《抗震规范》还规定，当有可靠的剪切波速和覆盖层厚度且其值处于表中所列场地类别的分界线附近时，为解决场地类别突变而带来的计算误差，应允许按插值方法确定地震作用计算所用的设计特征周期。

表 1—4　各类建筑场地的覆盖层厚度　　　　单位：m

岩石的剪切波速或土的等效剪切波速/m·s^{-1}	场　地　类　别				
	Ⅰ$_0$	Ⅰ$_1$	Ⅱ	Ⅲ	Ⅳ
$v_s>800$	0				
$800\geqslant v_s>500$		0			
$500\geqslant v_{se}>250$		<5	≥5		
$250\geqslant v_{se}>150$		<3	3～50	>50	
$v_{se}\leqslant 150$		<3	3～15	15～80	>80

注：表中 v_s 系岩石的剪切波速。

计算深度范围内土层的等效剪切波速 v_{se}，应按下列公式计算：

$$v_{se}=d_0/t \tag{1—4}$$

$$t=\sum_{i=1}^{n}(d_i/v_{si}) \tag{1—5}$$

式中　v_{se}——土层的等效剪切波速(m/s)；

d_0——计算深度(m)，取覆盖层厚度和 20 m 二者的较小值；

t——剪切波在地面至计算深度之间的传播时间；

d_i——计算深度范围内第 i 土层的厚度(m)；

v_{si}——计算深度范围内第 i 土层的剪切波速(m/s)；

n——计算深度范围内土层的分层数。

式(1—5)中的土层剪切波速，应根据《抗震规范》的要求进行实地测量。但对于丁类建筑及层数不超过 10 层且高度不超过 24 m 的丙类建筑，当无实测剪切波速时，可根据岩土名称和性状，按表 1—5 划分土的类型，再利用当地经验在表 1—5 的剪切波速范围内估算各土层的剪切波速。

表 1—5　土的类型划分和剪切波速范围

土的类型	岩 土 名 称 和 性 状	土层剪切波速范围/m·s^{-1}
岩石	坚硬、较硬且完整的岩石	$v_s>800$
坚硬土或软质岩石	破碎和较破碎的岩石或软和较软的岩石，密实的碎石土	$800\geqslant v_s>500$
中硬土	中密、稍密的碎石土，密实、中密的砾、粗、中砂，$f_{ak}>150$ 的黏性土和粉土，坚硬黄土	$500\geqslant v_s>250$
中软土	稍密的砾、粗、中砂，除松散外的细、粉砂，$f_{ak}\leqslant 150$ 的黏性土和粉土，$f_{ak}>130$ 的填土，可塑新黄土	$250\geqslant v_s>150$
软弱土	淤泥和淤泥质土，松散的砂，新近沉积的黏性土和粉土，$f_{ak}\leqslant 130$ 的填土，流塑黄土	$v_s\leqslant 150$

注：f_{ak}为由荷载试验等方法得到的地基承载力特征值(kPa)；v_s 为岩土剪切波速。

这里，建筑场地覆盖层厚度的确定，应符合下列要求：

(1)一般情况下，应按地面至剪切波速大于 500 m/s 且其下卧各层岩土的剪切波速均不小于 500 m/s 的土层顶面的距离确定；

(2)当地面 5 m 以下存在剪切波速大于其上部各土层剪切波速 2.5 倍的土层，且该层及其下卧岩土的剪切波速均不小于 400 m/s 时，可按地面至该土层顶面的距离确定；

(3) 剪切波速大于 500 m/s 的孤石、透镜体，应视同周围土层；

(4) 土层中的火山岩硬夹层，应视为刚体，其厚度应从覆盖土层中扣除。

二、场地土的液化

1. 场地土的液化及其判别

处于地下水位以下的饱和砂土和粉土在地震时容易发生液化现象。砂土和粉土的土颗粒结构受到地震作用时将趋于密实，当土颗粒处于饱和状态时，这种趋于密实的作用使孔隙水压力急剧上升，而在地震作用的短暂时间内，这种急剧上升的孔隙水压力来不及消散，使原先由土颗粒通过其接触点传递的压力(亦称有效压力)减小；当有效压力完全消失时，则砂土和粉土处于悬浮状态之中，场地土达到液化状态。

液化区因下部水头比上部水头高，所以水向上涌，把土粒带到地面上来(即冒水喷砂)。随着水和土粒的不断涌出，孔隙水压力降低，当降至一定程度时，只冒水而不喷土粒。当孔隙水压力进一步消散，冒水终将停止，土的液化过程结束。当砂土和粉土液化时，其强度将完全丧失，从而导致地基失效。

场地土液化将引起一系列震害。喷水冒砂淹没农田，淤塞渠道，路基被淘空，有的地段产生很多陷坑；沿河岸出现裂缝、滑移，造成桥梁破坏。另外，场地土液化也使建筑物产生下列震害：地面开裂下沉使建筑物产生过度下沉或整体倾斜；不均匀沉降引起建筑物上部结构破坏，使梁板等构件及其节点破坏，使墙体开裂和建筑物体型变化处开裂。

震害调查表明，影响场地土液化的因素主要有下列几个方面：

(1) 土层的地质年代。地质年代古老的饱和砂土不液化，而地质年代较新的则易于液化。

(2) 土层土粒的组成和密实程度。就细砂和粗砂比较，由于细砂的渗透性较差，地震时易于产生孔隙水的超压作用，故细砂较粗砂更易于液化。

(3) 砂土层埋置深度和地下水位深度。砂土层埋深越大，地下水位越深，使饱和砂土层上的有效覆盖应力加大，则砂土层就越不容易液化。当砂土层上面覆盖着较厚的黏土层，即使砂土层液化，也不致发生冒水喷砂现象，从而避免地基产生严重的不均匀沉陷。

(4) 地震烈度和地震持续时间。在地震烈度 7 度及以上的地区，地震烈度越高、地震持续的时间越长，饱和砂土就越易液化。远震中距与同等烈度的近震中距地震相比较，前者相当于震级大、震动持续时间长的地震，故前者较后者更容易液化。

《抗震规范》规定，6 度时，一般情况下可不进行饱和砂土和饱和粉土(不含黄土)的液化判别和地基处理，但对液化沉陷敏感的乙类建筑，可按 7 度的要求进行判别和处理；7～9 度时，乙类建筑可按本地区抗震设防烈度的要求进行判别和处理。

为了减少判别场地土液化的勘察工作量，饱和土液化的判别分为两步进行，即初步判别和标准贯入试验判别，凡经初步判别定为不液化或不考虑液化影响，则可不进行标准贯入试验的判别。

《抗震规范》规定，饱和的砂土或粉土(不含黄土)，当符合下列条件之一时，可初步判别为不液化或可不考虑液化影响：

(1) 地质年代为第四纪晚更新世(Q_3)及其以前时，7、8度时可判为不液化土；

(2) 粉土的黏粒(粒径小于0.005 mm的颗粒)含量百分率，7度、8度和9度分别不小于10、13和16时，可判为不液化土。用于液化判别的黏粒含量系采用六偏磷酸钠作分散剂测定，采用其他方法时应按有关规定换算。

(3) 浅埋天然地基的建筑，当上覆非液化土层厚度和地下水位深度符合下列条件之一时，可不考虑液化影响：

$$d_u > d_0 + d_b - 2 \tag{1-6}$$

$$d_w > d_0 + d_b - 3 \tag{1-7}$$

$$d_u + d_w > 1.5d_0 + 2d_0 - 4.5 \tag{1-8}$$

式中 d_b——基础埋置深度(m)，不超过2 m时应采用2 m；

d_0——液化土特征深度(m)，可按表1-6采用；

d_w——地下水位深度(m)，宜按建筑使用期内年平均最高水位采用，也可按近期内年最高水位采用；

d_u——上覆非液化土层厚度(m)，计算时宜将淤泥和淤泥质土层扣除；当上覆层中夹有软土层，其对抑制液化过程中喷水冒砂的作用很小，且其本身在地震中很可能发生软化现象，故该土层应从上覆层中扣除；上覆层厚度一般从第一层可液化土层的顶面算至地表。

表1-6 液化土特征深度 d_0 单位：m

饱和土类别	烈度		
	7	8	9
粉土	6	7	8
砂土	7	8	9

当饱和砂土、粉土的初步判别认为需进一步进行液化判别时，应采用标准贯入试验判别法判别地面下20 m范围内土的液化；但对《抗震规范》规定可不进行天然地基及基础的抗震承载力验算的各类建筑，可只判别地面下15 m范围内土的液化。当饱和土标准贯入锤击数(未经杆长修正)小于或等于液化判别标准贯入锤击数临界值时，应判为液化土。

在地面下20m深度范围内，液化判别标准贯入锤击数临界值可按下式计算：

$$N_{cr} = N_0\beta[\ln(0.6d_s + 1.5) - 0.1d_w]\sqrt{3/\rho_c} \tag{1-9}$$

式中 N_{cr}——液化判别标准贯入锤击数临界值，按式(1-9)计算；

N_0——液化判别标准贯入锤击数基准值，应按表1-7采用；

d_s——饱和砂土或粉土的标准贯入点深度(m)；

ρ_c——黏粒含量的百分率，当小于3或为砂土时，均应采用3。

β——调整系数，设计地震第一组取0.80，第二组取0.95，第三组取1.05。

表 1—7 液化判别标准贯入锤击数基准值 N_0

设计基本地震加速度(g)	0.10	0.15	0.20	0.30	0.40
液化判别标准贯入锤击数基准值	7	10	12	16	19

2. 液化场地的危害性分析与抗液化措施

震害调查表明，液化的危害主要在于因土层液化和喷冒现象而引起建筑物的不均匀沉降。在同一地震强度下，可液化土层的厚度越大，埋深越浅，土的密实度越小，实测标准贯入锤击数比液化临界锤击数 N_{cr} 小得越多，地下水位越高，则液化所造成的沉降量越大，因而对建筑物的危害程度也就越大。

《抗震规范》中用以衡量液化场地危害程度的液化指数 I_{lE} 的计算式为

$$I_{lE}=\sum_{i=1}^{n}\left(1-\frac{N_i}{N_{cri}}\right)d_i W_i \tag{1—10}$$

式中 n——在判别深度范围内每一个钻孔标准贯入试验点的总数；

N_i、N_{cri}——分别为 i 点标准贯入锤击数的实测值和临界值，当实测值大于临界值时，应取临界值，说明 i 点土层为非液化土层；当只需要判别 15 m 范围以内的液化时，15 m 以下的实测值可按临界值采用；

d_i——i 点所代表的土层厚度(m)，可采用与该标准贯入试验点相邻的上、下两标准贯入试验点深度差的一半，但上界不小于地下水位深度，下界不大于液化深度；

W_i——第 i 层土考虑单位土层厚度的层位影响权函数值(单位为 m^{-1})，当该层中点深度不大于 5 m 时应采用 10，等于 20 m 时应采用零值，5～20 m 时应按线性内插值法取值。

计算对比表明，液化指数 I_{lE} 与液化危害之间有着明显的对应关系。一般液化指数越大，场地的喷冒情况和建筑的液化震害就越严重。按液化场地的液化指数大小，液化等级分为轻微、中等和严重 3 级(表 1—8)。

表 1—8 液化等级和相应震害情况

液化等级	液化指数 I_{lE}	地面喷水冒砂情况	对建筑物的危害情况
轻微	$0<I_{lE}\leqslant 6$	地面无喷水冒砂，或仅在洼地、河边有零星的喷水冒砂点	危害性小，一般不致引起明显的震害
中等	$6<I_{lE}\leqslant 18$	喷水冒砂可能性大，从轻微到严重均有，多数属中等	危害性较大，可造成不均匀沉陷和开裂，有时不均匀沉陷可达 200 mm
严重	$I_{lE}>18$	一般喷水冒砂都很严重，地面变形很明显	危害性大，不均匀沉陷可能大于 200 mm，高重心结构可能产生不容许的倾斜

抗液化措施是对液化地基的综合治理。《抗震规范》规定，地基抗液化措施应根据建筑的重要性、地基的液化等级，结合具体情况综合确定。当液化砂土层、粉土层较平坦、均匀时，宜按表 1—9 选用地基抗液化措施；尚可计入上部结构重力荷载对液化危害的影响，根据液化震陷量的估计适当调整抗液化的措施。不宜将未经处理的液化土作为天然地基持力层。《抗震规范》列出了各种抗液化措施的具体要求，其中，甲类建筑的地基抗液化措施应进行专门研究，

但不宜低于乙类的相应要求。

表 1—9　抗液化措施

建筑抗震设防类别	地基的液化等级		
	轻　微	中　等	严　重
乙类	部分消除液化沉陷，或对基础和上部结构处理	全部消除液化沉陷，或部分消除液化沉陷且对基础和上部结构处理	全部消除液化沉陷
丙类	基础和上部结构处理，亦可不采取措施	基础和上部结构处理，或更高要求的措施	全部消除液化沉陷，或部分消除液化沉陷且对基础和上部结构处理
丁类	可不采取措施	可不采取措施	基础和上部结构处理，或采取其他经济的措施

复习思考题

1—1　何谓纵波、剪切波和面波？它们分别引起建筑物的哪些震动现象？

1—2　试分析地震动的三大特性及其规律。

1—3　试说明地震烈度、地震基本烈度和抗震设防烈度的区别与联系。

1—4　何谓多遇地震烈度、罕遇地震烈度？试说明它们与基本烈度的关系。

1—5　试简述抗震设防“三水准两阶段设计”的基本内容。

1—6　试述建筑场地类别划分的依据与方法。

1—7　试述场地土液化及其判别方法。

1—8　怎样正确选择抗液化措施？

第 2 章　结构抗震计算

学习目的：了解地震作用的机理和计算基本原则；了解底部剪力法、振型分解反应谱法和时程分析法的适用范围；掌握单质点弹性体系运动方程的建立和求解；掌握设计反应谱和地震影响系数的确定方法；掌握底部剪力法、振型分解反应谱法用于地震作用和地震作用效应的计算；了解平移—扭转耦联体系的振动，考虑扭转影响的水平地震作用和作用效应的计算；了解竖向地震作用的特点和计算方法；了解时程分析法的主要思路和基本方法；掌握地震作用效应和其他荷载效应的组合、截面抗震验算、抗震变形验算的方法和计算公式。

教学要求：讲述结构抗震计算的基本原理、基本概念和基本方法；建立单质点弹性体系和多质点弹性体系的动力方程并求解；分析水平地震作用和竖向地震作用的特点和计算方法；结合算例讲解抗震规范设计反应谱及其应用；分析时程分析法的计算模型、动力方程、恢复力模型、数值解法和地震波选取的基本原则；建立截面抗震计算和抗震变形验算的方法和计算公式。

§2—1　计算原则

结构抗震计算可分为地震作用计算和结构抗震验算两部分。在进行结构抗震设计的过程中，结构方案确定后，首先要计算的是地震作用，然后计算结构和构件的地震作用效应（包括弯矩、剪力、轴向力和位移），再将地震作用效应与其他荷载效应进行组合，验算结构和构件的承载力与变形，以满足“小震不坏，中震可修，大震不倒”的设计要求。

《抗震规范》给出了低于本地区设防烈度的多遇地震（即小震）和高于本地区设防烈度的预估的罕遇地震（即大震）两种地震影响系数，分别用于截面承载力验算和变形验算。地震作用的计算以弹性反应谱理论为基础；结构的内力分析以线弹性理论为主；结构构件的截面抗震验算仍需采用各种静力设计规范的方法和基本指标。大震作用下的变形验算是为了保证建筑物“大震不倒”，即进行结构薄弱层（部位）的弹塑性变形验算，使之不超过允许的变形限值以防止倒塌。《抗震规范》中有关一般计算原则规定如下。

一、各类建筑结构的地震作用

各类建筑结构的地震作用，应按下列原则考虑：

(1) 一般情况下，应允许在建筑结构的两个主轴方向分别计算水平地震作用并进行抗震验算，各方向的水平地震作用应由该方向抗侧力构件承担，如该构件带有翼缘、翼墙等，尚应包括翼缘、翼墙的抗侧力作用。

(2) 有斜交抗侧力构件的结构，当相交角度大于 15°时，应分别计算各抗侧力构件方向的水平地震作用。

(3) 质量和刚度分布明显不对称的结构，应计入双向水平地震作用下的扭转影响；其他情况，应允许采用调整地震作用效应的方法计入扭转影响。

(4) 8、9 度时的大跨度结构和长悬臂结构及 9 度时的高层建筑，应计算竖向地震作用。

二、各类建筑结构的抗震计算

底部剪力法和振型分解反应谱法是结构抗震计算的基本方法，而时程分析法作为补充计算方法，仅对特别不规则、特别重要的和较高的高层建筑才要求采用。

根据建筑类别、设防烈度以及结构的规则程度和复杂性，《抗震规范》为各类建筑结构的抗震计算，规定以下 3 种方法：

(1) 高度不超过 40 m、以剪切变形为主且质量和刚度沿高度分布比较均匀的结构，以及近似于单质点体系的结构，宜采用底部剪力法等简化方法。

(2) 除第(1)条外的建筑结构，宜采用振型分解反应谱法。

(3) 特别不规则的建筑、甲类建筑和表 2—3 所列高度范围的高层建筑，应采用时程分析法进行多遇地震下的补充计算；当取三组加速度时程曲线输入时，计算结果宜取时程法的包络值和振型分解反应谱法计算结果的较大值；当取七组及七组以上的时程曲线时，计算结果可取时程法的平均值与振型分解反应谱法计算结果的较大值。

表 2—1、表 2—2 分别为平面不规则、竖向不规则建筑的主要类型，当存在多项不规则指标或某项超过规定的参考指标较多时，则应属于特别不规则的建筑。

表 2—1　平面不规则的类型

不规则类型	定义和参考指标
A. 扭转不规则（非柔性楼板）	在规定的水平力作用下，楼层的最大弹性水平位移（或层间位移），大于该楼层两端弹性水平位移（或层间位移）平均值的 1.2 倍
B. 凹凸不规则	平面凹进的尺寸，大于相应投影方向总尺寸的 30%
C. 楼板局部不连续	楼板的尺寸和平面刚度急剧变化，例如有效楼板宽度小于该层楼板典型宽度的 50%，或开洞面积大于该层楼面面积的 30%，或较大的楼层错层

表 2—2　竖向不规则的类型

不规则类型	定义和参考指标
A. 侧向刚度不规则（有柔软层）	该层侧向刚度小于相邻上一层的 70%，或小于其上相邻 3 个楼层侧向刚度平均值的 80%；除顶层或出屋面小建筑外，局部收进的水平向尺寸大于相邻下一层的 25%
B. 竖向抗侧力构件不连续	竖向抗侧力构件（柱、抗震墙、抗震支撑）的内力由水平转换构件（梁、桁架等）向下传递
C. 楼层承载力突变（有薄弱层）	抗侧力结构的层间受剪承载力小于相邻上一楼层的 80%

表 2—3　采用时程分析法的房屋高度范围

烈度、场地类别	房屋高度范围/m
8 度Ⅰ、Ⅱ类场地和 7 度	＞100
8 度Ⅲ、Ⅳ类场地	＞80
9 度	＞60

采用时程分析法时，应按建筑场地类别和设计地震分组选用实际强震记录和人工模拟的加速度时程曲线，其中实际强震记录的数量不应少于总数的 2/3，多组时程曲线的平均地震影响系数曲线应与振型分解反应谱法所采用的地震影响系数曲线在统计意义上相符，其加速度时程的最大值可按表 2—4 采用。弹性时程分析时，每条时程曲线计算所得结构底部剪力不应小于振型分解反应谱法计算结果的 65％，多条时程曲线计算所得结构底部剪力的平均值不应小于振型分解反应谱法计算结果的 80％。

表 2—4　时程分析所用地震加速度时程的最大值　　单位：cm/s^2

地震影响	烈度			
	6	7	8	9
多遇地震	18	35(55)	70(110)	140
罕遇地震	125	220(310)	400(510)	620

注：括号内数值分别用于设计基本地震加速度为 0.15 *g* 和 0.30 *g* 的地区。

(4) 罕遇地震下结构的变形，应按《抗震规范》规定，采用简化的弹塑性分析方法或弹塑性时程分析法计算。

(5) 平面投影尺寸很大的空间结构，应根据结构形式和支承条件，分别按单点一致、多点、多向单点或多向多点输入进行抗震计算。

(6) 建筑结构的隔震和消能减震设计，应采用第 4 章的方法进行计算。

三、地基与结构相互作用的影响

由于地基与结构动力相互作用的影响，按刚性地基分析的建筑结构水平地震作用在一定范围内有明显的折减。考虑到我国的地震作用取值与国外相比较小，故仅在必要时才利用这一折减。因此，《抗震规范》规定，结构抗震计算，一般情况下可不计入地基与结构相互作用的影响，8 度和 9 度时建造于Ⅲ、Ⅳ类场地，采用箱基、刚性较好的筏基和桩基联合基础的钢筋混凝土高层建筑，当结构基本自振周期处于特征周期的 1.2～5 倍范围时，若计入地基与结构动力相互作用的影响，对按刚性地基假定计算的水平地震剪力可按下列规定折减，其层间变形按折减后的楼层剪力计算。

(1) 高宽比小于 3 的结构，各楼层水平地震剪力的折减系数可按下式计算：

$$\psi=\left(\frac{T_1}{T_1+\Delta T}\right)^{0.9} \tag{2—1}$$

式中　ψ——计入地基与结构动力相互作用后地震剪力折减系数；

T_1——按刚性地基假定确定的结构基本自振周期(s)；

ΔT——计入地基与结构动力相互作用的附加周期(s),可按表2—5采用。

表2—5 附加周期 单位:s

烈 度	场地类别	
	Ⅲ类	Ⅳ类
8度	0.08	0.20
9度	0.10	0.25

(2) 高宽比不小于3的结构,底部的地震剪力按第(1)条规定折减,顶部不折减,中间各层按线性插入值折减。

(3) 折减后各楼层的水平地震剪力应符合式(2—99)的要求。

四、结构楼层水平地震剪力的分配

结构的楼层水平地震剪力,应按下列原则分配:

(1) 现浇和装配整体式钢筋混凝土楼、屋盖等刚性楼盖建筑,宜按抗侧力构件等效刚度的比例分配。

(2) 木楼盖、木屋盖等柔性楼盖建筑,宜按抗侧力构件从属面积上重力荷载代表值的比例分配。

(3) 普通的预制装配式钢筋混凝土楼、屋盖等半刚性楼、屋盖的建筑,可取上述两种分配法结果的平均值。

(4) 考虑空间作用、楼盖变形、墙体弹塑性变形和扭转的影响时,可按《抗震规范》有关规定对上述分配结果作适当调整。

五、结构抗震验算的基本原则

结构的截面抗震验算,应符合下列规定:

(1) 6度时的建筑(不规则建筑及建造于Ⅳ类场地上较高的高层建筑除外),以及生土房屋和木结构房屋等,应允许不进行截面抗震验算,但应符合有关的抗震措施要求。

(2) 6度时不规则建筑、建造于Ⅳ类场地上较高的高层建筑(如高于40 m的钢筋混凝土框架、高于60 m的其他钢筋混凝土民用房屋和类似的工业厂房,以及高层钢结构房屋等),7度和7度以上的建筑结构(生土房屋和木结构房屋等除外),应进行多遇地震作用下的截面抗震验算。

(3) 对于钢筋混凝土框架、框架—抗震墙、板柱—抗震墙、框架—核心筒、抗震墙、筒中筒、框支层结构和多、高层钢结构,除按规定进行多遇地震作用下的截面抗震验算外,尚应进行罕遇地震作用下的变形验算。

(4) 结构在罕遇地震作用下薄弱层的弹塑性变形验算,应符合下列要求。

① 下列结构应进行弹塑性变形验算:

A. 8度Ⅲ、Ⅳ类场地和9度时,高大的单层钢筋混凝土柱厂房的横向排架。

B. 7~9度时楼层屈服强度系数小于0.5的钢筋混凝土框架结构。

C. 高度大于150 m的钢结构。

D. 甲类建筑和 9 度时乙类建筑中钢筋混凝土结构和钢结构。

E. 采用隔震和消能减震设计的结构。

② 下列结构宜进行弹塑性变形验算：

A. 表 2—3 所列高度范围且属于表 2—2 所列竖向不规则类型的高层建筑结构。

B. 7 度Ⅲ、Ⅳ类场地和 8 度时乙类建筑中钢筋混凝土结构和钢结构。

C. 板柱—抗震墙结构和底部框架砖房。

D. 高度不大于 150 m 的其他高层钢结构。

③ 弹塑性变形计算可采用下列方法：

A. 不超过 12 层且层刚度无突变的钢筋混凝土框架结构、单层钢筋混凝土柱厂房可采用本章的简化计算方法。

B. 除 A 以外的建筑结构，可采用静力弹塑性方法或弹塑性时程分析法等。

C. 规则结构可采用弯剪层模型或平面杆系模型，属于表 2—1、表 2—2 规定的不规则结构应采用空间结构模型。

§2—2　地震作用

地震作用与一般荷载不同，它不仅取决于地震烈度大小和建筑场地类别，而且与建筑结构的动力特性（如结构自振周期、阻尼等）有密切关系。而一般荷载与结构的动力特性无关，可以独立确定。作为地震作用的惯性力是由结构变位引起的，而结构变位本身又受这些惯性力的影响。为了描述这种因果之间的封闭循环关系，需借助于结构体系的运动微分方程，将惯性力表示为结构变位的时间导数。因此，确定地震作用比确定一般荷载复杂得多。

目前，在我国和其他许多国家的抗震设计规范中，广泛采用反应谱理论来确定地震作用，其中以加速度反应谱应用得最多。所谓加速度反应谱，就是单质点弹性体系在给定的地震作用下，最大反应加速度与体系自振周期的关系曲线。如果已知体系的自振周期，利用反应谱曲线或相应计算公式，就可很方便地确定体系的反应加速度，进而求出地震作用。

一、单质点弹性体系的地震反应

所谓单质点弹性体系，是指可以将结构参与振动的全部质量集中于一点，用无重量的弹性直杆支承于地面上的体系。例如，单层多跨等高厂房、水塔等（图 2—1），由于它们的质量都集中于屋盖或储水柜处，所以，通常将这些结构都简化为单质点体系。

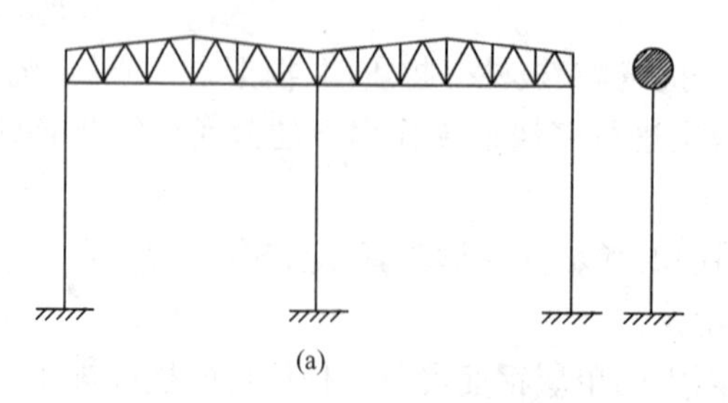

图 2—1　单质点体系

(a) 单层多跨等高厂房；(b) 水塔

众所周知，地震时地面运动有3个分量，即两个水平分量(分别平行于x轴和y轴)和一个竖向分量。一个单质点弹性体系在单一水平地震作用下，可以作为一个单自由度弹性体系来分析。结构在地震作用下引起的振动(动力响应)常称为结构的地震反应，它包括地震作用下结构的内力、变形、速度、加速度和位移等。为了研究单自由度弹性体系的地震反应，应首先建立体系在地震作用下的运动方程。

(一) 运动方程的建立

图2—2为单自由度弹性体系在随时间变化的干扰力$P(t)$作用下的振动情况。取质点为隔离体(图2—2b)，由结构动力学知，作用在质点上的力有随时间变化的干扰力$P(t)$、弹性恢复力$S(t)$、阻尼力$R(t)$和惯性力$I(t)$。

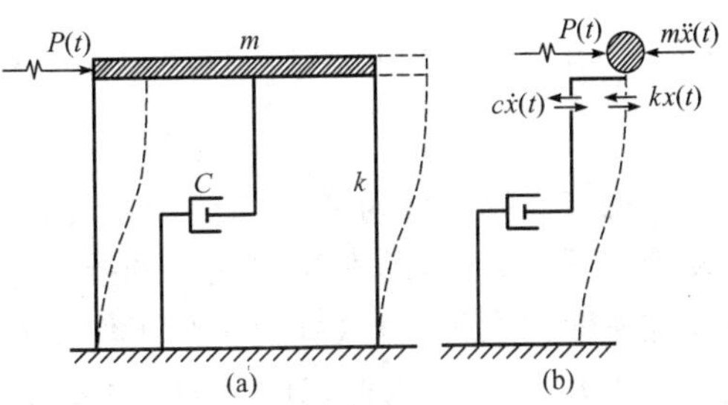

图2—2 单自由度弹性体系在$P(t)$下的振动

(a) 计算体系；(b) 隔离体

弹性恢复力$S(t)$是使质点从振动位置恢复到原来平衡位置的一种力，其大小与质点相对于地面的位移$x(t)$和体系的抗侧移刚度成正比，方向与质点的位移方向相反：

$$S(t)=-kx(t) \tag{2—2}$$

式中 k——体系的抗侧移刚度，即质点产生单位水平位移时，在质点处所需施加的力。

$x(t)$——质点相对于地面的水平位移。

阻尼力$R(t)$是使体系振动不断衰减的力，它来自结构材料的内摩擦、结构构件连接处的摩擦、结构周围介质的阻力以及地基变形的能量耗散等。在工程计算中一般采用黏滞阻尼理论来确定阻尼力，即假设体系阻尼力的大小与质点相对于地面的速度$\dot{x}(t)$成正比，力的方向与相对速度$\dot{x}(t)$方向相反，即

$$R(t)=-c\dot{x}(t) \tag{2—3}$$

式中 c——阻尼系数；

$\dot{x}(t)$——质点相对于地面的速度。

根据牛顿第二定理，惯性力$I(t)$的大小等于质点的质量与质点的绝对加速度$\ddot{x}_g(t)+\ddot{x}(t)$(此处$\ddot{x}_g(t)=0$)的乘积，其方向与绝对加速度的方向相反，即

$$I(t)=-m[\ddot{x}_g(t)+\ddot{x}(t)]=-m\ddot{x}(t) \tag{2—4}$$

式中 m——质点的质量；

$\ddot{x}(t)$——质点相对于地面的加速度；

$\ddot{x}_g(t)$——地面运动加速度。

根据达伦倍尔(D'Alembert)原理，质点在上述4个力作用下应处于平衡，单自由度弹性体系的运动方程可以表示为

$$I(t)+R(t)+S(t)=P(t)$$

即

$$m\ddot{x}(t)+c\dot{x}(t)+kx(t)=P(t) \tag{2—5}$$

图2—3表示单自由度弹性体系在水平地震作用下的变形情况。这时，体系上并无干扰力

$P(t)$作用，仅有地震引起的地面运动$\ddot{x}_g(t)$。则由式(2—5)可以推导出在水平地震作用下单自由度弹性体系的运动方程为

$$m[\ddot{x}_g(t)+\ddot{x}(t)]+c\dot{x}(t)+kx(t)=0 \tag{2—6}$$

即
$$m\ddot{x}(t)+c\dot{x}(t)+kx(t)=-m\ddot{x}_g(t) \tag{2—7}$$

将方程(2—7)与方程(2—6)进行比较，就会发现，方程(2—7)的右端项质点的质量与地面运动加速度的乘积$m\ddot{x}_g(t)$就相当于作用在体系上的干扰力$P(t)$。因此，计算结构的地震反应时，必须知道地震地面运动加速度$\ddot{x}_g(t)$的变化规律。$\ddot{x}_g(t)$可由地震时地面加速度记录得到。

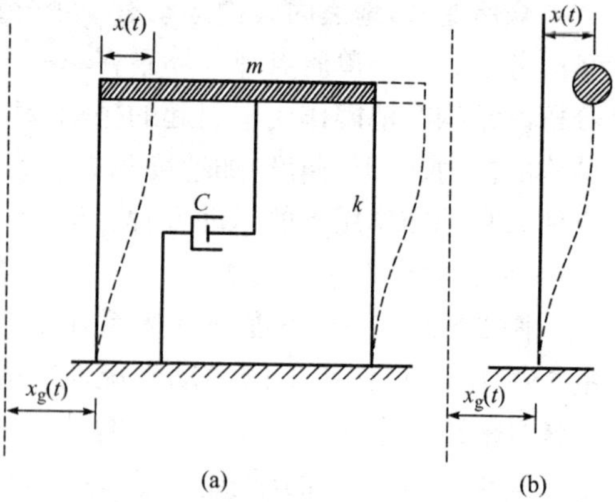

图 2—3　单质点弹性体系在水平地震作用下的变形

(a) 计算体系；(b) 计算简图

（二）运动方程的求解

欲求解单自由度弹性体系在水平地震作用下的地震反应，就必须求解方程(2—7)。为了使方程(2—7)进一步简化，设

$$\left.\begin{aligned}\omega^2&=\frac{k}{m}\\ \zeta&=\frac{c}{2\sqrt{km}}=\frac{c}{2\omega m}\end{aligned}\right\} \tag{2—8}$$

将式(2—8)代入方程(2—7)，整理后得

$$\ddot{x}(t)+2\zeta\omega\dot{x}(t)+\omega^2x(t)=-\ddot{x}_g(t) \tag{2—9}$$

式中　ζ——体系的阻尼比，一般工程结构的阻尼比在0.01～0.20；

ω——无阻尼单自由度弹性体系的圆频率，即2π秒时间内体系的振动次数。

在结构抗震计算中，常用到结构的自振周期T，它是体系振动一次所需要的时间，单位为s。自振周期T的倒数为体系的自振频率f，即体系在每秒内的振动次数，自振频率f的单位为1/s或称为赫兹(Hz)。

$$T=\frac{2\pi}{\omega}=2\pi\sqrt{\frac{m}{k}} \tag{2—10}$$

$$f=\frac{1}{T}=\frac{\omega}{2\pi}=\frac{1}{2\pi}\sqrt{\frac{k}{m}} \tag{2—11}$$

方程(2—9)是一个常系数二阶非齐次方程，其解包含两部分：一部分是与方程(2—9)相对应的齐次方程的通解；另一部分是方程(2—9)的特解。前者代表体系的自由振动，后者代表体系在地震作用下的强迫振动。

1. 齐次方程的通解

对应方程(2—9)的齐次方程为

$$\ddot{x}(t)+2\zeta\omega\dot{x}(t)+\omega^2x(t)=0 \tag{2—12}$$

根据微分方程理论，齐次方程(2—12)的通解为

$$x(t)=\mathrm{e}^{-\zeta\omega t}(A\cos\omega' t+B\sin\omega' t) \tag{2—13}$$

式中　ω'——有阻尼单自由度弹性体系的圆频率，它与无阻尼弹性体系的圆频率有以下关系：

$$\omega'=\sqrt{1-\zeta^2}\,\omega \tag{2—14}$$

当阻尼比 $\zeta=0.05$ 时，$\omega'=0.998\,7\omega\approx\omega$；

A、B——常数，其值可按问题的初始条件来确定。

当 $t=0$ 时，

$$x(t)=x(0),\quad \dot{x}(t)=\dot{x}(0)$$

其中 $x(0)$ 和 $\dot{x}(0)$ 分别为初始位移和初始速度。

将 $t=0$ 和 $x(t)=x(0)$ 代入式(2—13)，得

$$A=x(0)$$

再将式(2—13)对时间 t 求一阶导数，并将 $t=0$ 和 $\dot{x}(t)=\dot{x}(0)$ 代入，得

$$B=\frac{\dot{x}(0)+\zeta\omega x(0)}{\omega'}$$

将所得的 A、B 值代入式(2—13)，得

$$x(t)=\mathrm{e}^{-\zeta\omega t}\left[x(0)\cos\omega' t+\frac{\dot{x}(0)+\zeta\omega x(0)}{\omega'}\sin\omega' t\right] \tag{2—15}$$

上式就是方程(2—12)在给定初始条件时的解。

由于阻尼很小，通常可以近似地取 $\omega'=\omega$，也就是在计算体系的自振频率时，可以不考虑阻尼的影响，从而简化了计算过程。从式(2—15)可以看出，只有当体系的初位移 $x(0)$ 或初速度 $\dot{x}(0)$ 不为零时，体系才产生振动，而且振动幅值随时间的增加而不断衰减。用式(2—15)可以绘制出有阻尼单自由度弹性体系作自由振动时的位移时程曲线，如图 2—4 所示。可以看出它是一条逐渐衰减的振动曲线，即其振幅 $x(t)$ 随时间增加而减小，阻尼比 ζ 的值愈大，振幅的衰减也愈快。将不同的阻尼比 ζ 代入式(2—14)，体系的振动可以有以下 3 种情况：

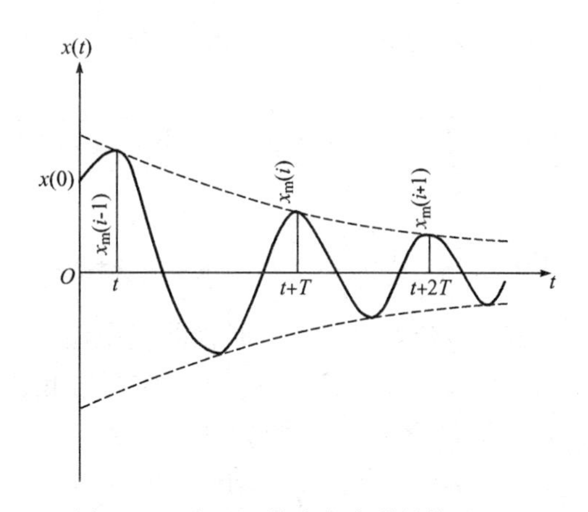

图 2—4　有阻尼单自由度弹性体系自由振动位移时程曲线

(1) 当 $\zeta<1$ 时，$\omega'>0$，则体系产生振动。

(2) 当 $\zeta>1$ 时，$\omega'<0$，则体系不产生振动，这种形式的阻尼称为过阻尼。

(3) 当 $\zeta=1$ 时，$\omega'=0$，则体系不产生振动，这时 $\zeta=\dfrac{c}{2m\omega}=\dfrac{c}{c_{\mathrm{r}}}=1$，$c_{\mathrm{r}}=2m\omega$ 称为临界阻尼系数，ζ 表示体系阻尼系数 c 与临界阻尼系数 c_{r} 的比值，所以，ζ 又叫做临界阻尼比，或简称为阻尼比。

结构的阻尼比的值可以通过结构的振动试验确定。最常用的试验方法有以下两种：

(1) 强迫振动试验

这种振动试验是在结构顶部安装一台可调振动频率的起振机，使结构产生各种频率的水平向简谐振动，用测振仪可以测得结构振幅与频率关系曲线(如图 2—5)。

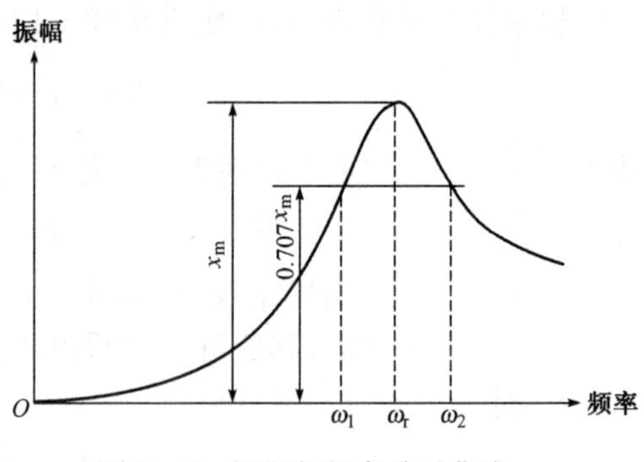

图 2—5　振幅与频率关系曲线

根据结构共振原理，图中振幅最大值 x_m 所对应的频率 ω_r 是结构自振圆频率。从图上可以找到曲线上振幅为 0.707 x_m 的两点所对应的圆频率为 ω_1 和 ω_2。根据结构力学原理，结构阻尼比的近似计算公式为

$$\zeta=\frac{\omega_2-\omega_1}{2\omega_r} \tag{2-16}$$

这种确定阻尼比的方法又称为宽带法。

(2) 自由振动试验

这种振动试验是通过牵拉结构的顶点，使其产生一个侧移，即式(2—15)中的初位移 $x(0)$，然后突然释放，结构就产生水平向的自由振动，用测振仪可以记录到结构顶点位移的衰减时程曲线，如图 2—4 所示。用式(2—15)分别写出相邻两个振幅 $x(t)$ 和 $x(t+T)$ 的表达式，两式相除后得

$$\zeta=\frac{1}{2\pi}\ln\frac{x(t)}{x(t+T)}=\frac{1}{2\pi}\ln\frac{x_m(i-1)}{x_m(i)} \tag{2-17}$$

式中的 $\ln\frac{x(t)}{x(t+T)}$ 又称为振幅的对数递减率。只要将试验得到的振幅衰减时程曲线中任意两个相邻振幅值代入式(2—17)，即可求得体系的阻尼比 ζ。

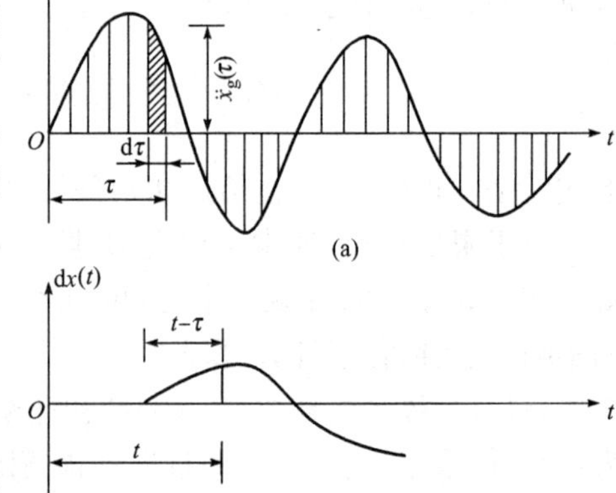

图 2—6　有阻尼单自由度弹性体系地震作用下运动方程解答图示

(a) 地面运动加速度时程曲线；

(b) 微分脉冲引起的自由振动

2. 地震作用下运动方程的特解

求解地震作用下运动微分方程

$$\ddot{x}(t)+2\zeta\omega\dot{x}(t)+\omega^2x(t)=-\ddot{x}_g(t)$$

的特解时，可将图 2—6a 所示的地面运动加速度时程曲线看做是由无穷多个连续作用的微分脉冲组成。图中的阴影部分就是一个微分脉冲，它在 $t=\tau-\mathrm{d}\tau$ 时刻开始作用在体系上，其作用时间为 $\mathrm{d}\tau$，大小为 $-\ddot{x}_g(\tau)\mathrm{d}\tau$。到 τ 时刻这一微分脉冲从体系上移去后，体系只产生自由振动，如图 2—6b 所示。只要把这无穷多个脉冲作用后产生的自由振动叠加起来即可求得运动微分方程的解 $x(t)$。

单一微分脉冲作用后体系所产生的自由振动可用式(2—15)求得，但必须首先知道，当微分脉冲作用后体系开始作自由振动时的初位移 $x(\tau)$ 和初速度 $\dot{x}(\tau)$(如图 2—6b 所示，体系从

τ 时刻开始作自由振动)。体系在微分脉冲作用前处于静止状态,其位移、速度均为零。由于微分脉冲作用时间极短,体系的位移不会发生变化,故初位移 $x(\tau)$ 应为零,而速度有变化。速度的变化可以从动量定律即冲量等于动量的增量来求得。冲量为荷载与作用时间的乘积,等于 $-m\ddot{x}_g(\tau)\mathrm{d}\tau$,而动量的增量为 $m\dot{x}(\tau)$。据冲量定律可以求得体系作自由振动时的初速度 $\dot{x}(\tau)$ 为

$$\dot{x}(\tau)=-\ddot{x}_g(\tau)\mathrm{d}\tau \tag{2-18}$$

由式(2－15)可以求得当 $\tau-\mathrm{d}\tau$ 时作用一个 $\ddot{x}_g(\tau)\mathrm{d}\tau$ 微分脉冲的位移反应 $\mathrm{d}x(t)$ 为

$$\mathrm{d}x(t)=\mathrm{e}^{-\zeta\omega(t-\tau)}\frac{\ddot{x}_g(\tau)}{\omega'}\sin\omega'(t-\tau)\mathrm{d}\tau \tag{2-19}$$

将所有微分脉冲作用后产生的自由振动叠加,就可以得到地震作用过程中引起的有阻尼单自由度弹性体系的位移反应 $x(t)$,用积分式表达为

$$x(t)=-\frac{1}{\omega'}\int_0^t\ddot{x}_g(\tau)\mathrm{e}^{-\zeta\omega(t-\tau)}\sin\omega'(t-\tau)\mathrm{d}\tau \tag{2-20}$$

式(2－20)是非齐次线性微分方程(2－9)的特解,通常称为杜哈曼(Duhamel)积分,它与齐次方程的通解式(2－15)之和构成了运动方程(2－9)的全解:

$$\begin{aligned}x(t)=&\mathrm{e}^{-\zeta\omega t}\left[x(0)\cos\omega't+\frac{\dot{x}(0)+\zeta\omega x(0)}{\omega'}\sin\omega't\right]\\&-\frac{1}{\omega'}\int_0^t\ddot{x}_g(\tau)\mathrm{e}^{-\zeta\omega(t-\tau)}\sin\omega'(t-\tau)\mathrm{d}\tau\end{aligned} \tag{2-21}$$

由于地震发生前体系处于静止状态,体系的初位移 $x(0)$ 和初速度 $\dot{x}(0)$ 均等于零,也就是式(2－21)的第一项为零。所以,常用式(2－20)来计算单自由度弹性体系的位移反应 $x(t)$。

(三) 地震反应

式(2－20)系单自由度弹性体系在水平地震作用下相对于地面的位移反应。将式(2－20)对时间求导数,可以求得单自由度弹性体系在地震作用下相对于地面的速度反应 $\dot{x}(t)$ 为

$$\dot{x}(t)=\frac{\mathrm{d}x(t)}{\mathrm{d}t}=-\int_0^t\ddot{x}_g(\tau)\mathrm{e}^{-\zeta\omega(t-\tau)}\cos\omega'(t-\tau)\mathrm{d}\tau+\frac{\zeta\omega}{\omega'}\int_0^t\ddot{x}_g(\tau)\mathrm{e}^{-\zeta\omega(t-\tau)}\sin\omega'(t-\tau)\mathrm{d}\tau \tag{2-22}$$

将式(2－20)和式(2－22)代回到体系的运动方程(2－9),可求得单自由度弹性体系的绝对加速度为

$$\begin{aligned}\ddot{x}(t)+\ddot{x}_g(t)&=-2\zeta\omega\dot{x}(t)-\omega^2x(t)\\&=2\zeta\omega\int_0^t\ddot{x}_g(\tau)\mathrm{e}^{-\zeta\omega(t-\tau)}\cos\omega'(t-\tau)\mathrm{d}\tau\\&\quad-\frac{2\zeta^2\omega^2}{\omega'}\int_0^t\ddot{x}_g(\tau)\mathrm{e}^{-\zeta\omega(t-\tau)}\sin\omega'(t-\tau)\mathrm{d}\tau\\&\quad+\frac{\omega^2}{\omega'}\int_0^t\ddot{x}_g(\tau)\mathrm{e}^{-\zeta\omega(t-\tau)}\sin\omega'(t-\tau)\mathrm{d}\tau\end{aligned} \tag{2-23}$$

由式(2—20)、(2—22)、(2—23)求计算体系的地震反应,需对上述各式进行积分。由于地面运动加速度时程曲线 $\ddot{x}_g(t)$是随机过程,不能用确定的函数来表达,上述积分只能用数值积分来完成。目前,常用的方法是把加速度时程曲线 $\ddot{x}_g(t)$划分为 Δt 的时段而对运动方程进行直接积分来求出地震反应(见§2—6)。

对于式(2—22)和式(2—23)做下述简化处理:因为阻尼比 ζ 值较小(一般结构为 0.05),所以可忽略上述两式中带有 ζ 和 ζ^2 的项;由于 ω'和 ω 非常接近,故取 $\omega'=\omega$;用 $\sin\omega(t-\tau)$取代 $\cos\omega(t-\tau)$。做这样处理并不影响两式的最大值,只是相位相差 $\pi/2$。同时,取式(2—21)、式(2—22)和式(2—23)的绝对值的最大值,得到单自由度弹性体系在地震作用下的最大位移反应 S_d、最大速度反应 S_v 和最大绝对加速度反应 S_a,即

$$S_d = |x(t)|_{max} = \frac{1}{\omega}\left|\int_0^t \ddot{x}_g(\tau)e^{-\zeta\omega(t-\tau)}\sin\omega(t-\tau)d\tau\right|_{max} \tag{2—24}$$

$$S_v = |\dot{x}(t)|_{max} = \left|\int_0^t \ddot{x}_g(\tau)e^{-\zeta\omega(t-\tau)}\sin\omega(t-\tau)d\tau\right|_{max} \tag{2—25}$$

$$S_a = |\ddot{x}(t)+\ddot{x}_g(t)|_{max} = \omega\left|\int_0^t \ddot{x}_g(\tau)e^{-\zeta\omega(t-\tau)}\sin\omega(t-\tau)d\tau\right|_{max} \tag{2—26}$$

二、单自由度弹性体系的水平地震作用

对于单自由度弹性体系,通常把惯性力看做是一种反映地震对结构体系影响的等效力,即水平地震作用:

$$F(t) = -m[\ddot{x}(t)+\ddot{x}_g(t)] \tag{2—27}$$

由上式可见,水平地震作用是时间 t 的函数,它的大小和方向随时间 t 而变化。在结构抗震设计中,对结构进行抗震验算,并不需要求出每一时刻的地震作用数值,而只求出水平地震作用的最大绝对值。所以,结构在地震持续过程中经受的最大地震作用为

$$\begin{aligned} F &= |F(t)|_{max} = m|\ddot{x}(t)+\ddot{x}_g(t)|_{max} = mS_a \\ &= mg\frac{S_a}{|\ddot{x}_g(t)|_{max}}\cdot\frac{|\ddot{x}_g(t)|_{max}}{g} \\ &= G\beta k = \alpha G \end{aligned} \tag{2—28}$$

式中 F——水平地震作用标准值;

G——集中于质点处的重力荷载代表值;

g——重力加速度,$g=9.8\ m/s^2$;

β——动力系数,它是单自由度弹性体系的最大绝对加速度反应与地面运动最大加速度的比值,即

$$\beta = \frac{S_a}{|\ddot{x}_g(t)|_{max}} \tag{2—29}$$

k——地震系数，它是地面运动最大加速度与重力加速度的比值，即

$$k=\frac{|\ddot{x}_g(t)|_{max}}{g} \tag{2-30}$$

α——水平地震影响系数，它是动力系数与地震系数的乘积，即

$$\alpha=\beta k \tag{2-31}$$

三、重力荷载代表值的确定

在计算结构的水平地震作用标准值和竖向地震作用标准值时，都要用到集中在质点处的重力荷载代表值 G。《抗震规范》规定，结构的重力荷载代表值应取结构和构配件自重标准值 G_k 加上各可变荷载组合值 $\sum_{i=1}^{n}\Psi_{Qi}Q_{ik}$，即

$$G=G_k+\sum_{i=1}^{n}\Psi_{Qi}Q_{ik} \tag{2-32}$$

式中 Q_{ik}——第 i 个可变荷载标准值；

Ψ_{Qi}——第 i 个可变荷载的组合值系数，见表 2—6。

表 2—6 组合值系数

可变荷载种类		组合值系数
雪荷载		0.5
屋面积灰荷载		0.5
屋面活荷载		不计入
按实际情况计算的楼面活荷载		1.0
按等效均布荷载计算的楼面活荷载	藏书库、档案馆	0.8
	其他民用建筑	0.5
吊车悬吊物重力	硬钩吊车	0.3
	软钩吊车	不计入

注：硬钩吊车的吊重较大时，组合值系数应按实际情况采用。

《抗震规范》基于地震时荷载遇合的可变荷载组合值系数沿用了原《抗震规范》的取值，可变荷载组合值系数列于表 2—6 中。由于民用建筑楼面活荷载按等效均布荷载考虑时变化很大，考虑其地震时遇合的概率，取组合值系数为 0.5。考虑到藏书馆等活荷载在地震时遇合的概率较大，故按等效楼面均布荷载计算活荷载时，其组合值系数取为 0.8。如果楼面活荷载按实际情况考虑，应按最不利情况取值，此时组合值系数取 1.0。

§2—3 设计反应谱

一、反应谱

在地震作用下，单自由度弹性体系的最大位移反应、最大速度反应和最大绝对加速度反应分别见式(2—24)、式(2—25)和式(2—26)。

可以看出，当地面运动加速度时程曲线 $\ddot{x}_g(t)$ 已经选定和阻尼比 ζ 值给定为 0.05 时，S_d、S_v 和 S_a 仅仅是体系的圆频率 ω 即自振周期 T 的函数。以最大绝对加速度反应 S_a 为例，对应每一个单自由度弹性体系的自振周期 T 都可以用式(2—26)求得一个对应该体系的最大加速度反应值 $S_a(T)$。以体系自振周期 T 为横坐标，最大绝对加速度反应 S_a 为纵坐标，可以绘出如图 2—7c 所示的谱曲线，称之为拟加速度反应谱。用同样的方法可以绘制拟速度反应谱和位移反应谱。在速度反应谱和加速度反应谱前有时冠以“拟”字，表示这两种反应谱都是经过近似处理后得到的。

所谓反应谱就是单自由度弹性体系在给定的地震作用下，某个最大反应量(如 S_a、S_v、S_d 等)与体系自振周期 T 的关系曲线。

图 2—7a、b、c 给出了根据 EL—Centro 地震 N—S 方向加速度记录所计算出的不同阻尼比的位移、速度、加速度反应谱。该加速度时程曲线的持续时间为 53.7 s，最大加速度峰值为 341.7 gal。为了标准化，计算反应谱时将时程曲线的峰值 $|\ddot{x}_g(t)|_{max}$ 调高到1.0 g。图 2—8 给出了不同场地条件上的平均加速度反应谱。

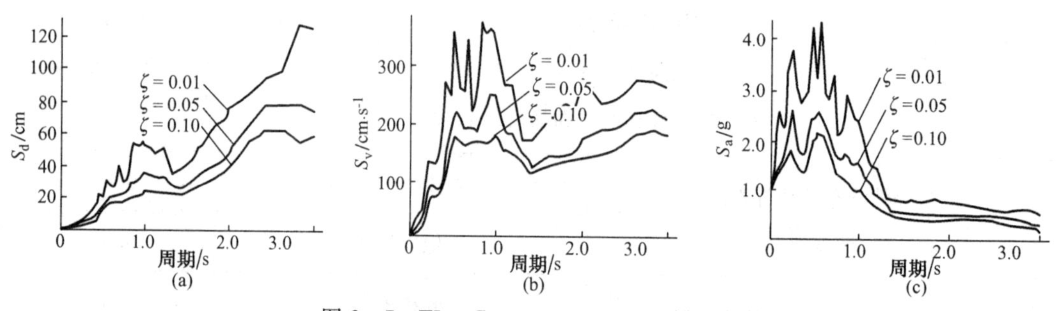

图 2—7 EL—Centro 1940(N—S)的反应谱

(a) 位移反应谱；(b) 拟速度反应谱；(c) 拟加速度反应谱

从这些图上可以看到地震反应谱的一些特点：

(1) 阻尼比 ζ 值对反应谱的影响很大，它不仅能降低结构反应的幅值，而且可以削平不少峰点，使反应谱曲线变得平缓。

(2) 对于加速度反应谱，当结构周期小于某个值时(这个值大体上与场地的自振周期接近)，幅值随周期 T 急剧增大；当 T 大于这个值时，振幅随 T 快速下降；当 $T \geqslant 3.0$ s 时，加速度反应谱值下降缓慢。

(3) 在结构周期达到某个值之前，速度反应谱值也随 T 的增加而增大，随后则逐渐趋于常值。

(4) 位移反应谱幅值则随结构周期的增大而增大。

(5) 从图 2—8 可以看出，土质条件对反应谱的形状有很大的影响，土质越松软，加速度反应谱峰值所对应的结构周期就越长。

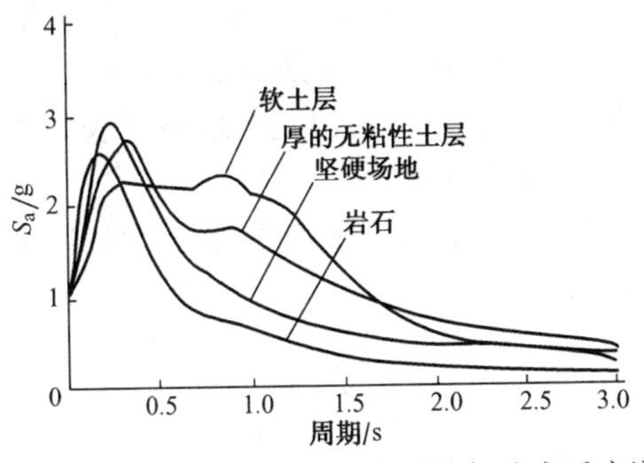

图 2—8 不同场地条件的平均加速度反应谱

(ζ=0.05)

总之，结构的阻尼比和场地条件对反应谱有很大影响。结构的最大地震反应，对于高频结构主要取决于地面运动最大加速度；对于中频结构主要取决于地面运动最大速度；对于低频结构主要取决于地面运动最大位移。

由前述式(2—29)可知，动力系数 β 为单自由度弹性体系的最大加速度反应与地面运动最大加速度的比值，它是无量纲的，主要反映结构的动力效应。将 $\omega=\frac{2\pi}{T}$ 代入式(2—26)，由式(2—29)得

$$\beta=\frac{S_a}{|\ddot{x}_g(t)|_{max}}=\frac{1}{|\ddot{x}_g(t)|_{max}}\frac{2\pi}{T}\left|\int_0^t \ddot{x}_g(\tau)e^{-\zeta\frac{2\pi}{T}(t-\tau)}\sin\frac{2\pi}{T}(t-\tau)d\tau\right|_{max} \tag{2—33}$$

与最大绝对加速度反应 S_a 一样，对于一个给定的地面加速度记录 $\ddot{x}_g(t)$ 和结构阻尼比 ζ，用式(2—33)可以计算出对应不同的结构自振周期 T 的动力系数 β 值。用动力系数 β 作为纵坐标，以体系的自振周期 T 作为横坐标，可以绘制出一条 β—T 曲线，称为动力系数反应谱曲线或 β 谱曲线。对比式(2—33)与式(2—26)可以发现，由于地面运动最大加速度 $|\ddot{x}_g(t)|_{max}$ 对于给定的地震是个常数，所以 β 谱曲线的形状与拟加速度反应谱曲线的形状完全一致，只是纵坐标数值不同，β 谱曲线的纵坐标为 $\frac{1}{|\ddot{x}_g(t)|_{max}}\cdot S_a$。同样，水平地震影响系数的 α—T 曲线也与 S_a—T 曲线的形状完全相同，只是纵坐标为 $k\beta=\frac{k}{|\ddot{x}_g(t)|_{max}}\cdot S_a$，这是因为 $\alpha=k\beta$，对于给定的地震(或设防烈度)，地震系数 k 为常数。

分析研究表明，这些反应谱曲线的形状还取决于建筑场地类别、地震波和震中距等因素。

二、设计反应谱

地震是随机的，即使在同一地点、相同的地震烈度，前后两次地震记录到的地面运动加速度时程曲线 $\ddot{x}_g(t)$ 也可能有很大差别。不同的加速度时程曲线 $\ddot{x}_g(t)$ 可以算得不同的反应谱曲线，虽然它们之间有着某些共同特性，但毕竟存在着许多差别。在进行工程结构设计时，也无法预知该建筑物将会遭遇到怎样的地震。因此，仅用某一次地震加速度时程曲线 $\ddot{x}_g(t)$ 所

得到的反应谱曲线 $S_a(t)$ 或 $\alpha(T)$ 作为设计标准来计算地震作用是不恰当的。而且，依据单个地震所绘制的反应谱曲线（如图 2－7）波动起伏，变化频繁，也很难在实际抗震设计中应用。为此，必须根据同一类场地上所得到的强震时地面运动加速度记录 $\ddot{x}_g(t)$ 分别计算出它的反应谱曲线，然后将这些谱曲线进行统计分析，求出其中最有代表性的平均反应谱曲线作为设计依据，通常称这样的谱曲线为抗震设计反应谱。

《抗震规范》给出的设计反应谱不仅考虑了建筑场地类别的影响，也考虑了震级、震中距及阻尼比的影响，如图 2—9 所示。

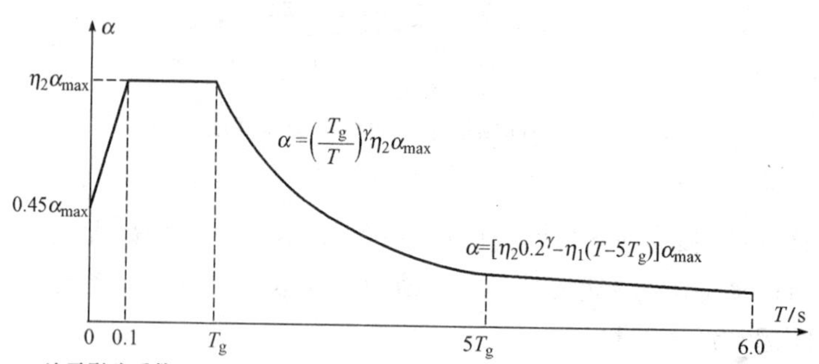

图 2—9　地震影响系数曲线

图 2—9 中的特征周期 T_g 应根据场地类别和设计地震分组按表 2—7 采用，计算罕遇地震作用时，特征周期应增加 0.05 s。

表 2—7　特征周期值　　单位：s

设计地震分组	场地类别				
	Ⅰ₀	Ⅰ₁	Ⅱ	Ⅲ	Ⅳ
第一组	0.20	0.25	0.35	0.45	0.65
第二组	0.25	0.30	0.40	0.55	0.75
第三组	0.30	0.35	0.45	0.65	0.90

建筑结构地震影响系数曲线（图 2—9）的阻尼调整和形状参数应符合下列要求：

（1）除有专门规定外，建筑结构的阻尼比 ζ 应取 0.05，地震影响系数曲线的阻尼调整系数 η_2 应按 1.0 采用，形状参数应符合下列规定：

① 直线上升段，周期小于 0.1 s 的区段。

② 水平段，周期自 0.1 s 至特征周期 T_g 的区段，应取最大值 α_{max}。

③ 曲线下降段，自特征周期至 5 倍特征周期区段，衰减指数 γ 应取 0.9。

④ 直线下降段，自 5 倍特征周期至 6 s 区段，下降斜率调整系数 η_1 应取 0.02。

（2）当建筑结构的阻尼比按有关规定不等于 0.05 时，地震影响系数曲线的阻尼调整系数和形状参数应符合下列规定：

① 曲线下降段的衰减指数应按下式确定：

$$\gamma=0.9+\frac{0.05-\zeta}{0.5+6\zeta} \tag{2—34}$$

式中　γ——曲线下降段的衰减指数；

ζ——阻尼比。

② 直线下降段的下降斜率调整系数应按下式确定：

$$\eta_1 = 0.02 + \frac{0.05 - \zeta}{4 + 32\zeta} \tag{2-35}$$

式中　η_1——直线下降段的下降斜率调整系数，小于 0 时取 0。

③ 阻尼调整系数应按下式确定：

$$\eta_2 = 1 + \frac{0.05 - \zeta}{0.08 + 1.6\zeta} \tag{2-36}$$

式中　η_2——阻尼调整系数，当小于 0.55 时，应取 0.55。

三、水平地震影响系数最大值 α_{max} 的确定

水平地震影响系数 α 是地震系数 k 与动力系数 β 的乘积。地震系数是地面运动最大加速度 $|\ddot{x}_g|$ 与重力加速度 g 的比值，它反映该地区基本烈度的大小。基本烈度愈高，地震系数 k 值愈大，而与结构性能无关。基本烈度每增加 1 度，地震系数 k 值增加 1 倍，地震系数 k 与基本烈度的关系如表 2－8 所示。当基本烈度确定后，地震系数 k 为常数，α 仅随 β 值而变化。通过大量的分析计算，可以得到一系列的 β 值，我国《抗震规范》中将最大动力系数 β_{max} 取为 2.25。所以，水平地震影响系数最大值 $\alpha_{max} = k\beta_{max} = 2.25\ k$，由此可以得到水平影响系数最大值 α_{max} 与基本烈度的关系（表 2－9）。

表 2－8　地震系数 k 与基本烈度的关系

基本烈度	6	7	8	9
地震系数 k	0.05	0.10	0.20	0.40

表 2－9　α_{max} 与基本烈度的关系

基本烈度	6	7	8	9
α_{max}	0.11	0.23	0.45	0.90

表 2－9 中的 α_{max} 值是对应于基本烈度的，是属于 3 个水准设防要求中的第 2 个水准。为了把 3 个水准设防和两阶段设计的设计原则具体化、规范化，除规定反应谱曲线的形状外，还需确定低于本地区设防烈度的多遇地震和高于本地区设防烈度的罕遇地震的 α_{max} 值。

根据统计资料，多遇地震烈度即众值烈度比基本烈度低 1.55 度，相当于地震作用值乘以 0.35。把众值烈度作为第一阶段设计中用作截面抗震验算的设计指标，这不仅具有明确的地震发生概率的定义，而且这时结构的实际反应还处于结构的弹性范围内，可以用多系数截面抗震验算的公式把多遇地震的地震效应和其他荷载效应（包括重力荷载和风荷载的效应）组合后进行验算。对地震作用乘以 0.35，也就是对表 2－9 中的 α_{max} 值乘以 0.35。所以，用于第一阶段设计中的截面抗震验算的水平地震影响系数最大值可按表 2－10 采用。

表 2－10　水平地震影响系数最大值 α_{max}

地震影响	6 度	7 度	8 度	9 度
多遇地震	0.04	0.08(0.12)	0.16(0.24)	0.32
罕遇地震	0.28	0.50(0.72)	0.90(1.20)	1.40

注：括号中数值分别用于设计基本地震加速度为 0.15 g 和 0.30 g 的地区。

由于地震的随机性，发生高于本地区基本烈度地震的可能性是存在的。因此，定量地进行罕遇地震作用下倒塌的抗震验算是必要的，如何定义预估罕遇地震的作用是必须解决的问题。地震统计资料表明：罕遇地震烈度比基本烈度高出的数值在不同的基本烈度地区是不同的，基本烈度为 7 度、8 度、9 度地区的罕遇地震的地面最大加速度与多遇地震的地面最大加速度的平均比值分别为 6.8、4.5、3.6。也就是说第二阶段设计与第一阶段设计的地震作用的比例大体上取 4～6 倍，这个比值随基本烈度的提高而有所降低。为此，《抗震规范》规定计算罕遇地震作用的标准值时，水平地震影响系数最大值可按表 2—10 采用。

【例题 2—1】 一单层单跨框架如图2—10 所示。假设屋盖平面内刚度为无穷大，集中于屋盖处的重力荷载代表值 $G=1\ 200$ kN，框架柱线刚度 $i_c=\dfrac{EI_c}{h}=3.0\times10^4$ kN·m，框架高度 $h=5.0$ m，跨度 $l=9.0$ m。已知设防烈度为8度(0.20g)，设计地震分组为第二组，Ⅱ 类场地，结构阻尼比为 0.05。试求该结构在多遇地震和罕遇地震的水平地震作用。

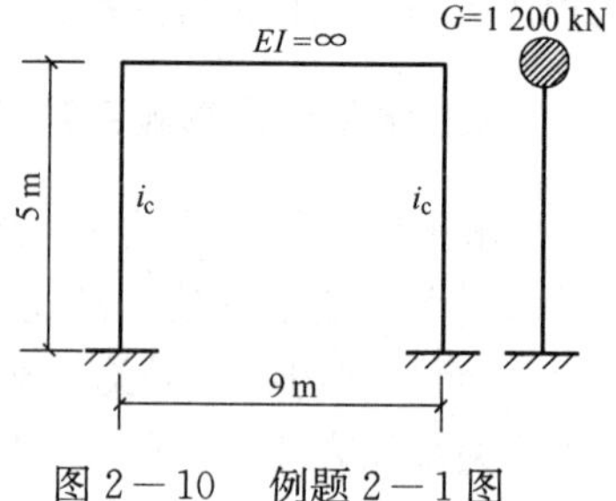

图 2—10　例题 2—1 图

【解】 由于结构的质量集中于屋盖处，水平振动时可以简化为单自由度体系。

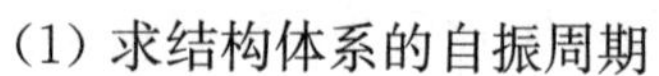
(1) 求结构体系的自振周期

由于屋盖在平面内刚度为无穷大，框架的侧移刚度 k_f 为

$$k_f=2\times\frac{12i_c}{h^2}=2\times\frac{12\times3.0\times10^4}{5^2}=28\ 800\ \text{kN/m}$$

$$m=\frac{G}{g}=\frac{1\ 200}{9.8}=122.45\times10^3\ \text{kg}$$

将 k_f 和 m 代入式(2—10)，得

$$T=2\pi\sqrt{\frac{m}{k_f}}=2\pi\sqrt{\frac{122.45\times10^3}{28\ 800\times10^3}}=0.409\ \text{s}$$

(2) 多遇地震时的水平地震作用

当设防烈度为 8 度且为多遇地震时，查表 2—10，$\alpha_{max}=0.16$；当Ⅱ类场地、设计地震分组为第二组时，查表 2—7，特征周期 $T_g=0.4$ s。由于 $\zeta=0.05$，则 $\gamma=0.9$，$\eta_1=0.02$，$\eta_2=1.0$。因 $T_g<T<5T_g$，由图 2—9 得

$$\alpha=\left(\frac{T_g}{T}\right)^{\gamma}\eta_2\alpha_{max}=\left(\frac{0.4}{0.409}\right)^{0.9}\times1.0\times0.16=0.157$$

由式(2—28)得多遇地震时的水平地震作用为

$$F=\alpha G=0.157\times1\ 200=188.4\ \text{kN}$$

(3) 罕遇地震时的水平地震作用

当设防烈度为 8 度且为罕遇地震时，查表 2—10，$\alpha_{max}=0.90$；当Ⅱ场地、地震分组为第二组时，查表 2—7，$T_g=0.4\ \text{s}+0.05\ \text{s}=0.45$ s。由于 $\zeta=0.05$，则有 $\gamma=0.9$，$\eta_1=0.02$，$\eta_2=1.0$。因 $T<T_g$，由图 2—9 得

$$\alpha=\eta_2\alpha_{max}=1.0\times0.9=0.9$$

由式(2－28)得罕遇地震时的水平地震作用为

$$F=\alpha G=0.9\times 1\,200=1\,080\ \text{kN}$$

§2－4　振型分解反应谱法

在实际建筑结构中，除了少数结构可以简化为单质点体系外，大量的多层工业与民用建筑、多跨不等高单层工业厂房等都应简化为多质点体系来分析。如图2－11a所示，通常将楼面的使用荷载以及上下两相邻层(i和$i+1$层)之间的结构自重(即图中的阴影部分)集中于第i层的楼面标高处，形成一个多质点体系，如图2－11b。多自由度弹性体系的地震反应分析要比单自由度弹性体系复杂得多，本节所讲述的振型分解反应谱法是求解多自由度弹性体系地震反应的基本方法。这一方法的基本概念是：假定建筑结构是线弹性的多自由度体系，利用振型分解和振型正交性原理，将求解n个自由度弹性体系的最大地震反应，分解为求解n个独立的等效单自由度体系的最大地震反应，从而求得对应于每一个振型的作用效应(弯矩、剪力、轴向力和变形)，再按一定的法则将每个振型的作用效应组合成总的地震作用效应进行截面抗震验算。

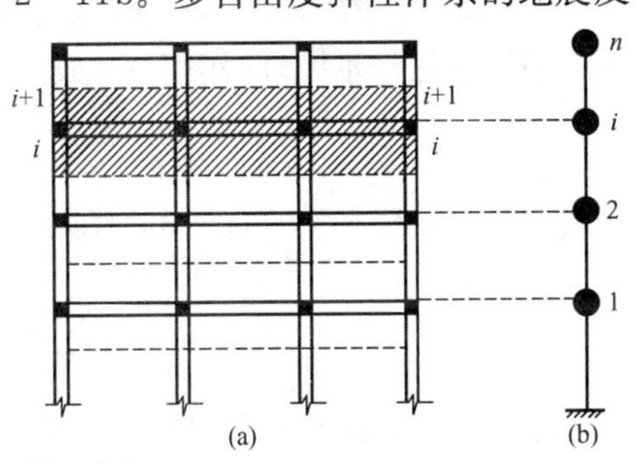

图2－11　多质点体系示意图

(a) 多层房屋；(b) 多质点弹性体系

一、不考虑扭转影响时结构的地震作用和作用效应

对大多数质量和刚度分布比较均匀且对称的结构，不需要考虑水平地震作用下的扭转影响，可在建筑物的两个主轴方向分别考虑水平地震作用进行验算，各个方向的水平地震作用全部由该方向的抗侧力构件承担。所以，在单一方向水平地震作用下的一个n质点的结构体系只有n个自由度。

1. 多自由度弹性体系的运动方程

图2－12a为多自由度弹性体系在水平地震作用下的位移情况。图中$x_g(t)$为地震时地面运动的水平位移，$x_i(t)$表示质点i相对于基础的位移。由于没有外荷载作用在体系上，即$P_i(t)=0$。这时，作用在图2－12b中质点i上的力有

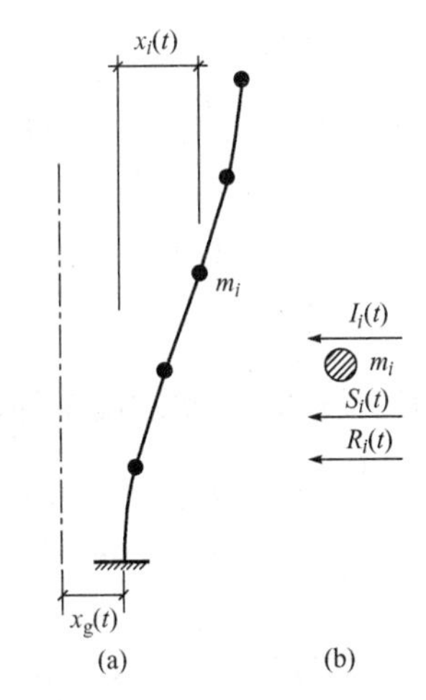

图2－12　多自由度弹性体系位移

(a) 地震作用下多自由度弹性体系的位移；

(b) 质点i上的作用力

惯性力：

$$I_i(t)=-m_i[\ddot{x}_i(t)+\ddot{x}_g(t)] \quad (2-37)$$

弹性恢复力：

$$S_i(t)=-[k_{i1}x_1(t)+k_{i2}x_2(t)+\cdots+k_{ii}x_i(t)+\cdots+k_{in}x_n(t)]=-\sum_{k=1}^{n}k_{ik}x_k(t) \quad (2-38)$$

阻尼力：

$$R_i(t)=-[c_{i1}\dot{x}_1(t)+c_{i2}\dot{x}_2(t)+\cdots+c_{ii}\dot{x}_i(t)+\cdots+c_{in}\dot{x}_n(t)]=-\sum_{k=1}^{n}c_{ik}\dot{x}_k(t) \tag{2-39}$$

式中 $I_i(t)$、$S_i(t)$、$R_i(t)$—— 分别为作用于质点 i 上的惯性力、弹性恢复力和阻尼力；

k_{ik}—— 当质点 k 处产生单位侧移而其他质点保持不动时，在质点 i 处引起的弹性反力；

c_{ik}—— 当质点 k 处产生单位速度而其他质点保持不动时，在质点 i 处产生的阻尼力；

m_i—— 集中在 i 质点上的集中质量；

$x_i(t)$、$\dot{x}_i(t)$、$\ddot{x}_i(t)$—— 分别为质点 i 在 t 时刻相对于基础的位移、速度和加速度。

根据达伦倍尔原理，作用在 i 质点上的惯性力、阻尼力和弹性恢复力应保持平衡，即

$$I_i(t)+S_i(t)+R_i(t)=0 \tag{2-40}$$

将式(2—37)、(2—38)、(2—39)代入式(2—40)，则有

$$m_i\ddot{x}_i(t)+\sum_{k=1}^{n}c_{ik}\dot{x}_k(t)+\sum_{k=1}^{n}k_{ik}x_k(t)=-m_i\ddot{x}_g(t) \tag{2-41}$$

对于一个 n 质点的弹性体系，可以写出 n 个类似于式(2—41)的方程，将 n 个方程组成一个微分方程组，其矩阵表达式为

$$[M]\{\ddot{x}(t)\}+[C]\{\dot{x}(t)\}+[K]\{x(t)\}=-[M]\{I\}\ddot{x}_g(t) \tag{2-42}$$

式中 $[M]$——质量矩阵，为一对角矩阵；

$$[M]=\begin{bmatrix} m_1 & & & & & \\ & m_2 & & & 0 & \\ & & \ddots & & & \\ & 0 & & m_i & & \\ & & & & \ddots & \\ & & & & & m_n \end{bmatrix} \tag{2-43}$$

$[K]$——$n\times n$ 阶刚度矩阵；

$$[K]=\begin{bmatrix} k_{11} & k_{12} & \cdots & k_{1i} & \cdots & k_{1n} \\ k_{21} & k_{22} & \cdots & k_{2i} & \cdots & k_{2n} \\ \vdots & \vdots & & \vdots & & \vdots \\ k_{i1} & k_{i2} & \cdots & k_{ii} & \cdots & k_{in} \\ \vdots & \vdots & & \vdots & & \vdots \\ k_{n1} & k_{n2} & \cdots & k_{ni} & \cdots & k_{nn} \end{bmatrix} \tag{2-44}$$

对于只考虑层间剪切变形的层间剪切型结构，刚度矩阵[K]为三对角矩阵，除主对角线和两个副对角线外，其他元素全为零，具体表达式如下：

$$[K]=\begin{bmatrix} k_1+k_2 & -k_2 & & & \\ -k_2 & k_2+k_3 & & & \\ & & \ddots & & \\ & & -k_{n-1} & k_{n-1}+k_n & -k_n \\ & & & -k_n & k_n \end{bmatrix} \tag{2-45}$$

$[C]$——阻尼矩阵，通常取为质量矩阵和刚度矩阵的线性组合，即

$$[C]=\alpha[M]+\beta[K] \tag{2-46}$$

其中 α、β 为两个比例常数，按下式计算：

$$\left.\begin{aligned} \alpha&=\frac{2\omega_1\omega_2(\zeta_1\omega_2-\zeta_2\omega_1)}{\omega_2^2-\omega_1^2} \\ \beta&=\frac{2(\zeta_2\omega_2-\zeta_1\omega_1)}{\omega_2^2-\omega_1^2} \end{aligned}\right\} \tag{2-47}$$

式中 ω_1、ω_2——分别为多质点体系第一、二振型的自振圆频率，ζ_1、ζ_2 分别为体系第一、二振型的阻尼比，可由试验确定；

$\{x(t)\}$、$\{\dot{x}(t)\}$、$\{\ddot{x}(t)\}$——分别为体系各质点相对于基础的位移、速度和加速度的列向量；

$$\left.\begin{aligned} \{x(t)\}&=[x_1(t) \quad x_2(t) \quad \cdots \quad x_i(t) \quad \cdots \quad x_n(t)]^{\mathrm{T}} \\ \{\dot{x}(t)\}&=[\dot{x}_1(t) \quad \dot{x}_2(t) \quad \cdots \quad \dot{x}_i(t) \quad \cdots \quad \dot{x}_n(t)]^{\mathrm{T}} \\ \{\ddot{x}(t)\}&=[\ddot{x}_1(t) \quad \ddot{x}_2(t) \quad \cdots \quad \ddot{x}_i(t) \quad \cdots \quad \ddot{x}_n(t)]^{\mathrm{T}} \end{aligned}\right\} \tag{2-48}$$

$\{I\}$——单位列向量。

方程(2－42)中，除质量矩阵是对角矩阵，不存在耦联外，刚度矩阵和阻尼矩阵都不是对角矩阵。刚度矩阵对角线以外的项，表示作用在给定侧移的某一质点上的弹性恢复力不仅取决于这一点的侧移，而且还取决于其他各质点的位移，因而存在着刚度耦联，这样给微分方程组的求解带来不少困难。为此，需要运用振型分解和振型正交性原理来解耦，以使方程组的求解大大简化。

2. 多自由度弹性体系的自由振动

用振型分解反应谱法计算多自由度弹性体系的地震作用时，首先需要知道各个振型及其对应的自振周期，这些可通过求解体系的自由振动方程而得到。将式(2－42)中的阻尼项和右端项略去，即可得到无阻尼多自由度弹性体系的自由振动方程

$$[M]\{\ddot{x}(t)\}+[K]\{x(t)\}=0 \tag{2-49}$$

设方程(2－49)的解为

$$\{x(t)\}=\{X\}\sin(\omega t+\phi) \tag{2-50}$$

则

$$\{\ddot{x}(t)\}=-\omega^2\{X\}\sin(\omega t+\phi)=-\omega^2\{x(t)\} \tag{2-51}$$

式中　$\{X\}$——体系的振动幅值向量，即振型；

ϕ——初相角。

将式(2—50)和式(2—51)代入式(2—49)，得

$$([K]-\omega^2[M])\{X\}=0 \tag{2-52}$$

$\{X\}$ 为体系的振动幅值向量，其元素 $X_1, X_2, \cdots, X_n$ 不可能全部为零，否则体系就不可能产生振动。因此，为了得到$\{X\}$ 的非零解，系数行列式$|[K]-\omega^2[M]|$必须等于零，得

$$\begin{vmatrix} k_{11}-\omega^2 m_1 & k_{12} & \cdots & k_{1i} & \cdots & k_{1n} \\ k_{21} & k_{22}-\omega^2 m_2 & \cdots & k_{2i} & \cdots & k_{2n} \\ \vdots & \vdots & & \vdots & & \vdots \\ k_{i1} & k_{i2} & \cdots & k_{ii}-\omega^2 m_i & \cdots & k_{in} \\ \vdots & \vdots & & \vdots & & \vdots \\ k_{n1} & k_{n2} & \cdots & k_{ni} & \cdots & k_{nn}-\omega^2 m_n \end{vmatrix}=0 \tag{2-53}$$

式(2—53)展开后是一个以 ω^2 为未知数的一元 n 次方程，可以求出这个方程的 n 个根(特征值)$\omega_1^2, \omega_2^2, \cdots, \omega_n^2$ 即可得出体系的 n 个自振频率。所以，式(2—53)称为体系的频率方程。将求得的 n 个 ω 值由小到大顺序地排列

$$\omega_1<\omega_2<\cdots<\omega_j\cdots<\omega_n$$

由 n 个ω 值可以求得n 个自振周期 T[用式(2—10)，$T_j=\dfrac{2\pi}{\omega_j}$]，将 n 个自振周期由大到小顺序地排列

$$T_1>T_2>\cdots>T_j\cdots>T_n$$

其中对应第一振型的自振频率 ω_1 和自振周期 T_1 称为第一频率和第一周期(或基本频率和基本周期)，而 $\omega_2, \omega_3, \cdots, \omega_n$(或 $T_2, T_3, \cdots, T_n$)分别为第二，三，…，n 振型的自振频率(或自振周期)。将求得的 ω_j 依次回代到方程(2—52)，可以求得对应于每一频率值时体系各质点的相对振幅值$\{X\}_j$，用这些相对振幅值绘制的体系各质点的侧移曲线就是对应于该频率的主振型，或简称为振型。除了第一振型称为基本振型外，其他各振型统称为高振型。一般来说，当体系的质点数多于 3 个时，频率方程(2—53)的求解就比较困难，求解时常常采用一些近似计算方法或利用计算机进行。

上述体系的自由振动方程(2—49)是用刚度矩阵表示的，即所谓刚度法。同样，也可用柔度矩阵表示。体系刚度矩阵的逆矩阵就是柔度矩阵，即$[K]^{-1}=[\delta]$，此处$[\delta]$为柔度矩阵。如将式(2—52)左乘刚度矩阵的逆矩阵$[K]^{-1}$，则可写成

$$([K]^{-1}[K]-\omega^2[K]^{-1}[M])\{X\}=0$$

再令 $\lambda=\dfrac{1}{\omega^2}$，整理后得

$$([\delta][M]-\lambda[I])\{X\}=0 \tag{2-54}$$

上式也是个齐次线性代数方程组，它有非零解的充分必要条件，是它的系数行列式等于零，即

$$\left|[\delta][M]-\lambda[I]\right|=0 \tag{2-55}$$

它的展开形式为

$$\begin{vmatrix} \delta_{11}m_1-\lambda & \delta_{12}m_2 & \cdots & \delta_{1n}m_n \\ \delta_{21}m_1 & \delta_{22}m_2-\lambda & \cdots & \delta_{2n}m_n \\ \vdots & \vdots & & \vdots \\ \delta_{n1}m_1 & \delta_{n2}m_2 & \cdots & \delta_{nn}m_n-\lambda \end{vmatrix}=0 \tag{2-56}$$

式中，δ_{ik} 表示在k 质点处作用一个单位力在i 质点处引起的位移。式(2—56)展开后是一个以λ 为未知数的一元n 次方程，求解该方程并借助 $\omega_j=\sqrt{\dfrac{1}{\lambda_j}}$，同样可得出体系的$n$ 个自振频率。所以，式(2—56)亦称为体系的频率方程。

现在讨论一个两质点体系，体系的自由振动方程为

$$\begin{bmatrix} k_{11}-m_1\omega^2 & k_{12} \\ k_{21} & k_{22}-m_2\omega^2 \end{bmatrix}\begin{Bmatrix} X_1 \\ X_2 \end{Bmatrix}=0 \tag{2-57}$$

它的系数行列式等于零，展开后得到一个以 ω^2 为未知数的一元二次方程

$$(\omega^2)^2-\left(\frac{k_{11}}{m_1}+\frac{k_{22}}{m_2}\right)\omega^2+\frac{k_{11}k_{22}-k_{12}k_{21}}{m_1m_2}=0$$

可解出 ω^2 的两个根为

$$\omega^2=\frac{1}{2}\left(\frac{k_{11}}{m_1}+\frac{k_{22}}{m_2}\right)\pm\sqrt{\left[\frac{1}{2}\left(\frac{k_{11}}{m_1}+\frac{k_{22}}{m_2}\right)\right]^2-\frac{k_{11}k_{22}-k_{12}k_{21}}{m_1m_2}} \tag{2-58}$$

可以证明，这两个根都是正的。其中最小圆频率 ω_1 称为第一频率或基本频率，另一个 ω_2 为第二振型频率。

由于式(2—57)为齐次方程组，两个方程是线性相关的，所以将ω_1^2 值回代式(2—57)，只能求得比值 X_1/X_2，这个比值所确定的振动形式是与第一频率 ω_1 相对应的振型，称为第一振型或基本振型。

$$\frac{X_{11}}{X_{12}}=\frac{-k_{12}}{k_{11}-\omega_1^2m_1} \tag{2-59}$$

式中　X_{11}、X_{12}—— 分别为第一振型质点 1 和质点 2 的相对振幅值。

同样，将 ω_2 代入式(2—57)，可以求得第二振型第一质点振幅与第二质点振幅的比值为

$$\frac{X_{21}}{X_{22}}=\frac{-k_{12}}{k_{11}-\omega_2^2m_1} \tag{2-60}$$

式中　X_{21}、X_{22}—— 分别为第二振型质点 1 和质点 2 的相对振幅值。

对于每个主振型，质点 1 和质点 2 都是按同一频率 ω_j 和同一相位角 ϕ_j 作简谐振动，并同时达到各自的最大幅值。在整个振动过程中，两个质点的振幅比值 X_{j1}/X_{j2} 是一个常数。现举例说明。

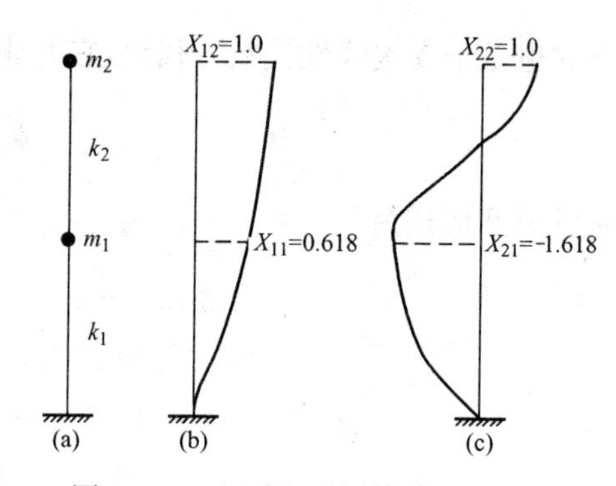

图 2—13　两质点弹性体系的振型
(a) 两质点弹性体系；
(b) 第一振型；(c) 第二振型

【例题 2—2】 已知某两个质点的弹性体系(如图 2—13)，其结构参数为：$m_1=m_2=m$，$k_1=k_2=k$。试求该体系的自振周期和振型。

【解】 (1) 求自振周期

$$k_{11}=k_1+k_2=2k$$

$$k_{22}=k$$

$$k_{12}=k_{21}=-k$$

将质点的质量和刚度系数代入式(2—58)，得

$$\omega^2=\frac{1}{2}\left(\frac{2k}{m}+\frac{k}{m}\right)\pm\sqrt{\left[\frac{1}{2}\left(\frac{2k}{m}+\frac{k}{m}\right)\right]^2-\frac{2k\cdot k-k\cdot k}{m^2}}$$

$$=(1.500\pm1.118)\frac{k}{m}$$

$$\omega_1=\sqrt{(1.500-1.118)\frac{k}{m}}=0.618\sqrt{\frac{k}{m}}$$

$$T_1=\frac{2\pi}{\omega_1}=10.167\sqrt{\frac{m}{k}}$$

$$\omega_2=\sqrt{(1.500+1.118)\frac{k}{m}}=1.618\sqrt{\frac{k}{m}}$$

$$T_2=\frac{2\pi}{\omega_2}=3.883\sqrt{\frac{m}{k}}$$

(2) 求振型

将 ω_1、ω_2 的值分别代入式(2—59)和式(2—60)，得

第一振型

$$\frac{X_{11}}{X_{12}}=\frac{-k_{12}}{k_{11}-\omega_1^2m_1}=\frac{k}{2k-0.382\frac{k}{m}m}=\frac{0.618}{1}$$

第二振型

$$\frac{X_{21}}{X_{22}}=\frac{-k_{12}}{k_{11}-\omega_2^2m_1}=\frac{k}{2k-2.618\frac{k}{m}m}=\frac{-1.618}{1}$$

体系的第一振型和第二振型绘于图 2—13。

对于高低跨单层钢筋混凝土排架结构厂房，当已知该两质点体系的柔度矩阵$[\delta]_{2\times2}$，类比上述按刚度法求解两质点体系自由振动方程的过程，由式(2—56)和式(2—54)按柔度法可求

得该体系第一、二振型频率和第一、二振型质点 1、质点 2 相对振幅值的下列计算式：

$$\left.\begin{array}{l}\omega_1^2\\ \omega_2^2\end{array}\right\}=\frac{(m_1\delta_{11}+m_2\delta_{22})\mp\sqrt{(m_1\delta_{11}+m_2\delta_{22})^2-4m_1m_2(\delta_{11}\delta_{22}-\delta_{12}^2)}}{2m_1m_2(\delta_{11}\delta_{22}-\delta_{12}^2)} \quad (2-58a)$$

$$\frac{X_{11}}{X_{12}}=\frac{-\delta_{12}m_2}{\delta_{11}m_1-\dfrac{1}{\omega_1^2}} \quad (2-59a)$$

$$\frac{X_{21}}{X_{22}}=\frac{-\delta_{12}m_2}{\delta_{11}m_1-\dfrac{1}{\omega_2^2}} \quad (2-60a)$$

3. 振型的正交性

多自由度弹性体系作自由振动时，各振型对应的频率各不相同，任意两个不同的振型之间存在着正交性。利用振型的正交性原理可以大大简化多自由度弹性体系运动微分方程组的求解。

(1) 振型关于质量矩阵的正交性

振型关于质量矩阵的正交性的矩阵表达式为

$$\{X\}_j^{\mathrm{T}}[M]\{X\}_k=0 \qquad (j\neq k) \quad (2-61)$$

式中 $\{X\}_j$、$\{X\}_k$—— 分别为体系第 j、k 振型的振幅向量。

式(2—61)可以改写成

$$\sum_{i=1}^{n}m_iX_{ji}X_{ki}=0 \qquad (j\neq k) \quad (2-62)$$

式中 X_{ji}、X_{ki}—— 分别为第 j 振型、第 k 振型在 i 质点的振幅。

体系作第 j 振型振动时，i 质点的振幅 x_{ji} 引起的 i 质点的惯性力为$-m_i\omega_j^2X_{ji}$；体系作第 k 振型振动时，i 质点的振幅 X_{ki} 引起的 i 质点的惯性力为$-m_i\omega_k^2X_{ki}$。图 2—14 中 j 振型各质点的惯性力在 k 振型的虚位移上做的功为

$$E_{jk}=m_1\omega_j^2X_{j1}X_{k1}+m_2\omega_j^2X_{j2}X_{k2}+\cdots+m_i\omega_j^2X_{ji}X_{ki}+\cdots+m_n\omega_j^2X_{jn}X_{kn} \quad (2-63)$$

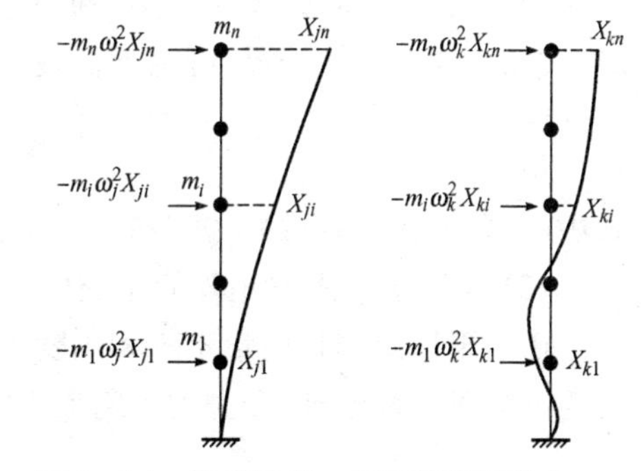

图 2—14 体系的任一振型及其惯性力

(a) 第 j 振型；(b) 第 k 振型

图 2—14 中 k 振型各质点的惯性力在 j 振型的虚位移上做的功为 E_{kj}

$$E_{kj}=m_1\omega_k^2X_{k1}X_{j1}+m_2\omega_k^2X_{k2}X_{j2}+\cdots+m_i\omega_k^2X_{ki}X_{ji}+\cdots+m_n\omega_k^2X_{kn}X_{jn} \quad (2-64)$$

根据功的互等定理，$E_{jk}=E_{kj}$，得

$$(\omega_j^2-\omega_k^2)[m_1X_{j1}X_{k1}+m_2X_{j2}X_{k2}+\cdots+m_iX_{ji}X_{ki}+\cdots+m_nX_{jn}X_{kn}]=0 \quad (2-65)$$

式(2—65)中，$\omega_j\neq\omega_k$，故有

$$m_1X_{j1}X_{k1}+m_2X_{j2}X_{k2}+\cdots+m_iX_{ji}X_{ki}+\cdots+m_nX_{jn}X_{kn}=0 \quad (2-66)$$

式(2—66)就是式(2—62)的展开式。

振型关于质量矩阵正交性的物理意义是：某一振型在振动过程中所引起的惯性力不在其他振型上做功，这说明某一个振型的动能不会转移到其他振型上去，也就是体系按某一振型作自由振动时不会激起该体系其他振型的振动。

当 $j=k$ 时，式(2－61)不等于零，可用 M_j^* 表示，则

$$M_j^* = \{X\}_j^T[M]\{X\}_j \tag{2-67}$$

式中　M_j^*——体系第 j 振型的广义质量。

(2) 振型关于刚度矩阵的正交性

振型关于刚度矩阵的正交性的矩阵表达式为

$$\{X\}_j^T[K]\{X\}_k = 0 \qquad (j \neq k) \tag{2-68}$$

由式(2－52)，得

$$[K]\{X\}_k = \omega^2[M]\{X\}_k$$

等式两端都左乘 $\{X\}_j^T$，得

$$\{X\}_j^T[K]\{X\}_k = \omega^2\{X\}_j^T[M]\{X\}_k \tag{2-69}$$

由式(2－61)可知，当 $j \neq k$ 时式(2－69)的等式右边等于零。所以

$$\{X\}_j^T[K]\{X\}_k = 0 \qquad (j \neq k) \tag{2-70}$$

可以看出，$[K]\{X\}_k$ 为体系按 k 振型振动时在各质点处引起的弹性恢复力，$\{X\}_j^T[K]\{X\}_k=0\ (j \neq k)$，则表示该体系按 k 振型振动所引起的弹性恢复力在 j 振型位移上所做功之和等于零，即体系按某一振型振动时，它的势能不会转移到其他振型上去。当 $j=k$ 时，式(2－68)不等于零，可用 K_j^* 表示，则有

$$K_j^* = \{X\}_j^T[K]\{X\}_j \tag{2-71}$$

式中　K_j^*——体系第 j 振型的广义刚度。

(3) 振型关于阻尼矩阵的正交性

由于阻尼矩阵是质量矩阵和刚度矩阵的线性组合，见式(2－46)，运用振型关于质量和刚度矩阵的正交性原理，振型关于阻尼矩阵也是正交的，即

$$\{X\}_j^T[C]\{X\}_k = 0 \qquad (j \neq k) \tag{2-72}$$

当 $j=k$ 时，得 j 振型的广义阻尼为

$$C_j^* = \{X\}_j^T[C]\{X\}_j \tag{2-73}$$

【例题 2－3】 试验算例题 2－2 中两质点体系的振型关于质量矩阵和刚度矩阵的正交性。

【解】 由例题 2－2 已知：

质量矩阵 $[M]=\begin{bmatrix} m & 0 \\ 0 & m \end{bmatrix}$；刚度矩阵 $[K]=\begin{bmatrix} 2k & -k \\ -k & k \end{bmatrix}$

第一振型$\{X\}=\begin{Bmatrix}0.618\\1\end{Bmatrix}$；第二振型$\{X\}_2=\begin{Bmatrix}-1.618\\1\end{Bmatrix}$

(1) 验算振型关于质量矩阵的正交性

由式(2—61)得

$$\{X\}_1^{\mathrm{T}}[M]\{X\}_2=\begin{Bmatrix}0.618 & 1.000\end{Bmatrix}\begin{bmatrix}m & 0\\0 & m\end{bmatrix}\begin{Bmatrix}-1.618\\1.000\end{Bmatrix}$$

$$=\begin{Bmatrix}0.618 & 1.000\end{Bmatrix}\begin{Bmatrix}-1.618m\\1.000m\end{Bmatrix}=0$$

(2) 验算振型关于刚度矩阵的正交性

由式(2—68)得

$$\{X\}_1^{\mathrm{T}}[K]\{X\}_2=\begin{Bmatrix}0.618 & 1.000\end{Bmatrix}\begin{bmatrix}2k & -k\\-k & k\end{bmatrix}\begin{Bmatrix}-1.618\\1.000\end{Bmatrix}$$

$$=\begin{Bmatrix}0.618 & 1.000\end{Bmatrix}\begin{Bmatrix}-4.236k\\2.618k\end{Bmatrix}=0$$

4. 振型分解

由结构动力学可知，一个 n 个自由度的弹性体系具有 n 个独立振型。振型又叫做振动体系的形状函数，它表示体系按某一振型振动过程中各个质点的相对位置。

把每一个振型汇集在一起就形成振型矩阵$[A]$，它为一 $n\times n$ 阶的方阵(n 为体系的质点数)：

$$[A]=[\{X\}_1\{X\}_2\cdots\{X\}_j\cdots\{X\}_n]$$

$$=\begin{bmatrix}X_{11} & X_{21} & \cdots & X_{j1} & \cdots & X_{n1}\\X_{12} & X_{22} & \cdots & X_{j2} & \cdots & X_{n2}\\\vdots & \vdots & & \vdots & & \vdots\\X_{1i} & X_{2i} & \cdots & X_{ji} & \cdots & X_{ni}\\\vdots & \vdots & & \vdots & & \vdots\\X_{1n} & X_{2n} & \cdots & X_{jn} & \cdots & X_{nn}\end{bmatrix}\tag{2—74}$$

式中　$\{X\}_j$——第 j 振型，其列向量为

$$\{X\}_j=\{X_{j1}\quad X_{j2}\quad\cdots\quad X_{ji}\quad\cdots\quad X_{jn}\}^{\mathrm{T}}\tag{2—75}$$

式中　X_{ji}——第 j 振型 i 质点的水平相对位移。

按照振型叠加原理，弹性结构体系中每一个质点在振动过程中的位移 $x_i(t)$ 可以表示为

$$x_i(t)=\sum_{j=1}^{n}X_{ji}q_j(t)\tag{2—76}$$

式中　$q_j(t)$——j 振型的广义坐标，它是以振型作为坐标系的位移值，也就是把 X_{ji} 看做广义坐标 $q_j(t)$ 的“单位”，$q_j(t)$ 是时间的函数。

广义坐标的列向量可写成

$$\{q(t)\}=[q_1(t) \quad q_2(t) \cdots q_n(t)]^{\mathrm{T}} \tag{2-77}$$

则整个结构体系的位移列向量、速度列向量和加速度列向量可分别表示为

$$\{X(t)\}=\begin{Bmatrix} x_1(t) \\ x_2(t) \\ \vdots \\ x_n(t) \end{Bmatrix}=[\{X\}_1\{X\}_2 \cdots \{X\}_n]\begin{Bmatrix} q_1(t) \\ q_2(t) \\ \vdots \\ q_n(t) \end{Bmatrix}=[A]\{q(t)\} \tag{2-78}$$

$$\{\dot{x}(t)\}=[A]\{\dot{q}(t)\} \tag{2-79}$$

$$\{\ddot{x}(t)\}=[A]\{\ddot{q}(t)\} \tag{2-80}$$

以上三式就是多自由度弹性体系的各种反应量按振型进行分解的表达式。

5. 计算水平地震作用的振型分解反应谱法

由式(2—42)知，多质点弹性体系在水平地震作用下的运动微分方程矩阵表达式为

$$[M]\{\ddot{x}(t)\}+[C]\{\dot{x}(t)\}+[K]\{x(t)\}=-[M]\{I\}\ddot{x}_{\mathrm{g}}(t) \tag{2-81}$$

将式(2－78)、式(2－79)、式(2－80)代入上式，并对方程等式两端左乘$[A]^{\mathrm{T}}$，得

$$[A]^{\mathrm{T}}[M][A]\{\ddot{q}(t)\}+[A]^{\mathrm{T}}[C][A]\{\dot{q}(t)\}+[A]^{\mathrm{T}}[K][A]\{q(t)\}=-[A]^{\mathrm{T}}[M][I]\ddot{x}_{\mathrm{g}}(t) \tag{2-82}$$

运用振型关于质量矩阵、刚度矩阵和阻尼矩阵的正交性原理，对式(2－82)进行化简，展开后可得 n 个独立的二阶微分方程。对于第 j 振型可写为

$$\{X\}_j^{\mathrm{T}}[M]\{X\}_j\ddot{q}_j(t)+\{X\}_j^{\mathrm{T}}[C]\{X\}_j\dot{q}_j(t)+\{X\}_j^{\mathrm{T}}[K]\{X\}_jq_j(t)=-\{X\}_j^{\mathrm{T}}[M]\{I\}\ddot{x}_{\mathrm{g}}(t) \tag{2-83}$$

再引入式(2—67)的广义质量、式(2—71)的广义刚度和式(2—73)的广义阻尼的符号，得

$$M_j^*\ddot{q}_j(t)+C_j^*\dot{q}_j(t)+K_j^*q_j(t)=-\{X\}_j^{\mathrm{T}}[M]\{I\}\ddot{x}_{\mathrm{g}}(t) \tag{2-84}$$

广义阻尼、广义刚度与广义质量有下列关系：

$$\left.\begin{aligned} C_j^* &=2\zeta_j\omega_jM_j^* \\ K_j^* &=\omega_j^2M_j^* \end{aligned}\right\} \tag{2-85}$$

式中　ζ_j、ω_j——分别为体系第 j 振型的阻尼比和圆频率。

将式(2－85)代入式(2－84)，并用 j 振型的广义质量除等式两端，得

$$\ddot{q}_j(t)+2\zeta_j\omega_j\dot{q}_j(t)+\omega_j^2q_j(t)=\frac{-\{X\}_j^{\mathrm{T}}[M]\{I\}}{\{X\}_j^{\mathrm{T}}[M]\{X\}_j}\ddot{x}_{\mathrm{g}}(t)=-\gamma_j\ddot{x}(t) \qquad (j=1,2,\cdots,n) \tag{2-86}$$

式中　γ_j——j 振型的振型参与系数。

$$\gamma_j=\frac{\{X\}_j^{\mathrm{T}}[M]\{I\}}{\{X\}_j^{\mathrm{T}}[M]\{X\}_j}=\frac{\sum\limits_{i=1}^{n}m_iX_{ji}}{\sum\limits_{i=1}^{n}m_iX_{ji}^2}=\frac{\sum\limits_{i=1}^{n}X_{ji}G_i}{\sum\limits_{i=1}^{n}X_{ji}^2G_i} \tag{2-87}$$

式中　G_i—— 质点的重力荷载代表值。

式(2－86)完全相当于一个单自由度弹性体系的运动方程，与式(2－9)相比较，所不同的有两点：一是以广义坐标 $q_j(t)$ 作为未知量而不是 $x(t)$；二是方程式右端多了个 j 振型的振型参与系数 γ_j。对方程(2－42)进行坐标变换，并经过上述化简处理，这样就把方程(2－42)化为一组由 n 个广义坐标 $q_j(t)$ 为未知量的独立方程，其中每一个方程都对应体系的一个振型，大大地简化了多自由度弹性体系运动微分方程的求解。

参照方程(2－9)的解，可以很容易写出方程(2－86)的解：

$$q_j(t)=-\frac{\gamma_j}{\omega_j}\int_0^t \ddot{x}_g(\tau)e^{-\zeta_j\omega_j(t-\tau)}\sin\omega_j(t-\tau)d\tau=\gamma_j\Delta_j(t)\qquad (j=1,2,\cdots,n)\quad(2-88)$$

$$\Delta_j(t)=-\frac{1}{\omega_j}\int_0^t \ddot{x}_g(\tau)e^{-\zeta_j\omega_j(t-\tau)}\sin\omega_j(t-\tau)d\tau\qquad(2-89)$$

式中　$\Delta_j(t)$—— 阻尼比和自振频率分别为 ζ_j 和 ω_j 的单自由度弹性体系的位移。

将式(2－88)代入式(2－76)和式(2－80)，可得多自由度弹性体系 i 质点相对于基础的位移和加速度：

$$x_i(t)=\sum_{j=1}^{n}\gamma_j\Delta_j(t)X_{ji}\qquad(2-90)$$

$$\ddot{x}_i(t)=\sum_{j=1}^{n}\gamma_j\ddot{\Delta}_j(t)X_{ji}\qquad(2-91)$$

由结构动力学得

$$\sum_{j=1}^{n}\gamma_jX_{ji}=1\qquad(2-92)$$

第 j 质点 t 时刻的水平地震作用 $F_i(t)$ 就等于作用在 i 质点的惯性力

$$\begin{aligned}F_i(t)&=m_i[\ddot{x}_i(t)+\ddot{x}_g(t)]\\&=m_i\sum_{j=1}^{n}[\gamma_j\ddot{\Delta}_j(t)X_{ji}+\gamma_jX_{ji}\ddot{x}_g(t)]\end{aligned}\qquad(2-93)$$

体系 t 时刻 j 振型 i 质点的水平地震作用 $F_{ji}(t)$ 为

$$F_{ji}(t)=m_i[\gamma_jX_{ji}\ddot{\Delta}_j(t)+\gamma_jX_{ji}\ddot{x}(t)]\qquad(2-94)$$

取 $F_{ji}(t)$ 的绝对最大值，得体系 j 振型 i 质点的水平地震作用标准值 F_{ji} 为

$$F_{ji}=|F_{ji}(t)|_{\max}=m_i\gamma_jX_{ji}[\ddot{x}_g(t)+\ddot{\Delta}_j(t)]_{\max}\qquad(2-95)$$

式中　$[\ddot{x}_g(t)+\ddot{\Delta}_j(t)]_{\max}$—— 阻尼比、自振频率分别为 ζ_j、ω_j 的单自由度弹性体系的最大绝对加速度反应 $S_a(\zeta_j,\omega_j)$。

将 $\alpha_j=S_a(\zeta_j,\omega_j)/g$ 和 $G_i=m_ig$ 代入式(2－95)，得到《抗震规范》给出的振型分解反应谱法计算 j 振型 i 质点的水平地震作用标准值的公式：

$$F_{ji}=\alpha_j\gamma_jX_{ji}G_i\qquad(i=1,2,\cdots,n;\quad j=1,2,\cdots,m)\qquad(2-96)$$

式中　α_j——相应于 j 振型自振周期的地震影响系数，按图 2—9 计算，其中 T_g、α_{max} 按表 2—7、2—10 采用；

X_{ji}——j 振型 i 质点的水平相对位移；

γ_j——j 振型的振型参与系数，按式(2—87)计算；

G_i——质点 i 的重力荷载代表值，按式(2—32)计算。

6. 地震作用效应

多质点弹性体系 j 振型 i 质点的水平地震作用产生的作用效应包括弯矩、剪力、轴向力和变形等。对于层间剪切型结构，j 振型地震作用下各楼层水平地震层间剪力按下式计算：

$$V_{ji}=\sum_{k=i}^{n}F_{jk}\qquad(i=1,2,\cdots,n)\tag{2—97}$$

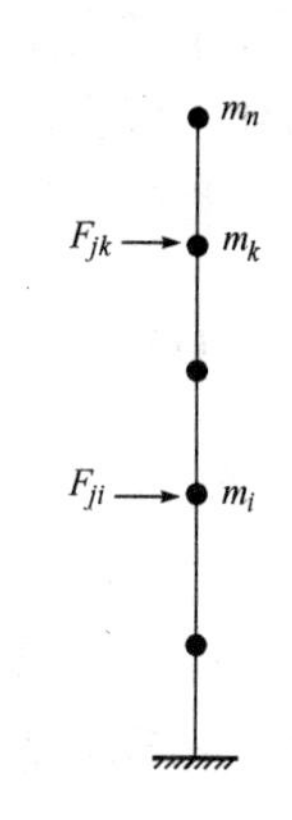

图 2—15　j 振型水平地震作用

由前述可知，根据振型反应谱法确定的相应于各振型的地震作用 F_{ji} 均为最大值。所以，按 F_{ji} 所求得的地震作用效应 S_j 也是最大值。但是，相应于各振型的最大地震作用效应 S_j 不会同时发生，这样就出现了如何将 S_j 进行组合，以确定合理的地震作用效应问题。

《抗震规范》依据概率论理论，给出了多质点弹性体系地震作用效应的平方和开方法(SRSS 法)。该方法是基于假定输入地震为平稳随机过程，各振型反应之间相互独立而推导得来的，主要用于平面振动的多质点弹性体系。因此，在采用振型分解反应谱法时，必须将求出的各振型的作用效应用平方和开方法进行组合，以求出水平地震产生的水平地震作用效应 S_{Ek}：

$$S_{Ek}=\sqrt{\sum_{j=1}^{m}S_j^2}\tag{2—98}$$

式中　S_{Ek}——水平地震作用标准值的效应；

S_j——j 振型水平地震作用标准值的效应；

m——计算时应考虑的振型数，可只取 2～3 个振型，当基本自振周期大于 1.5 s 或房屋高宽比大于 5 时，振型个数应适当增加。

7. 楼层水平地震剪力最小值

对于长周期结构，由于地震影响系数在长周期段下降较快(图 2—9)，按抗震设计反应谱计算的水平地震作用明显减小，由此计算所得的水平地震作用下的结构效应可能太小。研究表明，地震动态作用中的地面运动速度和位移可能对长周期结构的破坏具有更大影响，而《抗震规范》对此并未作规定。出于结构安全的考虑，《抗震规范》提出了对各楼层水平地震剪力最小值 $V_{i,min}$ 的要求。亦即抗震验算时，结构任一楼层的水平地震剪力应符合式(2—99)的要求：

$$V_{Eki}>\lambda\sum_{j=i}^{n}G_j\tag{2—99}$$

式中　V_{Eki}——第 i 层对应于水平地震作用标准值的楼层剪力；

G_j——第 j 层的重力荷载代表值，由式(2—32)计算；

λ——剪力系数，不应小于表 2—11 规定的楼层最小地震剪力系数值，对于竖向不规则结构的薄弱层，尚应乘以 1.15 的增大系数。

表 2—11　楼层最小地震剪力系数值

类　　别	6 度	7 度	8 度	9 度
扭转效应明显或基本周期小于 3.5s 的结构	0.008	0.016(0.024)	0.032(0.048)	0.064
基本周期大于 5.0s 的结构	0.006	0.012(0.018)	0.024(0.036)	0.048

注：(1) 基本周期介于 3.5s 和 5.0s 之间的结构，按插入法取值；

(2) 括号内数值分别用于设计基本地震加速度为 0.15g 和 0.30g 的地区。

下面结合算例来讲述振型分解反应谱法计算多自由度弹性体系地震反应的方法和步骤。

【例题 2—4】 试用振型分解反应谱法计算图2—16所示的 3 层框架在多遇地震时的层间地震剪力。已知抗震设防烈度为 8 度(0.20g)，设计地震分组为第二组，Ⅱ类场地，阻尼比 ζ 取 0.05。

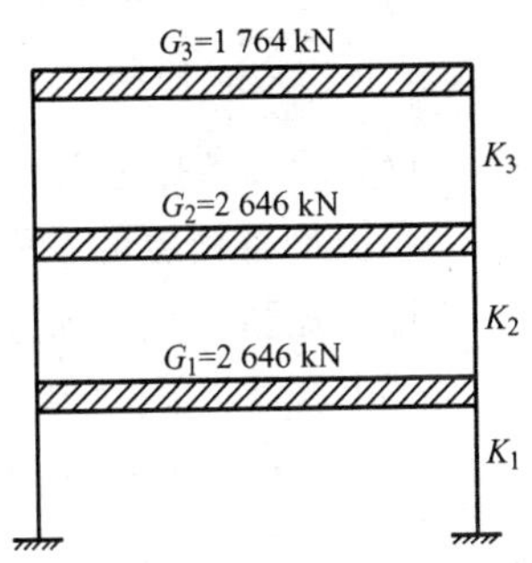

图 2—16　3 层框架示意

【解】 (1)求解结构体系的周期和振型

由矩阵迭代法(或雅可比法)可计算出结构体系的 3 个自振周期和振型分别为

第一振型　$\{X\}_1^{\mathrm{T}}=[0.334\quad 0.667\quad 1.000]$

$T_1=0.467\ \mathrm{s}$

第二振型　$\{X\}_2^{\mathrm{T}}=[-0.667\quad -0.666\quad 1.000]$

$T_2=0.208\ \mathrm{s}$

第三振型　$\{X\}_3^{\mathrm{T}}=[4.019\quad -3.035\quad 1.000]$

$T_3=0.134\ \mathrm{s}$

(2) 计算各振型的地震影响系数 α_j

由表 2—10 查得多遇地震时设防烈度为 8 度的 $\alpha_{\max}=0.16$。

由表 2—7 查得Ⅱ类场地、设计地震分组为第二组的 $T_{\mathrm{g}}=0.40\ \mathrm{s}$。

由图 2—9，当阻尼比 $\zeta=0.05$ 时，$\eta_2=1.0$，$\gamma=0.9$。

第一振型，因 $T_{\mathrm{g}}<T_1<5T_{\mathrm{g}}$，所以

$$\alpha_1=\left(\frac{T_{\mathrm{g}}}{T}\right)^{\gamma}\eta_1\alpha_{\max}=\left(\frac{0.40}{0.467}\right)^{0.9}\times 1.0\times 0.16=0.139$$

第二振型，因 $0.1\ \mathrm{s}<T_2<T_{\mathrm{g}}$，所以

$$\alpha_2=\alpha_{\max}=0.16$$

第三振型，因 $0.1\ \mathrm{s}<T_3<T_{\mathrm{g}}$，所以

$$\alpha_3=\alpha_{\max}=0.16$$

(3) 计算各振型的参与系数 γ_j

由式(2—84)计算各振型的振型参与系数 γ_j

第一振型

$$\gamma_1=\frac{\sum\limits_{i=1}^{3}X_{1i}G_i}{\sum\limits_{i=1}^{3}X_{1i}^2G_i}=\frac{0.334\times 2\,646+0.667\times 2\,646+1.000\times 1\,764}{0.334^2\times 2\,646+0.667^2\times 2\,646+1.000^2\times 1\,764}=1.363$$

第二振型

$$\gamma_2=\frac{\sum_{i=1}^{3}X_{2i}G_i}{\sum_{i=1}^{3}X_{2i}^2G_i}=\frac{-0.667\times 2\ 646+(-0.666)\times 2\ 646+1.000\times 1\ 764}{(-0.667)^2\times 2\ 646+(-0.666)^2\times 2\ 646+1.000^2\times 1\ 764}=-0.428$$

第三振型

$$\gamma_3=\frac{\sum_{i=1}^{3}X_{3i}G_i}{\sum_{i=1}^{3}X_{3i}^2G_i}=\frac{4.019\times 2\ 646+(-3.035)\times 2\ 646+1.000\times 1\ 764}{4.019^2\times 2\ 646+(-3.035)^2\times 2\ 646+1.000^2\times 1\ 764}=0.063$$

(4) 计算各振型各楼层的水平地震作用

各振型各楼层的水平地震作用 F_{ji} 由式(2－96)计算。

第一振型　$F_{1i}=\alpha_1\gamma_1X_{1i}G_i$

$F_{11}=0.139\times1.363\times0.334\times2\ 646=167.4$ kN

$F_{12}=0.139\times1.363\times0.667\times2\ 646=334.4$ kN

$F_{13}=0.139\times1.363\times1.000\times1\ 764=334.2$ kN

第二振型　$F_{2i}=\alpha_2\gamma_2X_{2i}G_i$

$F_{21}=0.16\times(-0.428)\times(-0.667)\times2\ 646=120.9$ kN

$F_{22}=0.16\times(-0.428)\times(-0.666)\times2\ 646=120.7$ kN

$F_{23}=0.16\times(-0.428)\times1.000\times1\ 764=-120.8$ kN

第三振型　$F_{3i}=\alpha_3\gamma_3X_{3i}G_i$

$F_{31}=0.16\times0.063\times4.019\times2\ 646=107.2$ kN

$F_{32}=0.16\times0.063\times(-3.035)\times2\ 646=-80.9$ kN

$F_{33}=0.16\times0.063\times1.000\times1\ 764=17.8$ kN

(5) 计算各振型的层间剪力

各振型的层间剪力 V_{ji} 由式(2－97)计算，结果如图 2－17 所示。

第一振型　$V_{1i}=\sum_{k=i}^{n}F_{1k}$

$V_{11}=167.4+334.4+334.2=836.0$ kN

$V_{12}=334.4+334.2=668.6$ kN

$V_{13}=334.2$ kN

第二振型　$V_{2i}=\sum_{k=i}^{n}F_{2k}$

$V_{21}=120.9+120.7-120.8=120.8$ kN

$V_{22}=120.7-120.8=-0.1$ kN

$V_{23}=-120.8$ kN

第三振型　$V_{3i}=\sum_{k=i}^{n}F_{3k}$

$V_{31}=107.2-80.9+17.8=44.1$ kN

$V_{32}=-80.9+17.8=-63.1$ kN

$V_{33}=17.8\ \text{kN}$

(6) 计算水平地震作用效应——各层层间剪力

由式(2—98)计算各层层间剪力 V_i,结果如图 2—18 所示。

$$V_1=\sqrt{V_{11}^2+V_{21}^2+V_{31}^2}=\sqrt{836.0^2+120.8^2+44.1^2}=845.8\ \text{kN}$$

$$V_2=\sqrt{V_{12}^2+V_{22}^2+V_{32}^2}=\sqrt{668.6^2+(-0.1)^2+(-63.1)^2}=671.6\ \text{kN}$$

$$V_3=\sqrt{V_{13}^2+V_{23}^2+V_{33}^2}=\sqrt{334.2^2+(-120.8)^2+17.8^2}=355.8\ \text{kN}$$

(7) 验算各层水平地震剪力

由表 2—11 查得 $\lambda=0.032$,由式(2—99)得各层水平地震剪力最小值为

$$V_{1,\min}=0.032\times(2\ 646+2\ 646+1\ 764)=225.8\ \text{kN}$$

$$V_{2,\min}=0.032\times(2\ 646+1\ 764)=141.1\ \text{kN}$$

$$V_{3,\min}=0.032\times1\ 764=56.4\ \text{kN}$$

可见各层层间剪力 V_i 均大于相应层剪力最小值。

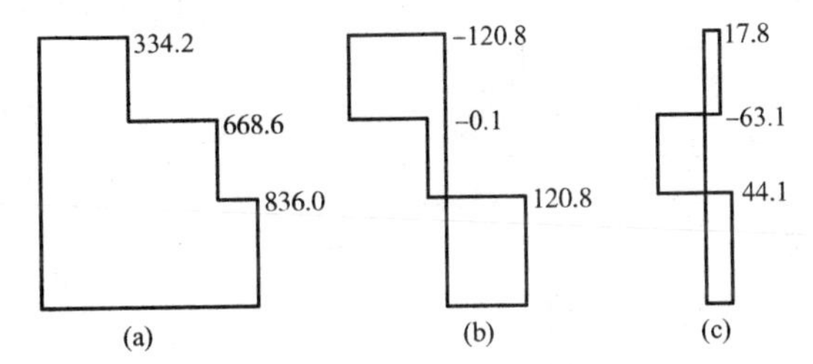

图 2—17　各振型的地震剪力(kN)

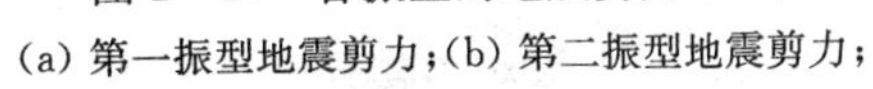

(a) 第一振型地震剪力;(b) 第二振型地震剪力;
(c) 第三振型地震剪力

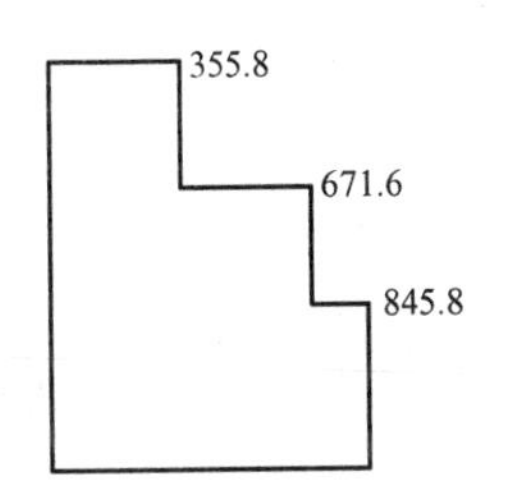

图 2—18　组合后各层地震剪力(kN)

二、估计水平地震作用扭转影响的结构地震作用和作用效应

国内外多次地震中,平面和结构不对称的高层建筑,因扭转振动而发生严重破坏的事例时有发生。从抗震要求来讲,要求建筑的平面简单、规则和对称,竖向体型力求规则均匀,避免有过大的外挑和内收,尽量减少由结构的刚度和质量的不均匀、不对称而造成的偏心。即使这些规则的建筑结构,也存在由于施工、使用等原因所产生的偶然偏心引起的地震扭转效应及地震地面运动扭转分量的影响。因此《抗震规范》规定,规则结构不进行扭转耦联计算时,平行于地震作用方向的两个边榀,其地震作用效应应乘以增大系数。一般情况下,短边可按 1.15 采用,长边可按 1.05 采用;当扭转刚度较小时,宜按不小于 1.3 采用。

为了更好地满足建筑外观形体多样化和功能上的要求,近年来,平立面复杂、不规则,质量和刚度明显不均匀、不对称的多、高层建筑大量出现。因此,《抗震规范》规定:对这类建筑结构应考虑水平地震作用下的扭转影响,其地震作用和作用效应按耦联振型分解反应谱法进行计算。

用振型分解反应谱法来计算水平地震作用下多、高层建筑的扭转地震效应,要解决以下 3 个问题:一是求解平移—扭转耦联体系的自由振动;二是计算各振型水平地震作用标准值的表达式;三是各振型地震作用效应的组合方法。

1. 平移—扭转耦联体系的自由振动

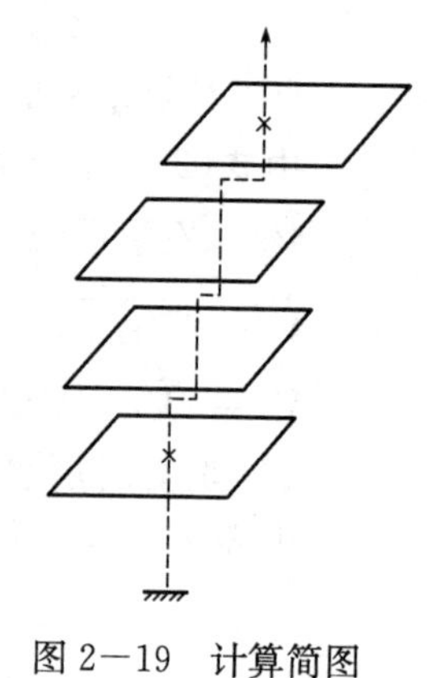
图 2—19　计算简图

多、高层结构体系考虑平移—扭转耦联振动时，集中在每一楼层的质量有 3 个自由度——两个正交水平移动和一个转角，这样一个 n 层建筑的自由度为 $3n$ 个。坐标原点一般选在各楼层的质心处，此时坐标轴为一折线形轴，如图 2—19 所示。其运动微分方程可表示为

$$[M]\{\ddot{D}(t)\}+[C]\{\dot{D}(t)\}+[K]\{D(t)\}=-[M]\{\ddot{D}_g(t)\} \tag{2—100}$$

式中　$[M]$—— 广义质量矩阵，为一 $3n\times 3n$ 阶方阵，可表示为

$$[M]=\text{diag}[[m][m][J]] \tag{2—101}$$

$$[m]=\begin{bmatrix} m_1 & & & \\ & m_2 & & 0 \\ & 0 & \ddots & \\ & & & m_n \end{bmatrix} \tag{2—102}$$

$$[J]=\begin{bmatrix} J_1 & & & \\ & J_2 & & 0 \\ & 0 & \ddots & \\ & & & J_n \end{bmatrix} \tag{2—103}$$

其中元素 m_i，J_i 分别为第 i 楼层的质量和第 i 层质量对本楼层质心的转动惯量，当楼层为矩形平面时，$J_i=m_i(a^2+b^2)/12$，这里 a、b 分别为 i 楼层的短边和长边；

$[C]$——阻尼矩阵；

$[K]$——广义侧移刚度矩阵：

$$[K]=\begin{bmatrix} [K_{xx}] & [0] & [K_{x\varphi}] \\ [0] & [K_{yy}] & [K_{y\varphi}] \\ [K_{x\varphi}]^T & [K_{y\varphi}] & [K_{\varphi\varphi}] \end{bmatrix} \tag{2—104}$$

其中

$$[K_{xx}]=\sum_{s=1}^{n_y}[K_x]_s \tag{2—105}$$

$[K_x]_s$ 为平行于 x 轴第 s 榀框架的刚度矩阵；n_y 为平行于 x 轴框架的榀数。

$$[K_{yy}]=\sum_{r=1}^{n_x}[K_y]_r \tag{2—106}$$

$[K_y]_r$ 为平行于 y 轴第 r 榀框架的刚度矩阵；n_x 为平行于 y 轴框架的榀数。

$$[K_{x\varphi}]=\sum_{s=1}^{n_y}[K_x]_s[Y]_s \tag{2—107}$$

$$[Y]_s = y\begin{bmatrix} y_{1s} & & & & & \\ & y_{2s} & & & 0 & \\ & & \ddots & & & \\ & 0 & & y_{is} & & \\ & & & & \ddots & \\ & & & & & y_{ns} \end{bmatrix}$$

y_{is} 为第 i 层第 s 榀 x 方向框架的 y 向坐标(图 2－20)。

$$[K_{y\varphi}] = \sum_{r=1}^{n_x} [K_y]_r [Z]_r \qquad (2-108)$$

$$[Z]_r = \begin{bmatrix} x_{1r} & & & & & \\ & x_{2r} & & & 0 & \\ & & \ddots & & & \\ & 0 & & x_{ir} & & \\ & & & & \ddots & \\ & & & & & x_{nr} \end{bmatrix}$$

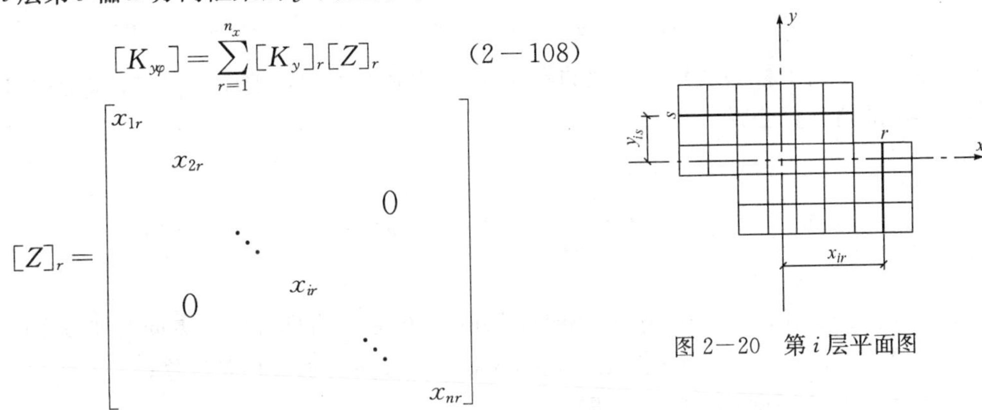

图 2—20　第 i 层平面图

x_{ir} 为第 i 层第 r 榀 y 方向框架的 x 向坐标(图 2－20)。

$$[K_{\varphi\varphi}] = \sum_{s=1}^{n_y} [y]_s^{\mathrm{T}} [K_x]_s [y]_s + \sum_{r=1}^{n_x} [Z]_r^{\mathrm{T}} [K_y]_r [Z]_r \qquad (2-109)$$

$\{D(t)\}$ ——广义位移向量,其列向量为

$$\{D(t)\}^{\mathrm{T}} = [u_1 \quad u_2 \quad \cdots \quad u_n \quad v_1 \quad v_2 \quad \cdots \quad v_n \quad \varphi_1 \quad \varphi_2 \quad \cdots \quad \varphi_n] \qquad (2-110)$$

式中　u_i、v_i、φ_i—— 分别为第 i 层 x、y 方向的位移和在楼板平面内的转角;

$\{\ddot{D}_{\mathrm{g}}(t)\}$—— 地面运动水平加速度时间历程函数,表示为

$$\{\ddot{D}_{\mathrm{g}}(t)\} = \ddot{d}_{\mathrm{g}}(t)[\{I\}^{\mathrm{T}}\cos\theta_{\mathrm{D}} \quad \{I\}^{\mathrm{T}}\sin\theta_{\mathrm{D}} \quad \{O\}^{\mathrm{T}}]^{\mathrm{T}} \qquad (2-111)$$

式中　$\ddot{d}_{\mathrm{g}}(t)$—— 地面运动加速度的时间历程;

θ_{D}—— 地面运动方向与 x 轴的夹角。

采用振型分解反应谱法计算考虑扭转影响的水平地震作用时,需要首先求得体系的各振型及其对应的自振周期。为此,必须求解平动—扭转耦联体系的自由振动,其方程为

$$[M]\{\ddot{D}(t)\} + [K]\{D(t)\} = 0 \qquad (2-112)$$

由于考虑体系的扭转影响后,结构体系的自由度增加为 $3n$ 个(n 为结构的层数),需要借助于计算机用雅可比法求解。

2. 结构体系考虑扭转影响的水平地震作用

对于体系运动微分方程(2－100) 的求解,与单向平移振动时一样,可以按照振型分解的原理,把体系广义水平位移列向量$\{D(t)\}$、速度列向量$\{\dot{D}(t)\}$ 和加速度列向量$\{\ddot{D}(t)\}$ 表示为

$$\left.\begin{aligned}\{D(t)\}&=[A]\{q(t)\}\\\{\dot{D}(t)\}&=[A]\{\dot{q}(t)\}\\\{\ddot{D}(t)\}&=[A]\{\ddot{q}(t)\}\end{aligned}\right\}\tag{2-113}$$

式中 $[A]$—— 振型矩阵，是振型向量$\{A\}_j(j=1,2,\cdots,3n)$的集合；

$q(t)$—— 广义坐标。

将式(2－113)代入运动方程(2－100)，并利用振型正交性原理，可将方程(2－100)分解成为 $3n$ 个相互独立的二阶微分方程，其通式为

$$\ddot{q}_j+2\zeta_j\omega_j\dot{q}_j+\omega_j^2q_j=-\gamma_j\ddot{d}_g(t)\qquad(j=1,2,\cdots n,\cdots,3n)\tag{2-114}$$

经过与单向平移振动时相类似的推导，可以得到考虑扭转地震效应时 j 振型 i 层的水平地震作用标准值计算公式：

$$\left.\begin{aligned}F_{xji}&=\alpha_j\gamma_{tj}X_{ji}G_i\\F_{yji}&=\alpha_j\gamma_{tj}Y_{ji}G_i\\F_{tji}&=\alpha_j\gamma_{tj}r_i^2\varphi_{ji}G_i\end{aligned}\right\}\quad(i=1,2,\cdots,n;j=1,2,\cdots,m)\tag{2-115}$$

式中 F_{xji}、F_{yji}、F_{tji}—— 分别为 j 振型 i 层的 x 方向、y 方向和转角方向的地震作用标准值；

X_{ji}、Y_{ji}—— 分别为 j 振型 i 层质心在 x、y 方向的水平相对位移；

φ_{ji}——j 振型 i 层的相对扭转角；

r_i——i 层转动半径，可取 i 层绕质心的转动惯量除以该层质量的商的正二次方根；

γ_{tj}—— 计入扭转的 j 振型的参与系数，可按下列公式确定：

当仅取 x 方向地震作用时

$$\gamma_{tj}=\sum_{i=1}^{n}X_{ji}G_i\Big/\sum_{i=1}^{n}(X_{ji}^2+Y_{ji}^2+\varphi_{ji}^2r_i^2)G_i\tag{2-116}$$

当仅取 y 方向地震作用时

$$\gamma_{tj}=\sum_{i=1}^{n}Y_{ji}G_i\Big/\sum_{i=1}^{n}(X_{ji}^2+Y_{ji}^2+\varphi_{ji}^2r_i^2)G_i\tag{2-117}$$

当取与 x 方向斜交的地震作用时

$$\gamma_{tj}=\gamma_{xj}\cos\theta+\gamma_{yj}\sin\theta\tag{2-118}$$

式中 γ_{xj}、γ_{yj}—— 分别为由式(2－116)和式(2－117)求得的参与系数；

θ—— 地震作用方向与 x 方向的夹角。

3. 考虑扭转作用时的地震效应组合

用振型分解反应谱法计算时，首先要用公式(2－115)计算各振型的水平地震作用，其次再计算每一振型水平地震作用产生的作用效应，最后将各振型的地震作用效应按一定的规则进行组合，以获得总的地震效应。对于不考虑扭转影响的平移振动多质点弹性体系，往往采用平方和开方的方法进行组合，并且注意到各振型的贡献随着频率的增高而递减这一事实，一般可只考虑前 3 个振型进行组合。然而，考虑扭转影响时，体系振动有以下特点：体系自由度数目大大增加(为 $3n$，n 为建筑层数)，各振型的频率间隔大为缩短，相邻较高振型的频率可能非

常接近。所以，振型组合时，应考虑不同振型间的相关性；扭转分量的影响并不一定随着频率增高而递减，有时较高振型的影响可能大于低振型的影响。而且，当前 3 个振型分别代表以 x 向、y 向和扭转为主的振动时，取前 3 个振型组合只相当于不考虑扭转影响时只取一个振型的情况，这显然不够。因此，进行各振型作用效应组合时，应考虑相近频率振型间的相关性，并增加参加作用效应组合的振型数。同时，还要考虑双向水平地震作用的扭转效应。

《抗震规范》规定考虑扭转的地震作用效应应按下列公式确定。

(1) 单向水平地震作用的扭转效应：

$$S_{\mathrm{Ek}}=\sqrt{\sum_{j=1}^{m}\sum_{k=1}^{m}\rho_{jk}S_jS_k} \tag{2-119}$$

$$\rho_{jk}=\frac{8\zeta_j\zeta_k(1+\lambda_{\mathrm{T}})\lambda_{\mathrm{T}}^{1.5}}{(1-\lambda_{\mathrm{T}}^2)^2+4\zeta_j\zeta_k(1+\lambda_{\mathrm{T}})^2\lambda_{\mathrm{T}}} \tag{2-120}$$

式中　S_{Ek}—— 地震作用标准值的扭转效应；

S_j、S_k—— 分别为 j、k 振型地震作用标准值的效应，其中 m 可取前 9～15 个振型；

ζ_i、ζ_k—— 分别为 j、k 振型的阻尼比；

ρ_{jk}——j 振型与 k 振型的耦联系数；

λ_{T}——k 振型与 j 振型的自振周期比。

(2) 双向水平地震作用的扭转效应，可按下列公式中的较大值确定：

$$S_{\mathrm{Ek}}=\sqrt{S_x^2+(0.85S_y)^2} \tag{2-121}$$

或

$$S_{\mathrm{Ek}}=\sqrt{S_y^2+(0.85S_x)^2} \tag{2-122}$$

式中　S_x、S_y—— 分别为 x 向、y 向单向水平地震作用按式(2－119) 计算的扭转效应。

§2—5　底部剪力法

用振型分解反应谱法计算建筑结构的水平地震作用还是比较复杂的，特别是当建筑物的层数较多时不能用手算，必须使用电子计算机。理论分析研究表明：当建筑物为高度不超过 40 m、以剪切变形为主且质量和刚度沿高度分布比较均匀的结构，结构振动位移反应往往以第一振型为主，而且第一振型接近于直线。故满足上述条件时，《抗震规范》建议可采用底部剪力法。这时，水平地震作用的计算可以大大简化。

一、底部剪力的计算

由振型分解反应谱法的公式(2—96)、(2—97)可以写出 j 振型结构总水平地震作用标准值，即 j 振型的底部剪力为

$$V_{j0}=\sum_{i=1}^{n}F_{ji}=\sum_{i=1}^{n}\alpha_j\gamma_jX_{ji}G_i=\alpha_1G\sum_{i=1}^{n}\frac{\alpha_j}{\alpha_1}\gamma_jX_{ji}\frac{G_i}{G} \tag{2-123}$$

式中　G—— 结构的总重力荷载代表值，$G=\sum_{i=1}^{n}G_i$。

结构总的水平地震作用(结构的底部剪力)F_{Ek}为

$$F_{\mathrm{Ek}}=\sqrt{\sum_{j=1}^{n}V_{j0}^{2}}=\alpha_1 G\sqrt{\sum_{j=1}^{n}\left(\sum_{j=1}^{n}\frac{\alpha_j}{\alpha_1}\gamma_j X_{ji}\frac{G_i}{G}\right)^2}=\alpha_1 Gq \qquad (2-124)$$

式中 $q=\sqrt{\sum_{j=1}^{n}\left(\sum_{j=1}^{n}\frac{\alpha_j}{\alpha_1}\gamma_j X_{ji}\frac{G_i}{G}\right)^2}$ 为高振型影响系数。经过大量计算资料的统计分析表明，当结构体系各质点重量相等，并在高度方向均匀分布时，$q=1.5\frac{n+1}{2n+1}$，n 为质点数。如为单质点体系(即单层建筑)，$q=1$；如为无穷多质点体系，$q=0.75$。《抗震规范》取中间值为 0.85。所以，将式(2－124) 改写为

$$F_{\mathrm{Ek}}=\alpha_1 G_{\mathrm{eq}} \qquad (2-125)$$

式中 F_{Ek}——结构总水平地震作用标准值，即结构底部剪力的标准值；

α_1——相应于结构基本自振周期的水平地震影响系数，按图 2－9 计算，其中 T_{g}、$\alpha_{\max}$按表 2－7、2－10 采用；

G_{eq}——结构等效总重力荷载，单质点应取总重力荷载代表值，多质点可取总重力荷载代表值的 85%。

二、各质点水平地震作用标准值的计算

由于结构振动以基本振型为主，而且基本振型接近于直线(如图 2－21b)，则作用于各质点的水平地震作用 F_i 近似地等于 F_{1i}。

$$F_i\approx F_{1i}=\alpha_1\gamma_1 X_{1i}G_i=\alpha_1\gamma_1\eta H_i G_i \qquad (2-126)$$

式中 η—— 质点水平相对位移与质点计算高度的比例系数；

H_i—— 质点的计算高度。

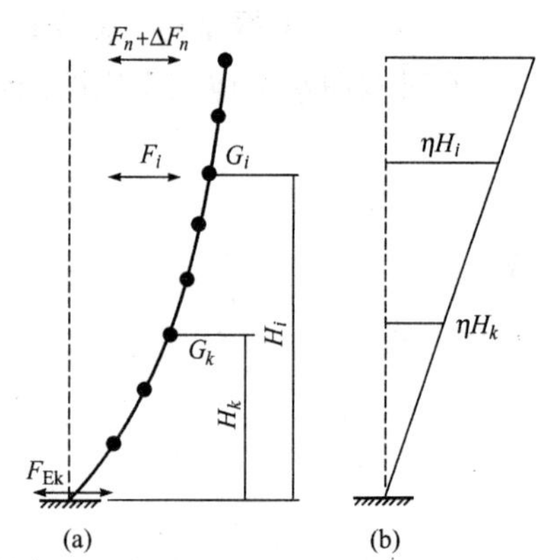

图 2－21　水平地震作用下结构计算

(a) 水平地震作用下结构计算简图；

(b) 简化的第一振型

则结构总水平地震作用可表示为

$$F_{\mathrm{Ek}}=\sum_{k=1}^{n}F_{1k}=\sum_{k=1}^{n}\alpha_1\gamma_1\eta H_k G_k=\alpha_1\gamma_1\eta\sum_{k=1}^{n}H_k G_k \qquad (2-127)$$

$$\alpha_1\gamma_1\eta=\frac{F_{\mathrm{Ek}}}{\sum_{k=1}^{n}H_k G_k} \qquad (2-128)$$

将式(2－128)代入式(2－126)，得

$$F_i=\frac{G_i H_i}{\sum_{k=1}^{n}G_k H_k}F_{\mathrm{Ek}} \qquad (2-129)$$

则地震作用下各楼层水平地震层间剪力 V_i 为

$$V_i=\sum_{k=i}^{n}F_k \qquad (i=1,2,\cdots,n) \tag{2-130}$$

三、顶部附加地震作用的计算

通过大量的计算分析发现，当结构层数较多时，用公式(2－129)计算得到的作用在结构上部质点的水平地震作用往往小于振型分解反应谱法的计算结果，特别是基本周期较长的多、高层建筑相差较大。因为高振型对结构反应的影响主要在结构上部，而且震害经验也表明，某些基本周期较长的建筑上部震害较为严重。所以，《抗震规范》规定：对结构的基本自振周期大于 $1.4T_g$ 的建筑，在保持结构总水平地震作用标准值 F_{Ek} 不变的情况下，取顶部附加水平地震作用 ΔF_n 作为集中的水平力加在结构的顶部来加以修正。

$$\Delta F_n=\delta_n F_{Ek} \tag{2-131}$$

式(2－129)改写成

$$F_i=\frac{G_iH_i}{\sum_{k=1}^{n}G_kH_k}F_{Ek}(1-\delta_n) \tag{2-132}$$

式中 ΔF_n—— 顶部附加水平地震作用；

G_i、G_k—— 分别为集中于质点 i、k 的重力荷载代表值，应按式(2－32)确定；

H_i、H_k—— 分别为质点 i、k 的计算高度(图 2－21a)；

δ_n—— 顶部附加地震作用系数，多层钢筋混凝土和钢结构房屋可按表 2－12 采用，多层内框架砖房可采用 0.2，其他房屋可采用 0.0。

表 2－12 顶部附加地震作用系数

T_g(s)	$T_1>1.4T_g$	$T_1\leqslant 1.4T_g$
$T_g\leqslant 0.35$	$0.08T_1+0.07$	0.0
$0.35<T_g\leqslant 0.55$	$0.08T_1+0.01$	
$T_g>0.55$	$0.08T_1-0.02$	

注：T_1 为结构基本自振周期。

当考虑顶部附加水平地震作用时，结构顶部的水平地震作用为按式(2－132)计算的 F_n 与按式(2－131)计算的 ΔF_n 两项之和。

震害表明，突出屋面的屋顶间、女儿墙、烟囱等，它们的震害比下面主体结构严重。这是由于出屋面的这些建筑的质量和刚度突然变小，地震反应随之增大的缘故。在地震工程中，把这种现象称为鞭端效应。因此，《抗震规范》规定，采用底部剪力法时，突出屋面的屋顶间、女儿墙、烟囱等的地震作用效应，宜乘以增大系数 3，此增大部分不应往下传递，但与该突出部分相连的构件应予以计入。对于结构基本周期 $T_1>1.4T_g$ 的建筑并有突出的小屋时，按式(2－131)计算的顶部附加水平地震作用应置于主体房屋的顶部，而不应置于局部突出小屋的屋顶处。但对于顶层带有空旷大房间或轻钢结构的房屋，不宜视为突出屋面的小屋并采用底部剪力法乘以增大系数的办法计算地震作用效应，而应视为结构体系的一部分，用振型分解反应谱法计算。

【例题 2—5】 试用底部剪力法求例题 2—4 中 3 层框架的层间地震剪力。已知结构基本自振周期 $T_1=0.467$ s，其他结构参数、地震参数和场地类别与例题 2—4 相同。

【解】 (1) 计算结构等效总重力荷载代表值 G_{eq}

$$G_{eq}=0.85\sum_{i=1}^{n}G_i=0.85\times(2\,646+2\,646+1\,764)=5\,997.6\text{ kN}$$

(2) 计算水平地震影响系数 α_1

由例题 2—4 得，$T_g=0.4$ s，$\alpha_{max}=0.16$。

因 $T_g<T_1<5T_g$，由图 2—9，$\zeta=0.05$ 时，$\eta_2=1.0$，$\gamma=0.9$，则有

$$\alpha_1=\left(\frac{T_g}{T_1}\right)^{\gamma}\eta_2\alpha_{max}=\left(\frac{0.400}{0.467}\right)^{0.9}\times1.0\times0.16=0.139$$

(3) 用式(2—125)计算结构总的水平地震作用标准值 F_{Ek}

$$F_{Ek}=\alpha_1 G_{eq}=0.139\times5\,997.6=833.7\text{ kN}$$

(4) 计算各层的水平地震作用标准值(图 2—22a)

因 $T_1=0.467\text{ s}<1.4T_g=1.4\times0.4=0.56$ s，则 $\delta_n=0$，由式(2—129)得

$$F_1=\frac{G_1H_1}{\sum_{k=1}^{3}G_kH_k}F_{Ek}=\frac{2\,646\times3.5}{2\,646\times3.5+2\,646\times7.0+1\,764\times10.5}\times833.7=166.7\text{ kN}$$

$$F_2=\frac{G_2H_2}{\sum_{k=1}^{3}G_kH_k}F_{Ek}=\frac{2\,646\times7.0}{2\,646\times3.5+2\,646\times7.0+1\,764\times10.5}\times833.7=333.5\text{ kN}$$

$$F_3=\frac{G_3H_3}{\sum_{k=1}^{3}G_kH_k}F_{Ek}=\frac{1\,764\times10.5}{2\,646\times3.5+2\,646\times7.0+1\,764\times10.5}\times833.7=333.5\text{ kN}$$

(5) 用式(2—130)计算各层层间剪力 V_i(图 2—22b)

$$V_1=F_1+F_2+F_3=833.7\text{ kN}$$

$$V_2=F_2+F_3=667.0\text{ kN}$$

$$V_3=F_3=333.5\text{ kN}$$

上述计算结果与例题 2—4 用振型分解反应谱法的结果非常接近。可见，只要建筑物高度小于 40 m，以剪切变形为主且质量和刚度沿高度分布比较均匀的结构，采用底部剪力法可以得到满意的结果。层间剪力最小值验算从略。

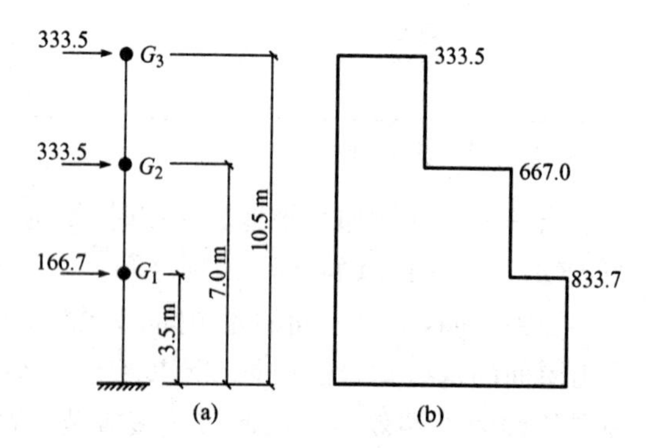

图 2—22 楼层水平地震剪力计算图

(a) 楼层水平地震作用；(b) 楼层地震剪力

§2—6　时程分析法

一、概述

时程分析法是对结构物的运动微分方程直接进行逐步积分求解的一种动力分析方法。由时程分析可得到各质点随时间变化的位移、速度和加速度动力反应，进而可计算出构件内力和变形的时程变化。由于此法是对运动方程直接求解，又称直接动力分析法。

用直接动力分析法对结构进行地震反应计算是在静力法和反应谱法两阶段之后发展起来的。经多次震害分析，发现采用反应谱法进行抗震设计不能正确解释一些结构破坏现象，甚至有时不能保证某些结构的安全，该法存在以下缺陷：

(1) 直接用规范反应谱不能很好地符合不同工程所在地的实际地震地质环境、场地条件及地基土特性，因而求出的地震作用可能偏差较大。

(2) 地震作用是一个时间过程，反应谱法不能反映结构在地震过程中随时间变化的过程，有时不能找出结构真正的薄弱部位。

(3) 实际地震作用是多向同时发生，现行反应谱法不能很好地反映多向地震作用下结构受力的实际情况。

(4) 抗震结构设计的最终目标是要防止结构在大震作用下发生倒塌，现行反应谱方法尚不能提供相应的验算方法。

因此，自 20 世纪 60 年代以来，许多地震工程学者致力于弹塑性动力时程分析法的研究。该方法是将建筑物作为弹塑性振动系统，直接输入地震波，用逐步积分法求解依据结构弹塑性恢复力特性建立的动力方程，直接计算地震期间结构的位移、速度和加速度时程反应，从而能够描述结构在强震作用下在弹性和非弹性阶段的内力变化，以及结构构件逐步开裂、屈服、破坏直至倒塌的全过程。

《抗震规范》规定以下结构必须采用弹塑性时程分析法(或拟静力弹塑性分析法)进行弹塑性变形验算：

(1) 甲类建筑和 9 度时乙类建筑中的钢筋混凝土结构和钢结构。

(2) 高度大于 150 m 的钢结构和 7～9 度时楼层屈服强度系数小于 0.5 的钢筋混凝土框架结构。

(3) 烈度 8 度Ⅲ、Ⅳ类场地和 9 度时高大的单层钢筋混凝土柱厂房的横向排架。

(4) 采用隔震和消能减震设计的结构。

上述结构中只有层数不超过 12 层而且层刚度无突变的钢筋混凝土框架结构和单层钢筋混凝土柱厂房才可以用简化计算法(即弹塑性侧移增大系数法)计算。

采用时程分析法进行结构弹塑性地震反应分析时，其步骤大体如下：

(1) 按照建筑场址的场地条件、设防烈度、震中距远近等因素，选取若干条具有不同特性的典型强震加速度时程曲线，作为设计用的地震波输入。

(2) 根据结构体系的力学特性、地震反应内容要求以及计算机存储量，建立合理的结构振动模型。

(3) 根据结构材料特性、构件类型和受力状态，选择恰当的结构恢复力模型，并确定相应于结构(或杆件)开裂、屈服和极限位移等特征点的恢复力特性参数,以及恢复力特性曲线各折线段的刚度数值。

(4) 建立结构在地震作用下的振动微分方程。

(5) 采用逐步积分法求解振动方程,求得结构地震反应的全过程。

(6) 必要时也可利用小震下的结构弹性反应所计算出的构件和杆件最大地震内力,与其他荷载内力组合,进行截面设计。

(7) 采用容许变形限值来检验中震和大震下结构弹塑性反应对应的结构层间侧移角,判别是否符合要求。

基于有限单元法的时程动力分析目前已经被广泛采用,一般结构需要采用梁元、墙元或薄壁壳元等单元的组合。普通钢筋混凝土框架结构可以只采用梁元进行计算,该模型即为杆系模型,其单元质量集中在杆件节点处,空间梁单元节点通常有 3 个方向的位移与转角共 6 个自由度。当楼板刚度大而且框架呈现弱柱强梁型使塑性铰首先在柱端出现时,可以采用层间剪切模型。

动力时程分析法较反应谱法或拟静力弹塑性分析法更准确地反映了结构在地震荷载下的内力、位移变化,但其计算工作十分繁重,要求计算机内存大、速度快,故在工程应用中应根据规范要求和实际条件酌情选用。此外,由于地震时地面运动的随机性和结构型式的多样性,计算中输入地震波的类型与结构计算模型等与实际较难准确符合,因此,作为一种实用的方法还有待进一步完善。

二、结构构件恢复力模型

1. 弹塑性恢复力特性曲线的主要特点

结构或构件在承受外力产生变形后企图恢复到原有状态的抗力称为恢复力,所以恢复力体现了结构或构件恢复到原有形状的能力。恢复力与变形的关系曲线即为恢复力特性曲线。

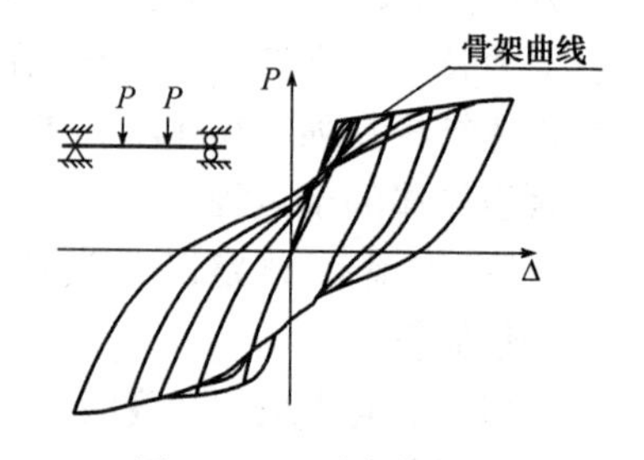

图 2—23 受弯构件恢复力特性曲线

在弹性阶段,力与变形关系符合虎克定律,是直线关系。而当在反复地震作用下,构件和结构产生弹塑性地震反应,随着荷载变化、构件受力特征、时间延续、各截面塑性变形的发展、屈服先后次序的不同等等,使得力与变形关系甚为复杂。图 2—23 给出了一个钢筋混凝土受弯构件典型的恢复力特性曲线。

(1) 骨架曲线和滞回环线

与弹性阶段不同,弹塑性恢复力特性曲线包括两大要素,即骨架曲线和滞回环线。由图 2—23 可见,在正反交替的反复荷载作用下,恢复力特性曲线形成很多滞回环线。把各滞回环的顶点连起来,即形成骨架曲线。所以,骨架曲线即为滞回环的外包线。

骨架曲线与滞回特性反映了在正反交替反复荷载作用下,结构或构件能量吸收耗散、延性、强度、刚度及退化等力学特性,如由滞回环面积的大小可衡量构件吸收能量的能力。

恢复力特性曲线具有下列特点:

① 恢复力特性曲线的骨架曲线与其单调荷载—位移曲线相近。

② 从加载终点开始卸载时，卸载曲线坡度与初始加载时相比有所下降，下降程度随卸载点位移的增大而增加。完全卸载时存在残余变形。

③ 卸载至零点再反向加载时，构件的反向再加载刚度显著降低，反向加载的最大位移愈大，刚度退化就愈显著。

④ 随着加载循环次数的增多，结构逐渐损坏，同一变形量对应的荷载值逐渐减少。在严重破坏情况下，荷载降低时位移继续加大，使荷载值不能趋于稳定，骨架曲线出现负刚度，此时构件已丧失了承载能力，接近毁坏。

(2) 恢复力特性计算模型

恢复力特性计算模型想要完整地反映实际的恢复力特性是极其困难的，只能加以理想化，规定一些便于计算而又大体上能反映实际情况的恢复力模型，通常将实际的恢复力特性曲线近似采用分段直线来代替。常用的恢复力模型有双线型(图2－24a)、双线退化型(图 2－24b)和三线退化型(图 2－24c)。双线型退化模型对于钢结构等仅有屈服点的构件更为合适，对于混凝土构件而言，三线型模型则更能表现混凝土的开裂和屈服，能较好地描述钢筋混凝土构件受力的全过程。

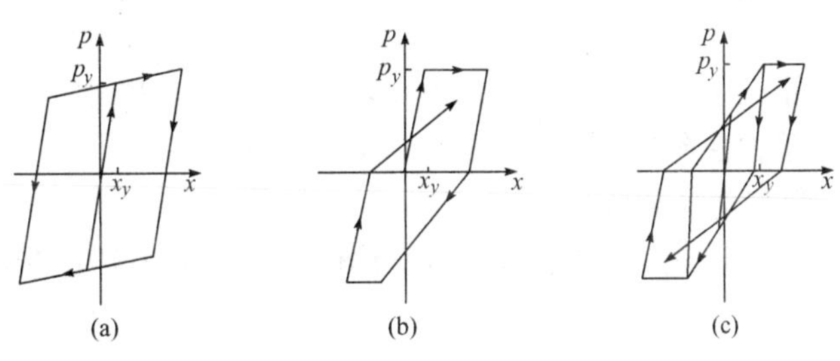

图 2－24　常用的恢复力模型

① 双线型恢复力模型

双线型恢复力模型是将正向和反向加载的骨架曲线用两段折线来代替，卸载刚度不退化，反向加载线的拐点(即图 2－25b 中 C 点、E 点)是按照使结构耗散能量相等(即折线所围面积与试验曲线所围面积相等)的条件来确定的。

图 2－25a 中的实线为双线型恢复力模型的试验曲线，虚线为分段模拟直线，构成图 2－25b的双线型恢复力曲线。其中第一段直线 OA 的斜率表示构件的初始刚度(即弹性刚度 K_0)。A 点为屈服点，与之相应的荷载称为屈服荷载 F_y，相应的位移称为屈服位移 x_y。AB 段的斜率减小，即刚度降低，设屈服后的刚度为 K'，则刚度降低系数为 $P=K'/K_0$。图中 B 点为极限荷载 F_u 和极限位移 x_u 对应的点。BC 段为屈服后卸载及反向加载时的工作状态，保持弹性刚度 K_0。CD 段为反向加载状态，DE 段表示卸载后再加载。若 AB、CD 段取水平直线，K'为零，则为完全塑性的双线型恢复力模型(Osgood 模型)。双线型恢复力模型主要适用于焊接钢结构构件，也能近似地适用于钢筋混凝土构件。

② 考虑刚度退化的三线型恢复力模型

图 2－26 为考虑刚度退化的三线型恢复力模型。其弹性刚度为 K_0，正向和反向加载的骨架曲线(粗实线)为带有开裂点 F_{cr} 和屈服点 F_y 两个拐点的三折线，开裂后为 K_1。正反向荷载作用的过程在图中沿折线折点的编号 0，1，2，3… 顺序前进。当 t_i 时刻的位移、荷载(或恢复力) 分别为 x_i，$F(x_i)$，经过时间间隔 Δt 至 t_{i+1} 时刻的位移为 x_{i+1}，相应的荷载(恢复力)$F(x_{i+1})$ 为

$$F(x_{i+1})=F(x_i)+PK_0(x_{i+1}-x_i) \tag{2-133}$$

式中　P——恢复力特性曲线中某一直线段的刚度降低系数。

在加载过程中，从 t_i 时刻至 t_{i+1} 时刻的时间段内恢复力曲线经过若干拐点，并发生直线段的刚度变化，此时恢复力刚度降低系数 P、最大位移 x_m 和最小位移 x_n 等也相应变化。其历经过程大致如下：

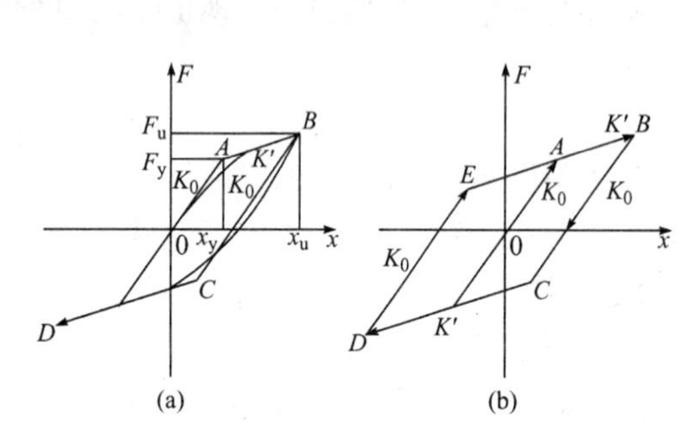

图 2—25　双线型恢复力模型

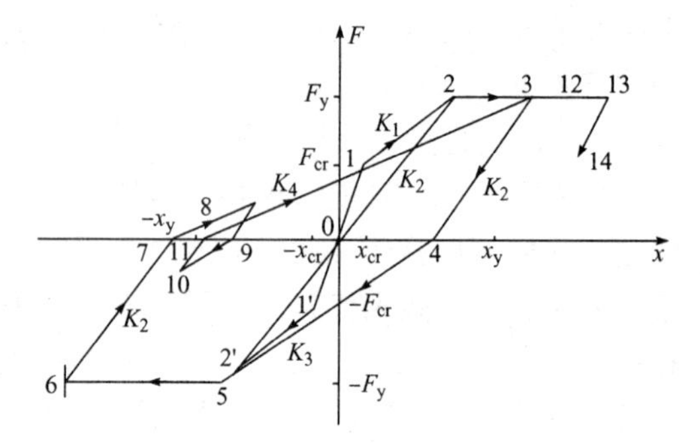

图 2—26　考虑刚度退化的三线型恢复力模型

加载初始状态(即相应于 0 点)为：$x_0=0$、$F(x_0)=0$、$P=1$。由 0 点开始正向或反向加载至开裂点 1 或 1′，结构处于弹性阶段，直线斜率为弹性刚度 K_0。

A. 1→2 段(正向弹塑性加载段)

加载点正向位移超过混凝土开裂点 1 处的位移值 x_{cr}，进入弹塑性阶段，直线斜率为开裂刚度 K_1。t_i 与 t_{i+1} 时的速度 $\dot{x}_i$、$\dot{x}_{i+1}$ 若有 $\dot{x}_i \cdot \dot{x}_{i+1}>0$ 和 $\dot{x}_i>0$，且 $F(x_i)=F_{cr}$ 时，则

$$P=P_1=\frac{x_{cr}}{x_m-x_i}\cdot\frac{F_y-F_{cr}}{F_{cr}} \tag{2-134}$$

式中 $x_m=x_y$。

B. 1′→2′段(反向弹塑性加载段)

加载点反向位移超过了混凝土开裂点 1′，进入弹塑性阶段。当 $\dot{x}_i \cdot \dot{x}_{i+1}>0$，$\dot{x}_i<0$，且 $F(x_i)=-F_{cr}$ 时，则

$$P=P_2=\frac{x_{cr}}{x_i-x_n}\cdot\frac{F_y-F_{cr}}{F_{cr}} \tag{2-135}$$

式中 $x_n=-x_y$。

C. 2→3 段或 5→6 段(正向或反向塑性加载段)

加载点正向或反向位移超过了构件的屈服点(2 或 5 点)，进入塑性阶段；或者再加载超过历史上达到的骨架曲线塑性阶段最大位移点(12 点)，再进入骨架曲线塑性阶段。此时 $\dot{x}_i \cdot \dot{x}_{i+1}>0$ 且 $|F(x_i)|=F_y$ 时，则 $P=P_3=0$。

D. 3→4 段(反向卸载阶段)

加载点从达到骨架曲线塑性阶段当前最大位移点 3 后反向卸载，此时沿平行于屈服点割线 02 的方向下降，直线斜率为屈服点割线刚度 K_2，直至荷载为零的 4 点。拐点 3 之前的加载点速度为正，即 $\dot{x}_i>0$；而超过拐点 3 的速度为负，即 $\dot{x}_{i+1}<0$。当 $\dot{x}_i \cdot \dot{x}_{i+1}<0$ 且 $F(x_i)=F_y$ 时，则 $P=P_4=\alpha_y$，$x_m=x_i$。其中 α_y 为屈服点割线刚度降低系数；x_i 表示骨架曲线上当前最大位移点 3 的位移值。

E. 4→5 段(反向再加载段)

反向再加载至反向屈服点 5,再加载线斜率 K_3 小于卸载线的斜率 K_2,此即为反向加载时的刚度退化。当 $\dot{x}_i \cdot \dot{x}_{i+1} > 0$ 且 $\dot{x}_i < 0$ 和 $F(x_i) = 0$ 时,则

$$P = P_5 = \frac{x_{cr}}{x_i - x_n} \cdot \frac{F_y}{F_{cr}} \tag{2-136}$$

F. 6→7 段(正向卸载段)

加载点从当前最大反向位移点 6,至荷载为零的 7 点,直线斜率为 K_2。当 $\dot{x}_i \cdot \dot{x}_{i+1} < 0$ 且 $F(x_i) = -F_y$ 时,则 $P = \alpha_y$,$x_n = x_i$,其中 x_i 表示骨架曲线上当前反向最大位移点 6 的位移值。

G. 7→8 段或 11→12 段(正向再加载段)

再加载线至前一循环骨架曲线上正向最大位移点 3(3 点与 12 点重合),再加载线的刚度(K_4)减小表示刚度逐渐退化。当 $\dot{x}_i \cdot \dot{x}_{i+1} > 0$ 且即 $\dot{x}_i > 0$ 和 $F(x_i) = 0$ 时,则

$$P = P_6 = \frac{x_{cr}}{x_m - x_i} \cdot \frac{F_y}{F_{cr}} \tag{2-137}$$

H. 8→>9 段或 10→11 段(中途卸载段)

在中途 8 点或 10 点开始卸载阶段,仍按屈服割线斜率卸载。当即 $\dot{x}_i \cdot \dot{x}_{i+1} < 0$ 时,则 $P = \alpha_y$。

2. 状态转换与状态刚度

二线 Osgood 恢复力模型见图 2—27,该模型仅有 3 种状态(0,±1)。由于该模型滞回规律简单,可不计入特征点,即单元截面所处状态不依据加载历史,而是依据弯矩和弯矩增量就可确定。二线退化恢复力模型见图 2—28,该模型具有 9 种状态(0,±1,±2,±3,±4)、6 个特征点(A,B,C,D,P,N)。三线型恢复力模型见图 2—29,该模型具有 12 种状态(0,1,±2,±3,±4,±5,±6)、7 个特征点(A,B,C,D,E,P,N)。

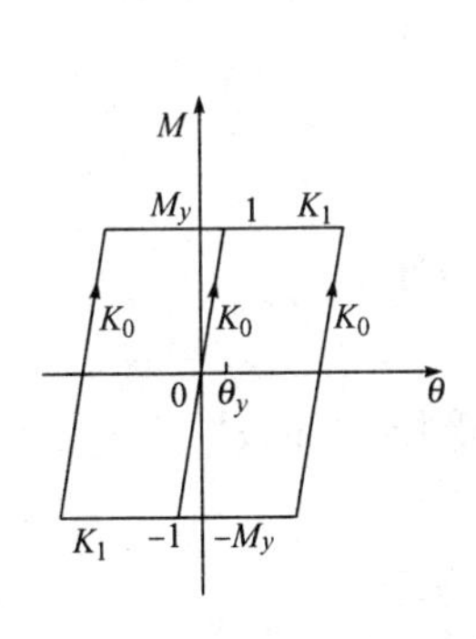

图 2—27　二线 Osgood 恢复力模型

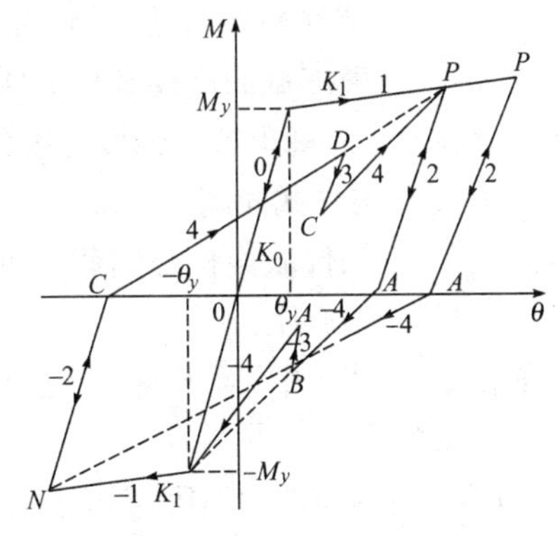

图 2—28　二线退化恢复力模型

后两种退化模型有着相同的滞回规律:当弯矩超过开裂点而未到达屈服点时,卸载指向原点;当超过屈服点时,卸载刚度可考虑退化为 $K = K_0(\theta_y/\theta_P)^{0.5}$ 或仍取为 K_1;反向加载时指向曾经到达过的最大位移点,第一次反向加载时指向屈服点;屈服后刚度 K_1 若考虑强化则按实际强化刚度实际值,否则可以取 $K_1 = K_0/1.0^5$(理想塑性)或取值 $K_1 = K_0/20$。

3. 恢复力模型特征参数的确定

确定恢复力计算模型中的特征参数是指确定骨架曲线上的开裂点、屈服点等特征点的坐

标所需要的计算参数。钢筋混凝土构件开裂点通常由开裂弯矩M_{CR}和弹性刚度K_0确定，屈服点可由屈服弯矩M_y和刚度降低系数α_y确定(图2－30)。这些参数多采用通过对试验数据归纳所得的经验公式来计算。

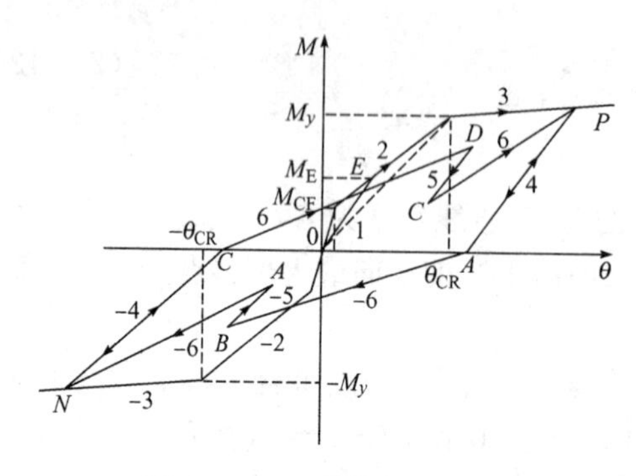

图2－29 三线恢复力模型

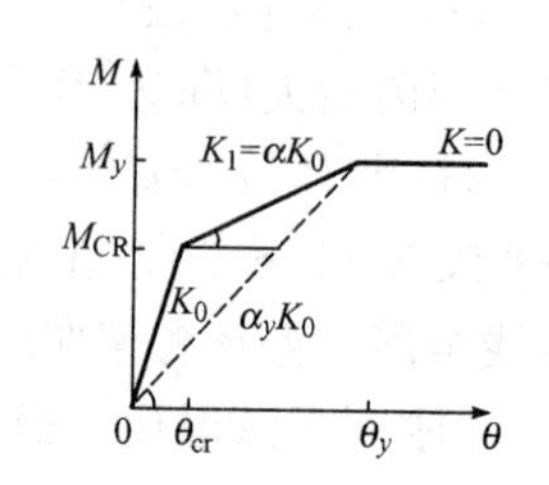

图2－30 模型中的特征参数

(1) 梁、柱等构件的开裂弯矩M_{CR}，可按下式计算：

$$\left.\begin{aligned}&M_{CR}=\frac{\gamma f_{tk}W_0}{1\mp r_0/e_0}\\&\gamma=\alpha_h\gamma_0\quad(2.0\geqslant\gamma\geqslant1.0)\\&\alpha_h=0.82+\frac{5.0}{h(1\mp r_0/e_0)}\end{aligned}\right\}\tag{2-138}$$

式中 W_0—— 换算截面弹性抵抗矩；

γ—— 考虑截面形状、高度和偏心距影响的塑性系数；

γ_0—— 塑性系数的基本值，对于矩形截面，$\gamma_0=1.55$；

α_h—— 考虑截面高度和偏心距影响的系数；

f_{tk}—— 混凝土抗拉强度标准值；

h—— 构件截面高度(cm)；

r_0—— 构件截面核心到截面重心轴的距离，$r_0=W_0/A_0$；

e_0—— 偏心距。

在式(2－138)中，对于偏心受压构件取"－"号，偏心受拉构件取"＋"号。当为受弯构件时，取r_0/e_0为零。

(2) 梁、柱等构件的屈服弯矩M_y可按下列近似公式计算：

对于梁：

$$M_y=0.9F_{yk}A_sh_0\tag{2-139}$$

对于柱：当$x=N/(\alpha_1f_{ck}b)\leqslant0.5h_0$时，

$$M_y=\alpha_1f_{ck}bx(h_0-0.5x)+f'_{yk}A'_s(h_0-a'_s)-N\left(\frac{h}{2}-a_s\right)\tag{2-140}$$

当$x>0.5h_0$时，上式中x取

$$x=\frac{N-f'_{yk}A'_s+2.64f_{yk}A_s}{\alpha_1f_{ck}b+3.3f_{yk}A_s/h_0}$$

式中　α_1——计算系数，当混凝土强度等级不超过 C50 时取 1.0。

(3) 屈服点割线刚度降低系数 α_y 按下式计算：

$$\alpha_y = 0.035\left(1+\frac{a}{h_0}\right)+0.27\mu_N+1.65\ n\rho \tag{2-141}$$

式中　a/h_0—— 剪跨比，近似等于 $H_0/(2h_0)$，其中 H_0 为层间柱的净高；

μ_N—— 轴压比，$\mu_N=N/(f_c bh)$；

n—— 钢筋与混凝土的弹性模量比；

ρ—— 受拉钢筋配筋率。

(4) 弹塑性阶段刚度降低系数 α 由下式计算：

$$\alpha=\frac{M_y/M_{CR}-1}{M_y/M_{CR}-\alpha_y}\cdot\alpha_y \tag{2-142}$$

三、动力方程与计算方法

1. 动力方程的建立

地面地震运动是一个复杂的时程过程，同时结构上还作用有结构的恢复力、阻尼力，而且这些力都随结构刚度变化而改变，多自由度振动反应$\{x(t)\}$的动力方程可表示为

$$[M]\{\ddot{x}(t)\}+[C]\{\dot{x}(t)\}+[K]\{x(t)\}=-[M][R]\{\ddot{x}_g(t)\} \tag{2-143}$$

式中　$[M]$—— 质量矩阵；

$[C]$—— 阻尼矩阵；

$[K]$—— 刚度矩阵；

$\{\ddot{x}_g(t)\}$—— 地面加速度向量；

$[R]$—— 地震影响系数矩阵：

$$\left.\begin{aligned}&\{\ddot{x}_g(t)\}=[a_{gx}\quad a_{gy}\quad a_{gz}]^T\\&[R]=[R_x\quad R_y\quad R_z]\\&\{R_x\}=[r_{1x}\quad r_{2x}\cdots r_{nx}]^T\qquad(x\text{ 为 }x,y,z)\end{aligned}\right\} \tag{2-144}$$

第 i 自由度受 x 向地震加速度 a_{gx} 影响或不受影响，r_{ix} 分别为 1 或 0。该系统在 $t_i=t$ 和 $t_{i+1}=t+\Delta t$(Δt 为微小时段) 均成立，即

$$[M]\{\ddot{x}(t+\Delta t)\}+[C]\{\dot{x}(t+\Delta t)\}+[K]\{x(t+\Delta t)\}=-[M][R]\{\ddot{x}_g(t+\Delta t)\} \tag{2-145}$$

假定在 Δt 微小时段内加速度$\{\ddot{x}(t)\}$、速度$\{\dot{x}(t)\}$、位移$\{x(t)\}$ 均为线形变化，上面两式相减可以得到式(2-143) 的增量形式，其形式为

$$[M]\{\Delta\ddot{x}(t)\}+[C]\{\Delta\dot{x}(t)\}+[K]\{\Delta x(t)\}=-[M][R]\{\Delta\ddot{x}_g(t)\} \tag{2-146}$$

2. 刚度、质量、阻尼矩阵、地震波的选择与二阶效应

(1) 单元刚度矩阵与总刚度矩阵

空间梁单元(或称梁、柱单元) 每端节点有 3 个方向的位移 u、v、w 与转角 θ_x、θ_y、θ_z 共 6 个自

由度，其中 u 为轴向位移，v、w 为侧向位移，θ_x 为扭转角，θ_y、θ_z 为弯曲转角，如图 2－31 所示。单元局部坐标 $Oxyz$（图 2－31）下的单元节点位移列阵 $\{d\}^e$ 和单元节点内力列阵 $\{F\}^e$，两者之间力学关系的联结为单元刚度矩阵 $[K]^e$，其元素为 k_{rs}（$r,s=1,2,3,\cdots,12$，为单元位移编号），即

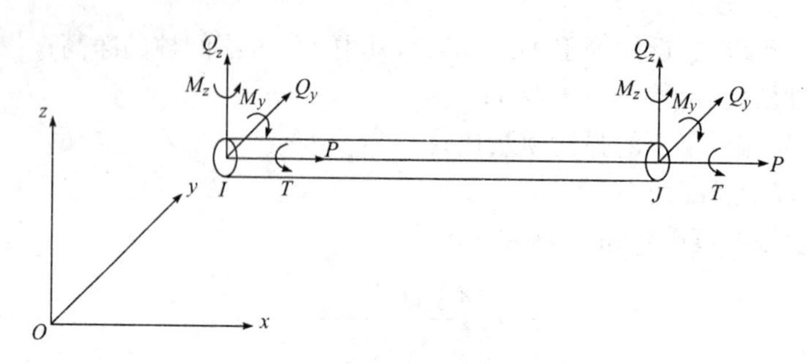

图 2－31　空间梁单元及其局部坐标

$$\{F\}^e=[K]^e\{d\}^e$$

$$\{K\}^e=[K_{rs}]_{12\times 12} \tag{2-147}$$

$$[K]^e=\frac{1}{L^3}\begin{bmatrix}
EAL^2 & & & & & & & & & & & \\
0 & 12EI_z & & & & & & & & & & \\
0 & 0 & 12EI_y & & & & & & & & & \\
0 & 0 & 0 & GJL^2 & & & & & \text{对} & & \text{称} & \\
0 & 0 & -6EI_yL & 0 & 4EI_yL^2 & & & & & & & \\
0 & 6EI_zL & 0 & 0 & 0 & 4EI_zL^2 & & & & & & \\
-EAL^2 & 0 & 0 & 0 & 0 & 0 & EAL^2 & & & & & \\
0 & -12EI_z & 0 & 0 & 0 & -6EI_zL & 0 & 12EI_z & & & & \\
0 & 0 & -12EI_y & 0 & 6EI_yL & 0 & 0 & 0 & 12EI_y & & & \\
0 & 0 & 0 & -GJL^2 & 0 & 0 & 0 & 0 & 0 & GJL^2 & & \\
0 & 0 & -6EI_yL & 0 & 2EI_yL^2 & 0 & 0 & 0 & 6EI_yL & 0 & 4EI_yL^2 & \\
0 & 6EI_zL & 0 & 0 & 0 & 2EI_zL^2 & 0 & -6EI_zL & 0 & 0 & 0 & 4EI_zL^2
\end{bmatrix}$$

$$\{d\}^e=\{u_i,v_i,w_i,\theta_{xi},\theta_{yi},\theta_{zi},u_j,v_j,w_j,\theta_{xj},\theta_{yj},\theta_{zj}\}^T$$

$$\{F\}^e=\{N_i,Q_{yi},Q_{zi},M_{xi},M_{ji},M_{zi},N_j,Q_{yj},Q_{zj},M_{xj},M_{yj},M_{zj}\}^T$$

其中，A 为截面积，J 和 I_y、I_z 分别是梁单元的抗扭惯性矩和绕 y、z 轴的抗弯惯性矩。如果单元局部坐标与结构整体坐标 $Oxyz$ 不一致，例如对柱单元，尚需要坐标转换。然后将单元刚度矩阵元素 k_{rs} 叠加到整体刚度矩阵元素 K_{mn}，m、n 分别为单元位移序号 r、s 在整体结构中的自由度编号。由此形成结构的总刚度矩阵 $[K]$。

（2）质量矩阵和阻尼矩阵

① 质量矩阵可分为集中质量矩阵和一致质量矩阵，为便于处理，可以采用集中质量矩阵，即质量集中在单元节点处。空间直杆单元共有 6 个自由度，当采用集中质量矩阵并考虑转动惯量的影响时，其单元质量矩阵 $[M]^e$ 表达式为

$$[M]^e=\frac{\rho L}{2}\begin{bmatrix}A & 0 & 0 & 0 & 0 & 0\\0 & A & 0 & 0 & 0 & 0\\0 & 0 & A & 0 & 0 & 0\\0 & 0 & 0 & I_x & 0 & 0\\0 & 0 & 0 & 0 & I_y & 0\\0 & 0 & 0 & 0 & 0 & I_\rho\end{bmatrix} \tag{2-148}$$

式中　L—— 单元长度；

A—— 单元截面积；

I_x、I_y—— 转动惯量；

I_ρ—— 极惯矩；

ρ—— 材料容重。

单元质量矩阵形成以后，按照形成总刚度矩阵的方法，叠加形成总质量矩阵。

② 结构阻尼是动力反应问题的重要方面，它反映了体系的耗能特性，而结构阻尼受结构型式、材料、几何尺寸、构造、荷载等多种因素的影响，即震动过程中是在不断变化的，使得程序中很难确定某一状态下的阻尼。本书采用了弹性状态下的阻尼，不考虑由于刚度改变而引起的阻尼变化。

(3) 地震波的选择

① 波的条数

由于地震的不确定性，很难预测建筑物会遇到什么样的地震波。以往大量的计算结果表明，结构对不同地震波的反应，差别很大。为了充分估计未来地震作用下的最大反应，以确保结构的安全，采用时程分析法对高层建筑进行抗震设计时，有必要选取 3～4 条典型的、具有不同特性的实际强震记录或人工地震波作为设计用地震波，分别对结构进行弹塑性反应计算。

② 波的形状

建筑结构弹塑性动力分析中，所采用的地震波一般有下列几种：

A. 拟建场地的实际地震记录。

B. 典型的强震记录。

C. 人工地震波。

输入的地震波，应优先选取与建筑所在场地的地震地质环境相近似场地上所取得的实际强震记录(加速度时程曲线)。所选用的强震记录的卓越周期应接近于建筑所在场地的自振周期，其峰值加速度宜大于 100 gal。此外，波的性质还应与建筑场地所需考虑的震中距相对应。若采用人工模拟的加速度时程曲线时，波的幅值、频谱特性和持时应符合设计条件；波的性质应在统计的意义上与反应谱法相协调，即该人工地震波的反应谱要与《抗震规范》对应于建筑所在场地类别的反应谱曲线大体一致，尤其是特征周期 T_g 要尽可能相接近。目前，国内外进行结构时程分析时所经常采用的几条实际强震记录主要有适用于Ⅰ类场地的滦河波；适用于Ⅱ类场地的 EL－Centro 波(1940，N－S，最大加速度 $a_{max}=341.7$ gal)(1 gal＝0.01 m/s^2)和 Taft 波(1952，E－W，最大加速度 $a_{max}=175$ gal)；适用于Ⅲ、Ⅳ类场地的宁河波等。图 2－32 分别给出了前 8 s(步长为 0.02 s)EL－Centro 波和 Taft 波的波形图。

③ 地震波的强度

现有的实际强震记录，其峰值加速度多半与建筑所在场地的基本烈度不相对应，因而不能直接应用，需要按照建筑物的设防烈度对波的强度进行全面调整。时程分析时所用的地震加速度时程的最大值参见表 2－4。

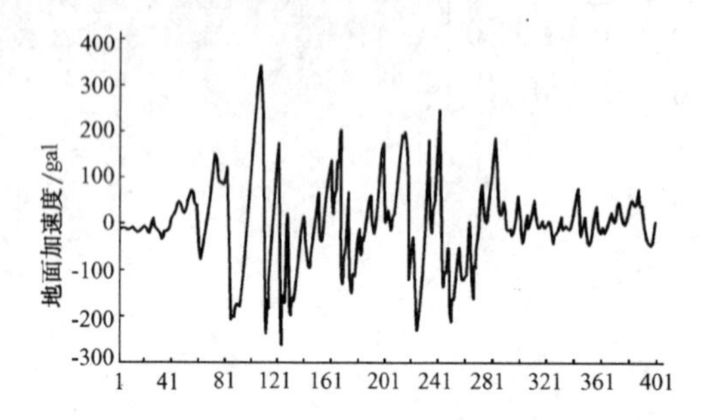

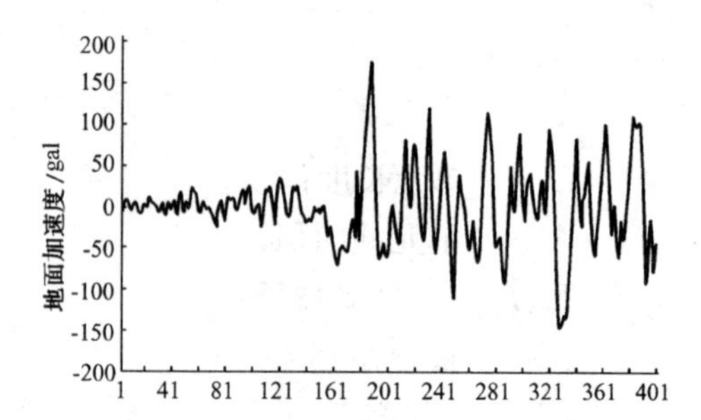

图 2－32　EL－Centro 波和 Taft 波的波形图(前 8 s)

(a) EL－Centro 波　(b) Taft 波

3. 动力方程的求解

(1) 数值积分方法

弹塑性动力分析与弹性动力分析的不同之处在于弹塑性动力分析过程中刚度矩阵和地面运动加速度均是时间的函数，不能用简单函数来表达，多采用增量法求解，即将整个地震动持续时间 t 离散为若干个微小时段 Δt，得增量方程。由于 Δt 很小，可以认为在 Δt 内动力矩阵不随时间变化，结构在微小时间增量内为线性变化。逐步积分法可分为两类：一类是迭代法，逐步迭代求出加速度、速度和位移反应；另一类是拟静(动)力法，将动力增量方程变为拟静(动)力方程，逐步求解。

拟静(动)力法求解的方法又有多种，如线性加速度法、中点加速度法、Wilson－θ 法、Newmark－β 法、Runge－Kutta 法等。Wilson－θ 法、Runge－Kutta 法是高精度的计算方法，具有较好的稳定性。以上各法采用了不同的假设，因而形成的拟静(动)力方程不同，但其基本计算步骤均为：

① 列出增量方程(由 t_i 时刻到 $t_i+\Delta t$ 时刻)，见式(2－146)。

② 按照不同假设给出加速度增量、速度增量、位移增量的关系式。

③ 按照上一微小时段终点 t_i 时刻结构状态生成各动力矩阵。

④ 将第②、③步结果代入下式形成拟静力方程：

$$\{\Delta \overline{F}_s\}=[\overline{K}_s]\{\Delta x\} \tag{2－149}$$

⑤ 求解上式得出由 $t_i \rightarrow t_i+\Delta t$ 时刻的位移、速度、加速度增量，进而求得 t_{i+1}时刻的位移、速度、加速度。

⑥ 以 t_{i+1}时刻各量作为下一时刻的初状态，循环第②～⑤步骤，可得出各时刻地震反应值。

(2) 线性加速度法

线性加速度法假设加速度在时间间隔 $t \rightarrow t+\Delta t$ 内呈线性变化(如图 2－33)，位移对时间的三阶导数 $\dddot{x}_i$ 应为常数，即

$$\dddot{x}=\frac{(\ddot{x}_{i+1}-\ddot{x}_i)}{\Delta t}=\frac{\Delta\ddot{x}}{\Delta t}=\text{常数} \tag{2-150}$$

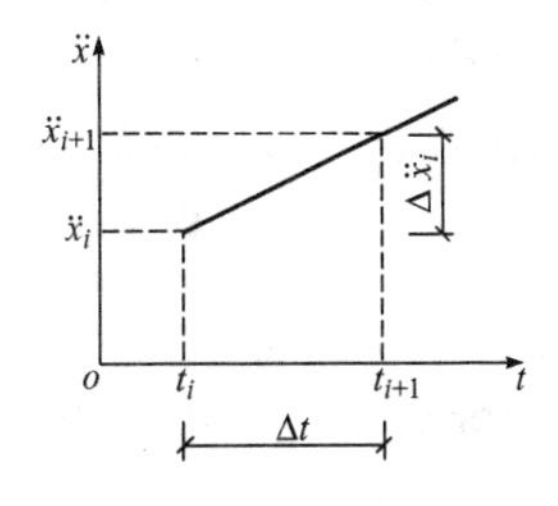

图 2—33　线性加速度法简图

当在某一步开始时的位移 x_i、速度 $\dot{x}_i$ 和加速度 $\ddot{x}_i$ 已经算出，时刻 $t+\Delta t$ 的加速度 $\ddot{x}_{i+1}$、速度 $\dot{x}_{i+1}$ 和位移 x_{i+1} 为待求量。由于假定加速度反应按线性变化，故位移 $x(t)$ 三阶以上的导数为零。这样，质点的位移 x_{i+1} 和 $\dot{x}_{i+1}$ 速度按泰勒级数展开后分别为

$$x_{i+1}=x_i+\dot{x}_i\Delta t+\ddot{x}_i\frac{\Delta t^2}{2!}+\dddot{x}_i\frac{\Delta t^3}{3!} \tag{2-151}$$

$$\dot{x}_{i+1}=\dot{x}_i+\ddot{x}_i\Delta t+\dddot{x}_i\frac{\Delta t^2}{2!} \tag{2-152}$$

注意到 $x_{i+1}-x_i=\Delta x$、$\dot{x}_{i+1}-\dot{x}_i=\Delta\dot{x}$，将式(2—151)代入式(2—152)，式(2—150)代入式(2—151)，则有

$$\Delta\dot{x}=\frac{3}{\Delta t}\Delta x-3\dot{x}_i-\frac{\Delta t}{2}\ddot{x}_i \tag{2-153}$$

$$\Delta\ddot{x}=\frac{6}{\Delta t^2}\Delta x-\frac{6}{\Delta t}\dot{x}_i-3\ddot{x}_i \tag{2-154}$$

对于单质点体系，将式(2—153)、式(2—154)代入动力方程增量表达式(2—146)，可得

$$m\left(\frac{6}{\Delta t^2}\Delta x-\frac{6}{\Delta t}\dot{x}_i-3\ddot{x}_i\right)+c\left(\frac{3}{\Delta t}\Delta x-3\dot{x}_i-\frac{\Delta t}{2}\ddot{x}_i\right)+k\Delta x=-m\Delta\ddot{x}_{\mathrm{g}}$$

可记为

$$\tilde{k}\,\Delta x=\Delta\tilde{F} \tag{2-155}$$

式中

$$\tilde{k}=k+\frac{6}{\Delta t^2}m+\frac{3}{\Delta t}c \tag{2-156}$$

$$\Delta\tilde{F}=-m\Delta\ddot{x}_{\mathrm{g}}+\left(m\frac{6}{\Delta t}+3c\right)\dot{x}_i+\left(3m+\frac{\Delta t}{2}c\right)\ddot{x}_i \tag{2-157}$$

式(2—155)和一般静力方程的形式相似，故该式叫做增量拟静力平衡方程，其中 $\tilde{k}$ 为拟刚度，$\Delta\tilde{F}$ 为拟荷载增量。由于步长 Δt 已经选定，$\dot{x}_i$ 和 $\ddot{x}_i$ 已经算出，所以位移增量 Δx 可由 $\Delta\tilde{F}$ 和 $\tilde{K}$ 算出。此时刚度 k 假定在 Δx 范围内是线性的，当 Δt 稍大时这种假定产生的误差可能较大，此时需要减小 Δt，或采用变刚度法。即根据单元在 x_i 点的恢复力曲线确定刚度，考虑拐点和卸载等情况。算出了 Δx 以后，再按式(2—153)和式(2—154)算出 $\Delta\dot{x}$ 和 $\Delta\ddot{x}$，于是由式(2—158)得到 x_{i+1}、$\dot{x}_{i+1}$ 和 $\ddot{x}_{i+1}$。重复以上的计算过程就可得到各时刻的地震反应。

$$\left.\begin{aligned}x_{i+1}&=x_i+\Delta x\\ \dot{x}_{i+1}&=\dot{x}_i+\Delta\dot{x}\\ \ddot{x}_{i+1}&=\ddot{x}_i+\Delta\ddot{x}\end{aligned}\right\} \tag{2-158}$$

为减少在每一时间步长加速度按线性增加假定可能造成逐步计算过程中的误差积累，也可不用式(2－154)计算 $\Delta\ddot{x}$，而根据增量动力平衡方程(2－146)来计算：

$$\Delta\ddot{x}=\frac{1}{m}[-m\Delta\ddot{x}_{g}-c\Delta\dot{x}-k\Delta x] \tag{2－159}$$

这也意味着在每一步开始时，再加上一个动力平衡条件。计算的精确度取决于时间步长 Δt 的大小，步长 Δt 越小，精确度当然越高，但计算时间显然要增多。进行地震反应分析时，时间步长需要选得比地面运动高频分量的周期以及结构的自振周期小很多倍(例如 10 倍以上)，这样才能保证必要的精确度。当计算步长太大，大约大到周期的 1/2 以上时，将会给出发散性的计算结果，所以线性加速度法的计算稳定性是有条件的。

(3) Wilson－θ 法(威尔逊 θ 法)

Wilson－θ 法假定在一个延长积分步长 $\tau=\theta\cdot\Delta t$ 的范围内加速度按线性变化(图 2－34)。于是，当求得 τ 步长内的加速度增量 $\Delta\ddot{x}$ 时，利用线性内插法可求得 Δt 步长内的加速度增量 $\Delta\ddot{x}$。研究表明，当 $\theta\geqslant 1.37$ 时，该法具有无条件稳定性。一般采用 $\theta=1.4$。显然，当 $\theta=1$ 时，该法又退化为线性加速度法。以下给出 Wilson－θ 法积分的基本步骤。

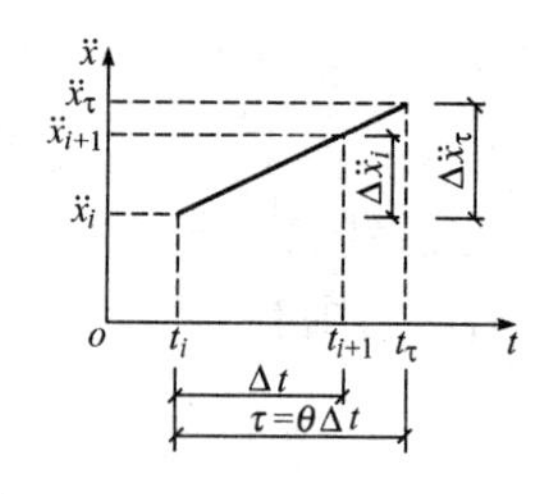

图 2－34 Wilson－θ 法简图

对于多质点体系，计算时刻 $t+\tau(0\leqslant\tau\leqslant\theta\Delta t)$ 的加速度、速度和位移为

$$\{\ddot{x}\}_{t+\tau}=\{\ddot{x}\}_{t}+\frac{\tau}{\theta\Delta t}(\{\ddot{x}\}_{t+\theta\Delta t}-\{\ddot{x}\}_{t}) \tag{2－160}$$

$$\{\dot{x}\}_{t+\tau}=\{\dot{x}\}_{t}+\tau\{\ddot{x}\}_{t}+\frac{\tau^{2}}{2\theta\Delta t}(\{\ddot{x}\}_{t+\theta\Delta t}-\{\ddot{x}\}_{t}) \tag{2－161}$$

$$\{x\}_{t+\tau}=\{x\}_{t}+\tau\{\dot{x}\}_{t}+\frac{\tau^{2}}{2}\{\ddot{x}\}_{t}+\frac{\tau^{3}}{6\theta\Delta t}(\{\ddot{x}\}_{t+\theta\Delta t}-\{\ddot{x}\}_{t}) \tag{2－162}$$

其中速度 $\{\dot{x}\}_{t+\tau}$ 和位移 $\{x\}_{t+\tau}$ 分别由加速度 $\{\ddot{x}\}_{t+\tau}$ 和速度 $\{\dot{x}\}_{t+\tau}$ 对 τ 积分一次得到。令 $\tau=\theta\Delta t$，得

$$\{\dot{x}\}_{t+\theta\Delta t}=\{\dot{x}\}_{t}+\frac{\theta\Delta t}{2}(\{\ddot{x}\}_{t+\theta\Delta t}+\{\ddot{x}\}_{t}) \tag{2－163}$$

$$\{x\}_{t+\theta\Delta t}=\{x\}_{t}+\theta\Delta t\{\dot{x}\}_{t}+\frac{\theta^{2}\Delta t^{2}}{6}(\{\ddot{x}\}_{t+\theta\Delta t}+2\{\ddot{x}\}_{t}) \tag{2－164}$$

由式(2－164)解得

$$\{\ddot{x}\}_{t+\theta\Delta t}-\{\ddot{x}\}_{t}=\frac{6}{\theta^{2}\Delta t^{2}}(\{x\}_{t+\theta\Delta t}-\{x\}_{t}-\theta\Delta t\{\dot{x}\}_{t})-3\{\ddot{x}\}_{t} \tag{2－165}$$

将上式代入式(2－163)得

$$\{\dot{x}\}_{t+\theta\Delta t}-\{\dot{x}\}_{t}=\frac{3}{\theta\Delta t}(\{x\}_{t+\theta\Delta t}-\{x\}_{t})-3\{\dot{x}\}_{t}-\frac{\theta\Delta t}{2}\{\ddot{x}\}_{t} \tag{2－166}$$

令

$$\{\Delta x\}=\{x\}_{t+\theta\Delta t}-\{x\}_t$$
$$\{\Delta \dot{x}\}=\{\dot{x}\}_{t+\theta\Delta t}-\{\dot{x}\}_t$$
$$\{\Delta \ddot{x}\}=\{\ddot{x}\}_{t+\theta\Delta t}-\{\ddot{x}\}_t$$
$$\{\Delta F(t)\}=\{F(t+\theta\Delta t)\}-\{F(t)\}$$

代入增量动力方程(2－146)，得

$$[\bar{K}]\{\Delta x\}=\{\Delta\bar{F}\} \tag{2-167}$$

$$[\bar{K}]=[K]+[M]\frac{6}{\theta^2\Delta t^2}+[C]\frac{3}{\theta\Delta t}$$
$$\{\Delta\bar{F}\}=-[M]\{\Delta\ddot{x}_g\}+[M]\left(\frac{6}{\theta\Delta t}\{\dot{x}\}_t+3\{\ddot{x}\}_t\right)+[C]\left(3\{\dot{x}\}_t+\frac{\theta\Delta t}{2}\{\ddot{x}\}_t\right) \tag{2-168}$$

若取阻尼的形式为瑞雷阻尼，即$[C]=\alpha[M]+\beta[K]$，代入上两式，得

$$[\bar{K}]=[M]\left(\frac{6}{\theta^2\Delta^2}+\frac{3}{\theta\Delta t}\alpha\right)+[K]\left(1+\beta\frac{3}{\theta\Delta t}\right)$$

$$\{\Delta\bar{F}\}=-[M]\{\Delta a_g\}+[M]\left\{\left(\frac{6}{\theta\Delta t}+3\alpha\right)\{\dot{x}\}_t+\left(3+\frac{\theta\Delta t}{2}\alpha\right)\{\ddot{x}\}_t\right\}+$$
$$[K]\left\{\beta\left(3\{\dot{x}\}_t+\frac{\theta\Delta t}{2}\right)\right\}$$

由式(2－167) 可解得$\{\Delta x\}$。由式(2－165) 可得

$$\{\ddot{x}\}_{t+\theta\Delta t}=\frac{6}{\theta^2\Delta t^2}(\{\Delta x\}-\theta\Delta t\{\dot{x}\}_t)-2\{\ddot{x}\}_t \tag{2-169}$$

将上式代入式(2－160)，并令 $\tau=\Delta t$，得

$$\{\ddot{x}\}_{t+\Delta t}=\frac{6}{\theta^3\Delta t^2}\{\Delta x\}-\frac{6}{\theta^2\Delta t}\{\dot{x}\}_t+\left(1-\frac{3}{\theta}\right)\{\ddot{x}\}_t \tag{2-170}$$

由式(2－163)和式(2－164)，并令 $\theta=1$，得

$$\{\dot{x}\}_{t+\Delta t}=\{\dot{x}\}_t+\frac{\Delta t}{2}(\{\ddot{x}\}_{t+\Delta t}+\{\ddot{x}\}_t) \tag{2-171}$$

$$\{x\}_{t+\Delta t}=\{x\}_t+\Delta t\{\dot{x}\}_t+\frac{\Delta t^2}{6}(\{\ddot{x}\}_{t+\Delta t}+2\{\ddot{x}\}_t) \tag{2-172}$$

因此，当 x_t、$\dot{x}_t$ 和 $\ddot{x}_t$ 已经算出，求得 Δx 以后，再按式(2－170) ～ 式(2－172) 即可得到$\{x\}_{t+\Delta t}$、$\{\dot{x}\}_{t+\Delta t}$ 和$\{\ddot{x}\}_{t+\Delta t}$。

4. 积分时间步长的选取和拐点的处理

在进行弹塑性时程分析时，影响积分时间步长 Δt 取值大小的因素主要有：

(1) 结构自振周期的大小。

(2) 场地土的自振周期。

(3) 地面振动加速度的变化速率。

(4) 非线性刚度和阻尼的复杂性。

对于自由度多、刚度质量分布不均匀的复杂结构，其最小周期可能很短，为使计算稳定，常取 Δt 很小。为了减小计算工作量，程序中可取基本时间步长 Δt 为 0.02 s，并根据计算精度要求调整步长 Δt。

当体系为弹性时，则刚度 K 始终为一常数；对于弹塑性体系，对应于 t_i 至 t_{i+1} 时刻的位移，当位于恢复力 — 位移特性曲线的同一直线段内时，K 才维持常数。当 i 及 $i+1$ 点的位移分别落在恢复力 — 位移特性曲线的两个直线段内时，即 i 点已临近某一线段的终点，$i+1$ 点则落入下一直线段时，刚度 K 将改变数值。此时时间步长 Δt 将再分成小步长 $\Delta t'$，以确定恢复力 — 位移特性曲线的拐点。拐点前的小步长 $\Delta t'$ 内，用特性曲线前一线段相应的刚度；拐点后的小步长 $\Delta t-\Delta t'$，则改用后一线段相应的刚度，此时阻尼系数一般也应作相应改变。对于考虑刚度退化的三线型恢复力模型，存在着两类拐点：一类是由弹性进入弹塑性或由弹性进入塑性所经过的拐点；另一类是由塑性转入卸载所经过的拐点。

对于第一类拐点，从第 i 步历经拐点进入第 $i+1$ 步，其速度符号不改变。若 $i+1$ 步的恢复力 $F_{i+1}>F_s$，F_s 为预先已知拐点的恢复力，则由第 i 步至拐点的时间 $\Delta t'$（图 2－35），可近似地按基于内插法的公式来计算：

$$\Delta t'=\frac{F_s-F_i}{F_{i+1}-F_i}\Delta t \qquad (2-173)$$

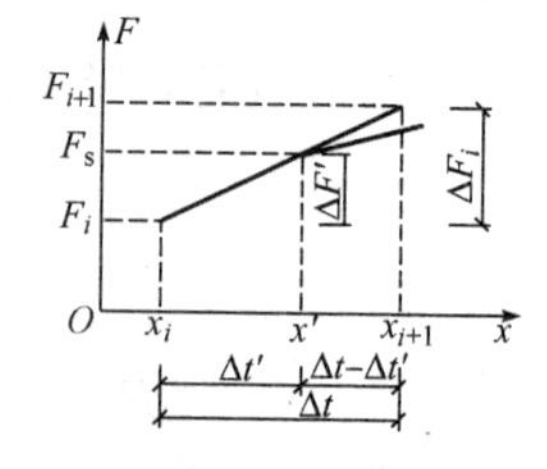

图 2－35　拐点的处理

计算研究表明，按照两分法规则进行迭代计算，即在 Δt 和 O 的时间范围内，依次地给定时间上、下限并求中值的方法来调整 $\Delta t'$ 的取值，逐步消除相应恢复力计算的误差，使之趋近于 F_s，最终可找出体系由弹性进入塑性所经历拐点的精确时间。这种迭代计算收敛较稳定。

对于第二类拐点，从第 i 步 $\dot{x}_i$ 转入第 $i+1$ 步 $\dot{x}_{i+1}$ 发生符号改变，此时拐点速度接近于零。由于在 Δt 时段内，x 与 F 不会有很大变化，这类拐点一般可不作处理。必要时可用下式计算：

$$\Delta t'=\frac{\dot{x}_i}{\ddot{x}_i} \qquad (2-174)$$

四、按杆系模型进行地震反应的时程分析

杆系模型进行地震反应时程分析时，先要计算单个杆件单元的刚度矩阵。一般杆系模型采用空间梁单元，每端节点有 3 个方向的位移 u、v、w 与转角 θ_x、θ_y、θ_z 共 6 个自由度，其单元位移列阵和刚度矩阵等见式(2－147)。当结构简化为平面体系并采用平面梁单元时，则每个节点只有位移 u、v 与转角 θ_x、θ_y。如果忽略轴向位移 u 和杆件扭转角 θ_x，则杆端只有 v 与 θ_y 两个自由度，如图 2－36 所示，可使计算得到进一步简化，适用于强柱弱梁型且变形幅度不大的平面框架。变形较大时需要计入轴向变形反映二阶效应影响。当结构处于弹性阶段工作时，单元刚度矩阵和总刚度矩阵的刚度系数是不随时间变化的。但是在进行弹塑性地震反应计算时，当个别杆件的节点进入弹塑性工作阶段后，在该杆件的单元刚度矩阵中，对应于该节点的单元刚度系数将发生变化，从而也引起总刚度矩阵的变化。因此，按杆系模型计算框架的弹塑性地震反应，首先要计算杆件单元弹塑性刚度矩阵。为了便于学习，这里以忽略轴向位移和杆

件扭转的平面梁元为例，并针对钢筋混凝土构件加以介绍。计算柱单元时需要考虑轴向力或轴向位移，其单元刚度矩阵叠加到总刚度矩阵上去时要进行坐标变换。

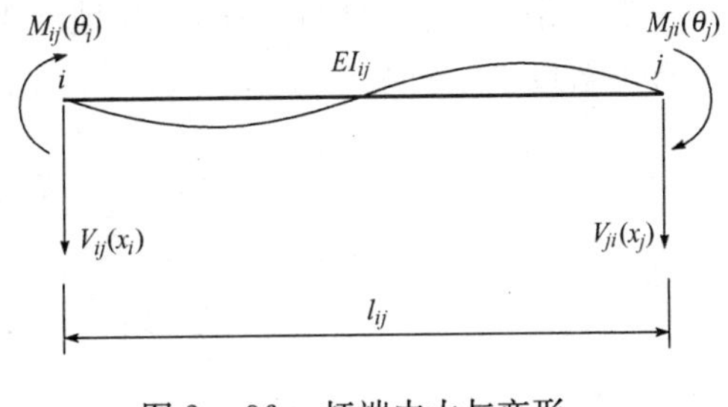

图 2－36　杆端内力与变形

1. 弹性杆系单元刚度矩阵

平面梁元的杆端内力与变形的方向如图2－36所示。每端有两个杆端力和两个杆端变形，如略去剪切变形的影响，由结构力学已知杆端力与杆端变形的关系为

$$\begin{Bmatrix} M_{ij} \\ M_{ji} \\ V_{ij} \\ V_{ji} \end{Bmatrix} = \begin{bmatrix} a_{ij} & b_{ij} & c_{ij} & -c_{ij} \\ b_{ji} & a_{ji} & c_{ji} & -c_{ji} \\ c_{ij} & c_{ji} & d_{ij} & -d_{ij} \\ -c_{ij} & -c_{ji} & d_{ij} & d_{ij} \end{bmatrix} \begin{Bmatrix} \theta_i \\ \theta_j \\ x_i \\ x_j \end{Bmatrix} = [K_0]_{ij} \begin{Bmatrix} \theta_i \\ \theta_j \\ x_i \\ x_j \end{Bmatrix} \tag{2－175}$$

式中$[K_0]_{ij}$为平面弹性杆件单元ij刚度矩阵，其元素为

$$\left.\begin{aligned} a_{ij} &= a_{ji} = 4i \\ b_{ij} &= b_{ji} = 2i \\ c_{ij} &= c_{ji} = 6i/l_{ij} \\ d_{ij} &= d_{ji} = 12i/l_{ij}^2 \end{aligned}\right\} \tag{2－176}$$

其中线刚度$i = EI_{ij}/l_{ij}$。

2. 弹塑性杆件单元刚度矩阵

(1) 考虑弹塑性变形时杆端弯矩—转角关系

杆端i、j的杆端力矩M_i、M_j产生的杆端转角分别为θ_i、θ_j(图2－37)，在距杆端无限小位置i'、j'的力矩和转角仍然分别为M_i、M_j和θ_i、θ_j。当i'、j'点进入弹塑性工作阶段，i'点的转角θ_i应由弹性转角θ'_i和其塑性转角γ_i两部分组成，j'点亦然，即

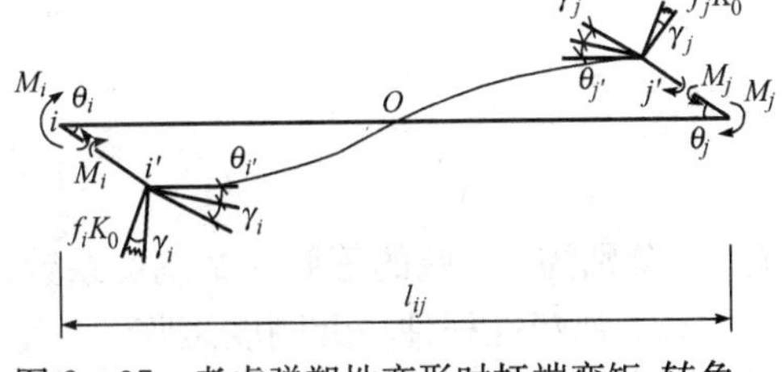

图 2—37　考虑弹塑性变形时杆端弯矩、转角

$$\begin{aligned} \theta_i &= \theta'_i + \gamma_i \\ \theta_j &= \theta'_j + \gamma_j \end{aligned} \tag{2－177}$$

塑性转角γ_i、γ_j又分别用等效弹簧来代替，塑性转角仅引起杆端变形的增长，不使杆端力增加。

确定杆端弯矩—转角(M—θ)的关系时，M—θ骨架曲线可采用开裂点M_{cr}、屈服点M_y为折点的三折线模型，弹塑性阶段刚度降低系数α_i和屈服点割线刚度降低系数α_y按照式(2－142)和式(2－141)计算。另外假定在加载过程中不考虑杆件实际弯矩分布和反弯点O位置的变化，塑性转角增量仅与本端弯矩增量有关。由此可以认为，反弯点O为不动铰支点，并近似规定O点位于杆长l_{ij}的中点，再令$ii'=0$，则i端的弹性刚度为

$$K_0 = 6i \quad (i = EI_{ij}/l_{ij}) \tag{2－178}$$

当 i 端产生弯矩增量 ΔM_i，相应地产生转角增量 $\Delta\theta_i$，其中 $\Delta\theta_i$ 又由弹性转角增量 $\Delta\theta'_i$ 和塑性转角增量 $\Delta\gamma_i$ 所组成(图 2－38b)。由图 2－38b 的几何关系，有

$$\Delta\theta_i = \frac{\Delta M_i}{\alpha_i K_0} \tag{2-179}$$

$$\Delta\theta'_i = \frac{\Delta M_i}{K_0} \tag{2-180}$$

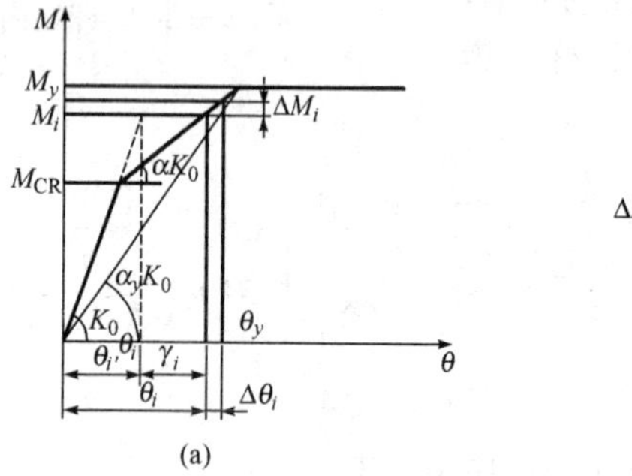

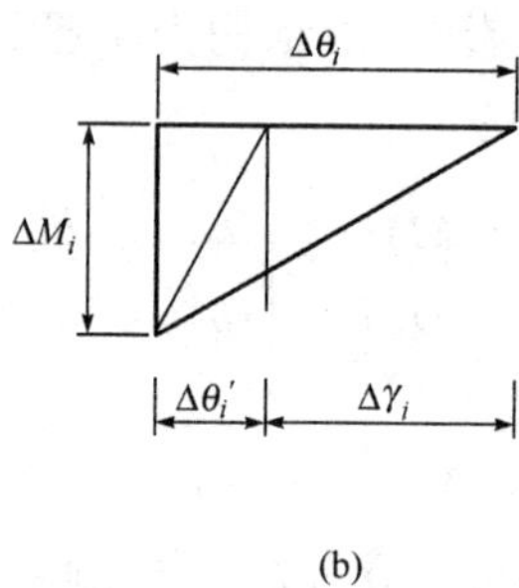

图 2－38　考虑弹塑性变形时杆端 M—θ 的关系

(a) M—θ 骨架曲线；(b) ΔM_i—$\Delta\theta_i$ 关系

由于 $\Delta\gamma_i = \Delta\theta_i - \Delta\theta'_i$，由上式可以得到 i、j 端弯矩增量为

$$\left.\begin{aligned} \Delta M_i &= f_i K_0 \Delta\gamma_i \\ \Delta M_j &= f_j K_0 \Delta\gamma_j \end{aligned}\right\} \tag{2-181}$$

式中

$$f_i = \alpha_i/(1-\alpha_i), \quad f_j = \alpha_j/(1-\alpha_j) \tag{2-182}$$

f_i、f_j 分别为 i、j 端的等效弹簧刚度系数。

(2) 弹塑性杆件单元刚度矩阵

将 i、j 端弹性转角式(2－177) 代入方程(2－175) 的变形向量，并写成增量形式，考虑式(2－181) 中的 $\Delta\gamma_i$ 和 $\Delta\gamma_j$ 与 i、j 端弯矩增量 ΔM_i、ΔM_j 的关系，注意到：$\Delta M_i = \Delta M_{ij}$，$\Delta M_j = \Delta M_{ji}$ 并联立求解，再令 $P_i = \alpha_i$，$P_j = \alpha_j$，得到弹塑性杆件单元 ij 杆端力与杆端变形的矩阵表达式：

$$\begin{Bmatrix} \Delta M_{ij} \\ \Delta M_{ji} \\ \Delta V_{ij} \\ \Delta V_{ji} \end{Bmatrix} = \begin{bmatrix} a'_{ij} & b'_{ij} & c'_{ij} & -c'_{ij} \\ b'_{ji} & a'_{ji} & c'_{ji} & -c'_{ji} \\ c'_{ij} & c'_{ji} & d'_{ij} & -d'_{ij} \\ -c'_{ij} & -c'_{ji} & -d'_{ij} & d'_{ij} \end{bmatrix} \begin{Bmatrix} \Delta\theta_i \\ \Delta\theta_j \\ \Delta x_i \\ \Delta x_j \end{Bmatrix} \tag{2-183}$$

式中

$$
\left.\begin{aligned}
a'_{ij} &= 6i \cdot \beta P_i(1+P_j) \\
a'_{ji} &= 6i \cdot \beta P_j(1+P_i) \\
b'_{ij} &= b'_{ji} = 6i \cdot \beta P_i P_j \\
c'_{ij} &= \frac{6i}{l_{ij}} \cdot \beta P_i(1+2P_j) \\
c'_{ji} &= \frac{6i}{l_{ij}} \cdot \beta P_j(1+2P_i) \\
d'_{ij} &= \frac{6i}{l_{ij}^2} \cdot \beta(P_i+P_j+4P_iP_j)
\end{aligned}\right\} \tag{2-184}
$$

$$
\beta = 1/(1+P_i+P_j) \tag{2-185}
$$

式中，$i=EI_{ij}/l_{ij}$，式(2－183) 可缩写为

$$
\begin{Bmatrix} \Delta M_{ij} \\ \Delta M_{ji} \\ \Delta V_{ij} \\ \Delta V_{ji} \end{Bmatrix} = [K_P]_{ij} \begin{Bmatrix} \Delta\theta_i \\ \Delta\theta_j \\ \Delta x_i \\ \Delta x_j \end{Bmatrix} \tag{2-186}
$$

式中　$[K_P]_{ij}$—— 杆件单元 ij 的弹塑性的刚度矩阵，也适用于弹性阶段。

式(2－184) 中杆件 i 端、j 端的刚度降低系数 P_i、P_j，根据杆端所处工作阶段按表 2－13 确定。

表 2－13　杆端刚度降低系数表

工　作　阶　段	P_i	P_j
i 端和 j 端均处弹性阶段	1	1
i 端处弹塑性，j 端处弹性阶段	α_i	1
i 端处塑性，j 端处弹性阶段	0	1
i 端处弹性，j 端处弹塑性阶段	1	α_j
i 端处弹性，j 端处塑性阶段	1	0
i 端和 j 端均处弹塑性阶段	α_i	α_j
i 端和 j 端均处塑性阶段	0	0

当 i 端和 j 端均处弹性阶段 $P_i=P_j=1$ 时，式(2－183)给出的刚度系数与式(2－175)给出的值相同。当杆端处于正向再加载阶段或处于反向再加载阶段时，其刚度降低系数可根据恢复力模型的变化规律加以确定。

3. 杆系模型时程分析法计算地震反应

根据 t_i 至 t_{i+1} 时段内地震作用下结构动力平衡方程的增量表达式(2－146)，按时间步长 Δt 逐步积分求解。由拟静力方程式(2－149) 解出位移增量 $\{\Delta x\}$(包括 $\{\Delta\theta\}$)，$\{\Delta\theta\}$ 为各节点的转角增量，相应的节点转角为 $\{\theta\}_{i+1}=\{\theta\}_i+\{\Delta\theta\}$。

由框架节点的转角和位移增量，相应地转化为梁柱杆端的转角和位移增量，利用式(2－183) 求得任意杆 ij 的杆端力增量，而 t_{i+1} 时刻 ij 杆的杆端力为

$$
\left.\begin{aligned}
M_{ij,i+1} &= M_{ij,i} + \Delta M_{ij} \\
M_{ji,i+1} &= M_{ji,i} + \Delta M_{ji} \\
V_{ij,i+1} &= V_{ij,i} + \Delta V_{ij} \\
V_{ji,i+1} &= V_{ji,i} + \Delta V_{ji}
\end{aligned}\right\} \tag{2-187}
$$

注意，在求解方程组(2－149)和利用式(2－183)计算内力增量时，所采用的总刚度矩阵$[K]$和杆件单元刚度矩阵$[K_P]_{ij}$都是按t_i时刻的实际刚度确定的，这样的刚度取值没有考虑Δt时段内的刚度变化，可能会带来误差，尚应根据恢复力模型中恢复力特性曲线的拐点和刚度退化进行判别，可按内插法或两分法迭代确定出现拐点的时刻。这样，对刚度进行多次判别和修正计算，找出相应本计算时间步长上的正确刚度。

五、按层间剪切模型进行地震反应的时程分析

当多层框架呈现弱柱强梁型而且楼板刚度大(满足刚性楼盖假定)，此时框架在水平荷载作用下的变形曲线呈整体剪切型，塑性铰首先在柱端出现，对于这类结构可近似按层间剪切模型进行地震反应的时程分析，即将每个楼层两个方向的水平侧移u、v和一个水平面内的扭转角ϕ共3个位移量作为自由度，质量集中在楼层上。梁柱刚度依据D值法反映到层间侧移刚度K值上面，这样可以使结构模型得到简化并能清晰地反映薄弱层情况。对于平面模型则每个楼层只有水平侧移一个自由度，如图2－39所示。下面以层间剪切的平面模型为例说明其时程分析法。

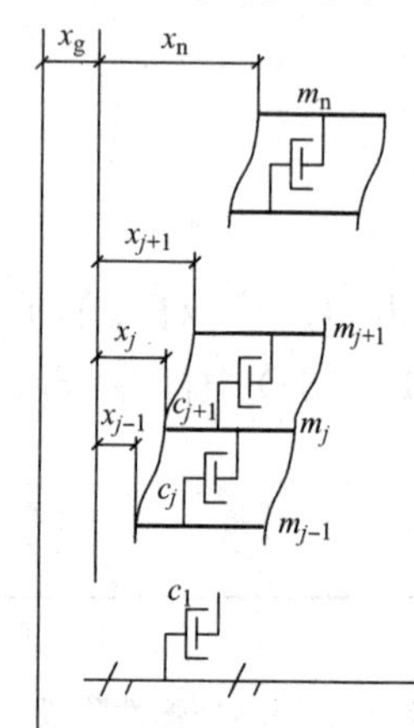

图2－39　剪切型多层框架的计算简图

确定层间剪切模型的计算简图时采取下列假定：

(1) 假定梁不产生弯曲变形，弯曲变形集中在各层柱，塑性铰只在柱端出现。

(2) 每一层间的所有柱合并成一个总的层间抗剪构件，其层间总的侧移刚度为K。

(3) 在求层间总刚度时考虑横梁弯曲变形对柱刚度的影响。

1. 层间剪切模型、层间侧移刚度与恢复力模型

(1) 层间侧移弹性刚度

水平作用下弹性侧移刚度采用D值法计算，第j层每个柱的抗侧刚度D_{ij}为

$$D_{ij} = \alpha \frac{12 i_c}{H_i^2} \qquad \left(i_c = \frac{EI_c}{H_i}\right)$$

其中i_c、I_c、H_i分别为i柱的线刚度、平面内惯性矩和层高；α为根据梁柱线刚度比$\overline{K}$计算的修正系数，反映横梁刚度影响。

$$\overline{K} = \frac{\sum i_b}{2 i_c} \qquad \left(i_b = \frac{EI_b}{L}\right)$$

其中i_b、I_b、L分别为梁的线刚度、平面内惯性矩和长度。现浇楼板T形梁考虑楼板有效翼缘的贡献($I_b=(1.5\sim2.0)I_{bo}$其中，I_{bo}为相应矩形截面梁的惯性矩)。则第j层层间弹性总侧移刚度K_j为该层所有柱的D值之和，即

$$K_j=\sum_i D_{ij} \tag{2-188}$$

(2) 层间侧移恢复力模型

层间侧移恢复力模型仍然采用三折线骨架曲线(图 2－40)和考虑刚度退化的三线型恢复力—位移关系曲线,因此首先要确定骨架曲线的两个折点:层间开裂剪力 V_{crj} 和开裂侧移 x_{crj},层间屈服剪力 V_{yj} 和屈服侧移 x_{yj}。第 j 层层间开裂剪力 V_{crj} 和开裂侧移 x_{crj} 为

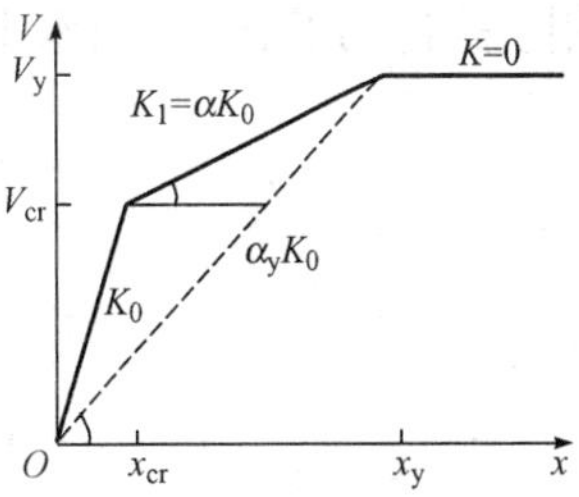

图 2－40　层间剪切模型的 $V-x$ 骨架曲线

$$\left.\begin{aligned}V_{crj}&=\frac{\sum_i (M_{crij}^{u}+M_{crij}^{l})}{H_{nj}}\\x_{crj}&=\frac{V_{crj}}{K_{0j}}\end{aligned}\right\} \tag{2-189}$$

式中　M_{crij}^{u}、M_{crij}^{l}—— 分别为柱的上下端开裂弯矩;

H_{nj}、K_{0j}—— 分别为第 j 层净层高和弹性抗侧刚度。

第 j 层层间屈服剪力 V_{yj} 为

$$V_{yj}=\frac{\sum_i (M_{ycij}^{u}+M_{ycij}^{l})}{H_{nj}} \tag{2-190}$$

其中 M_{ycij}^{u}、M_{ycij}^{l} 为第 i 柱净高上下截面根据梁柱节点出现塑性铰的先后分别计算的屈服弯矩(极限弯矩),首先按下式计算节点屈服弯矩(见图 2－41):

$$M_y=\begin{cases}M_{cy}=M_{cy,i+1}+M_{cy,i} & (\sum M_{cy}\leqslant\sum M_{by})\\M_{cy}=M_{by,l}+M_{by,r} & (\sum M_{cy}>\sum M_{by})\end{cases} \tag{2-191}$$

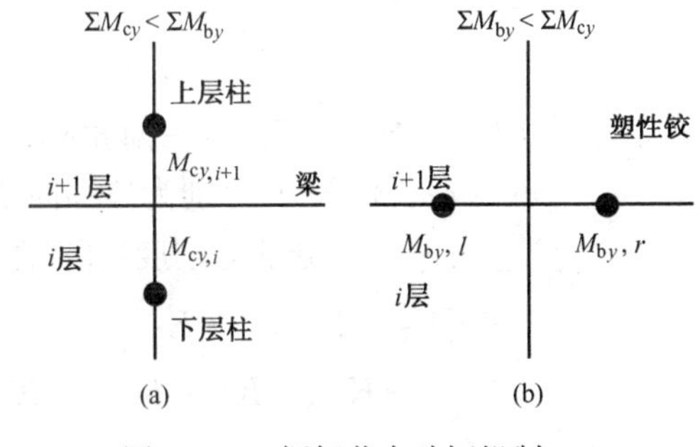

图 2－41　框架节点破坏机制

(a) 柱铰情形;(b) 梁铰情形

其中 M_{cy}^{i+1}、M_{cy}^{i} 分别为节点处上、下层柱的柱端屈服弯矩,M_{by}^{l}、M_{by}^{r} 分别为节点处左、右侧框架梁的梁端屈服弯矩。对于梁铰情形要根据节点处上、下层柱的线刚度大小按比例分配 M_y 到上、下层柱端,得到 $M_{cy,i+1}$、$M_{cy,i}$,然后根据 j 层柱上下端屈服弯矩 M_{ycij}^{u}、M_{ycij}^{l} 由式(2－189)计算 V_{yj}。对于弱柱型框架尚要考虑轴向力 N 和侧移产生的柱端二阶弯矩不利影响。

层间侧移模型的屈服位移 x_{yj} 由 $V_{yj}=\alpha_{yj}K_{0j}x_{yj}$ 算得。j 层相应的弹塑性刚度降低系数 α_j 和屈服点割线刚度降低系数 α_{yj} 根据式(2－142)、式(2－141)并由该层所有柱的柱端平均值得到。

2. 层间剪切模型动力方程与总刚度矩阵

根据 D 值法,各层剪力 V_j 与层间侧移 Δx_j 的关系为

$$V_j=K_j\Delta x_j=K_j(x_j-x_{j-1}) \tag{2-192}$$

其中 K_j 为层间侧移刚度。注意到 V_j 与 j 层以上水平地震作用(恢复力)F_i 为逐层累加关系,

利用上式即可算出 F_i 与水平位移 x_i 的计算表达式。

$$\left.\begin{aligned}
&V_n = F_n = K_n(x_n - x_{n-1}) \\
&V_{n-1} = F_n + F_{n-1} = K_{n-1}(x_{n-1} - x_{n-2}) \\
&\vdots \\
&V_j = \sum_{i=j}^{n} F_i = K_j(x_j - x_{j-1}) \\
&\vdots \\
&V_1 = \sum_{i=1}^{n} F_i = K_1 x_1
\end{aligned}\right\} \tag{2-193}$$

由此可以递推解出下式：

$$\left.\begin{aligned}
&F_1 = (K_1 + K_2)x_1 - K_2 x_2 \\
&F_j = -K_j x_{j-1} + (K_j + K_{j+1})x_j - K_{j+1} x_{j+1} \\
&F_n = -K_n x_{n-1} + K_n x_n
\end{aligned}\right\} \tag{2-194}$$

在水平振动过程中，任意时刻 t 在第 j 层质点 m_j 上还受到惯性力和阻尼力的作用，其中惯性力为 $F_{1j} = -m_j(\ddot{x}_j + \ddot{x}_g)$。作用于质点上的阻尼力与恢复力的表达式相类似。

对于 n 个质点的体系，利用 n 个质点的脱离体可建立 n 个动力平衡方程。现将这 n 个方程用矩阵形式表示，即得

$$[M]\{\ddot{x}\} + [C]\{\dot{x}\} + [K]\{x\} = -[M]\{\ddot{x}_g\} \tag{2-195}$$

式中　$[M]$—— 质量矩阵，为一对角阵；

$\{x\}$、$\{\dot{x}\}$、$\{\ddot{x}\}$—— 分别为位移向量、速度向量、加速度向量；

$[K]$、$[C]$—— 分别为刚度矩阵、阻尼矩阵，皆为三对角阵，即

$$[K] = \begin{bmatrix}
K_1 + K_2 & -K_2 & & & & & \\
-K_2 & K_2 + K_3 & -K_3 & & & 0 & \\
& & -K_j & K_j + K_{j+1} & -K_{j+1} & & \\
& & & & & & \\
& 0 & & & -K_{n-1} & K_{n-1} + K_n & -K_n \\
& & & & & -K_n & K_n
\end{bmatrix} \tag{2-196}$$

$$[C] = \begin{bmatrix}
C_1 + C_2 & -C_2 & & & & & \\
-C_2 & C_2 + C_3 & -C_3 & & & 0 & \\
& & -C_j & C_j + C_{j+1} & -C_{j+1} & & \\
& & 0 & & -C_{n-1} & C_{n-1} + C_n & -C_n \\
& & & & & -C_n & C_n
\end{bmatrix} \tag{2-197}$$

阻尼矩阵一般取质量矩阵和刚度矩阵的线性组合，详见§2－4。

为便于求解，将方程式(2－195)改写成增量形式：

$$[M]\{\Delta\ddot{x}\}+[C]\{\Delta\dot{x}\}+[K]\{\Delta x\}=-[M]\{\Delta\ddot{x}_g\} \quad (2-198)$$

上式的时程分析与杆系模型的计算分析相似，不再赘述。

§2—7 结构竖向地震作用

地震震害现象表明，在高烈度地震区，地震动竖向加速度分量对建筑破坏状态和破坏程度的影响是明显的。中国唐山地震，一些砖砌烟囱的上半段，产生 8 道、10 道甚至更多道间距为 1 m 左右的环行水平通缝。有一座砖烟囱，上部的中间一段倒塌坠地，而顶端一小段却落入烟囱残留下半段的上口。地震时，设备上跳移位的现象也时有发生。唐山地震时，9 度区内的一座重约 100 t 的变压器，跳出轨外 0.4 m，依旧站立；陡河电厂重 150 t 的主变压器也跳出轨外未倒；附近还有一节车厢跳起后，站立于轨道之外。此外，据反映，强烈地震时人们的感觉是，先上下颠簸、后左右摇晃。

地震时地面运动是多分量的。近几十年来，国内外已经取得了大量的强震记录，每次地震记录包括地震动的 3 个平动分量即两个水平分量和一个竖向分量。大量地震记录的统计结果表明，若取地震动两个水平加速度分量中的较大者为基数，则竖向峰值加速度 a_v 与水平峰值加速度 a_h 的比值为 1/2～1/3。近些年来，还获得了竖向峰值加速度达到甚至超过水平峰值加速度的地震记录。如 1979 年美国帝国山谷（Imperial Valley）地震所获得的 30 个记录，a_v/a_h 的平均值为 0.77，靠近断层（距离约为 10 km）的 11 个记录，a_v/a_h 的平均值则达到了 1.12，其中最大的一个记录，竖向峰值加速度 a_v 高达 1.75 g，竖向和水平加速度的比值高达 2.4。1976 年前苏联格兹里地震，记录到的最大竖向加速度为 1.39 g，竖向和水平峰值加速度的比值为 1.63。我国对 1976 年唐山地震的余震所取得的加速度记录，也曾测到竖向峰值加速度达到水平峰值加速度。

正因为地震动的竖向加速度分量达到了如此大的数值，国内外学者对结构竖向地震反应的研究日益重视，不少国家的抗震设计规范中都对此做出了具体规定。自 1964 年以来，我国建筑抗震设计规范对结构竖向地震作用的计算也都做出了具体规定。

对不同高度的砖砌烟囱、钢筋混凝土烟囱、高层建筑的竖向地震反应分析结果还表明，结构竖向地震内力 N_E 与重力荷载产生的结构构件内力 N_G 的比值 $\eta=N_E/N_G$ 沿结构高度由下往上逐渐增大；在烟囱上部，设防烈度为 8 度时，$\eta=50\%\sim90\%$，在 9 度时 η 可达到或超过 1，即在烟囱上部可产生拉应力。335 m 高的电视塔上部，设防烈度为 8 度时，$\eta=138\%$。高层建筑上部，8 度时，$\eta=50\%\sim110\%$。为此，《抗震规范》规定：8 度和 9 度时的大跨度结构、长悬臂结构、烟囱和类似的高耸结构，9 度时的高层建筑，应考虑竖向地震作用。

各国抗震规范对竖向地震作用的计算方法大致可以分为以下 3 种：

(1) 静力法，取结构或构件重量的一定百分数作为竖向地震作用，并考虑上、下两个方向。

(2) 按反应谱方法计算竖向地震作用。

(3) 规定结构或构件所受的竖向地震作用为水平地震作用的某一个百分数。

我国《抗震规范》按以下结构类型规定了不同的计算方法。

1. 高层建筑与高耸结构

《抗震规范》对这类结构的竖向地震作用计算采用了反应谱法，并作了进一步的简化。

(1) 竖向地震影响系数的取值

大量地震地面运动记录资料的分析研究结果表明：

① 竖向最大地面加速度与水平最大地面加速度的比值大多在 1/2～2/3 的范围内。

② 用上述地面运动加速度记录计算所得的竖向地震和水平地震的平均反应谱的形状相差不大。

因此，《抗震规范》规定，竖向地震影响系数与周期的关系曲线可以沿用水平地震影响系数曲线；其竖向地震影响系数最大值 α_{vmax} 为水平地震影响系数最大值 α_{max} 的 65%。

(2) 竖向地震作用标准值的计算

根据大量用振型分解反应谱法和时程分析法分析的计算实例发现，在这类结构的地震反应中，第一振型起主要作用，而且第一振型接近于直线。一般的高层建筑和高耸结构竖向振动的基本自振周期均在 0.1～0.2 s 范围内，即处在地震影响系数最大值的范围内。为此，结构总竖向地震作用标准值 F_{Evk} 和质点 i 的竖向地震作用标准值 F_{vi}(图 2－42)分别为

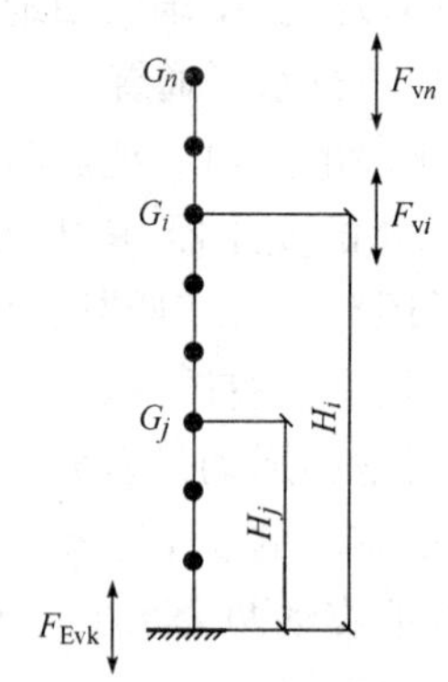

图 2－42　结构竖向地震作用计算简图

$$F_{Evk}=\alpha_{vmax}G_{eq} \tag{2－199}$$

$$F_{vi}=\frac{G_iH_i}{\sum_{j=1}^{n}G_jH_j}F_{Evk} \tag{2－200}$$

式中　F_{Evk}——结构总竖向地震作用标准值；

F_{vi}——质点 i 的竖向地震作用标准值；

α_{vmax}——竖向地震影响系数的最大值，可取水平地震影响系数最大值的 65%；

G_{eq}——结构等效总重力荷载，可取其重力荷载代表值的 75%。

(3) 楼层的竖向地震作用效应

楼层的竖向地震作用效应，可按各构件承受的重力荷载代表值的比例分配。

根据我国台湾 9·21 大地震的经验，《抗震规范》要求，高层建筑楼层的竖向地震作用效应，宜乘以增大系数 1.5，使结构总竖向地震作用标准值，8 度、9 度时分别略大于重力荷载代表值的 10%和 20%。

综上所述，竖向地震作用的计算步骤为

① 用式(2－199)计算结构总的竖向地震作用标准值 F_{Evk}，也就是计算竖向地震所产生的结构底部轴向力。

② 用式(2－200)计算各楼层的竖向地震作用标准值 F_{vi}，也就是将结构总的竖向地震作用标准值 F_{Evk} 按倒三角形分布分配到各楼层。

③ 计算各楼层由竖向地震作用产生的轴向力，第 i 层的轴向力 N_{vi} 为

$$N_{vi}=\sum_{k=i}^{n}F_{vk} \tag{2-201}$$

④ 将竖向地震作用产生的轴向力 N_{vi} 按该层各竖向构件(柱、墙等)所承受的重力荷载代表值的比例分配到各竖向构件,并乘以增大系数 1.5。

2. 平板网架屋盖和大跨度屋架结构

用反应谱法和时程分析法对不同类型的平板型网架屋盖和跨度大于 24 m 的屋架进行计算分析,若令

$$\mu_i=F_{iEv}/F_{iG} \tag{2-202}$$

式中 F_{iEv}——第 i 杆件的竖向地震作用的内力;

F_{iG}——第 i 杆件重力荷载作用下的内力。

从大量计算实例中可以总结出以下规律:

(1) 各杆件的 μ 值相差不大,可取其最大值 μ_{max} 作为设计依据。

(2) 比值 μ_{max} 与设防烈度和场地类别有关。

(3) 当结构竖向自振周期 T_v 大于特征周期 T_g 时,μ 值随跨度增大而减小,但在常用跨度范围内,μ 值减小不大,可以忽略跨度的影响。

为此,《抗震规范》规定:平板型网架屋盖和跨度大于 24 m 屋架的竖向地震作用标准值 F_{vi} 宜取其重力荷载代表值 G_i 和竖向地震作用系数 λ 的乘积,即 $F_{vi}=\lambda G_i$;竖向地震作用系数 λ 可按表 2—14 采用。

表 2—14 竖向地震作用系数

结构类型	烈度	场地类别		
		Ⅰ	Ⅱ	Ⅲ、Ⅳ
平板型网架、钢屋架	8	可不计算(0.10)	0.08(0.12)	0.10(0.15)
	9	0.15	0.15	0.20
钢筋混凝土屋架	8	0.10(0.15)	0.13(0.19)	0.13(0.19)
	9	0.20	0.25	0.25

注:括号中数值分别用于设计基本地震加速度为 0.15g 和 0.30g 的地区。

3. 长悬臂和其他大跨结构

长悬臂和不属于上述平板网架屋盖和大跨度屋架结构的大跨结构的竖向地震作用标准值,8 度和 9 度时可分别取该结构、构件重力荷载代表值的 10%和 20%,即 $F_{vi}=0.1$(或 0.2)G_i。设计基本地震加速度为 0.30g 时,可取该结构、构件重力荷载代表值的 15%。

4. 大跨空间结构

大跨空间结构的竖向地震作用,尚可按竖向振型分解反应谱方法计算。其竖向地震影响系数可采用《抗震规范》规定的水平地震影响系数的 65%,但特征周期可均按第一组采用。

§2—8　结构抗震验算

如前所述，在进行建筑结构抗震设计时，《抗震规范》采用了二阶段设计法，即：第一阶段设计，按多遇地震作用效应和其他荷载效应的基本组合验算构件截面抗震承载力，以及在多遇地震作用下结构的弹性变形验算；第二阶段设计，在罕遇地震作用下验算结构的弹塑性变形。因此，结构抗震验算分为截面抗震验算和结构抗震变形验算两部分。

一、截面抗震验算

1. 地震作用效应和其他荷载效应的基本组合

结构构件的地震作用效应和其他荷载效应的基本组合，应按下式计算：

$$S=\gamma_G S_{GE}+\gamma_{Eh}S_{Ehk}+\gamma_{Ev}S_{Evk}+\psi_w\gamma_w S_{wk} \tag{2-203}$$

式中　S——结构构件内力组合的设计值，包括组合的弯矩、轴向力和剪力设计值；

γ_G——重力荷载分项系数，一般情况下应采用 1.2，当重力荷载效应对构件承载能力有利时，不应大于 1.0；

γ_{Eh}、γ_{Ev}——分别为水平、竖向地震作用分项系数，应按表 2—15 采用；

γ_w——风荷载分项系数，应采用 1.4；

S_{GE}——重力荷载代表值的效应，有吊车时，尚应包括悬吊物重力标准值的效应；

S_{Ehk}——水平地震作用标准值的效应，尚应乘以相应的增大系数或调整系数；

S_{Evk}——竖向地震作用标准值的效应，尚应乘以相应的增大系数或调整系数；

S_{wk}——风荷载标准值的效应；

ψ_w——风荷载组合值系数，一般结构取 0.0，风荷载起控制作用的高层建筑应采用 0.2。

2. 截面抗震验算

结构构件的截面抗震验算，应采用下列设计表达式：

$$S\leqslant R/\gamma_{RE} \tag{2-204}$$

式中　R——结构构件承载力设计值；

γ_{RE}——承载力抗震调整系数，除另有规定外，应按表 2—16 采用。

3. 有关系数的确定

(1) 地震作用分项系数的确定

在众值烈度下的地震作用，应视为可变作用而不是偶然作用。这样，根据《建筑结构可靠度设计统一标准》中确定直接作用(荷载)分项系数的方法，通过综合比较，规范对水平地震作用，确定 $\gamma_{Eh}=1.3$。至于竖向地震作用分项系数，则参照水平地震作用，也取 $\gamma_{Eh}=1.3$。当竖向地震与水平地震作用同时考虑时，根据加速度峰值记录和反应谱的分析，两者组合比为 1∶0.4，故此时 $\gamma_{Eh}=1.3$，$\gamma_{Ev}=0.4\times1.3\approx0.5$。

地震作用分项系数列于表 2—15 中。

表 2－15　地震作用分项系数

地震作用	γ_{Eh}	γ_{EV}
仅计算水平地震作用	1.3	0.0
仅计算竖向地震作用	0.0	1.3
同时计算水平与竖向地震作用(水平地震为主)	1.3	0.5
同时计算水平与竖向地震作用(竖向地震为主)	0.5	1.3

(2) 抗震验算中作用组合值系数的确定

《抗震规范》在计算地震作用时,已经考虑了地震作用与各种重力荷载(恒荷载与活荷载、雪荷载等)的组合问题,在表 2－8 中规定了一组组合值系数,形成了抗震设计的重力荷载代表值[式(2－32)]。《抗震规范》规定在验算和计算地震作用时(除吊车悬吊重力外)对重力荷载均采用相同的组合值系数,可简化计算,并避免有两种不同的组合值系数。因此,式(2－203)中仅出现风荷载的组合值系数,并按《建筑结构可靠度设计统一标准》的方法,对于一般结构取零,风荷载起控制作用的高层建筑取 0.2。这里,所谓风荷载起控制作用,是指风荷载和地震作用产生的总剪力和倾覆力矩相当的情况。

(3) 关于重要性系数

有关规范的结构构件截面承载力验算公式为 $\gamma_0 S \leqslant R$,其中 γ_0 为结构构件的重要性系数,而截面抗震验算公式(2－204)中却没有结构构件重要性系数 γ_0,这是因为根据地震作用的特点、抗震设计的现状,以及抗震重要性分类与《建筑结构可靠度设计统一标准》中安全等级的差异,重要性系数对抗震设计的实际意义不大,《抗震规范》对建筑重要性的处理仍采用抗震措施的改变来实现。因此,截面抗震验算中不考虑此项系数。

(4) 承载力调整系数

现阶段大部分结构构件截面抗震验算时,采用了各有关规范的承载力设计值 R,因此抗震设计的抗力分项系数就相应地变为承载力设计值的抗震调整系数 γ_{RE},即 $\gamma_{RE}=R/R_E$ 或 $R_E=R/\gamma_{RE}$。《抗震规范》经计算分析得有关结构构件承载力抗震调整系数,列于表 2－16。

表 2－16　承载力抗震调整系数

材　料	结 构 构 件	受力状态	γ_{RE}
钢	柱，梁，支撑，节点板件，螺栓，焊缝	强度	0.75
	柱，支撑	稳定	0.80
砌体	两端均有构造柱、芯柱的抗震墙	受剪	0.9
	其他抗震墙	受剪	1.0
混凝土	梁	受弯	0.75
	轴压比小于 0.15 的柱	偏压	0.75
	轴压比不小于 0.15 的柱	偏压	0.80
	抗震墙	偏压	0.85
	各类构件	受剪、偏拉	0.85

由表 2－16 可看出,抗震承载力调整系数 γ_{RE} 的取值范围为 0.75～1.0,一般都小于 1.0,其实质含义是提高构件的承载力设计值 R,以使得现行与过去《抗震规范》在截面验算的结果大体上保持一致。当仅计算竖向地震作用时,各类结构构件的承载力抗震调整系数均应采用 1.0。

二、抗震变形验算

结构在地震作用下的变形验算是结构抗震设计的重要组成部分。结构的抗震变形验算包括多遇地震作用下的变形验算和罕遇地震作用下的变形验算两个部分。

1. 多遇地震作用下结构的抗震变形验算

为避免建筑物的非结构构件(包括围护墙、隔墙、幕墙、内外装修等)在多遇地震作用下发生破坏并导致人员伤亡,保证建筑的正常使用功能,须对表2—17所列各类结构在低于本地区设防烈度的多遇地震作用下的变形加以验算,使其最大层间弹性位移小于规定的限值。《抗震规范》规定,结构楼层内最大的弹性层间位移应符合下式要求:

$$\Delta u_e \leqslant [\theta_e]h \tag{2-205}$$

式中 Δu_e——多遇地震作用标准值产生的楼层内最大的弹性层间位移;计算时,除弯曲变形为主的高层建筑外,可不扣除结构整体弯曲变形;应计入扭转变形,各作用分项系数均采用1.0;钢筋混凝土结构构件的截面刚度可采用弹性刚度。

$[\theta_e]$——弹性层间位移角限值,宜按表2—17采用。

h——计算楼层层高。

表2—17　弹性层间位移角限值

结　构　类　型	$[\theta_e]$
钢筋混凝土框架	1/550
钢筋混凝土框架—抗震墙、板柱—抗震墙、框架—核心筒	1/800
钢筋混凝土抗震墙、筒中筒	1/1 000
钢筋混凝土框支层	1/1 000
多、高层钢结构	1/250

表2—17给出的不同结构类型弹性层间位移角限值范围,主要依据国内外大量的试验研究和有限元分析的结果,以钢筋混凝土构件(框架柱、抗震墙等)开裂时层间位移角作为多遇地震作用下结构弹性层间位移角限值。钢结构在弹性阶段的层间位移角限值系参照国外有关规范的规定而确定的。

满足式(2—205),结构构件必然处于弹性阶段,楼层也处于远离明显的屈服状态。式(2—205)的验算实质上是控制建筑物非结构部件的破坏程度,以减少震后的修复费用。

2. 罕遇地震作用下结构的抗震变形验算

为防止结构在罕遇地震作用下由于薄弱楼层(部位)弹塑性变形过大而倒塌,必须对延性要求较高的结构进行弹塑性变形验算。《抗震规范》规定,结构在罕遇地震作用下薄弱层(部位)弹塑性变形验算,对于不超过12层且刚度无突变的钢筋混凝土框架结构、单层钢筋混凝土柱厂房可采用简化计算方法;其他建筑结构可采用静力弹塑性分析方法或弹塑性时程分析法。这里,将讨论《抗震规范》提供的结构弹塑性变形简化计算方法。

(1) 钢筋混凝土层间剪切型结构弹塑性变形的一般规律

所谓剪切型结构是指在侧向力作用下的水平位移曲线呈剪切型的结构。采用时程分析法对大量1～15层的层间剪切型结构(包括不同的基本周期、恢复力模型以及不同的层间侧移刚

度、楼层受剪承载力沿高度分布等)进行了弹塑性地震反应分析,经统计分析得出以下规律:

① 在一定条件下,结构层间弹塑性变形与层间弹性变形之间存在着比较稳定的关系,即结构层间弹塑性变形可以由层间弹性变形乘以某个增大系数 η_p 而得到。

② 结构层间弹塑性变形,有明显的不均匀性,即存在着"塑性变形集中"的薄弱楼层。

当结构的层间刚度、楼层质量和楼层屈服强度系数沿高度分布均匀时,因为地震作用方向交替变化,各层弹性反应不可能同时达到最大值,以致各楼层不会同时进入屈服,某楼层一经屈服,整个结构的内力重新分布,而在屈服楼层产生塑性变形集中;对于楼层屈服强度系数沿高度分布不均匀的结构,在罕遇地震作用下屈服强度系数较小的楼层将率先屈服,出现较大的层间弹塑性变形,形成塑性变形集中。

③ 对于楼层刚度和楼层屈服强度系数 ξ_y 沿高度分布均匀的结构,其薄弱层可取底层,而且弹塑性位移增大系数的值比较稳定,仅与建筑物总层数和底层的 ξ_y 有关。

④ 对于楼层屈服强度系数 ξ_{yi} 沿高度分布不均匀的结构,其薄弱楼层取在 ξ_y 最小的那一层(对层数较多的不均匀结构,与相邻层相比 ξ_y 相对较小的层也为薄弱层)。薄弱层弹塑性位移增大系数不仅与建筑物总层数和该薄弱楼层的 ξ_y 有关,而且随该层的屈服强度系数 ξ_{yi} 与相邻层 $\xi_{y,i-1}$、$\xi_{y,i+1}$ 的平均值之比[即 $\xi_{yi}/\frac{1}{2}(\xi_{y,i-1}+\xi_{y,i+1})$]的减小而增大。

(2) 楼层屈服强度系数

由上述可知,在罕遇地震作用下结构的薄弱楼层及其弹塑性层间位移增大系数均与楼层屈服强度系数 ξ_y 有关。所谓楼层屈服强度系数系指按构件实际配筋和材料强度标准值计算的楼层受剪承载力与按罕遇地震作用标准值计算的楼层弹性地震剪力的比值,即

$$\xi_y=\frac{V_y}{V_e} \tag{2-206}$$

式中 V_y——按构件实际配筋和材料强度标准值计算的楼层受剪承载力;

V_e——罕遇地震作用下楼层弹性地震剪力。

对于排架柱,屈服强度系数 ξ_y 指按实际配筋面积、材料强度标准值和轴向力计算的正截面受弯承载力与按罕遇地震作用标准值计算的弹性地震弯矩的比值。

当各楼层的屈服强度系数 ξ_y 均大于 0.5,该结构就不存在塑性变形明显集中的薄弱楼层;只要多遇地震作用下的抗震变形验算能满足要求,同样也能满足罕遇地震作用下抗震变形验算的要求,而无需进行验算。

(3) 罕遇地震下薄弱楼层弹塑性变形验算的简化方法

① 结构薄弱楼层(部位)位置的确定

A. 楼层屈服强度系数沿高度分布均匀的结构,可取底层。

B. 楼层屈服强度系数沿高度分布不均匀的结构,可取该系数最小的楼层(部位)和相对较小的楼层,一般不超过 2~3 处。

C. 单层厂房,可取上柱。

② 薄弱楼层的弹塑性层间位移可按下列公式计算:

$$\Delta u_p=\eta_p\Delta u_e \tag{2-207}$$

或

$$\Delta u_p=\mu\Delta u_y=\frac{\eta_p}{\xi_y}\Delta u_y \tag{2-208}$$

式中　Δu_p——弹塑性层间位移；

Δu_y——层间屈服位移；

μ——楼层延性系数；

Δu_e——罕遇地震作用下按弹性分析的层间位移；

η_p——弹塑性层间位移增大系数，当薄弱层（部位）的屈服强度系数不小于相邻层（部位）该系数平均值的0.8时，可按表2—18采用；当不大于该平均值的0.5时，可按表2—18相应数值的1.5倍采用；其他情况可采用内插法取值；

ξ_y——楼层屈服强度系数，可按式(2—206)计算。

表2—18　弹塑性层间位移增大系数

结构类型	总层数 n 或部位	ξ_y		
		0.5	0.4	0.3
多层均匀框架结构	2～4	1.30	1.40	1.60
	5～7	1.50	1.65	1.80
	8～12	1.80	2.00	2.20
单层厂房	上柱	1.30	1.60	2.00

③ 结构薄弱层（部位）弹塑性层间位移应符合下式要求：

$$\Delta u_p \leqslant [\theta_p]h \tag{2—209}$$

式中　$[\theta_p]$——弹塑性层间位移角限值，可按表2—19采用；对钢筋混凝土框架结构，当轴压比小于0.40时，可提高10%；当柱子全高的箍筋构造比《抗震规范》中规定的最小配箍特征值大30%时，可提高20%，但累计不超过25%；

h——薄弱层楼层高度或单层厂房上柱高度。

表2—19　弹塑性层间位移角限值

结　构　类　型	$[\theta_p]$
单层钢筋混凝土柱排架	1/30
钢筋混凝土框架	1/50
底部框架砖房中的框架—抗震墙	1/100
钢筋混凝土框架—抗震墙、板柱—抗震墙、框架—核芯筒	1/100
钢筋混凝土抗震墙、筒中筒	1/120
多、高层钢结构	1/50

在罕遇地震作用下，结构要进入弹塑性变形状态。根据震害经验、试验研究和计算分析结果，《抗震规范》提出以构件（梁、柱、墙）和节点达到极限变形时的层间极限位移角作为罕遇地震作用下结构弹塑性层间位移角限值（表2—19）的依据。

复习思考题

2—1　何谓反应谱？反应谱理论的基本假定有哪些？

2—2　试建立在水平底面运动下竖向串联多自由度体系的运动方程，写出每一矩阵和向量的表达式，并说明其含义。

2—3　何谓求水平地震作用效应的平方和开方(SRSS)法，写出其表达式，说明其基本假定和适用范围。

2—4　底部剪力法的适用范围如何？写出考虑顶部附加地震作用时各质点的水平地震作用表达式。

2—5　写出振型关于质量矩阵、刚度矩阵和阻尼矩阵正交性的表达式。

2—6　设有两幢双跨等高单层钢筋混凝土排架厂房，其单榀排架的柔度系数分别为 $\delta_{11}=2.0\times10^{-4}$ m/kN 和 $\delta_{11}=1.0\times10^{-4}$ m/kN，在一个计算单元内集中于屋盖处的重力荷载为 $G=150$ kN，试计算作用于上述两幢厂房一个计算单元内屋盖处的多遇地震烈度下的水平地震作用。已知抗震设防烈度均为 8 度，设计基本地震加速度 $0.2g$，设计地震分组均为第二组、Ⅱ类场地，阻尼比取 0.05。

2—7　设有一高低跨单层钢筋混凝土厂房排架如图 2—43 所示，已知：集中于低跨、高跨屋盖处的质量分别为 $m_1=41.4$ t，$m_2=56.6$ t 排架的柔度系数分别为 $\delta_{11}=1.65\times10^{-4}$ m/kN，$\delta_{12}=\delta_{21}=2.15\times10^{-4}$ m/kN，$\delta_{22}=4.45\times10^{-4}$ m/kN，试计算该体系第一、第二振型的自振频率、周期及其振型值，将所得振型曲线绘于图上，并验算所得两个振型的正交性。

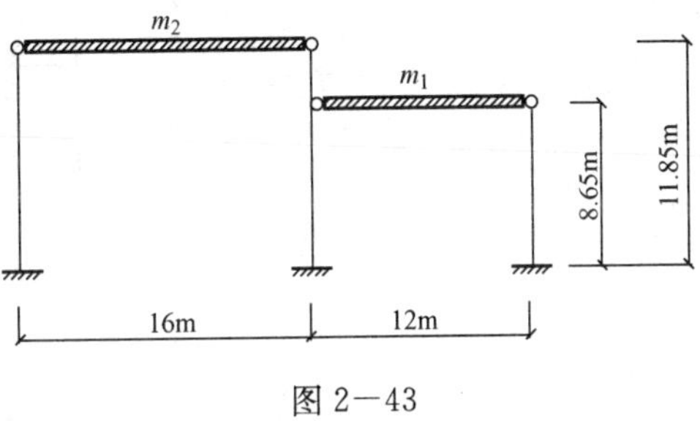

图 2—43

2—8　已知条件同题 2—7，又已知厂房建于Ⅱ类建筑场地上，设防烈度为 7 度，设计地震分组为第二组。为简化水平地震作用下的排架内力计算，特给出单位水平荷载作用下的排架横梁内力如图 2—44 所示。试用振型分解反应谱法计算中柱的两个截面(低跨屋盖、柱底)和两边柱截面多遇地震烈度下的弯矩值。

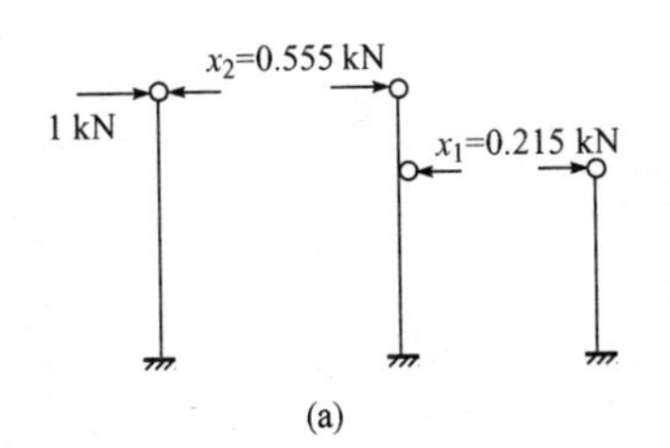

(a)

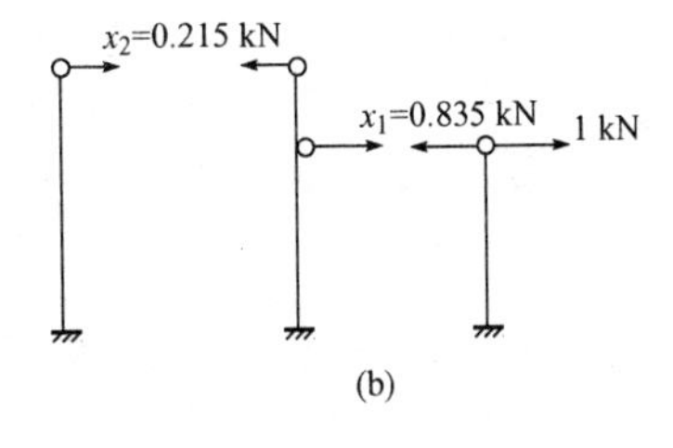

(b)

图 2—44

2—9　一幢 3 层的现浇钢筋混凝土框架结构，其基本周期 $T_1=0.29$ s，集中于各楼层的质点重力荷载代表值和各层层高等有关参数见图 2—45 中所示。已知抗震设防烈度为 7 度、设计地震分组为第二组、Ⅰ类场地。试按底部剪力法计算多遇地震烈度下各楼层质点处的水平地震作用及各层层间地震剪力。

2—10 试分析时程分析法和反应谱法的异同点。

2—11 试分析时程分析法计算模型的选取及其各自的特点。

2—12 试简述钢筋混凝土构件和钢构件恢复力模型的主要特点。

2—13 试简述时程分析法中地震波的选取原则。

2—14 试分析对比时程分析法常用数值求解方法的异同点。

2—15 已知某3层框架(如图2—45所示)各层的层间侧移刚度 $K(1)=5.2\times10^5$ kN/m, $K(2)=3.8\times10^5$ kN/m, $K(3)=2.8\times10^5$ kN/m;各层层高 $h(1)=4$ m, $h(2)=3.8$ m, $h(3)=3.6$ m;各层的抗剪承载力 $V_y(1)=2\ 500$ kN, $V_y(2)=800$ kN, $V_y(3)=900$ kN;罕遇地震作用下各层的弹性地震剪力 $V_e(1)=4\ 200$ kN, $V_e(2)=3\ 800$ kN, $V_e(3)=2\ 000$ kN。其他抗震设防参数同题2—9。试计算罕遇地震时该框架结构的薄弱层位置,并验算其层间弹塑性位移。

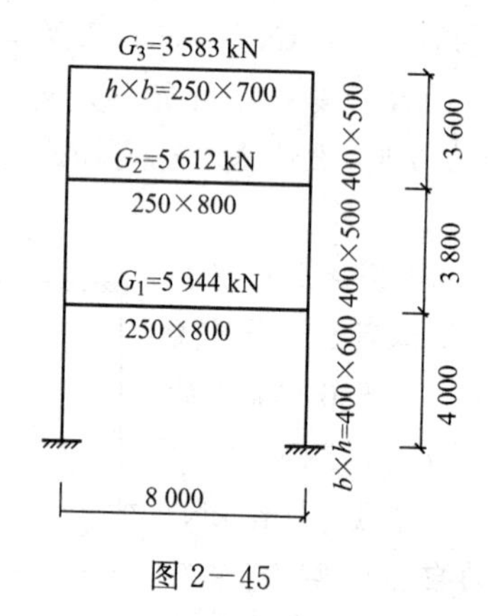

图2—45

第3章 建筑结构抗震设计

学习目的：了解结构抗震设计所存在的不确定性因素；掌握结构的抗震概念设计的要点。了解钢筋混凝土结构常见的震害特点；掌握结构的抗震等级的确定；掌握框架结构、抗震墙结构和框架—抗震墙结构的受力特点、结构布置原则、屈服机制、基础结构要求和各自适用范围；掌握框架结构内力和变形的计算及验算；掌握框架柱、梁和节点的抗震设计要点及相应的抗震构造措施；了解框架—抗震墙结构和抗震墙结构设计要点及构造措施。掌握多层砌体房屋的结构布置原则、层数、高度和高宽比的限值要求；掌握多层砌体房屋抗震计算要点和抗震构造措施。了解钢结构房屋的常见震害；了解高层钢结构体系及其各自特点；了解高层钢结构的抗震设计要点；掌握钢梁、钢柱、钢支撑等构件及其连接的工作性能和抗震设计要点；了解网架的抗震设计要点。

教学要求：分析结构抗震概念设计的要点，加强和加深对结构抗震概念设计重要性的认识与理解。介绍钢筋混凝土结构在地震作用下的受力特点、抗震计算方法、抗震设计要点和抗震构造措施，建立钢筋混凝土结构、构件和节点的抗震设计方法。介绍多层砌体房屋的受力特点、抗震计算方法、抗震设计要点和抗震构造措施，建立多层砌体房屋的抗震设计方法。分析高层钢结构体系的受力特点；讲述钢梁、钢柱、钢支撑的工作机理和抗震设计计算的要点；建立钢结构抗震的基本概念和设计方法。

§3—1 结构抗震概念设计

结构概念设计是根据人们在学习和实践中所建立的正确概念，运用人的思维和判断力，正确和全面地把握结构的整体性能。即根据对结构品性（承载能力、变形能力、耗能能力等）的正确把握，合理地确定结构总体与局部设计，使结构自身具有好的品性。

结构抗震概念设计是指根据地震灾害和工程经验等所形成的基本设计原则和设计思想，进行建筑和结构总体布置并确定细部构造的过程。

强调抗震概念设计是由于地震作用的不确定性和结构计算假定与实际情况的差异，这使得其计算结果不能全面真实地反映结构的受力和变形情况，并确保结构安全可靠。故要使建筑物具有尽可能好的抗震性能，首先应从大的方面入手，做好抗震概念设计。如果整体设计没有做好，计算工作再细致，也难免在地震时建筑物不发生严重的破坏，乃至倒塌。近几十年来，世界上一些大城市先后发生了若干次大地震，通过震害分析和研究，取得了抗震设计经验，确定了结构抗震概念设计的以下要点。

一、选择抗震有利地段

选择建筑场地时，宜选择对建筑抗震有利的地段，避开对建筑抗震设计不利的地段，不应在危险地段建造甲、乙、丙类建筑。抗震有利地段包括稳定基岩，坚硬土，开阔、平坦、密实、均匀的中硬土等。抗震危险地段指地震时可能发生滑坡、崩塌（如溶洞、陡峭的山区）、地陷（如地下煤矿的大面积采空区）、地裂、泥石流等地段，以及震中烈度为 8 度以上的断裂带在地震时可能发生地表错位的部位。抗震不利地段，就地形而言，一般指突出的山嘴、孤立的山包和山梁的顶部、非岩质的陡坡、高差较大的台地边缘、河岸和边坡边缘；就场地土质而言，一般指软弱土、易液化土、断层破碎带以及成岩、岩性、状态明显不均匀的地段等。

图 3－1 表示中国通海地震烈度为 10 度区内房屋震害指数与局部地形的关系。图中实线 A 表示地基土为第三系风化基岩，虚线 B 表示地基土为较坚硬的黏土。同时，在中国海城地震时，从位于大石桥盘龙山高差 58 m 的两个测点上所测得的强余震加速度峰值记录表明，位于孤突地形上的平均是坡脚平地上的 1.84 倍，这说明在孤立山顶地震波将被放大。图 3－2 表示了这种地理位置的放大作用。

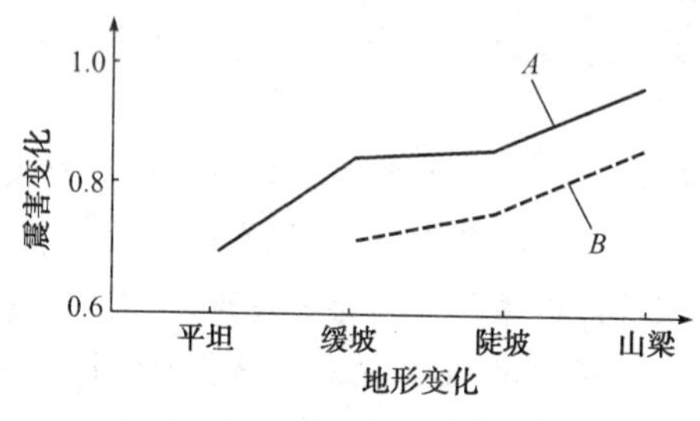

图 3－1　房屋震害指数与局部地形的关系曲线

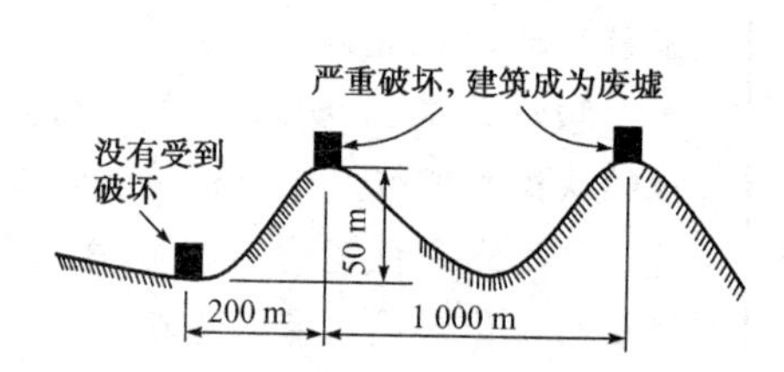

图 3－2　地理位置的放大作用

二、选择抗震有利的建筑场地和地基

为减少地面运动通过建筑场地和地基传给上部结构的地震能量，在选择抗震有利的建筑场地和地基时应注意下列各点：

（1）选择薄的场地覆盖层

国内外多次大地震表明，对于柔性建筑，厚土层上的震害重，薄土层上的震害轻，直接坐落在基岩上的震害更轻。

1923 年日本关东大地震，东京都木结构房屋的破坏率，明显的随冲击层厚度的增加而上升。1967 年委内瑞拉加拉加斯 6.4 级地震时，同一地区不同覆盖层厚度土层上的震害有明显差异，当土层厚度超过 160 m 时，10 层以上房屋的破坏率显著提高，10～14 层房屋的破坏率约为薄土层上的 3 倍，而 14 层以上的破坏率则上升到 8 倍。

（2）选择坚实的场地土

震害表明，场地土刚度大，则房屋震害指数小，破坏轻；场地土刚度小，则震害指数大，破坏重。故应选择具有较大平均剪切波速的坚硬场地土。

1985 年墨西哥 8.1 级地震时所记录到的不同场地土的地震动参数表明，不同类别场地土的地震动强度有较大的差别。古湖床软土上的地震动参数与硬土上的相比较，加速度峰值约增加 4 倍，速度峰值增加 5 倍，位移峰值增加 1.3 倍，而反应谱最大反应加速度则增加了 9 倍多。

(3) 将建筑物的自振周期与地震动的卓越周期错开，避免共振

震害表明，如果建筑物的自振周期与地震动的卓越周期相等或相近，建筑物的破坏程度就会因共振而加重。1977 年罗马尼亚弗兰恰地震，地震动卓越周期东西向为 1.0 s，南北向为 1.4 s，布加勒斯特市自振周期为 0.8～1.2 s 的高层建筑因共振而破坏严重，其中有不少建筑倒塌，而该市自振周期为 2.0 s 的 25 层洲际大旅馆却几乎无震害。因此，在进行建筑设计时，首先要估计建筑所在场地的地震动卓越周期，然后通过改变房屋类型和结构层数，使建筑物的自振周期与地震动的卓越周期相分离。

(4) 采取基础隔震或消能减震措施

利用基础隔震或消能减震技术改变结构的动力特性，减少输入给上部结构的地震能量，从而达到减小主体结构地震反应的目的。

此外，为确保天然地基和基础的抗震承载力，应按抗震规范的要求进行抗震验算，且地基抗震承载力应取地基承载力特征值乘以地基抗震承载力调整系数(≥1)。抗震规范还规定，对于存在饱和砂土和饱和粉土的地基，除 6 度设防外，应进行液化判别；存在液化土层的地基，应根据建筑的抗震设防类别、地基的液化等级，结合具体情况采取相应的抗液化措施。

三、有利的房屋抗震体型

震害调查表明，属于不规则的结构，又未进行妥善处理，则会给建筑带来不利影响甚至造成严重震害。关于平面不规则和竖向不规则的定义见第 2 章。区分规则结构与不规则结构的目的，是为了在抗震设计中予以区别对待，以期有效地提高结构的抗震能力。结构的不规则程度主要根据体型(平面和立面)、刚度和质量沿平面、高度的不同等因素进行判别。

结构规则与否是影响结构抗震性能的重要因素。由于建筑设计的多样性和结构本身的复杂性，结构不可能做到完全规则。规则结构可采用较简单的分析方法(如底部剪力法)及相应的构造措施。对于不规则结构，除应适当降低房屋高度外，还应采用较精确的分析方法，并按较高的抗震等级采取抗震措施。

抗震规范严格规定，建筑设计应符合抗震概念设计的要求，不应采用严重不规则的设计方案。这里，严重不规则指的是体型复杂，多项不规则指标超过表 2—1 和表 2—2 规定的上限值或某一项大大超过规定值，具有严重的抗震薄弱环节，将会导致地震破坏的严重后果者。抗震规范还规定，当存在超过表 2—1 或表 2—2 中一项及以上的不规则建筑结构，应按要求进行水平地震作用计算和内力调整，并应对薄弱部位采取有效的抗震构造措施。

同时，不同结构体系的房屋应有各自合适的高度。一般而言，房屋愈高，所受到的地震力和倾覆力矩就愈大，破坏的可能性也就愈大。不同结构体系的最大建筑高度的规定，综合考虑了结构的抗震性能、地基基础条件、震害经验、抗震设计经验和经济性等因素。表 3—1 给出了我国抗震设计规范中对现浇钢筋混凝土结构最大建筑高度的范围。对于平面和竖向均不规则的结构或建造于Ⅳ类场地的结构，适用的最大高度应适当降低。表 3—2 给出了钢结构的最大适用高度。

此外，房屋的高宽比应控制在合理的取值范围内。房屋的高宽比愈大，地震作用下结构的侧移和基底倾覆力矩就愈大。由于巨大的倾覆力矩在底层柱和基础中所产生的拉力和压力较

难处理，为了有效地防止在地震作用下建筑的倾覆，保证有足够的抗震稳定性，应对建筑的高宽比加以限制。

表 3—1 现浇钢筋混凝土房屋适用的最大高度/m

<table>
<tr><td colspan="2" rowspan="2">结构类型</td><td colspan="5">烈 度</td></tr>
<tr><td>6</td><td>7</td><td>8(0.2g)</td><td>8(0.3g)</td><td>9</td></tr>
<tr><td colspan="2">框 架</td><td>60</td><td>50</td><td>40</td><td>35</td><td>24</td></tr>
<tr><td colspan="2">框架—抗震墙</td><td>130</td><td>120</td><td>100</td><td>80</td><td>50</td></tr>
<tr><td colspan="2">抗震墙</td><td>140</td><td>120</td><td>100</td><td>80</td><td>60</td></tr>
<tr><td colspan="2">部分框支抗震墙</td><td>120</td><td>100</td><td>80</td><td>50</td><td>不应采用</td></tr>
<tr><td rowspan="2">筒 体</td><td>框架—核心筒</td><td>150</td><td>130</td><td>100</td><td>90</td><td>70</td></tr>
<tr><td>筒中筒</td><td>180</td><td>150</td><td>120</td><td>100</td><td>80</td></tr>
<tr><td colspan="2">板柱—抗震墙</td><td>80</td><td>70</td><td>55</td><td>40</td><td>不应采用</td></tr>
</table>

注：(1) 房屋高度指室外地面至主要屋面板板顶的高度(不包括局部突出屋顶部分)；
(2) 框架—核心筒结构指周边稀疏柱框架与核心筒组成的结构；
(3) 部分框支抗震墙结构指首层或底部两层为框支层的结构，不包括仅个别框支墙的情况；
(4) 表中框架，不包括异形柱框架；
(5) 板柱—抗震墙结构指板柱、框架和抗震墙组成抗侧力体系的结构；
(6) 乙类建筑可按本地区抗震设防烈度确定其适用的最大高度；
(7) 超过表内高度的房屋，应进行专门研究和论证，采取有效的加强措施。

表 3—2 钢结构房屋适用的最大高度/m

<table>
<tr><td rowspan="2">结 构 类 型</td><td rowspan="2">6、7 度
(0.10g)</td><td rowspan="2">7 度
(0.15g)</td><td colspan="2">8 度</td><td rowspan="2">9 度
(0.40g)</td></tr>
<tr><td>(0.20g)</td><td>(0.30g)</td></tr>
<tr><td>框架</td><td>110</td><td>90</td><td>90</td><td>70</td><td>50</td></tr>
<tr><td>框架—中心支撑</td><td>220</td><td>200</td><td>180</td><td>150</td><td>120</td></tr>
<tr><td>框架—偏心支撑(延性墙板)</td><td>240</td><td>220</td><td>200</td><td>180</td><td>160</td></tr>
<tr><td>筒体(框筒、筒中筒、桁架筒、束筒)和巨型框架</td><td>300</td><td>280</td><td>260</td><td>240</td><td>180</td></tr>
</table>

注：(1) 房屋高度指室外地面至主要屋面板板顶的高度(不包括局部突出屋顶部分)；
(2) 超过表内高度的房屋，应进行专门研究和论证，采取有效的加强措施；
(3) 表内的筒体不包括混凝土筒。

1967 年委内瑞拉加拉加斯地震，该市一幢 18 层钢筋混凝土框架结构的公寓，地上各层均有砖填充墙，地下室空旷。在地震中，由于巨大的倾覆力矩在地下室柱中产生很大的轴力，造成地下室很多柱被压碎，钢筋压弯呈灯笼状。1985 年墨西哥地震，该市一幢 9 层钢筋混凝土结构由于水平地震作用使整个房屋倾倒，埋深 2.5 m 的箱形基础翻转了 45°，并连同基础底面的摩擦桩拔出。

我国对房屋高宽比的要求是根据结构体系和地震烈度来确定的。表 3—3 和表 3—4 分别给出了我国抗震设计规范中对钢筋混凝土结构的建筑高宽比限值和钢结构的建筑高宽比限值。

表 3—3　钢筋混凝土房屋的最大高宽比

结构类型	非抗震设计	抗震设防烈度		
		6、7 度	8 度	9 度
框架	5	4	3	—
板柱—剪力墙	6	5	4	—
框架—剪力墙、剪力墙	7	6	5	4
框架—核心筒	8	7	6	4
筒中筒	8	8	7	5

注：(1) 当有大底盘时，计算高宽比的高度从大底盘顶部算起；

(2) 超过表内高宽比和体型复杂的房屋，应进行专门研究。

表 3—4　钢结构房屋的最大高宽比

烈度	6、7 度	8 度	9 度
最大高宽比	6.5	6.0	5.5

注：计算高宽比的高度应从室外地面算起。

房屋防震缝的设置，应根据建筑类型、结构体系和建筑体型等具体情况区别对待。高层建筑设置防震缝后，给建筑、结构和设备设计带来一定困难，基础防水也不容易处理。因此，高层建筑宜通过调整平面形状和尺寸，在构造上和施工上采取措施，尽可能不设缝(伸缩缝、沉降缝和防震缝)。但下列情况应设置防震缝，将整个建筑划分为若干个简单的独立单元：

(1) 体型复杂、平立面特别不规则，又未在计算和构造上采取相应措施。

(2) 房屋长度超过规定的伸缩缝最大间距，又无条件采取特殊措施而必须设伸缩缝时。

(3) 地基土质不均匀，房屋各部分的预计沉降量(包括地震时的沉陷)相差过大，必须设置沉降缝时。

(4) 房屋各部分的质量或结构的抗侧刚度悬殊过大。

防震缝的宽度不宜小于两侧建筑物在较低建筑物屋顶高度处的垂直防震缝方向的侧移之和。在计算地震作用产生的侧移时，应取基本烈度下的侧移，即近似地将我国抗震设计规范规定的在小震作用下弹性反应的侧移乘以 3 的放大系数，并应附加上地震前和地震中地基不均匀沉降和基础转动所产生的侧移。一般情况下，钢筋混凝土结构的防震缝最小宽度应符合我国抗震设计规范的要求。

① 框架结构房屋的防震缝宽度，当高度不超过 15 m 时不应小于 100 mm；房屋高度超过 15 m 时，6 度、7 度、8 度和 9 度分别每增加高度 5 m、4 m、3 m 和 2 m，宜加宽 20 mm。

② 框架—抗震墙结构房屋的防震缝宽度，不应小于上述规定值的 70%；抗震墙结构房屋的防震缝宽度，不应小于上述规定值的 50%。且均不宜小于 70 mm。

③ 防震缝两侧结构类型不同时，防震缝宽度宜按需要较宽防震缝的结构类型和按较低房屋高度确定缝宽。

四、合理的抗震结构布置

在进行结构方案平面布置时，应使结构抗侧力体系对称布置，以避免扭转。对称结构在单向水平地震动下,仅发生平移振动,各层构件的侧移量相等,水平地震力则按刚度分配,受力比较均匀。非对称结构由于质量中心与刚度中心不重合,即使在单向水平地震动下也会激起扭转振动,产生平移—扭转耦连振动。由于扭转振动的影响,远离刚度中心的构件侧移量明显增大,从而所产生的水平地震剪力随之增大,较易引起破坏,甚至发生严重破坏。为了把扭转效应降低到最低程度,应尽可能减小结构质量中心与刚度中心的距离。

1972 年尼加拉瓜的马那瓜地震,位于市中心 15 层的中央银行,有一层地下室,采用框架体系,设置的两个钢筋混凝土电梯井和两个楼梯间都集中布置在主楼的一端,造成质量中心与刚度中心明显不重合,地震时,该幢大厦遭到严重破坏,5 层周围柱子严重开裂,钢筋压屈,电梯井墙开裂,混凝土剥落,围护墙等非结构构件破坏严重,有的倒塌。

因此,结构布置时,应特别注意具有很大抗侧刚度的钢筋混凝土墙体和钢筋混凝土芯筒位置,力求在平面上要居中和对称。此外,抗震墙宜沿房屋周边布置,以使结构具有较强的抗扭刚度和较强的抗倾覆能力。

除结构平面布置要合理外,结构沿竖向的布置应等强。结构抗震性能的好坏,除取决于总的承载能力、变形和耗能能力外,避免局部的抗震薄弱部位是十分重要的。

五、合理的结构材料

抗震结构的材料应满足下列要求:一是延性系数(即材料的极限变形与相应屈服变形之比)高;二是“强度/重力”比值大;三是匀质性好;四是正交各向同性;五是构件的连接具有整体性、连续性和较好的延性,并能充分发挥材料的强度。据此,可提出对常用结构材料的质量要求。

(一) 钢筋

钢筋混凝土构件的延性和承载力,在很大程度上取决于钢筋的材性,所使用的钢筋应符合下列要求:

(1) 普通钢筋宜优先采用延性、韧性和焊接性较好的钢筋;普通钢筋的强度等级,纵向受力钢筋宜选用符合抗震性能指标的不低于 HRB400 级的热轧钢筋,也可采用符合抗震性能指标的 HRB335 级热轧钢筋;箍筋宜选用符合抗震性能指标的不低于 HRB335 级的热轧钢筋,也可选用 HPB300 级热轧钢筋。

(2) 抗震等级为一、二、三级的框架和斜撑构件(含梯段),其纵向受力钢筋采用普通钢筋时,钢筋的抗拉强度实测值与屈服强度实测值的比值不应小于 1.25。

(3) 钢筋的屈服强度实测值与屈服强度标准值的比值不应大于 1.3,以保证有足够的强度储备;且钢筋在最大拉力下的总伸长率实测值不应小于 9%。

(4) 不能使用冷加工钢筋。

(5) 应检测钢筋的应变老化脆裂(重复弯曲试验)、可焊性(检查化学成分)、低温抗脆裂(采用 V 形槽口的韧性试验)。

(二) 混凝土

要求混凝土强度等级不能太低,否则锚固不好。对于框支梁、框支柱及抗震等级为一级框架梁、柱、节点核芯区,不应低于 C30;构造柱、芯柱、圈梁及其各类构件不应低于 C20。混凝土结构的混凝土强度等级,抗震墙不宜超过 C60,其他构件,9 度时不宜超过 C60,8 度时不宜超过 C70。

（三）型钢

为了保证钢结构的延性，要求型钢的材质符合下列要求：

(1) 足够的延性。要求钢材的屈服强度实测值与抗拉强度实测值之比值不应大于0.85；钢材应有明显的屈服台阶，且伸长率不应小于20%。一般结构钢均能满足这项要求。

(2) 力学性能的一致性。为了保证“强柱弱梁”设计原则的实现，钢材强度的标准差应尽可能小，即用于各构件的最大和最小强度应接近相等。

(3) 好的切口延性。此项指标是钢材对脆性破坏的抵抗能力的量度。

(4) 无分层现象。此项要求可以在构件加工之前利用超声波探查。

(5) 对片状撕裂的抵抗能力。通常的检查方法是在对板的横截面进行拉伸试验中量测其延性进行衡量。

(6) 良好的可焊性和合格的冲击韧性。一般而言，钢材的抗拉强度越高，其可焊性就越低。

钢结构的钢材宜采用Q235等级B、C、D的碳素结构钢及Q345等级B、C、D、E的低合金高强度结构钢。

六、提高结构抗震性能的措施

（一）设置多道抗震防线

单一结构体系只有一道防线，一旦破坏就会造成建筑物倒塌。特别是当建筑物的自振周期与地震动卓越周期相近时，建筑物由此而发生的共振，更加速其倒塌进程。如果建筑物采用的是多重抗侧力体系，第一道防线的抗侧力构件在强烈地震作用下遭到破坏后，后备的第二道乃至第三道防线的抗侧力构件立即接替，抵挡住后续的地震动的冲击，可保证建筑物最低限度的安全，免于倒塌。在遇到建筑物基本周期与地震动卓越周期相同或接近的情况时，多道防线就更显示出其优越性。当第一道抗侧力防线因共振而破坏，第二道防线接替工作，建筑物自振周期将出现较大幅度的变动，与地震动卓越周期错开，使建筑物的共振现象得以缓解，避免再度严重破坏。

1. 第一道防线的构件选择

一般应优先选择不负担或少负担重力荷载的竖向支撑或填充墙，或选择轴压比值较小的抗震墙、实墙筒体之类的构件作为第一道防线的抗侧力构件。不宜选择轴压比很大的框架柱作为第一道防线。在纯框架结构中，宜采用“强柱弱梁”的延性框架。

2. 结构体系的多道设防

框架—抗震墙结构体系的主要抗侧力构件是抗震墙，它是第一道防线。在弹性地震反应阶段，大部分侧向地震力由抗震墙承担，但是一旦抗震墙开裂或屈服，此时框架承担地震力的份额将增加，框架部分起到第二道防线的作用，并且在地震动过程中承受主要的竖向荷载。

单层厂房纵向体系中，柱间支撑是第一道防线，柱是第二道防线。通过柱间支撑的屈服来吸收和消耗地震能量，从而保证整个结构的安全。

3. 结构构件的多道防线

联肢抗震墙中，连系梁先屈服，然后墙肢弯曲破坏丧失承载力。当连系梁钢筋屈服并具有延性时，它既可以吸收大量地震能量，又能继续传递弯矩和剪力，对墙肢有一定的约束作用，使抗震墙保持足够的刚度和承载力，延性较好。如果连系梁出现剪切破坏，按照抗震结构多道设防的原则，只要保证墙肢安全，整个结构就不至于发生严重破坏或倒塌。

“强柱弱梁”型的延性框架，在地震作用下，梁处于第一道防线。用梁的变形去消耗输入的地震能量，其屈服先于柱的屈服，使柱处于第二道防线。

在超静定结构构件中，赘余构件为第一道防线，由于主体结构已是静定或超静定结构，这些赘余构件的先期破坏并不影响整个结构的稳定。

4. 工程实例：尼加拉瓜的马那瓜市美洲银行大厦

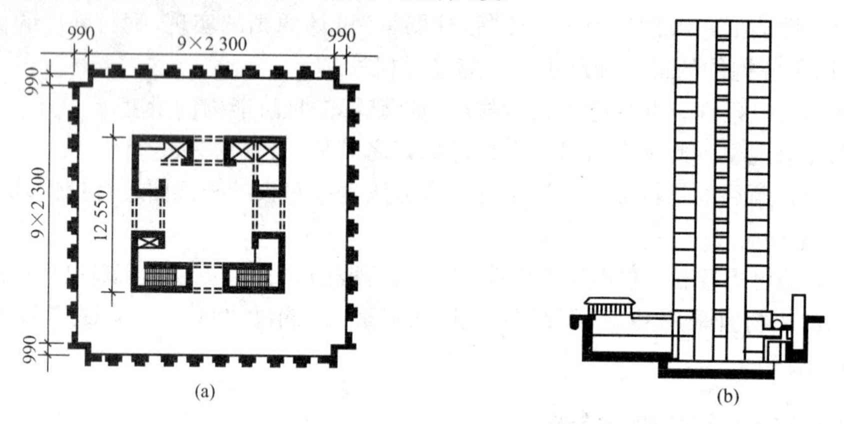

图 3－3　尼加拉瓜的马那瓜市美洲银行大厦

(a) 平面；(b) 剖面

尼加拉瓜的马那瓜市美洲银行大厦，地面以上 18 层，高 61 m，如图 3－3 所示。该大楼采用 11.6 m×11.6 m 的钢筋混凝土芯筒作为主要的抗震和抗风构件，且该芯筒设计成由 4 个 L 形小筒组成，每个 L 形小筒的外边尺寸为 4.6 m×4.6 m。在每层楼板处，采用较大截面的钢筋混凝土连系梁，将 4 个小筒连成一个具有较强整体性的大筒。该大厦在进行抗震设计时，既考虑 4 个小筒作为大筒的组成部分发挥整体作用时的受力情况，又考虑连系梁损坏后 4 个小筒各自作为独立构件的受力状态，且小筒间的连系梁完全破坏时整体结构仍具有良好的抗震性能。1972 年 12 月马那瓜发生地震时，该大厦经受了考验。在大震作用下，小筒之间的连梁破坏后，动力特性和地震反应显著改变，基本周期 T_1 加长 1.5 倍，结构底部水平地震剪力减小一半，地震倾覆力矩减少 60%。

（二）提高结构延性

提高结构延性，就是不仅使结构具备必要的抗震承载力，而且同时又具有良好的变形和消耗地震能量的能力，以增强结构的抗倒塌能力。结构延性这个术语有 4 层含义：

(1) 结构总体延性，一般用结构的“顶点侧移延性系数”来表达。

(2) 结构楼层延性，以一个楼层的层间侧移延性系数来表达。

(3) 构件延性，是指整个结构中某一构件（一榀框架或一片墙体）的延性。

(4) 杆件延性，是指一个构件中某一杆件（框架中的梁、柱，墙中的连梁、墙肢）的延性。

一般而言，在结构抗震设计中，对结构中重要构件的延性要求，高于对结构总体的延性要求；对构件中关键杆件或部位的延性要求，又高于对整个构件的延性要求。因此，要求提高重要构件及某些构件中关键杆件或关键部位的延性，其原则是：

(1) 在结构的竖向，应重点提高楼房中可能出现塑性变形集中的相对柔性楼层的构件延性。例如，对于刚度沿高度均布的简单体型高层，应着重提高底层构件的延性；对于带大底盘的高层，应着重提高主楼与裙房顶面相衔接的楼层中构件的延性；对于底部框架上部砖房结构体系，应着重提高底部框架的延性。

(2) 在平面上，应着重提高房屋周边转角处、平面突变处以及复杂平面各翼相接处的构件延性。对于偏心结构，应加大房屋周边特别是刚度较弱一端构件的延性。

(3) 对于具有多道抗震防线的抗侧力体系，应着重提高第一道防线中构件的延性。如框架—抗震墙体系，重点提高抗震墙的延性；筒中筒体系，重点提高内筒的延性。

(4) 在同一构件中，应着重提高关键杆件的延性。对于框架、框架筒体应优先提高柱的延性；对于多肢墙，应重点提高连梁的延性；对于壁式框架，应着重提高窗间墙的延性。

(5) 在同一杆件中，重点提高延性的部位应是预期该构件地震时首先屈服且形成塑性铰的部位，如梁的两端、柱上下端、抗震墙肢的根部等。

(三) 采用减震方法

1. 提高结构阻尼

结构的地震反应随结构阻尼比的增大而减小，提高结构阻尼能有效地削减地震反应的峰值。建筑结构设计时可以根据具体情况采用具有较大阻尼的结构体系。

2. 采用高延性构件

弹性地震反应分析的着眼点是承载力，用加大承载力来提高结构的抗震能力；弹塑性地震反应的着眼点是变形能力，利用结构的塑性变形的发展来抗御地震，吸收地震能量。因此，提高结构的屈服抗力只能推迟结构进入塑性阶段，而增加结构的延性，不仅能削弱地震反应，而且提高了结构抗御强烈地震的能力。

分析表明，增大结构延性可以显著减小结构所需承担的地震作用。

3. 采用隔震和消能减震技术

(四) 优选耗能杆件

根据结构中选择主要耗能构件或杆件的原则，应选择构件中轴力较小的水平杆件为主要耗能构件，从而使整个结构具有较大的延性和耗能能力。同时，应选择好的耗能形式。弯曲、剪切和轴变耗能的研究表明：

1. 弯曲耗能优于剪切耗能

震害调查表明，剪切斜裂缝随着持续地震动而加长加宽，震后基本不闭合；弯曲横向裂缝震后基本闭合。试验表明，杆件的弯曲耗能比剪切耗能大得多，因此尽可能将以剪切变形为主的构件转变为以弯曲变形为主的构件，如开通缝连梁、低剪力墙开竖缝、梁端开水平缝等。

2. 弯曲耗能优于轴变耗能

轴力杆件受拉屈服伸长后，再受压不能恢复原长度，而是发生侧向屈曲，其吸收的地震能量十分有限。用弯曲杆件的变形来替代轴力杆件的变形，将取得良好的抗震效果。普通的轴交支撑体系(图 3－4a)在水平地震作用下，主要靠各杆件特别是斜杆的轴向拉伸或压缩来耗能，耗能能力小。如果用偏交支撑(图 3－4b)取代轴交支撑，并使得斜杆的轴向抗拉或抗压强度大于水平杆件的抗弯承载力，则斜杆不论受拉或受压始终保持平直，从而利用水平杆件的弯曲来耗能，这大大改善了竖向支撑体系的抗震性能。

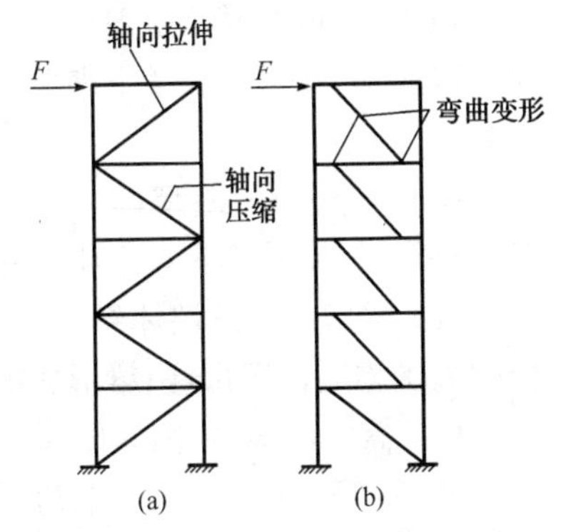

图 3－4　竖向斜撑的变形耗能机制
(a) 轴交支撑；(b) 偏交支撑

七、控制结构变形

结构变形可用层间位移和顶点位移两种方式表达。各层间位移之和即为结构顶点位移。层间位移主要影响到非结构构件的破坏、梁柱节点钢筋的滑移、抗震墙的开裂、塑性铰的发展以及屈服机制的形成。顶点位移主要影响防震缝宽度、结构的总体稳定以及小震时人的感觉。顶点位移不但与结构变形有关,而且应包括地基变形引起基础转动产生的顶点位移。一般情况下,若忽略基础转动的影响,结构变形可只考虑层间位移。

抗震变形验算的方法和限值要求参见第 2 章。

八、确保结构整体性

为确保结构在地震作用下的整体性,要求从结构类型的选择和施工两方面保证结构应具有连续性。同时,应保证抗震结构构件之间的连接可靠和具有较好的延性,使之能满足传递地震力时的承载力要求和适应地震时大变形的延性要求。此外,应采取措施,如设置地下室,采用箱形基础以及沿房屋纵、横向设置较高截面的基础梁,使建筑物具有较大的竖向整体刚度,以抵抗地震时可能出现的地基不均匀沉陷。

九、减轻房屋自重

震害表明,自重大的建筑比自重小的建筑更容易遭到破坏。这是因为,一方面,水平地震力的大小与建筑的质量近似成正比,质量大,地震作用就大,质量小,地震作用就小;另一方面,是因为重力效应在房屋倒塌过程中起着关键性作用,自重愈大,$P—\Delta$ 效应愈严重,就更容易促成建筑物的整体失稳而倒塌。因此,应采取以下措施尽量减轻房屋自重。

1. 减小楼板厚度

通常楼盖重量占上部建筑总重的 40%左右,因此,减小楼板厚度是减轻房屋总重的最佳途径。为此,除可采用轻混凝土外,工程中可采用密肋楼板、无黏结预应力平板、预制多孔板和现浇多孔楼板来达到减小楼盖自重的目的。

2. 尽量减薄墙体

采用抗震墙体系、框架—抗震墙体系和筒中筒体系的高层建筑中,钢筋混凝土墙体的自重占有较大的比重,而且从结构刚度、地震反应、构件延性等角度来说,钢筋混凝土墙体的厚度都应该适当,不可太厚。一般而言,设防烈度为 8 度以下的高层建筑,钢筋混凝土抗震墙墙板的厚度以厘米计时,可参考下列关系式进行粗估。式中,n 为墙板计算截面所在高度以上的房屋层数。

(1) 抗震墙体系:墙厚$\approx 0.9n$,但一级抗震时,墙厚不应小于 160 mm 或层高的 1/20;二、三级抗震时,墙厚不应小于 140 mm 或层高的 1/25。

(2) 框架—抗震墙体系:墙厚$\approx 1.1n$,但不应小于 160 mm 或层高的 1/20,且每个楼层墙板的周围均应设置由柱、梁形成的边框。

(3) 筒中筒体系:内筒墙厚$\approx 1.2n$,但不应小于 250 mm。

此外,采用高强混凝土和轻质材料,均可有效地减轻房屋的自重。

十、妥善处理非结构部件

所谓非结构部件，一般是指在结构分析中不考虑承受重力荷载以及风、地震等侧向力的部件，例如框架填充墙、内隔墙、建筑外围墙板等。这些非结构部件在抗震设计时若处理不当，在地震中易发生严重破坏或闪落，甚至造成主体结构破坏。

围护墙、内隔墙和框架填充墙等非承重墙体的存在对结构的抗震性能有着较大的影响，它使结构的抗侧刚度增大，自振周期减短，从而使作用于整个建筑上的水平地震剪力增大。由于非承重墙体参与抗震，分担了很大一部分地震剪力，从而减小了框架部分所承担的楼层地震剪力。设置填充墙时须采取措施防止填充墙平面外的倒塌，并防止填充墙发生剪切破坏。当填充墙处理不当使框架柱形成短柱时，将会造成短柱的剪切弯曲破坏。为此，应考虑上述非承重墙体对结构抗震的不利或有利影响，以避免不合理的设置而导致主体结构的破坏。

大面积玻璃幕墙的设计，除了要考虑风荷载引起的结构层间侧移和温度变形等因素的影响外，还应考虑地震作用下结构可能产生的最大层间侧移，从而确定玻璃与钢框格之间的间隙距离。

同时，外墙板与主体结构应有可靠的连接，以避免地震时结构的层间侧移较大而造成外墙板破坏甚至脱落坠地。

§3—2　混凝土结构房屋抗震设计

多层和高层钢筋混凝土结构体系包括框架结构、抗震墙结构、框架—抗震墙结构、筒体结构和框架—筒体结构等。本节仅介绍常用的前3种结构体系。

一、震害及其分析

近几十年来，国内外许多城市都发生了较强烈的地震，震害的调查与分析对不断提高多层和高层建筑结构的抗震设计水平具有十分重要的意义。下面介绍多层和高层钢筋混凝土建筑结构的主要震害特征。

（一）共振效应引起的震害

在1976年唐山地震中，位于塘沽地区（烈度为8度强）的7～10层框架结构，因其自振周期（0.6～1.0 s）与该场地土（海滨）的自振周期（0.8～1.0 s）相一致，发生共振，导致该类框架破坏严重。

在1985年墨西哥城地震中，由于该地区表土冲积层很厚，地震波的主要周期为2 s，这与10～15层建筑物的自振周期相近，因而导致这类建筑物产生较大程度的破坏。

（二）结构平面或竖向布置不当引起的震害

在1976年唐山地震中，天津人民印刷厂一幢L形建筑物，楼梯间偏置，地震时由于受扭而使几根角柱破坏；汉沽化工厂的一些框架厂房因平面形状和刚度不对称，产生了显著的扭转，从而使角柱上下错位、断裂；天津碱厂蒸吸塔为13层纯框架，沿竖向质量和刚度变化太大，在11层产生了过大的层间变形（经分析层间位移达1/40），故导致该层中柱首先破坏，接着6层以上全部倒塌。在1985年墨西哥城地震中，平面不规则的建筑物也产生了严重的扭转破坏，其中角柱破坏十分严重。在1988年前苏联亚美尼亚地震中，下层柔性柱上层抗震墙或砖墙的柔性底层房屋的震害很严重。在1995年日本神户7.2级地震中，鸡腿式建筑物底层柱发生剪切破坏或脆性压弯破坏，导致上部倒塌；有不少中高层建筑物，因沿竖向刚度分布不合理而导致中间层破坏或倒塌。

（三）框架柱、梁和节点的震害

1976年唐山地震中，位于9度区的唐山陡河电厂主厂房框架，未经抗震设防，有4榀框架倒塌，其余严重破坏。其中现浇框架的柱和梁柱节点核心区都发生了剪切破坏，梁端出现塑性铰。装配式框架破坏多发生在预制构件接头处。

1985年墨西哥城地震中有143幢框架房屋破坏。这些房屋柱较细，柱中箍筋很少，柱和梁柱节点破坏严重。

1995年日本神户地震中，按旧规范和新规范设计的框架均发生了柱端混凝土剪切脆性破坏及主筋屈服而使柱完全丧失承载能力的破坏。

框架柱、梁和节点的破坏形态可归纳为以下几种：

1. 框架柱(图3—5)

(1) 柱端弯剪破坏

上、下柱端出现水平裂缝和斜裂缝(也有交叉斜裂缝)，混凝土局部压碎，柱端形成塑性铰。严重的混凝土剥落，箍筋外鼓崩断，柱筋屈曲。

(2) 柱身剪切破坏

多出现交叉斜裂缝，箍筋屈服崩断。天津754厂某车间为5层框架结构，刚度不均匀；第2层的中柱产生严重的X形裂缝，系剪扭复合作用引起。

图3—5　框架柱震害

(a) 弯曲破坏；(b) 剪切破坏

(3) 角柱破坏

由于双向受弯、受剪，加上扭转作用，震害比内柱严重，有的上、下柱身错动，钢筋由柱内拔出。

(4) 短柱破坏

当柱高小于4倍柱截面高度($H/h_c \leqslant 4$)时，形成短柱。短柱刚度大，易产生剪切破坏。

(5) 柱牛腿破坏

牛腿外侧混凝土压碎，预埋件拔出，柱边混凝土拉裂，其主要原因是由水平力引起的。

柱破坏的原因是抗弯和抗剪承载力不足，箍筋太稀，对混凝土约束很差，在压、弯、剪作用下，柱的截面承载力达到极限。

2. 框架梁

震害多发生在梁端。在地震作用下梁端纵向钢筋屈服，出现上下贯通的垂直裂缝和交叉斜裂缝。在梁负弯矩钢筋切断处由于抗弯能力削弱也容易产生裂缝，造成梁剪切破坏。

梁剪切破坏主要是由梁端屈服后产生的剪力较大，超过了梁的受剪承载力，梁内箍筋配置较稀，以及反复荷载作用下混凝土抗剪强度降低等因素所引起的。

3. 梁柱节点(图 3—6)

图 3—6　梁柱节点震害

节点核心区产生对角方向的斜裂缝或交叉斜裂缝,混凝土剪碎剥落,节点内箍筋很少或没有放箍筋时,柱纵向钢筋压曲外鼓。

梁筋锚固破坏是因为梁纵向钢筋锚固长度不足,从节点内被拔出,将混凝土拉裂。

装配式框架构件连接处容易发生脆性断裂,特别是用坡口焊接钢筋处容易拉断,预制构件接缝处后浇混凝土开裂或散落。

节点破坏主要是由节点的受剪承载力不足、约束箍筋太少、梁筋锚固长度不够以及施工质量差等因素所引起。

(四) 框架填充墙的震害

框架中嵌砌砖填充墙容易发生墙面斜裂缝,并沿柱周边开裂。端墙、窗间墙和门窗洞口边角部位破坏更加严重,烈度较高时墙体容易倒塌。由于框架变形属剪切型,下部层间位移大,填充墙震害呈现"下重上轻"的现象。

填充墙破坏的主要原因是墙体受剪承载力低、变形能力小、墙体与框架缺乏有效的拉结,因此在往复变形时墙体易发生剪切破坏和散落。

(五) 抗震墙的震害

1. 连梁的破坏

在强震作用下,抗震墙的震害主要表现为墙肢之间连梁的剪切破坏。这主要是由于连梁跨度较小、高度大而形成深梁,在反复荷载作用下形成 X 形剪切裂缝,这种破坏为剪切型脆性破坏,尤其是在房屋 1/3 高度处的连梁破坏更为明显。

2. 抗震墙墙肢破坏

抗震墙底部墙肢的内力最大,故容易在墙肢底部出现裂缝,甚至破坏。在水平荷载作用下,受拉的墙肢往往受到的轴压力较小,在强震作用下甚至出现拉力,故容易出现水平裂缝。对于层高小而宽度较大的墙肢,也容易出现剪切斜裂缝。

二、抗震设计的一般要求

抗震设计除了计算分析及采取合理的构造措施外,掌握正确的设计概念设计尤为重要。抗震规范中的有关规定体现了多、高层钢筋混凝土结构房屋抗震设计的一般要求。

(一) 抗震等级

抗震等级是确定结构构件抗震计算(指内力调整)和抗震措施的标准,可根据设防烈度、房屋高度、建筑类别、结构类型及构件在结构中的重要程度来确定。抗震等级的划分考虑了技术要求和经济条件,随着设计方法的改进和经济水平的提高,抗震等级亦将相应调整。抗震等级共分为四级,它体现了不同的抗震要求,其中一级抗震要求最高。《抗震规范》规定丙类建筑(建筑类别的划分详见本书第 1 章)的抗震等级应按表 3—5 确定。

表 3—5　现浇钢筋混凝土房屋的抗震等级

结构类型		设防烈度									
		6		7			8			9	
框架结构	高度/m	≤24	>24	≤24	>24		≤24	>24		≤24	
	框架	四	三	三	二		二	一		一	
	大跨度框架	三		二			一			一	
框架—抗震墙结构	高度/m	≤60	>60	≤24	25～60	>60	≤24	25～60	>60	≤24	25～50
	框架	四	三	四	三	二	三	二	一	二	一
	抗震墙	三		三	二		二	一		一	
抗震墙结构	高度/m	≤80	>80	≤24	25～80	>80	≤24	25～80	>80	≤24	25～60
	抗震墙	四	三	四	三	二	三	二	一	二	一
部分框支抗震墙结构	高度/m	≤80	>80	≤24	25～80	>80	≤24	25～80			
	抗震墙 一般部位	四	三	四	三	二	三	二			
	抗震墙 加强部位	三	二	三	二	一	二	一			
	框支层框架	二	二	一	一	一					
框架—核心筒	框架	三		二			一			一	
	核心筒	二		二			一			一	
筒中筒结构	外筒	三		二			一			一	
	内筒	三		二			一			一	
板柱—抗震墙结构	高度/m	≤35	>35	≤35	>35		≤35	>35			
	框架、板柱的柱	三	二	二	二		一				
	抗震墙	二	二	二	一		二	一			

注：(1) 建筑场地为Ⅰ类时，除 6 度外应允许按表内降低一度所对应的抗震等级采取抗震构造措施，但相应的计算要求不应降低；

(2) 接近或等于高度分界时，应允许结合房屋不规则程度及场地、地基条件确定抗震等级；

(3) 大跨度框架指跨度大于 18 m 的框架；

(4) 高度不超过 60 m 的框架—核心筒结构按框架—抗震墙的要求设计时，应按表中框架—抗震墙结构的规定进行其抗震设计。

抗震设防类别为甲、乙、丁类的建筑，应按本书§1—4 中的抗震设防标准和表 3—5 确定抗震等级；其中，当甲、乙类建筑按规定提高一度确定其抗震等级而房屋的高度超过表 3—5 规定的上界时，应采取比以一级更有效的抗震构造措施。

由表中可见，在同等设防烈度和房屋高度的情况下，对于不同的结构类型，其次要抗侧力构件抗震要求可低于主要抗侧力构件，其抗震等级低些。如框架—抗震墙结构中的框架，其抗震要求低于框架结构中的框架；相反，其抗震墙则比抗震墙结构有更高的抗震要求。而对于设置少量抗震墙的框架结构，在规定的水平力作用下，底层框架部分所承担的地震倾覆力矩大于结构总地震倾覆力矩的 50%时，其框架的抗震等级应按框架结构确定，抗震墙的抗震等级可与其框架的抗震等级相同(注:底层指计算嵌固端所在的层)。

（二）结构选型和布置

(1) 合理地选择结构体系。多、高层钢筋混凝土结构房屋常用的结构体系有框架结构、抗震墙结构和框架—抗震墙结构，其常见的结构平面布置见图 3－7。框架结构由纵横向框架梁柱所组成，具有平面布置灵活、可获得较大的室内空间、容易满足生产和使用要求等优点，因此在工业与民用建筑中得到了广泛的应用。其缺点是抗侧刚度较小，属柔性结构，在强震下结构的顶点位移和层间位移较大，且层间位移自上而下逐层增大，能导致刚度较大的非结构构件的破坏。如框架结构中的砖填充墙常常在框架仅有轻微损坏时就发生严重破坏。但设计合理的框架仍具有较好的抗震性能。在地震区，纯框架结构可用于 12 层(40 m 高)以下、体型较简单、刚度较均匀的房屋，而对高度较大、设防烈度较高、体系较复杂的房屋，以及对建筑装饰要求较高的房屋和高层建筑，应优先采用框架—抗震墙结构或抗震墙结构。

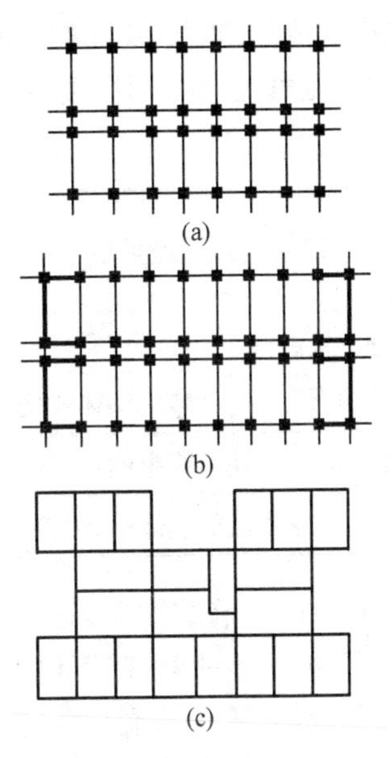

图 3－7　常见的结构平面布置

(a) 框架结构；(b) 框架—抗震墙结构；(c) 抗震墙结构

抗震墙结构是由钢筋混凝土墙体承受竖向荷载和水平荷载的结构体系，具有整体性能好、抗侧刚度大和抗震性能好等优点，且该类结构无突出墙面的梁、柱，可降低建筑层高，充分利用空间，特别适合于 20～30 层的多、高层居住建筑。缺点是具有大面积的墙体限制了建筑物内部平面布置的灵活性。

框架—抗震墙结构是由框架和抗震墙相结合而共同工作的结构体系，兼有框架和抗震墙两种结构体系的优点，既具有较大的空间，又具有较大的抗侧刚度。多用于 10～20 层的房屋。

其次，选择结构体系时，还应尽量使其基本周期错开地震动卓越周期，一般房屋的基本自振周期应比地震动卓越周期大 1.5～4.0 倍，以避免共振效应。自振周期过短，即刚度过大，会导致地震作用增大，增加结构自重及造价；若自振周期过长，即结构过柔，则结构会发生过大变形。一般地，高层房屋建筑基本周期的长短与其层数成正比，并与采用的结构体系密切相关。就结构体系而言，采用框架体系时周期最长，框架—抗震墙次之，抗震墙体系最短，设计时应采用合理的结构体系并选择适宜的结构刚度。

(2) 为抵抗不同方向的地震作用，框架结构、抗震墙结构和框架—抗震墙结构中，框架或抗震墙均应双向设置，梁与柱或柱与抗震墙的中线宜重合，柱中线与抗震墙中线、梁中线与柱中线之间的偏心距不宜大于柱宽的 1/4，以避免偏心对节点核心区和柱产生扭转的不利影响。甲、乙建筑以及高度大于 24 m 的丙类建筑，不应采用单跨框架结构；高度不大于 24 m 的丙类建筑，不宜采用单跨框架结构。

(3) 框架结构中，砌体填充墙在平面和竖向的布置宜均匀对称，避免形成薄弱层或短柱。砌体填充墙宜与梁柱轴线位于同一平面内，考虑抗震设防时，应与柱有可靠的拉结。一、二级框架的围护墙和隔墙，宜采用轻质墙或与框架柔性连接的墙板；二级且层数不超过 5 层、三级且层数不超过8层和四级的框架结构，可考虑黏土砖填充墙的抗侧力作用，但应符合《抗震规范》中有关抗震墙之间楼屋盖的长宽比规定（详见下述第(4)条）及框架—抗震墙结构中抗震墙设置的要求（详见下述第(6)条）。

(4) 为使框架—抗震墙结构和抗震墙结构通过楼、屋盖有效地传递地震剪力给抗震墙，《抗震规范》要求抗震墙之间无大洞口的楼、屋盖的长宽比不宜超过表3－6的规定，符合该规定的楼盖可近似按刚性楼盖考虑；超过上述规定时，应考虑楼盖平面内变形的影响。

表3－6 抗震墙之间楼、屋盖的长宽比

楼、屋盖类型		设防烈度			
		6	7	8	9
框架—抗震墙结构	现浇或叠合楼、屋盖	4	4	3	2
	装配整体式楼、屋盖	3	3	2	不宜采用
板柱—抗震墙结构中的现浇楼、屋盖		3	3	2	—
框支层的现浇楼、屋盖		2.5	2.5	2	—

(5) 抗震墙结构和部分框支抗震墙结构中的抗震墙设置，应符合下列要求：

① 抗震墙的两端（不包括洞口两侧）宜设置端柱或与另一方向的抗震墙相连；框支部分落地墙的两端（不包括洞口两侧）应设置端柱或与另一方向的抗震墙相连。

② 较长的抗震墙宜结合洞口设置跨高比大于6的弱连梁，将一道抗震墙分成较均匀的若干墙段，各墙段（包括单片墙、小开洞墙或连肢墙）的高宽比不宜小于3；每一墙肢的宽度不宜大于8 m，以避免抗震墙发生剪切破坏，并保证墙肢由受弯承载力控制，且靠近中和轴的竖向分布钢筋在破坏时能充分发挥其强度，提高结构的变形能力。

③ 墙肢的长度沿结构全高不宜有突变；抗震墙有较大洞口时，以及一、二级抗震墙的底部加强部位，洞口位置宜上下对齐，形成明确的墙肢与连梁，以保证受力合理，有良好的抗震性能。

④ 为了在抗震墙结构的底层获得较大空间以满足使用要求，一部分抗震墙不落地而由框架支承，这种底部框支层是结构的薄弱层，在地震作用下可能产生塑性变形的集中，导致首先破坏甚至倒塌，因此应限制框支层刚度和承载力过大的削弱，以提高房屋整体的抗震能力。所以，《抗震规范》规定，房屋底部有框支层时，框支层的楼层侧向刚度不应小于相邻非框支层楼层刚度的50%；框支层落地抗震墙间距不宜大于24 m，框支层的平面布置宜对称，且宜设抗震筒体；底部框架部分承担的地震倾覆力矩不应大于结构总地震倾覆力矩的50%。

(6) 框架—抗震墙结构中的抗震墙设置，要求抗震墙的榀数不能过少，每榀的刚度不要过大，且宜均匀分布。榀数过少，其受力将过大，给设计带来问题，且地震时若个别抗震墙受损将导致整个结构的损坏。同时，为了使水平荷载的合力点与结构的抗侧刚度中心相重合并加大结构的抗扭能力，抗震墙宜对称布置并尽可能沿建筑平面的周边布置。此外，抗震墙的设置还应符合下列要求：

① 抗震墙宜贯通房屋全高。

② 楼梯间宜设置抗震墙，但不宜造成较大的扭转效应。

③ 抗震墙的两端（不包括洞口两侧）宜设置端柱或与另一方向的抗震墙相连。

④ 房屋较长时，刚度较大的纵向抗震墙不宜设置在房屋的端开间。

⑤ 抗震墙洞口宜上下对齐；洞边距端柱不宜小于 300 mm。

（7）加强楼盖的整体性。

多层和高层混凝土楼、屋盖宜优先采用现浇混凝土板。当采用预制装配式混凝土楼、屋盖时，应从楼盖体系和构造上采取措施保证各预制板之间连接的整体性及其与抗震墙的可靠连接。装配整体式楼、屋盖采用配筋现浇层加强时，其厚度不应小于 50 mm。

（8）楼梯间应符合下列要求：

① 宜采用现浇钢筋混凝土楼梯。

② 对于框架结构，楼梯间的布置不应导致结构平面特别不规则；楼梯构件与主体结构整浇时，应计入楼梯构件对地震及其效应的影响，应进行楼梯构件的抗震承载力验算；宜采取构造措施，减少楼梯构件对主体结构刚度的影响。

③ 楼梯间两侧填充墙与柱之间应加强拉结。

（三）屈服机制

多、高层钢筋混凝土房屋的屈服机制可分为总体机制（图 3－8a）、楼层机制（图 3－8b）以及由这两种机制组合而成的混合机制。总体机制表现为所有横向构件屈服而竖向构件除根部外均处于弹性，总体结构围绕根部作刚体转动。楼层机制则表现为仅竖向构件屈服而横向构件处于弹性。房屋总体屈服机制优先于楼层机制，前者可在承载力基本保持稳定的条件下，持续地变形而不倒塌，最大限度地耗散地震能量。为形成理想的总体机制，应一方面防止塑性铰在某些构件上出现，另一方面迫使塑性铰发生在其他次要构件上，同时要尽量推迟塑性铰在某些关键部位（如框架根部、双肢或多肢抗震墙的根部等）的出现。

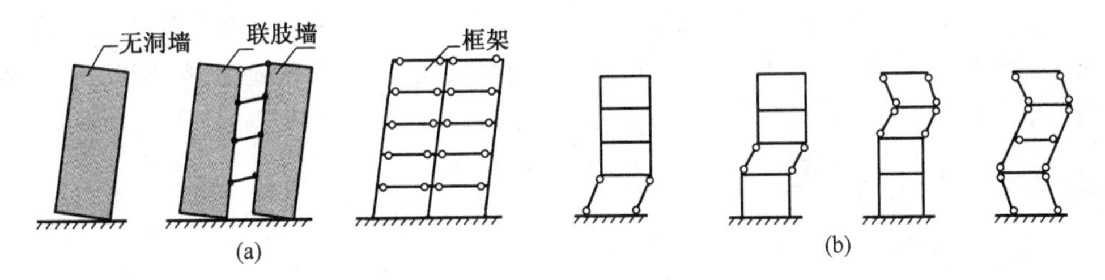

图 3－8　屈服机制

（a）总体机制；（b）楼层机制

对于框架结构，为使其具有必要的承载能力、良好的变形能力和耗能能力，应选择合理的屈服机制。理想的屈服机制是让框架梁首先进入屈服，形成梁铰机制（图 3－8a），以吸收和耗散地震能量，防止塑性铰在柱子首先出现（底层柱除根部外），形成耗能性能差的层间柱铰机制（图 3－8b）。为此，应合理选择构件尺寸和配筋，体现“强柱弱梁”、“强剪弱弯”的设计原则。梁、柱构件的受剪承载力应大于构件弯曲破坏时相应产生的剪力，框架节点核心区的受剪承载力应不低于与其连接的构件达到屈服超强时所引起的核心区剪力，以防止发生剪切破坏。对于装配式框架结构的连接，应能保证结构的整体性。应采取有效措施避免剪切、梁筋锚固、焊接断裂和混凝土压溃等脆性破坏。要控制柱子的轴压比和剪压比，加强对混凝土的约束，提高构件，特别是预期首先屈服部位的变形能力，以增加结构延性。

在抗震设计中，增强承载力要与刚度、延性要求相适应。不适当地将某一部分结构增强，可能造成结构另一部分相对薄弱。因此,不合理地任意加强配筋以及在施工中以高强钢筋代替原设计中主要钢筋的做法,都要慎重考虑。

（四）基础结构

由于罕遇地震作用下大多数结构将进入非弹性状态,所以基础结构的抗震设计要求是:在保证上部结构抗震耗能机制的条件下,基础结构能将上部结构屈服机制形成后的最大作用(包括弯矩、剪力及轴力)传到基础,此时基础结构仍处于弹性。

单独柱基础适用于层数不多、地基土质较好的框架结构。交叉梁带形基础以及筏式基础使用于层数较多的框架。《抗震规范》规定,当框架结构有下列情况之一时,宜沿两主轴方向设置基础系梁。

(1) 一级框架和Ⅳ类场地的二级框架。

(2) 各柱基础底面在重力荷载代表值作用下的压应力差别较大。

(3) 基础埋置较深,或各基础埋置深度差别较大。

(4) 地基主要受力层范围内存在软弱黏性土层、液化土层和严重不均匀土层。

(5) 桩基承台之间。

沿两主轴方向设置基础系梁的目的是加强基础在地震作用下的整体工作,以减少基础间的相对位移、由于地震作用引起的柱端弯矩,以及基础的转动等。

抗震墙结构以及框架—抗震墙结构的抗震墙基础和部分框支抗震墙结构的落地抗震墙基础应具有良好的整体性和抗转动能力,否则一方面会影响上部结构的屈服,使位移增大,另一方面将影响框架—抗震墙结构的侧力分配关系,将使框架所分配的侧力增大。因此,当按天然地基设计时,最好采用整体性较好的基础结构并有相应的埋置深度。抗震墙结构和框架—抗震墙结构当上部结构的重量和刚度分布不均匀时,宜结合地下室采用箱形基础以加强结构的整体性。当表层土质较差时,为了充分利用较深的坚实土层,减少基础嵌固程度,可以结合以上基础类型采用桩基。

三、框架内力和位移计算

（一）水平地震作用的计算

一般情况下,可在建筑结构的两个主轴方向分别考虑水平地震作用,各方向的水平地震作用应全部由该方向抗侧力框架结构来承担。

计算多层框架结构的水平地震作用时,一般应以防震缝所划分的结构单元作为计算单元,计算单元各楼层重力荷载代表值 G_i 设在楼屋盖标高处。对于高度不超过 40 m、质量和刚度沿高度分布比较均匀的框架结构,可采用底部剪力法按第 2 章第 5 节的公式分别求出计算单元的总水平地震作用标准值 F_{Ek}、各层的水平地震作用标准值 F_i 和顶部附加水平地震作用标准值 ΔF_n。

如前所述,计算结构总水平地震作用标准值时,首先需要确定结构的基本周期。作为手算的方法,一般多采用顶点位移法来计算结构基本周期。计入 Ψ_T 的影响,则其基本周期 T_1 可按下列公式计算:

$$T_1 = 1.7\Psi_T\sqrt{u_T} \quad (s) \tag{3-1}$$

式中 Ψ_T——考虑非结构墙体刚度影响的周期折减系数,当采用实砌填充砖墙时取 0.6～

0.7；当采用轻质墙、外挂墙板时取 0.8。

u_T——结构顶点假想位移(m)，即假想把集中在各层楼层处的重力荷载代表值 G_i 作为水平荷载，仅考虑计算单元全部柱的侧移刚度$\sum D$，按弹性方法所求得的结构顶点位移。

应该指出，对于有突出于屋面的屋顶间（电梯间、水箱间）等的框架结构房屋，结构顶点假想位移 u_T 指主体结构顶点的位移。因此，突出屋面的屋顶间的顶面不需设质点 G_{n+1}，而将其并入主体结构屋顶集中质点 G_n 内。

当已知第 j 层的水平地震作用标准值 F_j 和 ΔF_n，则第 i 层的地震剪力 V_i 按下式计算：

$$V_i = \sum_{j=i}^{n} F_j + \Delta F_n \tag{3-2}$$

按式(3－2)求得第 i 层地震剪力 V_i 后，再按各柱的侧移刚度求其分担的水平地震剪力标准值。《抗震规范》规定，为考虑扭转效应的影响，对于规则结构，横、纵向边框架柱的上述分配水平地震剪力标准值应分别乘以增大系数 1.15、1.05。一般将砖填充墙仅作为非结构构件，不考虑其抗侧力作用。

（二）水平地震作用下框架内力的计算

目前，在工程计算中，常采用反弯点法和 D 值法（改进反弯点法）。反弯点法适用于层数较少、梁柱线刚度比大于 3 的情况，计算比较简单。D 值法近似地考虑了框架节点转动对侧移刚度和反弯点高度的影响，比较精确，得到广泛应用。

（三）竖向荷载作用下框架内力计算

竖向荷载下框架内力近似计算可采用分层法和弯矩二次分配法。

由于钢筋混凝土结构具有塑性内力重分布性质，在竖向荷载下可以考虑适当降低梁端弯矩，进行调幅，以减少负弯矩钢筋的拥挤现象。对于现浇框架，调幅系数β可取 0.8～0.9；装配整体式框架由于节点的附加变形，可取 β=0.7～0.8。将调幅后的梁端弯矩叠加简支梁的弯矩，则可得到梁的跨中弯矩。

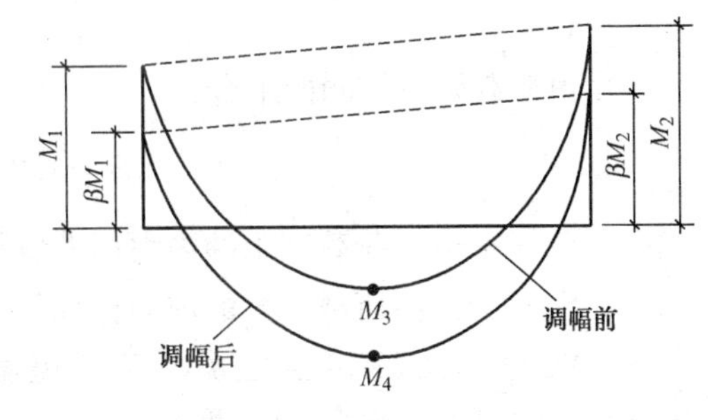

图 3－9 竖向荷载下梁端弯矩调幅

支座弯矩调幅降低后，梁跨中弯矩应相应增加，且调幅后的支座及跨中弯矩均不应小于简支情况下跨中弯矩的 1/3。如图 3－9，跨中弯矩为

$$M_4 = M_3 + [\frac{1}{2}(M_1 + M_2) - \frac{1}{2}(\beta M_1 + \beta M_2)] \tag{3-3}$$

只有竖向荷载作用下的梁端弯矩可以调幅，水平荷载作用下的梁端弯矩不能考虑调幅。因此，必须先将竖向荷载作用下的梁端弯矩调幅后，再与水平荷载产生的弯矩进行组合。

据统计，国内高层民用建筑重量约 12～15 kN/m^2，其中活荷载约为 2 kN/m^2，所占比例较小，其不利布置对结构内力的影响并不大。因此，当活荷载不很大时，可按全部满载布置。这样，可不考虑框架的侧移，以简化计算。当活荷载较大时，可将跨中弯矩乘以 1.1～1.2 系数加以修正，以考虑活荷载不利布置对跨中弯矩的影响。

（四）内力组合

通过框架内力分析，获得了在不同荷载作用下产生的构件内力标准值。进行结构设计时，应根据可能出现的最不利情况确定构件内力设计值，进行截面设计。在框架抗震设计时，一般应考虑以下两种基本组合：

1. 地震作用效应与重力荷载代表值效应的组合

抗震设计第一阶段的任务，是在多遇地震作用下使结构有足够的承载力。此时，除地震作用外，还认为结构受到重力荷载代表值和其他活荷载的作用。当只考虑水平地震作用与重力荷载代表值时，其内力组合设计值 S 可写成

$$S = 1.2S_{GE} + 1.3S_{Eh} \tag{3-4}$$

式中 S_{GE}——相应于水平地震作用下由重力荷载代表值效应的标准值；

S_{Eh}—— 水平地震作用效应的标准值。

2. 竖向荷载效应，包括全部恒荷载与活荷载的组合

无地震作用时，结构受到全部恒荷载和活荷载的作用。考虑到全部竖向荷载一般比重力荷载代表值要大，且计算承载力时不引入承载力抗震调整系数，这样，就有可能出现在正常竖向荷载下所需的构件承载力要大于水平地震作用下所需要的构件承载力的情况。因此，应进行正常竖向荷载作用下的内力组合，这种组合有可能对某些截面设计起控制作用。对于这种组合，根据《建筑结构荷载规范》(GB 50009－2001)（以下简称《荷载规范》），其荷载效应组合的设计值 S 应从下列两种组合值中取最不利值：

由活荷载效应控制的组合：

$$S = 1.2S_{G} + 1.4S_{Q} \tag{3-5a}$$

由恒荷载效应控制的组合：

$$S = 1.35S_{G} + 1.4\Psi_{C}S_{Q} \tag{3-5b}$$

式中 S_{G}——由恒荷载产生的内力标准值；

S_{Q}——由活荷载产生的内力标准值；

Ψ_{C}——活荷载组合值系数，对楼屋盖均布活荷载一般取 0.7。

在上述两种荷载组合中，取最不利情况作为截面设计用的内力设计值。当需要考虑竖向地震作用或风荷载作用时，其内力组合设计值可参照《荷载规范》有关规定。

（五）位移计算

1. 多遇地震作用下层间弹性位移的计算

多遇地震作用下，框架结构的层间弹性位移，应满足下式的要求：

$$\Delta u_{e} \leqslant [\theta_{e}]h$$

式中 h——层高；

Δu_{e}——多遇地震作用标准值产生的层间弹性位移，计算时：水平地震作用应采用多遇地震时的地震影响系数，应计入扭转变形，各作用分项系数均应采用 1.0，在计算构件刚度 D 值时，采用构件弹性刚度；

$[\theta_{e}]$——层间弹性位移角限值，取 1/550。

对于装配整体式框架，考虑节点刚度降低对侧移的影响，应将计算所得的 Δu_e 增加 20%。

计算层间位移的一般步骤是：

(1) 计算梁、柱线刚度。

(2) 计算柱侧移刚度 D_j 及 $\sum_{j=1}^{n} D_j$。

(3) 确定结构的基本自振周期 T_i。

(4) 由表 2—7 查得设计反应谱特征周期 T_g，确定 α_1（图 2—9）。

(5) 计算结构底部剪力 F_{Ek}。

(6) 按式(3—2)计算楼层剪力 V_i。

(7) 求层间弹性位移

$$\Delta u_e = \frac{V_i}{\sum_{j=1}^{n} D_j} \tag{3-6}$$

(8) 验算是否满足式(2—206)

$$\Delta u_e \leqslant [\theta_e] h$$

2. 罕遇地震作用下层间弹塑性位移计算

研究表明，结构进入弹塑性阶段后变形主要集中在薄弱层。因此，《抗震规范》规定，对于楼层屈服强度系数 ξ_y 小于 0.5 的框架结构，尚需进行罕遇地震作用下结构薄弱层的弹塑性变形计算。计算包括确定薄弱层位置、薄弱层层间弹塑性位移计算和验算是否满足弹塑性位移限制等，现分述如下。

(1) 结构薄弱层的确定

根据经验，多、高层框架结构的薄弱层，对于均匀结构当自振周期小于 0.8～1.0 s 时，一般在底层；对于不均匀结构往往在受剪承载力相对较弱的楼层，一般可取 2～3 处。为了反映结构的均匀性，这里引入楼层屈服强度系数 ξ_y。其定义是：按构件实际配筋和材料强度标准值计算的楼层受剪承载力与该层弹性地震剪力（按罕遇地震作用）之比。即

$$\xi_{yi} = \frac{V_{yi}}{V_{ei}} \tag{3-7}$$

式中 ξ_{yi} —— 第 i 层的屈服强度系数；

V_{yi} —— 第 i 层的楼层受剪承载力；

V_{ei} —— 罕遇地震作用下，第 i 层的弹性剪力。

注意：此时要采用罕遇地震的地震影响系数 α_{max} 来求 α_1。

按式(3—7)，可计算出各楼层的屈服强度系数 ξ_y。如 $\xi_y \geqslant 1$，表示该层处于或基本处于弹性状态；如 $\xi_y < 1$，则意味该楼层进入屈服愈深，破坏的可能性也就愈大。而楼层屈服强度系数最小者 ξ_{ymin} 即为结构薄弱层。

(2) 楼层屈服承载力的确定

为了计算 ξ_{yi}，需要先确定楼层屈服强度 V_{yi}。而楼层屈服承载力的大小与楼层的破坏机制有关。具体方法如下：

① 计算梁、柱的极限抗弯承载力。计算时，应采用构件实际配筋和材料的强度标准值，不应用材料强度设计值，并可近似地按下列公式计算：

梁：

$$M_{bu}=A_s f_{yk}(h_0-a'_s) \tag{3-8}$$

柱：当轴压比小于 0.8 或 $N_G/\alpha_1 f_{ck}b_c h_c \leqslant 0.5$ 时，

$$M_{cu}=A_s f_{yk}(h_{c0}-a'_s)+0.5N_{hc}\left(1-\frac{N}{b_c h_c \alpha_1 f_{ck}}\right) \tag{3-9}$$

式中 f_{yk}—— 钢筋强度标准值；

f_{ck}—— 混凝土轴心抗压强度标准值；

α_1——计算系数，当混凝土强度等级不超过 C50 时取 1.0；

N——考虑地震组合时相应于设计弯矩的轴力，一般可取重力荷载代表值作用下的轴力 N_G（分项系数取 1.0）；

b_c、h_c、h_{c0}——柱截面的宽度、高度、有效高度。

② 计算柱端截面有效受弯承载力 $\widetilde{M}_c$。此时，可根据节点处梁、柱极限抗弯承载力的不同情况，来判别该层柱的可能破坏机制，确定柱端的有效受弯承载力。

A. 当$\sum M_{cu}<\sum M_{bu}$时，为强梁弱柱型（图 3－10a），则柱端有效受弯承载力可取该截面的极限受弯承载力。即

$$\widetilde{M}^l_{c,i+1}=M^l_{cu,i+1} \tag{3-10}$$

$$\widetilde{M}^u_{c,i}=M^u_{cu,i} \tag{3-11}$$

B. 当$\sum M_{bu}<\sum M_{cu}$时，为强柱弱梁型（图 3－10b），节点上、下柱端都未达到极限受弯承载力。此时，柱端有效受弯承载力可根据节点平衡按柱线刚度将$\sum M_{bu}$比例分配，但不大于该截面的极限受弯承载力。即

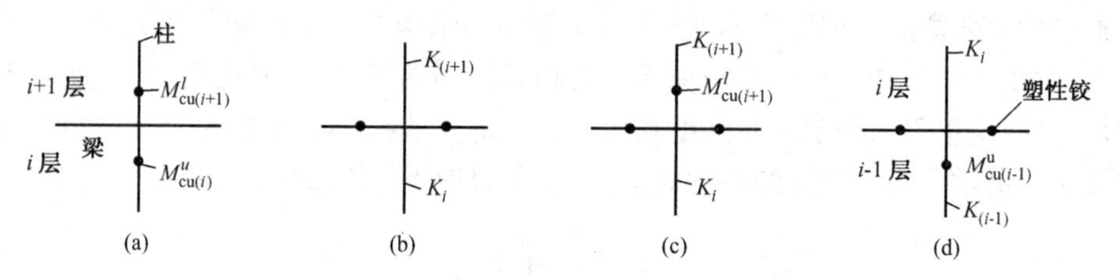

图 3－10 框架节点破坏机制的几种情况

$$\left.\begin{aligned}\widetilde{M}^l_{c,i+1}&=\sum M_{bu}\frac{K_{i+1}}{K_i+K_{i+1}}\\ &M^l_{cu,i+1}\end{aligned}\right\}\text{两者中较小者} \tag{3-12a}$$

$$\left.\begin{aligned}\widetilde{M}^l_{ci}&=\sum M_{bu}\frac{K_i}{K_i+K_{i+1}}\\ &M^l_{cu,i}\end{aligned}\right\}\text{两者中较小者} \tag{3-12b}$$

C. 当$\sum M_{bu}<\sum M_{cu}$，而且一柱端先达到屈服（图 3－10c），此时，另一柱端的有效受弯承载力可按上、下柱线刚度比例求得，但不大于该截面的极限受弯承载力。即

$$\widetilde{M}^l_{c,i+1}=M^l_{cu,i+1} \tag{3-13a}$$

$$\left.\begin{array}{l}\widetilde{M}^{l}_{c,i}=M^{l}_{cu,i+1}\dfrac{K_i}{K_{i+1}}\\ M^{u}_{cu,i}\end{array}\right\}\text{两者中较小者}\tag{3-13b}$$

当如图 3－10d 所示时

$$\left.\begin{array}{l}\widetilde{M}^{l}_{c,i}=M^{u}_{cu,i-1}\dfrac{K_i}{K_{i-1}}\\ M^{u}_{cu,i}\end{array}\right\}\text{两者中较小者}\tag{3-14a}$$

$$\widetilde{M}^{u}_{c,i-1}=M^{u}_{cu,i-1}\tag{3-14b}$$

式中 M_{bu}——梁端极限受弯承载力；

M_{cu}——柱端极限受弯承载力；

$\sum M_{bu}$——节点左、右梁端反时针或顺时针方向截面极限受弯承载力之和；

$\sum M_{cu}$——节点上、下柱端顺时针或反时针方向截面极限受弯承载力之和；

$\widetilde{M}^{u}_{c,i}$、$\widetilde{M}^{u}_{c,i+1}$、$\widetilde{M}^{u}_{c,i-1}$——第 i 层、$i+1$ 层、$i-1$ 层柱顶截面有效受弯承载力；

$\widetilde{M}^{l}_{c,i}$、$\widetilde{M}^{l}_{c,i+1}$、$\widetilde{M}^{l}_{c,i-1}$——第 i 层、$i+1$ 层、$i-1$ 层柱底截面有效受弯承载力；

K_i、K_{i+1}、K_{i-1}——第 i 层、$i+1$ 层、$i-1$ 层柱线刚度。

需要说明的是，对于图 3－10c 的情况，如何判别其中某一柱端已经达到屈服，要从上、下柱端的极限抗弯承载力的相对比较以及上、下柱端所分配到弯矩的相互比较加以确定。一般规定是，某一柱端极限抗弯承载力较小或所分配到的柱端弯矩较大者，可认为先行屈服。

③ 计算第 i 层 j 根柱的受剪承载力 V_{yij}

$$V_{yij}=\frac{\widetilde{M}^{u}_{cij}+\widetilde{M}^{l}_{cij}}{H_{ni}}\tag{3-15}$$

式中 H_{ni}——第 i 层的净高，可由层高 H 减去该层上、下梁高的 1/2 求得。

④ 计算第 i 层的楼层屈服承载力 V_{yi}

将第 i 层各柱的屈服承载力相加，即得

$$V_{yi}=\sum_{j=i}^{n}V_{yij}\tag{3-16}$$

(3) 薄弱层的层间弹塑性位移计算

统计表明，薄弱层的弹塑性位移一般不超过该结构顶点的弹塑性位移。而结构顶点的弹塑性位移与弹性位移之间有较为稳定的关系。经过大量分析表明，对于不超过 12 层且楼层刚度无突变的框架结构和填充墙框架结构可采用简化计算方法，即薄弱层层间的弹塑性位移可用层间位移乘以弹塑性位移增大系数而得，其计算公式为

$$\Delta u_p=\eta_p\Delta u_e\tag{3-17}$$

式中 Δu_e——罕遇地震作用下按弹性分析的层间位移(计算方法同前)；

η_p——弹塑性位移增大系数，与结构的均匀程度和层数有关；当薄弱层的屈服承载力系数 $\xi_{y,min}$ 不小于相邻层该系数平均值 ξ_y 的 80%时，可视为沿高度分布均匀的结构，按表 2－18 采用。当 $\xi_{y,min}\not>0.5\,\xi_y$ 时，则视为不均匀结构，按表 2－18 内相应

数值的 1.5 倍采用；其他情况可采用内插法取得；

Δu_p——层间弹塑性位移。

(4) 层间弹塑性位移验算

在罕遇地震作用下，根据试验及震害经验，多层框架及填充墙框架的层间弹塑性位移应符合下式要求：

$$\Delta u_p \leqslant [\theta_p]h \tag{3-18}$$

式中 $[\theta_p]$——层间弹塑性位移角限值，取 1/50；当框架柱的轴压比小于 0.40 时，可提高 10%；当柱沿全高的箍筋构造比表 3－8 规定的体积配箍率大 30%时可提高 20%，但累计不超过 25%；

h——薄弱层的层高。

综上所述，按简化方法验算框架结构在罕遇地震作用下，层间弹塑性位移的一般步骤是：

① 按梁、柱实际配筋计算各构件极限抗弯承载力，并确定楼层屈服承载力 V_{yi}。

② 按罕遇地震作用下的地震影响系数最大值 α_{max}，按图 2－9 确定 α_1，计算楼层的弹性地震剪力和 V_e 层间弹性位移 Δu_e。

③ 计算楼层屈服强度系数 ξ_{yi}，并找出薄弱层。

④ 计算薄弱层的层间弹塑性位移 $\Delta u_p = \eta_p \Delta u_e$。

⑤ 验算层间位移角，要求满足式(2－206)：

$$\theta_p = \frac{\Delta u_p}{h} \leqslant [\theta_p]$$

四、框架柱抗震设计

柱是框架中最主要的承重构件，它是压弯、剪构件变形能力不如以弯曲作用为主的梁。要使框架结构具有较好的抗震性能，应该确保柱有足够的承载力和必要的延性。为此，应遵循以下设计原则：

(1) 强柱弱梁，使柱尽量不出现塑性铰。

(2) 在弯曲破坏之前不发生剪切破坏，使柱有足够的抗剪能力。

(3) 控制柱的轴压比不要太大。

(4) 加强约束，配置必要的约束箍筋。

1. 强柱弱梁与柱端弯矩设计值的确定(图 3－11)

“强柱弱梁”的概念就是在强烈地震作用下，结构发生大的水平位移进入非弹性阶段时，为使框架仍有承受竖向荷载的能力而免于倒塌，要求实现梁铰机制，即塑性铰首先在梁上形成，而避免在破坏后危害更大的柱上出现塑性铰。

为此，对于承载力，要求同一节点上、下柱端截面极限受弯承载力之和应大于同一平面内节点左、右梁端截面的极限受弯承载力之和。《抗震规范》规定，一、二、三、四级框架的梁柱节点处，除顶层柱和轴压比小于 0.15 的柱外，有地震作用组合的柱端弯矩应分别符合下列公式要求：

$$\sum M_c = \eta_c \sum M_b \tag{3-19a}$$

一级的框架结构及 9 度的一级框架可不符合上式的要求，但应符合下式要求：

$$\sum M_c = 1.2\sum M_{bua} \tag{3-19b}$$

式中 η_c——框架柱端弯矩增大系数；对框架结构，一、二、三、四级可分别取 1.7、1.5、1.3、1.2；其他结构类型中的框架，一级可取 1.4，二级可取 1.2，三、四级可取 1.1。

$\sum M_c$——节点上下柱端顺时针或反时针方向截面组合的弯矩设计之和，上下柱端弯矩设计值，可按弹性分析分配；

$\sum M_b$——节点左右梁端截面反时针或顺时针方向截面组合的弯矩设计值之和，一级框架节点左右梁端均为负弯矩时，绝对值较小的弯矩应取零；

$\sum M_{bua}$——节点左右梁端截面反时针或顺时针方向实配的正截面抗震受弯承载力所对应的弯矩值之和，根据实际配筋面积（应计入梁受压筋和相关楼板钢筋）和材料强度标准值确定的正截面受弯承载力之和除以梁受弯承载力抗震调整系数 γ_{RE}求得，即

$$\sum M_{bua} \approx \frac{1}{\gamma_{RE}} f_{yk} A_s^a (h_{b0} - a'_s) \tag{3-20}$$

当反弯点不在柱的层高范围内时，柱端截面组合的弯矩设计值可乘以上述柱端弯矩增大系数。

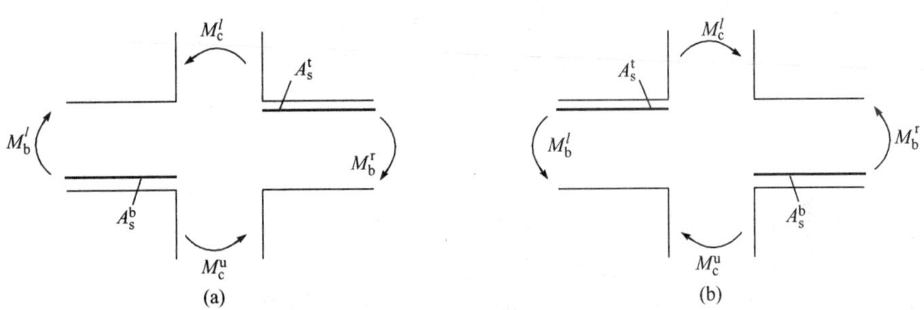

图 3—11　强柱弱梁示意

对于轴压比小于 0.15 的柱，包括顶层柱，因其具有与梁相近的变形能力，故可不必满足上述要求。

当柱的组合弯矩设计值$\sum M_c$不能满足式（3—19a）或式（3—19b）的要求时，则应按式（3—19a）或式（3—19b）取值进行柱正截面承载力计算。柱上、下端的弯矩值按原有组合弯矩设计值的比例进行分配。

试验表明，即使满足上述强柱弱梁的计算要求，要完全避免柱中出现塑性铰是很困难的。对于某些柱端，特别是底层柱的底端将会出现塑性铰。因为地震时柱的实际反弯点会偏离柱的中部，使柱的某一端承受的弯矩很大，超过了极限抗弯能力。另外，地震作用可能来自任一方向，柱双向偏心受压会降低柱的承载力，而楼板钢筋参加工作又会提高梁的受弯承载力。凡此种种原因，都会使柱出现塑性铰。国内外研究表明，要真正达到强柱弱梁的目的，柱与梁的极限受弯承载力之比要求在 1.60 以上。而按《抗震规范》设计的框架结构这个比值大约在 1.25 左右。因此，按式（3—19）设计时只能取得在同一楼层中部分为梁铰，部分为柱铰以及不致在柱上、下两端同时出现铰的混合机制。故对框架柱的抗震设计还应采取其他措施，如限制轴压比和剪压比，加强柱端约束箍筋等。

试验研究还表明，框架底层柱根部对整体框架延性起控制作用，柱脚过早出现塑性铰将影响整个结构的变形及耗能能力。随着底层框架梁铰的出现，底层柱根部弯矩亦有增大趋势。为了延缓底层根部铰的发生，使整个结构的塑化过程得以充分发展，而且底层柱计算长度和反弯点有更大的不确定性，故应当适当加强底层柱的抗弯能力。为此，《抗震规范》要求一、二、三级框架的底层柱底截面的组合弯矩设计值应分别乘以增大系数 1.50、1.25 和 1.15。

根据上述各项要求所确定的组合弯矩设计值，即可进行柱正截面承载力验算。此时，承载力设计值应按《混凝土结构设计规范》(GB 50010－2010)（以下简称《混凝土规范》）计算，但应注意，其承载力设计值应除以承载力抗震调整系数。

2. 在弯曲破坏之前不发生剪切破坏

(1) 柱剪力设计值

为了防止框架柱出现剪切破坏，一、二、三、四级抗震设计时应将柱的剪力设计值适当放大。要充分估计到如柱端铰达到极限受弯承载力时有可能产生的最大剪力，以此进行斜截面计算。

框架柱端部截面组合的剪力设计值 V_c，可按下式计算(图 3－12)：

$$V_c = \eta_{vc}(M_c^b + M_c^t)/H_n \tag{3-21a}$$

一级的框架结构及 9 度的一级框架可不按上式调整，但应符合下式要求：

$$V_c = 1.2(M_{cua}^b + M_{cua}^t)/H_n \tag{3-21b}$$

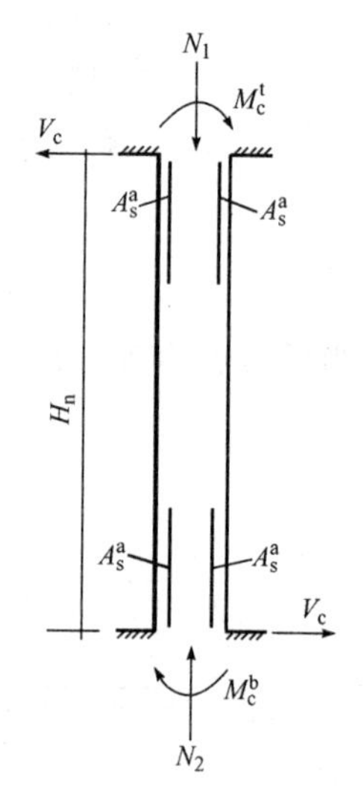

图 3－12 梁柱端部截面的受力

式中 η_{vc}——柱剪力增大系数；对框架结构，一、二、三、四级可分别取 1.5、1.3、1.2、1.1；对其他结构类型的框架，一级可取 1.4，二级可取 1.2，三、四级可取 1.1；

H_n——柱的净高；

M_c^t、M_c^b——分别为柱的上、下端顺时针或反时针方向截面组合的弯矩设计值；

M_{cua}^t、M_{cua}^b——分别为偏心受压柱上、下端顺时针或反时针方向实配的正截面抗震承载力所对应的弯矩值，可根据实际配筋面积、材料强度标准值和轴向力等，按式(3－22)确定或经综合分析比较后确定：

$$M_{cua} = \frac{1}{\gamma_{RE}}\left[0.5\gamma_{RE} \times Nh_c\left(1 - \frac{\gamma_{RE}N}{\alpha_1 f_{ck} b_c h_c}\right) + f_{yk}A_s^a(h_{c0} - a'_s)\right] \tag{3-22}$$

b_c、h_c——分别为柱截面宽度和高度；

h_{c0}——柱截面有效高度；

A_s^a——单边纵向钢筋实配截面面积；

N——有地震作用组合所得柱轴向压力设计值。

考虑到地震扭转效应的影响明显，《抗震规范》规定，一、二、三级框架的角柱，经本书上述调整后的柱端组合弯矩设计值、剪力设计值尚应乘以不小于 1.10 的增大系数。

(2) 剪压比限值

剪压比是截面上平均剪应力与混凝土轴心抗压强度设计值的比值，以 $V/f_c bh_0$ 表示，用以说明截面上承受名义剪应力的大小。

试验表明，在一定范围内增加箍筋可以提高构件的受剪承载力。但作用在构件上的剪力最终要通过混凝土来传递。如果剪压比过大，混凝土就会过早地产生脆性破坏，而箍筋未能充分发挥作用。因此必须限制剪压比，实质上也就是构件最小截面尺寸的限制条件。

考虑地震作用组合的矩形截面的框架柱($\lambda>2$，λ 为柱的剪跨比)，其截面组合剪力设计值应符合下式要求：

$$V_c \leqslant \frac{1}{\gamma_{RE}}(0.2f_cb_ch_{c0}) \tag{3-23}$$

对于短柱($\lambda\leqslant2$)，应满足：

$$V_c \leqslant \frac{1}{\gamma_{RE}}(0.15f_cb_ch_{c0}) \tag{3-24}$$

(3) 柱斜截面受剪承载力

试验证明，在反复荷载下，框架柱的斜截面破坏，有斜拉、斜压和剪压等几种破坏形态。当配箍率能满足一定要求时，可防止斜拉破坏；当截面尺寸满足一定要求时，可防止斜压破坏。而对于剪压破坏，应通过配筋计算来防止。

研究表明，影响框架柱受剪承载力的主要因素除混凝土强度外尚有：剪跨比、轴压比和配箍特征值($\rho_{sv}f_y/f_c$)等。剪跨比越大，受剪承载力就越低。轴压比小于 0.4 时，由于轴向压力有利于骨料咬合，可以提高受剪承载力；而轴压比过大时混凝土内部产生微裂缝，受剪承载力反而下降。在一定范围内，箍筋越多，受剪承载力就会越高。在反复荷载下，截面上混凝土反复开裂和剥落，混凝土咬合作用有所削弱，这将引起构件受剪承载力的降低。与单调加载相比，在反复荷载下的构件受剪承载力要降低 10%～30%，而箍筋项承载力降低不明显。为此，仍以截面总受剪承载力试验值的下包线作为公式的取值标准，其中将混凝土项取为非抗震情况下混凝土受剪承载力的 60%，而箍筋项则不考虑反复荷载作用的降低。因此，《混凝土结构设计规范》(GB 50010－2010)规定，框架柱斜截面受剪承载力按下式计算：

$$V_c \leqslant 1/\gamma_{RE}[1.05f_tbh_0/(\lambda+1)+f_{yv}A_{sv}h_0/s+0.056N] \tag{3-25}$$

式中 f_t—— 混凝土轴心抗拉强度设计值；

λ—— 框架柱的计算剪跨比，取 $\lambda=M/(Vh_{c0})$；此处，M 宜取柱上、下端组合弯矩设计值的较大者，V 取与 M 对应的剪力设计值；当柱反弯点在层高范围内时，可取 $\lambda=\frac{H_n}{2h_{c0}}$；当 $\lambda<1$ 时，取 $\lambda=1$；当 $\lambda>3$ 时，取 $\lambda=3$；

N—— 考虑地震作用组合的柱轴向压力设计值；当 $N>0.3f_cA$ 时，取 $N=0.3f_cA$；

γ_{RE}—— 承载力抗震调整系数，取 0.85；

A_{sv}—— 同一截面内各肢水平箍筋的全部截面面积；

s—— 箍筋间距。

当考虑地震作用组合的框架柱出现拉力时，其余截面抗震受剪承载力应符合下式规定：

$$V_c \leqslant 1/\gamma_{RE}[1.05f_tbh_0/(\lambda+1)+f_{yv}A_{sv}h_0/s-0.2N] \tag{3-26}$$

式中 N——考虑地震作用组合的框架柱轴向拉力设计值。

当式(3－26)右边括号内的计算值小于 $f_{yv}A_{sv}h_0/s$ 时，取等于 $f_{yv}A_{sv}h_0/s$，且 $f_{yv}A_{sv}h_0/s$ 值不应小于 $0.36f_t bh_0$。

3. 控制柱轴压比

轴压比 μ_N 是指有地震作用组合的柱组合轴压力设计值与柱的全截面面积和混凝土轴心抗压强度设计值乘积的比值，以 $\frac{N}{b_c h_c f_c}$ 表示。轴压比是影响柱子破坏形态和延性的主要因素之一。试验表明，柱的位移延性随轴压比增大而急剧下降。尤其是在高轴压比条件下，箍筋对柱的变形能力的影响越来越不明显。随轴压比的大小，柱将呈现两种破坏形态，即混凝土压碎而受拉钢筋并未屈服的小偏心受压破坏和受拉钢筋首先屈服具有较好延性的大偏心受压破坏。框架柱的抗震设计一般应控制在大偏心受压破坏范围。因此，必须控制轴压比。

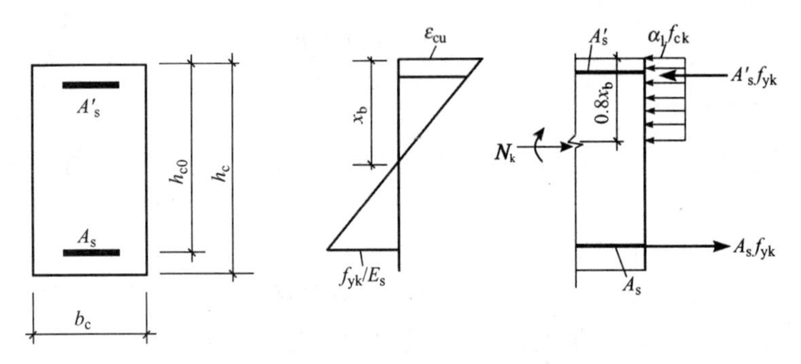

图 3－13　界限破坏时的受力情况

确定轴压比限制的依据是试验研究和理论分析。由界限破坏可知(图 3－13)，此时受拉钢筋屈服，同时混凝土也达到极限压应变($\varepsilon_{cu}=0.0033$)，则受压区相对高度 ξ_b 为

$$\xi_b=\frac{x_b}{h_{c0}}=\frac{0.0033}{0.0033+\dfrac{f_{yk}}{E_s}} \tag{3-27}$$

对于 HPB300 级、HRB335 级钢筋，ξ_b 分别为 0.70 和 0.66。对称配筋，且承受轴压力标准值 N_k 的作用，利用平衡条件可得受压区高度

$$x=\frac{N_k}{\alpha_1 f_{ck} b_c}=0.8\xi_b h_{c0} \tag{3-28}$$

由式(3－28)，改写为按轴压力设计值和混凝土轴心受压强度设计值计算，则

$$\frac{N}{f_c b_c h_c}=0.8\xi_b\left(\frac{N}{N_k}\right)\left(\frac{f_{ck}}{f_c}\right)\left(\frac{h_{c0}}{h_c}\right)=1.30\xi_b \tag{3-29}$$

对于 HPB300 级、HRB335 级钢筋轴压比分别为 0.91 和 0.85，这是对称配筋柱大小偏心受压状态的轴压比分界值。

在此基础上，综合考虑不同抗震等级的延性要求，对于考虑地震作用组合的各种柱轴压比限值见表 3－7。

表 3－7　柱轴压比限值

类　　别	抗　震　等　级			
	一	二	三	四
框　架　柱	0.65	0.75	0.85	0.90
短柱（$\lambda \leqslant 2.0$）	0.60	0.70	0.80	0.85

《抗震规范》规定，建造于Ⅳ类场地且较高的高层建筑，柱轴压比限值应适当减小；表 3－7 的限值适用于剪跨比大于 2、混凝土强度等级不高于 C 60 的柱；剪跨比 λ 小于 1.5 的柱，轴压比限值应专门研究并采取特殊构造措施；沿柱全高采用井字复合箍且箍筋肢距不大于 200 mm、间距不大于 100 mm、直径不小于 12 mm，或沿柱全高采用复合螺旋箍、螺旋间距不大于 100 mm、箍筋肢距不大于 200 mm、直径不小于 12 mm，或沿柱全高采用连续复合矩形螺旋箍、螺旋间距不大于 80 mm、箍筋肢距不大于 200 mm、直径不小于 10 mm，轴压比限值均可增加 0.10；上述三种箍筋的配箍特征值均应按增大的轴压比由表 3－8 来确定。柱轴压比不应大于 1.05。

确定柱截面尺寸除了符合柱轴压比限值之外，《抗震规范》还提出下列规定：截面的宽度和高度，四级或不超过 2 层时不宜小于 300 mm，一、二、三级且超过 2 层时不宜小于 400 mm；圆柱的直径，四级或不超过 2 层时不宜小于 350 mm，一、二、三级且超过 2 层时不宜小于 450 mm；剪跨比宜大于 2，避免采用短柱；截面长边与短边的边长比不宜大于 3。

4. 加强柱端约束

根据震害调查，框架柱的破坏主要集中在柱端 1.0～1.5 倍柱截面高度范围内。1979 年美国加州地震中，有一幢 6 层框架，底层柱地面上一段未加密柱箍，发生破坏。因此，应采用加密箍筋的措施来约束柱端。加密箍筋可以有三方面作用：第一，承担柱子剪力；第二，约束混凝土，可提高混凝土抗压强度，更主要的是提高变形能力；第三，为纵向钢筋提供侧向支承，防止纵筋压曲。试验表明，当箍筋间距小于 6～8 倍柱纵筋直径时，在受压混凝土压溃之前，一般不会出现钢筋压曲现象。

试验资料表明，在满足一定位移的条件下，约束箍筋的用量随轴压比的增大而增大，大致呈线性关系。为经济合理地反映箍筋含量对混凝土的约束作用，直接引用配箍特征值。为了避免配箍率过小还规定了最小体积配箍率。《抗震规范》规定，柱箍筋加密区的体积配箍率应符合下列要求：

$$\rho_v \geqslant \lambda_v f_c / f_{yv} \tag{3-30}$$

式中　ρ_v—— 柱箍筋加密区的体积配箍率，一级不应小于 0.8%，二级不应小于 0.6%，三、四级不应小于 0.4%；计算复合箍的体积配箍率时，其非螺旋箍的箍筋体积应乘以折减系数 0.8；

f_c—— 混凝土轴心抗压强度设计值；强度等级低于 C35 时，应按 C35 计算；

f_{yv}—— 箍筋或拉筋抗拉强度设计值；

λ_v—— 最小配箍特征值，宜按表 3－8 采用。

表 3—8 柱箍筋加密区的箍筋最小配箍特征值

抗震等级	箍筋形式	柱轴压比								
		≤0.3	0.4	0.5	0.6	0.7	0.8	0.9	1.0	1.05
一	普通箍、复合箍	0.10	0.11	0.13	0.15	0.17	0.20	0.23	—	—
	螺旋箍、复合或连续复合矩形螺旋箍	0.08	0.09	0.11	0.13	0.15	0.18	0.21	—	—
二	普通箍、复合箍	0.08	0.09	0.11	0.13	0.15	0.17	0.19	0.22	0.24
	螺旋箍、复合或连续复合矩形螺旋箍	0.06	0.07	0.09	0.11	0.13	0.15	0.17	0.20	0.22
三、四	普通箍、复合箍	0.06	0.07	0.09	0.11	0.13	0.15	0.17	0.20	0.22
	螺旋箍、复合或连续复合矩形螺旋箍	0.05	0.06	0.07	0.09	0.11	0.13	0.15	0.18	0.20

注:(1) 普通箍指单个矩形箍和单个圆形箍;复合箍指由矩形、多边形、圆形箍或拉筋组成的箍筋;复合螺旋箍指由螺旋箍与矩形、多边形、圆形箍或拉筋组成的箍筋;连续复合矩形螺旋箍指全部螺旋箍为同一钢筋加工而成的箍筋。

(2) 剪跨比不大于 2 的柱宜采用复合螺旋箍或井字复合箍,其体积配箍率不应小于 1.2%,9 度时不应小于 1.5%。

柱端箍筋加密区的加密区长度、箍筋最大间距、箍筋最小直径等项构造要求,列于表3—9。

表 3—9 柱箍筋加密区的构造要求

抗震等级	加密区长度/mm	箍筋最大间距(采用较小值)/mm	箍筋最小直径/mm
一	h_c、$\frac{H_n}{6}$、500 三者的最大值	$6d$,100	10
二		$8d$,100	8
三		$8d$,150(柱根 100)	8
四		$8d$,150(柱根 100)	6(柱根 8)

注:d 为柱纵筋最小直径;柱根指底层柱下端箍筋加密区。

一级框架柱的箍筋直径大于 12 mm 且箍筋肢距不大于 150 mm 及二级框架柱的箍筋直径不小于 10 mm 且箍筋肢距不大于 200 mm 时,除底层柱下端外,最大间距应允许采用 150 mm;三级框架柱的截面尺寸不大于 400 mm 时,箍筋最小直径应允许采用 6 mm;四级框架柱剪跨比不大于 2 时,箍筋直径不应小于 8 mm。

框支柱和剪跨比不大于 2 的框架柱,箍筋间距不应大于 100 mm。

柱的箍筋加密范围除表 3—9 规定柱端加密区长度外,底层柱根部取不小于柱净高的1/3,当有刚性地面时,除柱端外取刚性地面上下各 500 mm;短柱、一级及二级框架的角柱和需要提高变形能力的柱,采用全高加密。

为了有效地约束混凝土以阻止其横向变形和防止纵筋压曲,柱加密区的箍筋肢距,一级不宜大于 200 mm,二、三级不宜大于 250 mm,四级不宜大于 300 mm。至少每隔一根纵向钢筋宜在两个方向有箍筋或拉筋约束;采用拉筋复合箍时,拉筋宜紧靠纵向钢筋并钩住箍筋。

考虑到柱在其层高范围内剪力值不变及可能的扭转影响,为避免非加密区抗剪能力突然降低很多而造成柱中段剪切破坏,《抗震规范》规定,柱非加密区的体积配箍率不宜小于加密区的 50%,且箍筋间距,一、二级不应大于 10 倍纵向钢筋直径,三、四级不应大于 15 倍纵向钢筋直径。

5. 纵向钢筋的配置

根据国内外 270 余根柱的试验资料，发现柱屈服位移角大小主要受受拉钢筋配筋率支配，并且大致随配筋率线性增大。

为了避免地震作用下柱过早进入屈服，并获得较大的屈服变形，必须满足柱纵向钢筋的最小总配筋率(表 3－10)。总配筋率按柱截面中全部纵向钢筋的面积与截面面积之比计算。同时，每一侧配筋率不应小于 0.2%。对建造于Ⅳ类场地且较高的高层建筑，最小总配筋率应增加 0.1%。

表 3－10　柱纵向钢筋最小总配筋率(%)

类　别	抗震等级			
	一	二	三	四
中柱和边柱	0.9(1.0)	0.7(0.8)	0.6(0.7)	0.5(0.6)
角柱、框支柱	1.1	0.9	0.8	0.7

注：(1) 表中括号内数值用于框架结构的柱；

(2) 钢筋强度标准值小于 400 MPa 时，表中数值应增加 0.1；钢筋强度标准值为 400 MPa 时，表中数值应增加 0.05；

(3) 混凝土强度等级高于 C60 时，上述数值应相应增加 0.1。

框架柱纵向钢筋的最大总配筋率也应受到控制，过大的配筋率容易产生黏结破坏并降低柱的延性。因此，柱总配筋率不应大于 5%。按一级抗震等级设计且剪跨比不大于 2 时，柱的纵向受拉钢筋单边配筋率不宜大于 1.2%，并应沿柱全高采用复合箍筋，以防止黏结型剪切破坏。截面尺寸大于 400 mm 的柱，纵向钢筋间距不宜大于 200 mm。边柱、角柱在地震作用组合产生小偏心受拉时，柱内纵筋总截面面积应比计算值增加 25%。柱纵向钢筋的绑扎接头应避开柱端的箍筋加密区。柱纵筋宜对称配置。

当采用搭接接头时，纵向受拉钢筋的抗震搭接长度 l_{lE} 应按下列公式计算：

$$l_{lE}=\zeta_{l}l_{aE} \tag{3-31}$$

式中　ζ_l——纵向受拉钢筋搭接长度修正系数，位于同一连接区段内受拉钢筋搭接接头面积百分率为 50%时取 1.4，为 100%时取 1.6，小于等于 25%时为 1.2；

l_{aE}——纵向受拉钢筋的抗震锚固长度，按式(3－37)确定。

【例题 3－1】 框架柱抗震设计。已知某框架中柱，抗震等级二级。轴向压力组合设计值 $N=2\ 710$ kN，柱端组合弯矩设计值分别为 $M_c^t=730$ kN·m 和 $M_c^b=770$ kN·m。梁端组合弯矩设计值之和 $\sum M_b=900$ kN·m。选用柱截面 500 mm×600 mm，采用对称配筋，经配筋计算后每侧 5 Φ25。梁截面 300 mm×750 mm，层高 4.2 m。混凝土强度等级 C30，主筋 HRB 335 级钢筋，箍筋 HPB 300 级钢筋。

【解】 (1) 强柱弱梁验算

二级抗震，要求节点处梁柱端组合弯矩设计值应符合

$$\sum M_c \geqslant 1.5\sum M_b$$

本例近似假定，已知的 M_c^t、M_c^b、和 $\sum M_b$ 亦分别为节点上、下柱端截面组合弯矩设计值和节点左、右梁端截面组合弯矩设计值之和，则

$$\sum M_c = M_c^u + M_c^l = 770 + 730 = 1\ 500 > 1.5 \times \sum M_b = 1.5 \times 900 = 1\ 350\ \text{kN}\cdot\text{m}(\text{可})$$

(2) 斜截面受剪承载力

① 剪力设计值

$$V_c = 1.3 \times \frac{M_c^t + M_c^b}{H_n}$$

$$= 1.3 \times \frac{770 + 730}{4.2 - 0.75} = 1.3 \times \frac{1\ 500}{3.45} = 565.22\ \text{kN}$$

② 由于$\lambda > 2$,剪压比应满足 $V_c \leqslant \frac{1}{\gamma_{RE}}(0.2 f_c b_c h_{c0})$

$$\frac{1}{\gamma_{RE}}(0.2 f_c b_c h_{c0}) = \frac{1}{0.85}(0.2 \times 14.3 \times 500 \times 560) = 942.12\ \text{kN} > 565.22\ \text{kN}(\text{可})$$

③ 混凝土受剪承载力V_c

$$V_c = \frac{1.05}{\lambda + 1} f_t b_c h_{c0} + 0.056\ N$$

由于柱反弯点在层高范围内,取$\lambda = \frac{H_n}{2h_{c0}} = \frac{3.45}{2 \times 0.56} = 3.08 > 3.0$,取$\lambda = 3.0$

$$N = 2\ 710\ 000\ \text{N} > 0.3 f_c b_c h_{c0} = 0.3 \times 14.3 \times 500 \times 560 = 1201200\ \text{N}$$

故取

$$N = 1201.20\ \text{kN}$$

所以

$$V_c = \frac{1.05}{3 + 1} \times 1.43 \times 500 \times 560 + 0.056 \times 1201200 = 105\ 105 + 67267.2$$

$$= 172372.2\ \text{N}$$

④ 所需箍筋

$$V_c \leqslant \frac{1}{\gamma_{RE}}\left[\frac{1.05}{\lambda + 1} f_t b \cdot h_0 + f_{yv} \frac{A_{sh}}{s} h_0 + 0.056\ \text{N}\right]$$

$$565\ 220 = \frac{1}{0.85}\left[172\ 372.2 + 300 \times \frac{A_{sh}}{s} \times 560\right]$$

$$\frac{A_{sh}}{s} = 1.83\ \text{mm}^2/\text{mm}$$

对柱端加密区尚应满足:

$$\left.\begin{aligned} s &< 8d(8 \times 25 = 200\ \text{mm}) \\ &< 100\ \text{mm} \end{aligned}\right\}\text{取较小者},s = 100\ \text{mm}$$

则需 $A_{sh} = 100 \times 1.83 = 183\ \text{mm}^2$

选用 $\phi 10$,4 肢箍,得

$$A_{sh} = 4 \times 78.5 = 314\ \text{mm}^2 > 183\ \text{mm}^2(\text{可})$$

对非加密区,仍选用上述箍筋,而 $s = 150\ \text{mm}$,$A_{sh} = 150 \times 1.83 = 275\ \text{mm}^2 > 50\% \times 314\ \text{mm}^2 = 157\ \text{mm}^2$(可),且 $s < 10\ d = 10 \times 25 = 250\ \text{mm}$(可)(图 3-14a)。

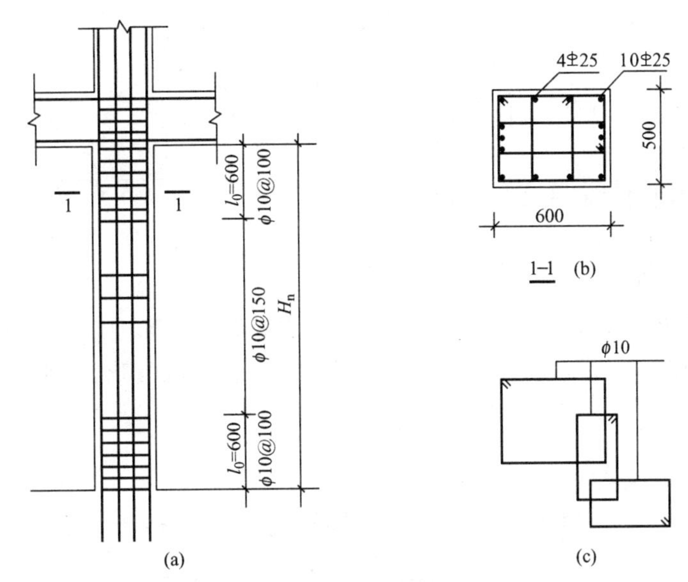

图 3－14　柱配筋图

(a) 立面图;(b) 1－1 剖面图;(c) 箍筋形式

(3) 轴压比验算

$$\mu_N=\frac{N}{f_c b_c h_c}=\frac{2\ 710\ 000}{14.3\times500\times600}=0.63<0.80(可)$$

(4) 体积配箍率

根据 $\mu_N=0.63$,由表 3－8 得 $\lambda_v=0.136$,采用井字复合配箍(图 3－14b),其配箍率

$$\rho_{sv}=\frac{n_1A_{s1}l_1+n_2A_{s2}l_2}{A_{cor}\cdot s}$$

$$=\frac{4\times78.5\times450+4\times78.5\times550}{(450\times550)\times100}=1.27\%>\lambda_v\frac{f_c}{f_{yv}}=0.136\times\frac{14.3}{300}=0.65\%\ (可)$$

(5) 柱端加密区 l_0

$$\left.\begin{array}{l} l_0=h_c=600\ \text{mm} \\ H_n/6=3\ 450/6=575\ \text{mm} \\ 500\ \text{mm}\end{array}\right\}\ 取大者,l_0=600\ \text{mm}$$

(6) 其他

纵向钢筋的总配筋率、间距和箍筋肢距也都满足《抗震规范》的要求,验算从略。

五、框架梁的抗震设计

如前所述,框架结构的合理屈服机制是在梁上出现塑性铰。但在梁端出现塑性铰后,随着反复荷载的循环作用,剪力的影响逐渐增加,剪切变形相应加大。因此,既允许塑性铰在梁上出现,又要防止由于梁筋屈服渗入节点而影响节点核心的性能,这就是对梁端抗震设计的要求。具体来说,即

(1) 梁形成塑性铰后仍有足够的受剪承载力。

(2) 梁纵筋屈服后，塑性铰区段应有较好的延性和耗能能力。

(3) 妥善地解决梁纵筋锚固问题。

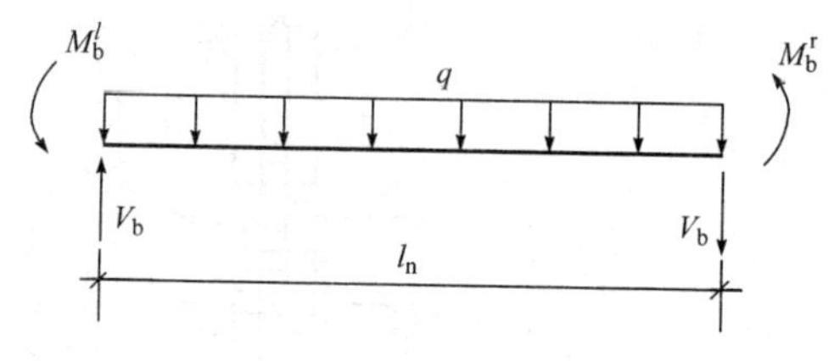

图 3－15　框架梁剪力设计值

1. 框架梁受剪承载力验算

(1) 梁剪力设计值

为了使梁端有足够的受剪承载力，应充分估计框架梁端实际配筋达到屈服并产生超强时有可能产生的最大剪力。为此，对一、二、三级框架梁端部截面组合的剪力设计值应按下式调整：

$$V_b = \eta_{vb}(M_b^l + M_b^r)/l_n + V_{Gb} \tag{3-32}$$

一级的框架结构及 9 度的一级框架梁、连梁可不按上式调整，但应符合下式要求：

$$V_b = 1.1(M_{bua}^l + M_{bua}^r)/l_n + V_{Gb} \tag{3-33}$$

式中　V_{Gb}——梁在重力荷载代表值(9 度时，高层建筑还应包括竖向地震作用标准值)作用下，按简支梁分析的梁端截面剪力设计值；

η_{vb}——梁端剪力增大系数，一级取 1.3，二级取 1.2，三级取 1.1；

V_b——梁端截面组合剪力设计值；

M_b^l、M_b^r——分别为梁的左、右端顺时针或反时针方向截面组合的弯矩设计值(不考虑弯矩调幅)；对一级框架，两端 M_b 为负值时，绝对值较小者取 $M_b=0$；

l_n——梁的净跨；

M_{bua}^l、M_{bua}^r——分别为梁左、右端顺时针或反时针方向实配的正截面抗震受弯承载力所对应的弯矩值，可根据实际配筋面积和材料强度标准值并应考虑抗震调整系数影响来确定。

(2) 剪压比限值

梁塑性铰区截面剪应力的大小对梁的延性、耗能及保持梁的刚度和承载力有明显影响。根据反复荷载下配箍率较高的梁剪切试验资料，其极限剪压比平均值约 0.24。当剪压比大于 0.30 时，即使增加配箍，也容易发生斜压破坏。因此，各抗震等级的框架梁端部截面组合的剪力设计值均应符合下列条件：

$$V_b \leqslant \frac{1}{\gamma_{RE}}(0.2\beta_c f_c b h_0) \tag{3-34}$$

当梁的净跨 $l_n \leqslant 2.5h$ 时，应符合下式要求：

$$V_b \leqslant \frac{1}{\gamma_{RE}}(0.15\beta_c f_c b h_0) \tag{3-34a}$$

式中　γ_{RE}——承载力抗震调整系数，取 0.85；

β_c——混凝土强度影响系数：当混凝土强度等级不超过 C50 时，β_c 取 1.0；当混凝土强度等级为 C80 时，β_c 取 0.8；其间按线性内插法确定。

(3) 斜截面受剪承载力

与非抗震设计类似，梁的受剪承载力可归结为由混凝土和抗剪钢筋两部分组成。但是反复荷载作用下，混凝土的抗剪作用将有明显的削弱。其原因是梁的受压区混凝土不再完整，斜裂缝的反复张开和闭合，使骨料咬合作用下降，严重时混凝土将剥落。根据试验资料，反复荷载下梁的受剪承载力比静荷载下约低 20%～40%。《混凝土规范》规定，对于矩形、T 形和工字形截面的一般框架梁，斜截面受剪承载力应按下式验算：

$$V_{\mathrm{b}} \leqslant \frac{1}{\gamma_{\mathrm{RE}}}\left(0.6\alpha_{\mathrm{cv}} f_{\mathrm{t}} b h_{0} + f_{\mathrm{yv}} \frac{A_{\mathrm{sv}}}{s} h_{0}\right) \tag{3-35}$$

式中 α_{cv}——斜截面混凝土受剪承载力系数，对于一般受弯构件取 0.7；对集中荷载作用下(包括作用有多种荷载，其中集中荷载对支座截面或节点边缘所产生的剪力值占总剪力的 75% 以上的情况)的独立梁，取 α_{cv} 为 $\frac{1.75}{\lambda+1}$，λ 为计算截面的剪跨比，可取 $\lambda=a/h_0$，当 $\lambda<1.5$ 时，取 1.5，当 $\lambda>3$ 时，取 3，a 取集中荷载作用点至支座截面或节点边缘的距离；

f_{yv}——箍筋抗拉强度设计值；

A_{sv}——同一截面箍筋各肢的全部截面面积；

γ_{RE}——承载力抗震调整系数，一般取 0.85；对于一、二级框架短梁，建议可取 1.0。

2. 提高梁延性的措施

承受地震作用的框架梁，除了要保证必要的受弯和受剪承载力外，更重要的是要具有较好的延性，使梁端塑性铰得到充分开展，以增加变形能力，耗散地震能量。

试验和理论分析表明，影响梁截面延性的主要因素由梁的截面尺寸、纵向钢筋配筋率、剪压比、配箍率、钢筋和混凝土的强度等级等。

在地震作用下，梁端塑性铰区混凝土保护层容易剥落。如果梁截面宽度过小则截面损失比例较大，故一般框架梁宽度不宜小于 200 mm。为了对节点核心区提供约束以提高节点受剪承载力，梁宽不宜小于柱宽的 1/2。窄而高的梁不利于混凝土约束，也会在梁刚度降低后引起侧向失稳，故梁的高宽比不宜大于 4。另外，梁的塑性铰区发展范围与梁的跨高比有关，当跨高比小于 4 时，属于短梁，在反复弯剪作用下，斜裂缝将沿梁全长发展，从而使梁的延性及承载力急剧降低。所以，《抗震规范》规定，梁净跨与截面高度之比不宜小于 4。

《混凝土规范》规定，纵向受拉钢筋的配筋率不应小于表 3—11 的数值。

表 3—11　框架梁纵向受拉钢筋的最小配筋百分率　　单位：%

抗震等级	梁中位置	
	支座	跨中
一级	0.4 和 $80f_t/f_y$ 中的较大值	0.3 和 $65f_t/f_y$ 中的较大值
二级	0.3 和 $65f_t/f_y$ 中的较大值	0.25 和 $55f_t/f_y$ 中的较大值
三、四级	0.25 和 $55f_t/f_y$ 中的较大值	0.2 和 $45f_t/f_y$ 中的较大值

试验表明，当纵向受拉钢筋配筋率很高时，梁受压区的高度相应加大，截面上受到的压力也大。在弯矩达到峰值时，弯矩—曲率曲线很快出现下降(见图 3—16)；当低配筋率时，达到

弯矩峰值后能保持相当长的水平段，这样大大提高了梁的延性和耗散能量的能力。因此，梁的变形能力随截面混凝土受压区的相对高度 $\xi(xh_0)$ 的减小而增大。当 $\xi=0.20\sim0.35$ 时，梁的位移延性可达 3～4。控制梁受压区高度，也就控制了梁的纵向钢筋配筋率。《抗震规范》规定，一级框架梁 ξ 不应大于 0.25，二、三级框架 ξ 梁不应大于 0.35，且梁端纵向受拉钢筋的配筋率均不应大于 2.5%。限制受拉配筋是为了避免剪跨比较大的梁在未达到延性要求之前，梁端下部受压区混凝土过早达到极限压应变而破坏。

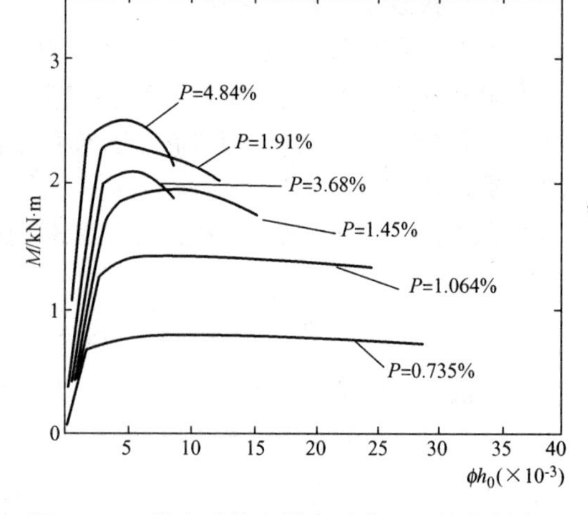

图 3－16　纵向受拉配筋率对截面延性的影响

另外，梁端截面上纵向受压钢筋与纵向受拉钢筋保持一定的比例，对梁的延性也有较大的影响。其一，一定的受压钢筋可以减小混凝土受压区高度；其二，在地震作用下，梁端可能会出现正弯矩，如果梁底面钢筋过少，梁下部破坏严重，也会影响梁的承载力和变形能力。所以《抗震规范》规定，在梁端箍筋加密区，受压钢筋面积和受拉钢筋面积的比值，一级不应小于 0.5，二、三级不应小于 0.3。在计算该截面受压区高度 x 时，由于受压筋在梁铰形成时呈现不同程度的压曲失效，一般可按受压筋面积的 60%且不大于同截面受拉筋的 30%考虑。

与框架柱类似，在梁端预期塑性铰区段加密箍筋以约束混凝土，也可提高梁的变形能力，以增加延性。《抗震规范》对梁端加密区范围的构造要求所作的规定详见表 3－12。《抗震规范》还规定，当梁端纵向受拉钢筋配筋率大于 2%时，表 3－12 中箍筋最小直径数值应增大 2 mm；加密区箍筋肢距，一级不宜大于 200 mm 和 20 倍箍筋直径的较大值，二、三级不宜大于 250 mm 和 20 倍箍筋直径的较大值，四级不宜大于 300 mm。纵向钢筋每排多于 4 根时，每隔 1 根宜用箍筋或拉筋固定。

表 3－12　梁端箍筋加密区的构造要求

抗震等级	加密区长度（取较大值）	箍筋最大间距（取三者中的较小值）	箍筋最小直径/mm	沿梁全长箍筋配筋率/%
一	$2h_b$，500 mm	$6d$，$h_b/4$，100 mm	10	$0.3f_t/f_{yv}$
二	$1.5h_b$，500 mm	$8d$，$h_b/4$，100 mm	8	$0.28f_t/f_{yv}$
三	$1.5h_b$，500 mm	$8d$，$h_b/4$，150 mm	8	$0.26f_t/f_{yv}$
四	$1.5h_b$，500 mm	$8d$，$h_b/4$，150 mm	6	$0.26f_t/f_{yv}$

注：d 为纵向钢筋直径；h_b 为梁高。

考虑到地震弯矩的不确定性，梁顶面和底面应有通长钢筋。对于一、二级抗震等级，梁顶面、底面的通长钢筋不应小于 2ϕ14 且分别不少于梁顶面和底面纵向钢筋中较大截面面积的 1/4，三、四级则不应少于 2ϕ12。

在梁端和柱端的箍筋加密区内，不宜设置钢筋接头。

3. 梁筋锚固

在反复荷载作用下，钢筋与混凝土的黏结强度将发生退化，梁筋锚固破坏是常见的脆性破坏之一。锚固破坏将大大降低梁截面后期受弯承载力和节点刚度。当梁端截面的底面钢筋面积比顶面钢筋面积相差较多时，底面钢筋更容易产生滑动，应设法防止。

梁筋的锚固方式一般有两种：直线锚固和弯折锚固。在中柱常用直线锚固，在边柱常用90°弯折锚固。

试验表明，直线筋的黏结强度主要与锚固长度、混凝土抗拉强度和箍筋数量等因素有关，也与反复荷载的循环次数有关。反复荷载下黏结强度退化率约为0.75。因此，可在单调加载的受拉筋最小锚固 l_a 长度的基础上增加一个附加锚固长度 Δl，以满足抗震要求。附加锚固长度 Δl 可用下式计算：

$$\Delta l = l_a\left(\frac{1}{0.75} - 1\right) \tag{3-36}$$

弯折锚固可分为水平锚固段和弯折锚固段两部分（图3—17）。试验表明，弯折筋的主要持力段是水平段。只是到加载后期，水平段发生黏结破坏，钢筋滑移量相当大时，锚固力才转移而由弯折段承担。弯折段对节点核心区混凝土有挤压作用，因而总锚固力比只有水平段要高。但弯折段较短时，其弯折角度有增大趋势，造成节点变形大幅增加。若无足够的箍筋约束或柱侧面混凝土保护层较弱，将使锚固破坏。因此，弯折段长度不能太短，一般要有 $15d$ 左右（d 为纵向钢筋直径）。另外，如无适当的水平段长度，只增加弯折段的长度对提高黏结强度并无显著作用。

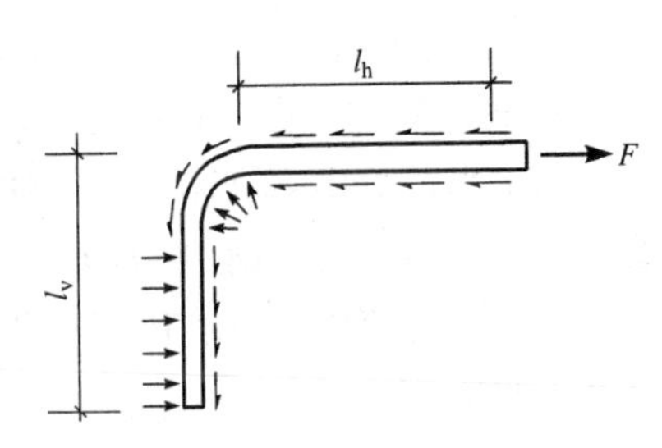

图3—17　梁筋弯折锚固

根据试验结果，《抗震规范》规定：框架梁纵向钢筋在边柱节点的锚固长度 l_{aE} 应按下式确定：

$$l_{aE} = \zeta_{aE} l_a \tag{3-37}$$

式中　l_a——纵向受拉钢筋非抗震设计的最小锚固长度，按《混凝土规范》确定；

ζ_{aE}——纵向受拉钢筋锚固长度修正系数，一、二级时取1.15，三级时取1.05，四级时取1.0。

《混凝土规范》关于框架梁与柱的纵向受力钢筋在节点区锚固和搭接的规定如下：

1. 梁纵向钢筋在框架中间层端节点的锚固应符合下列要求：

对于梁上部纵向钢筋伸入节点的锚固，当采用直线锚固形式时，锚固长度不应小于 l_a，且应伸过柱中心线，伸过的长度不宜小于 $5d$，d 为梁上部纵向钢筋的直径；当柱截面尺寸不满足直线锚固要求时，梁上部纵向钢筋可采用《混凝土规范》有关钢筋端部加机械锚头的锚固方式。梁上部纵向钢筋宜伸至柱外侧纵筋内边，包括机械锚头在内的水平投影锚固长度不应小于 $0.4\,l_{ab}$（图3—18a）；梁上部纵向钢筋也可采用90°弯折锚固的方式，此时梁上部纵向钢筋应伸至柱外侧纵向钢筋内边并向节点内弯折，其包含弯弧在内的水平投影长度不应小于 $0.4\,l_{ab}$，弯折钢筋在弯折平面内包含弯弧段的投影长度不应小于 $15d$（图3—18b）。

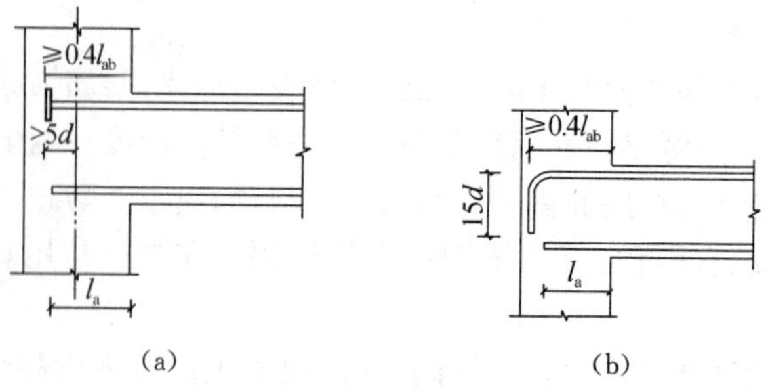

图 3—18　梁上部纵向钢筋在中间层端节点内的锚固

(a) 钢筋端部加锚头锚固；(b) 钢筋末端 90°弯折锚固

对于梁下部纵向钢筋伸入节点的锚固，当计算中充分利用该钢筋的抗拉强度时，钢筋的锚固方式及长度应与上部钢筋的规定相同；当计算中不利用该钢筋的强度或仅利用该钢筋的抗压强度时，伸入节点的锚固长度应分别符合中间节点梁下部纵向钢筋锚固的规定。

2. 框架中间层中间节点或连续梁中间支座，梁的上部纵向钢筋应贯穿节点或支座。梁的下部纵向钢筋宜贯穿节点或支座。当必须锚固时，应符合下列锚固要求：

(1) 当计算中不利用该钢筋的强度时，其伸入节点或支座的锚固长度对带肋钢筋不小于 $12d$，对光面钢筋不小于 $15d$，d 为钢筋的最大直径；

(2) 当计算中充分利用钢筋的抗压强度时，钢筋应按受压钢筋锚固在中间节点或中间支座内，其直线锚固长度不应小于 $0.7l_a$；

(3) 当计算中充分利用钢筋的抗拉强度时，钢筋可采用直线方式锚固在节点或支座内，锚固长度不应小于钢筋的受拉锚固长度 l_a(图 3—19a)；

(4) 当柱截面尺寸不足时，也可采用钢筋端部加锚头的机械锚固措施，或 90°弯折锚固的方式；

(5) 钢筋可在节点或支座外梁中弯矩较小处设置搭接接头，搭接长度的起始点至节点或支座边缘的距离不应小于 $1.5h_0$(图 3—19b)。

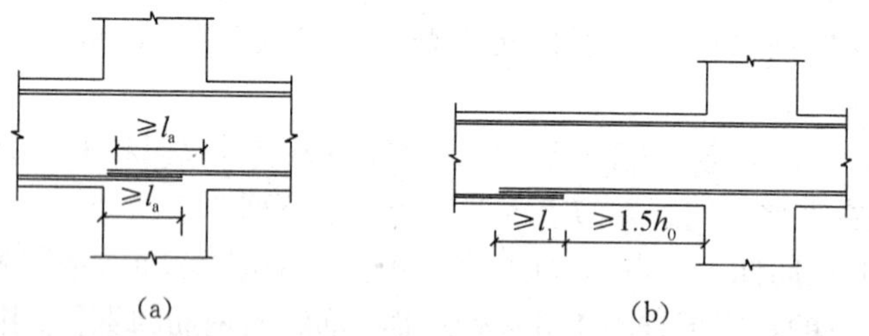

图 3—19　梁下部纵向钢筋在中间节点或中间支座范围的锚固与搭接

(a) 下部纵向钢筋在节点中直线锚固；(b) 下部纵向钢筋在节点或支座范围外的搭接

3. 柱纵向钢筋应贯穿中间层的中间节点或端节点，接头应设在节点区以外。

对于柱纵向钢筋在顶层中节点的锚固，柱纵向钢筋应伸至柱顶，且自梁底算起的锚固长度不应小于 l_a；当截面尺寸不满足直线锚固要求时，可采用 90°弯折锚固措施。此时，包括弯弧在内的钢筋垂直投影锚固长度不应小于 $0.5l_{ab}$，在弯折平面内包含弯弧段的水平投影长度不宜小于 $12d$(图 3—20a)；当截面尺寸不足时，也可采用带锚头的机械锚固措施。此时，包含锚头在内的竖向锚固长度不应小于 $0.5l_{ab}$(图 3—20b)。

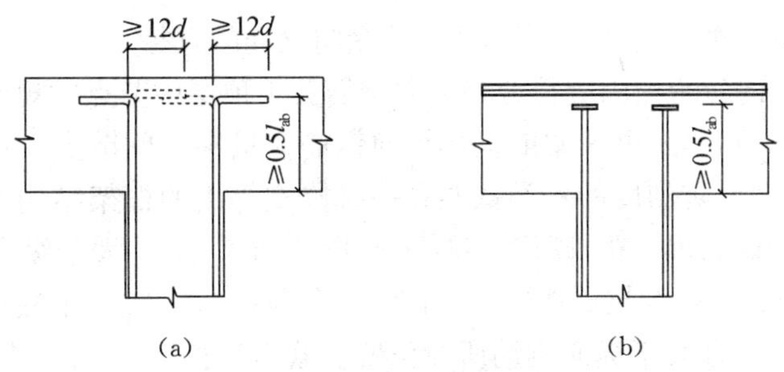

图 3－20　顶层节点中柱纵向钢筋在节点内的锚固

(a) 柱纵向钢筋 90°弯折锚固；(b) 柱纵向钢筋端头加锚板锚固

当柱顶有现浇楼板且板厚不小于 100 mm 时，柱纵向钢筋也可向外弯折，弯折后的水平投影长度不宜小于 12d。

4. 顶层端节点柱外侧纵向钢筋可弯入梁内作梁上部纵向钢筋；也可将梁上部纵向钢筋与柱外侧纵向钢筋在节点及附近部位搭接，搭接可采用下列方式：

(1) 搭接接头可沿顶层端节点外侧及梁端顶部布置，搭接长度不应小于 1.5 l_{ab}(图 3－21a)。其中，伸入梁内的柱外侧钢筋截面面积不宜小于其全部面积的 65％；梁宽范围以外的柱外侧钢筋宜沿节点顶部伸至柱内边锚固。当柱外侧纵向钢筋位于柱顶第一层时，钢筋伸至柱内边后宜向下弯折不小于 8d 后截断(图 3－21a)，d 为柱纵向钢筋的直径；当柱纵向钢筋位于柱顶第二层时，可不向下弯折。当现浇板厚度不小于 100 mm 时，梁宽范围以外的柱外侧纵向钢筋也可伸入现浇板内，其长度与伸入梁内的柱纵向钢筋相同。

(2) 当柱外侧纵向钢筋配筋率大于 1.2％时，伸入梁内的柱纵向钢筋应满足本条第(1)款规定且宜分两批截断，截断点之间的距离不宜小于 20d，d 为柱外侧纵向钢筋的直径。梁上部纵向钢筋应伸至节点外侧并向下弯至梁下边缘高度位置截断。

(3) 纵向钢筋搭接接头也可沿节点外侧直线布置(图 3－21b)，此时，搭接长度自柱顶算起不应小于 1.7l_{ab}。当上部梁纵向钢筋的配筋率大于 1.2 ％时，弯入柱外侧的梁上部纵向钢筋应满足以上规定的搭接长度，且宜分两批截断，其截断点之间的距离不宜小于 20d，d 为梁上部纵向钢筋的直径；

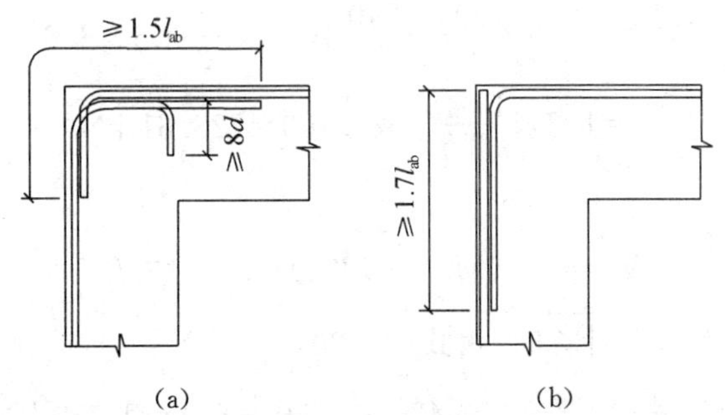

图 3－21　顶层端节点梁、柱纵向钢筋在节点内的锚固与搭接

(a) 搭接接头沿顶层端节点外侧及梁端顶部布置；(b) 搭接接头沿节点外侧直线布置

(4) 当梁的截面高度较大，梁、柱纵向钢筋相对较小，从梁底算起的直线搭接长度未延伸至柱顶即已满足 1.5l_{ab}的要求时，应将搭接长度延伸至柱顶并满足搭接长度 1.7l_{ab}的要求；或者从梁底算起的弯折搭接长度未延伸至柱内侧边缘即已满足 1.5l_{ab}的要求时，其弯折后包括

弯弧在内的水平段的长度不应小于 $15d$，d 为柱纵向钢筋的直径。

(5) 柱内侧纵向钢筋的锚固应符合柱纵向钢筋关于顶层中节点的规定。

框架中间层中间节点处，框架梁的上部纵向钢筋应贯穿中间节点。贯穿中柱的每根梁纵向钢筋直径，对于9度设防烈度的各类框架和一级抗震等级的框架结构，当柱为矩形截面时，不宜大于柱在该方向截面尺寸的1/25，当柱为圆形截面时，不宜大于纵向钢筋所在位置柱截面弦长的1/25；对一、二、三级抗震等级，当柱为矩形截面时，不宜大于柱在该方向截面尺寸的1/20，对圆形截面时，不宜大于纵向钢筋所在位置柱截面弦长的1/20。

【例题 3－2】 框架梁抗震设计。已知梁端组合弯矩设计值如图 3－22 所示，抗震等级为一级，梁截面尺寸 300 mm×750 mm。A 端实配负弯矩钢筋 7 Φ25(A'_s=3 436 mm²)，正弯矩钢筋4 Φ22(A'^b_s=1 520 mm²)。B 端实配负弯矩钢筋10 Φ25(A'_s=4 909 mm²)，正弯矩钢筋4 Φ22(A'_s=1 520 mm²)。混凝土强度等级 C30，主筋 HRB 335 级钢筋，箍筋用 HPB 300 级钢筋。

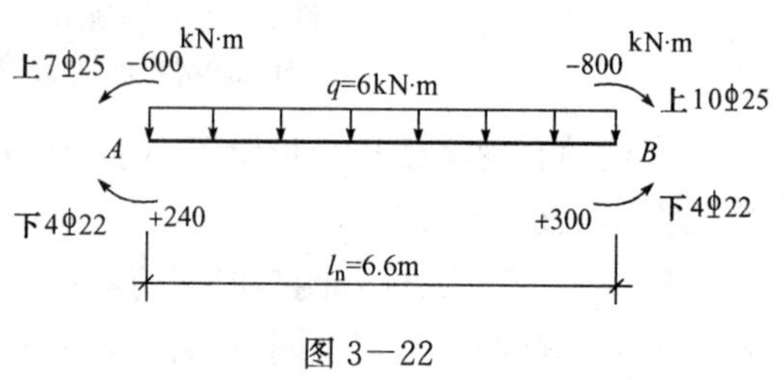

图 3－22

【解】 (1) 梁端受剪承载力

① 剪力设计值，由式(3－32)

一级抗震
$$V_b=\eta_{vb}\frac{M_b^l+M_b^r}{l_n}+\frac{1.2}{2}ql_n$$

$$\eta_{vb}=1.3$$

当梁端弯矩按逆时针方向计算时，

$$V_b=1.30\times\frac{600+300}{6.6}+1.2\times\frac{1}{2}\times6\times6.6$$
$$=1.30\times\frac{900}{6.6}+23.760=201.03\ \text{kN}$$

当梁端弯矩按顺时针方向计算时，

$$V_b=1.30\times\frac{800+240}{6.6}+1.2\times\frac{1}{2}\times6\times6.6$$
$$=1.3\times\frac{1\ 040}{6.6}+23.760=228.61\ \text{kN}$$

由式(3－33)

$$V_b=1.1(M_{bua}^l+M_{bua}^r)/l_n+\frac{1.2}{2}ql_n$$

当梁端弯矩按逆时针方向计算时，由式(3－20)

$$M_{bua}^l=\frac{1}{0.75}\times335\times3\ 436\times(750-60)=1\ 059\ \text{kN}\cdot\text{m}$$

$$M_{bua}^r=\frac{1}{0.75}\times335\times1\ 520\times(750-40)=482\ \text{kN}\cdot\text{m}$$

$$V_b=1.1\times\frac{(1\ 059+482)}{6.6}+1.2\times\frac{1}{2}\times6\times6.6$$
$$=280.59\ \text{kN}$$

当梁端弯矩按顺时针方向计算时，由式(3－20)

$$M_{bua}^{l}=482\ \text{kN}\cdot\text{m}$$

$$M_{bua}^{r}=\frac{1}{0.75}\times 335\times 4\ 909\times(750-60)=1\ 513\ \text{kN}\cdot\text{m}$$

$$V_b=1.1\times\frac{482+1\ 513}{6.6}+1.2\times\frac{1}{2}\times 6\times 6.6$$

$$=356.26\ \text{kN}$$

故取剪力设计值

$$V_b=356.26\ \text{kN}$$

② 剪压比

$$\frac{1}{\gamma_{RE}}(0.2f_c bh_0)=\frac{1}{0.85}(0.2\times 14.3\times 300\times 710)$$

$$=716.68\ \text{kN}>356.26\ \text{kN(可)}$$

③ 斜截面受剪承载力

混凝土受剪承载力

$$V_c=0.6\alpha_{cv}f_c bh_0=0.6\times 0.7\times 1.43\times 300\times 710=127.93\ \text{kN}$$

需要箍筋

$$356\ 260=\frac{1}{0.85}\left(127\ 930+1.25f_{yv}\frac{A_{sv}}{s}h_0\right)$$

所以
$$\frac{A_{sv}}{s}=\frac{0.85\times 356\ 260-127\ 930}{1.25\times 300\times 710}=0.66\ \text{mm}^2/\text{mm}$$

梁端加密区，$s=6d(6\times 25=150\ \text{mm})$、$\frac{1}{4}h_b(\frac{1}{4}\times 750=187\ \text{mm})$或100 mm三者中的最小值，所以取$s=100$ mm，则

$$A_{sv}=0.66\times 100=66.0\ \text{mm}^2$$

选ϕ10，4肢，$A_{sv}=314\ \text{mm}^2>66.0\ \text{mm}^2$(满足要求)

(2) 验算配筋率

一级抗震　$\rho_{sv}\not<0.3f_t/f_{yv}$

中部非加密区，取$s=200$ mm

$$\rho_{sv}=\frac{A_{sv}}{bs}\ \frac{314}{300\times 200}=0.52\%>0.3\times 1.43/300=0.14\%\text{(可)}$$

(3) 梁筋锚固

由《混凝土规范》，得

$$l_a=\alpha\frac{f_y}{f_t}d=0.14\times\frac{300}{1.43}\times 25=734.27\ \text{mm}$$

一级抗震要求锚固长度　$l_{aE}=1.15\ l_a=1.15\times 734.27=845$ mm

水平锚固段要求　$l_h\geqslant 0.4l_{aE}=0.4\times 845=340$ mm

弯折段要求　　　　　　$l_v = 15\,d = 15 \times 25 = 375\ \text{mm}$

(4) 梁端箍筋加密区长度

$$l_0 = 2.0h_b = 2 \times 750 = 1\ 500\ \text{mm}$$

(5) 柱截面高度

$$h_c = 500\ \text{mm}$$

中柱梁负钢筋直径d为25 mm，则$d \not> h_c/20$，满足要求；梁负钢筋锚入边柱内水平长度为470 mm > 340 mm，满足要求。

梁配筋构造图(图3—23)中，纵向钢筋的布置和切断点的确定应符合《混凝土规范》中有关规定的要求。

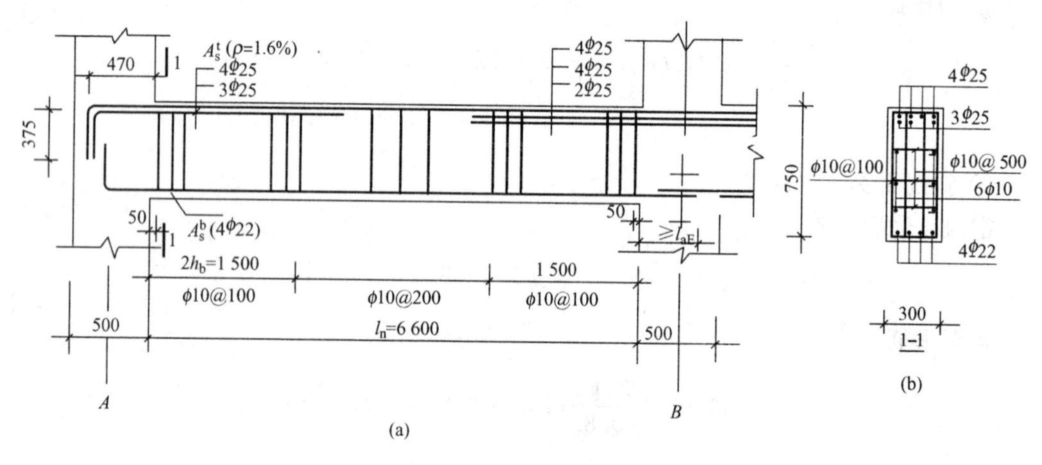

图3—23　梁配筋图①

(a) 立面图；(b) 1—1剖面图

六、框架节点抗震设计

国内外大地震的震害表明，钢筋混凝土框架节点都有不同程度的破坏，严重的会引起整个框架倒塌。节点破坏后的修复也比较困难。

框架节点破坏的主要形式是节点核心区剪切破坏和钢筋锚固破坏。根据“强节点”的设计要求，框架节点的设计准则是：

(1) 节点的承载力不应低于其连接件(梁、柱)的承载力。

(2) 多遇地震时，节点应在弹性范围内工作。

(3) 罕遇地震时，节点承载力的降低不得危及竖向荷载的传递。

(4) 节点配筋不应使施工过分困难。

为此，对框架节点要进行受剪承载力验算，并采取加强约束等构造措施。

---

① 验算表明，本例梁A、B端部加密区下部和上部纵向钢筋实配面积之比分别为0.44、0.31，均小于0.5，故不能满足对一级抗震等级梁的要求。若根据已知的梁端组合弯矩设计值，将梁纵向配筋做下列调整：A、B端上部分别减为6Φ25、8Φ25，下部增为4Φ25，则可满足上述要求。另外，梁B端上部纵向钢筋配筋率大于2%，箍筋直径宜取φ12。

1. 节点核心区受剪承载力验算

(1) 剪力设计值 V_j

节点核心区是指框架梁与框架柱相交的部位。节点核心区的受力状态是很复杂的，主要是承受压力和水平剪力的组合作用。图 3－24 表示在地震水平作用和竖向荷载的共同作用下，节点核心区所受到的各种力。作用于节点的剪力来源于梁柱纵向钢筋的屈服甚至超强。对于强柱型节点，水平剪力主要来自框架梁，也包括一部分现浇板的作用。利用节点力的平衡条件可得作用于节点核心区的剪力设计值 V_j 分别为：$T-V_c$(图 3－24a)，$T_1+C_{s2}+C_{c2}-V_c$(图 3－24b)，T(图 3－24c)。《抗震规范》规定：

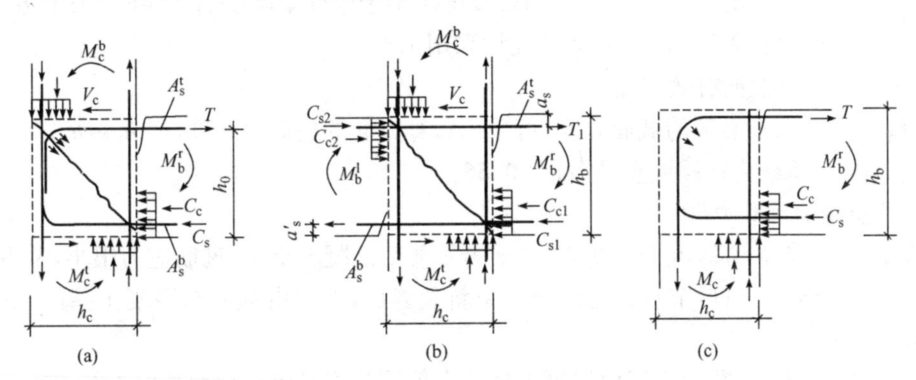

图 3－24　框架节点区受力示意

(a) 边柱节点；(b) 中柱节点；(c) 顶层边柱节点

一、二级框架梁柱节点核心区组合的剪力设计值，应按下列公式确定：

$$V_j=\frac{\eta_{jb}\sum M_b}{h_{b0}-a'_s}\left(1-\frac{h_{b0}-a'_s}{H_c-h_b}\right) \tag{3－40}$$

9 度时和一级框架结构尚应符合

$$V_j=\frac{1.15\sum M_{bua}}{h_{b0}-a'_s}\left(1-\frac{h_{b0}-a'_s}{H_c-h_b}\right) \tag{3－41}$$

式中 V_j—— 梁柱节点核心区组合的剪力设计值；

h_{b0}—— 梁截面的有效高度，节点两侧梁截面高度不等时可采用平均值；

a'_s—— 梁受压钢筋合力点至受压边缘的距离；

H_c—— 柱的计算高度，可采用节点上、下柱反弯点之间的距离；

h_b—— 梁的截面高度，节点两侧梁截面高度不等时可采用平均值；

η_{jb}—— 节点剪力增大系数，一级取 1.35，二级取 1.2；

$\sum M_b$—— 节点左、右梁端反时针或顺时针方向组合弯矩设计值之和，一级时节点左右梁端均为负弯矩，绝对值较小的弯矩应取零；

$\sum M_{bua}$—— 节点左、右梁端反时针或顺时针方向实配的正截面抗震受弯承载力所对应的弯矩值之和，根据实配钢筋面积(计入受压筋) 和材料强度标准值确定。

计算框架顶层梁柱节点核心区组合的剪力设计值时，式(3－40)、式(3－41)中括号项取消。

抗震等级为三、四级时，核心区剪力较小，一般不需计算，节点箍筋可按构造要求设置。

(2) 剪压比限值

为了防止节点核心区混凝土斜压破坏，同样要控制剪压比不得过大。但节点核心周围一般都有梁的约束，抗剪面积实际比较大，故剪压比限值可放宽，一般应满足：

$$V_j \leqslant \frac{1}{\gamma_{RE}}(0.30\eta_j f_c b_j h_j) \tag{3-42}$$

式中 η_j—— 正交梁约束影响系数：楼板现浇，梁柱中线重合，节点四边有梁，梁宽不小于该侧柱宽的 1/2，且正交方向梁高度不小于框架梁高度的 3/4 时，采用 $\eta_j = 1.5$，9 度时宜采用 1.25，其他情况均采用 1.0；

b_j—— 节点截面有效宽度；

h_j—— 节点核心区的截面高度，可采用验算方向的柱截面高度，即 $h_j = h_c$；

γ_{RE}—— 承载力抗震调整系数，取 0.85。

(3) 节点受剪承载力

试验表明，节点核心区混凝土初裂前，剪力主要由混凝土承担，箍筋应力很小，节点受力状态类似一个混凝土斜压杆，节点核心出现交叉斜裂缝后，剪力由箍筋与混凝土共同承担，节点受力类似于桁架。

框架节点的受剪承载力可以由混凝土和节点箍筋共同组成。影响受剪承载力的主要因素有：柱轴向力、直交梁约束、混凝土强度和节点配箍情况等。

试验表明，与柱相似，在一定范围内，随着柱轴向压力的增加，不仅能提高节点的抗裂度，而且能提高节点极限承载力。另外，垂直于框架平面的直交梁如具有一定的截面尺寸，对核心区混凝土将具有明显的约束作用，实质上是扩大了受剪面积，因而也提高了节点的受剪承载力。《抗震规范》规定，现浇框架节点的受剪承载力按下式计算：

$$V_j \leqslant \frac{1}{\gamma_{RE}}\left(1.1\eta_j f_t b_j h_j + 0.05\eta_j N \frac{b_j}{b_c} + f_{yv} A_{svj} \frac{h_{b0} - a'_s}{s}\right) \tag{3-43}$$

9 度时

$$V_j \leqslant \frac{1}{\gamma_{RE}}\left(0.9\eta_j f_t b_j h_j + f_{yv} A_{svj} \frac{h_{b0} - a'_s}{s}\right) \tag{3-43a}$$

式中 N—— 考虑地震作用组合的节点上柱底部的轴向压力设计值；当 $N > 0.5 f_c b_c h_c$ 时取 $N = 0.5 f_c b_c h_c$，当 N 为拉力时，取 $N = 0$；

f_{yv}—— 箍筋抗拉强度设计值；

A_{svj}—— 核心区有效验算宽度范围内同一截面验算方向箍筋的全部截面面积；

f_t—— 混凝土轴心抗拉强度设计值。

(4) 节点截面有效宽度

在式(3－43) 中，$b_c h_c$ 为柱截面面积，$b_j h_j$ 为节点截面受剪的有效面积，二者有时并不完全相等。其中节点截面有效宽度 b_j 应视梁柱的轴线是否重合等情况，分别按下列公式确定：

① 当梁柱轴线重合且梁宽 b 不小于该侧柱宽 1/2 时，b_j 可视为与 b_c 相等(见图 3－25a)，即

$$b_j = b_c \tag{3-44a}$$

② 当梁柱轴线重合但梁宽 b 小于该侧柱宽 1/2 时，可采用下列二者中的较小值，即

$$\left.\begin{aligned} b_j &= b_c \\ b_j &= b+0.5h_c \end{aligned}\right\} \text{取较小者} \tag{3-44b}$$

③ 当梁柱轴线不重合时，如偏心距 e 较大，则梁传到节点的剪力将偏向一侧，这时节点有效宽度 b_j 将比 b_c 为小（见图 3－25b），因此要求偏心距不应大于 $\frac{1}{4}b_c$。此时，b_j 取下列中的较小值：

$$\left.\begin{aligned} b_j &= 0.5(b_c+b+0.5h_c)-e \\ b_j &= b+0.5h_c \\ b_j &= b_c \end{aligned}\right\} \text{取较小者} \tag{3-44c}$$

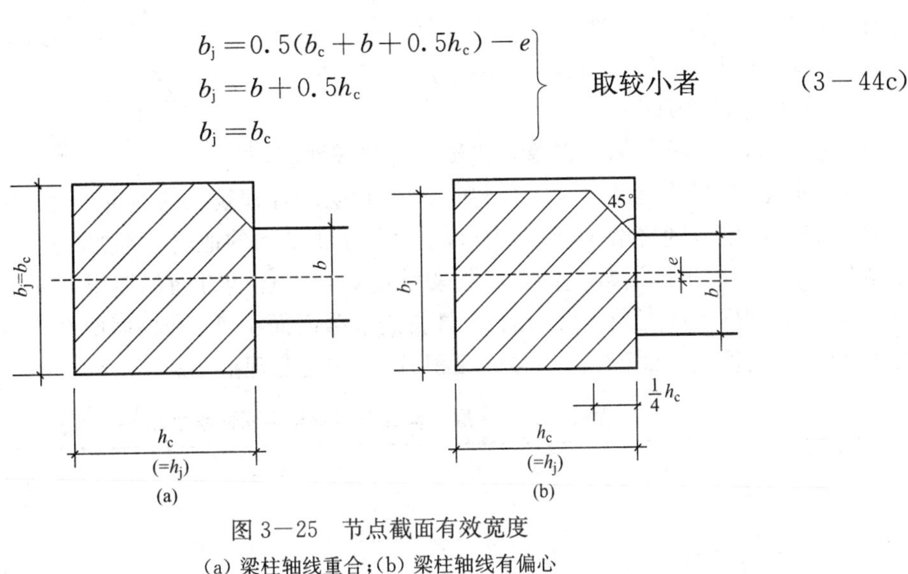

图 3－25　节点截面有效宽度

(a) 梁柱轴线重合；(b) 梁柱轴线有偏心

2. 节点构造

为保证节点核心区的抗剪承载力，使框架梁、柱纵向钢筋有可靠的锚固条件，对节点核心区混凝土进行有效的约束，节点核心区内箍筋的最大间距和最小直径应满足柱端加密区的构造要求；另一方面，核心区内箍筋的作用与柱端有所不同，为便于施工，应适当放宽构造要求。《抗震规范》规定，框架节点核心区箍筋的最大间距和最小直径宜按表 3－9 采用，一、二、三级框架节点核心区配箍特征值分别不宜小于 0.12、0.10 和 0.08，且体积配箍率分别不宜小于 0.6%、0.5%和 0.4%。柱剪跨比不大于 2 的框架节点核心区配箍特征值不宜小于核心区上、下柱端的较大配箍特征值。

七、框架—抗震墙结构的抗震计算与构造

1. 一般说明

(1) 框架—抗震墙的共同工作特性

框架—抗震墙结构是通过刚性楼盖使钢筋混凝土框架和抗震墙协调变形共同工作的。对于纯框架结构，柱轴向变形所引起的倾覆状的变形影响是次要的。由 D 值法可知，框架结构的层间位移与层间总剪力成正比，因层间剪力自上而下越来越大，故层间位移也是自上而下越来越大，这与悬臂梁的剪切变形相一致，故称为剪切型变形。对于纯抗震墙结构，其在各楼层处的弯矩等于外荷载在该楼面标高处的倾覆力矩，该力矩与抗震墙纵向变形的曲率成正比，其变形曲线凸向原始位移，这与悬臂梁的弯曲变形相一致，故称为弯曲型变形。当框架与抗震墙

共同作用时，二者变形必须协调一致，在下部楼层，抗震墙位移较小，它使得框架必须按弯曲型曲线变形，使之趋于减少变形，抗震墙协助框架工作，外荷载在结构中引起的总剪力将大部分由抗震墙承受；在上部楼层，抗震墙外倾，而框架内收，协调变形的结果是框架协助抗震墙工作，顶部较小的总剪力主要由框架承担，而抗震墙仅承受来自框架的负剪力。上述共同工作的结果对框架受力十分有利，使其受力比较均匀，故其总的侧移曲线为弯剪型，见图 3－26。

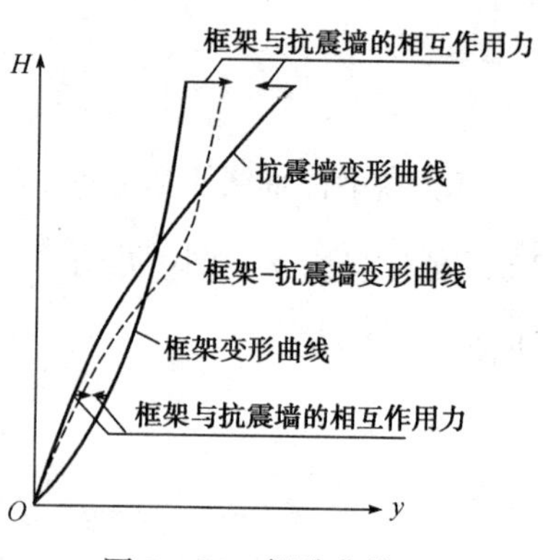

图 3－26　侧移曲线

(2) 抗震墙的合理数量

一般来讲，多设抗震墙可以提高建筑物的抗震性能，减轻震害。但是，如果抗震墙超过了合理的数量，就会增加建筑物的造价。这是由于随着抗震墙的增加，结构刚度也随之增大，周期缩短，于是作用于结构的地震力也加大所造成的。这样，必须要有一个合理的抗震墙数量能兼顾抗震性能和经济性两方面的要求。基于国内的设计经验，表 3－13 列出了底层结构截面面积（即抗震墙截面面积 A_w 和柱截面面积 A_c 之和）与楼面面积之比、抗震墙截面面积 A_w 与楼面面积 A_c 之比的合理范围。

表 3－13　底层结构截面面积与楼面面积之比

设计条件	$\frac{A_w+A_c}{A_f}$	$\frac{A_w}{A_f}$
7 度，Ⅱ类场地	3%～5%	2%～3%
8 度，Ⅱ类场地	4%～6%	3%～4%

抗震墙纵横两个方向总量应在表 3－13 范围内，两个方向抗震墙的数量宜相近。抗震墙的数量还应满足对建筑物所提出的刚度要求。在地震作用下，一般标准的框架—抗震墙结构顶点位移与全高之比 u/H 不宜大于 1/700，较高装修标准时不宜超过 1/850。

(3) 水平地震作用

对于规则的框架—抗震墙结构，与框架结构相同，作为一种近似计算，本书仍建议采用底部剪力法来确定计算单元的总水平地震作用标准值 F_{Ek}、各层的水平地震作用标准值 F_i 和顶部附加水平地震作用标准值 ΔF_n。采用顶点位移法公式(3－1)来计算框架—抗震墙结构的基本周期，其中：结构顶点假想位移应假想地把集中各层楼层处的重力荷载代表值 G_i 按等效原则化为均匀水平荷载 q，并按框架—抗震墙结构体系计算简图计算的顶部侧移值；考虑非结构墙体刚度影响的周期折减系数 Ψ_T 采用 0.7～0.8。

2. 内力与位移计算

框架—抗震墙结构在水平地震作用下的内力与位移计算方法可分为电算法和手算法。采用电算法时，先将框架—抗震墙结构转换为壁式框架结构，然后采用矩阵位移法借助计算机进行计算，其计算结果较为准确。手算法，即微分方程法，该方法将所有框架等效为综合框架，所有抗震墙等效为综合抗震墙，所有连梁等效为综合连梁，并把它们移到同一平面内，通过自身平面内刚度为无穷大的楼盖的联结作用而协调变形共同工作。

框架—抗震墙结构是按框架和抗震墙协同工作原理来计算的，计算结果往往是抗震墙承受大部分荷载，而框架承受的水平荷载则很小。工程设计中，考虑到抗震墙的间距较大，楼板的变形会使中间框架所承受的水平荷载有所增加；由于抗震墙的开裂、弹塑性变形的发展或塑性铰的出现，使得其刚度有所降低，致使抗震墙和框架之间的内力分配中，框架承受的水平荷载亦有所增加。另外，从多道抗震设防的角度来看，框架作为结构抗震的第二道防线（第一道防线是抗震墙），也有必要保证框架有足够的安全储备。故框架—抗震墙结构中，框架所承受的地震剪力不应小于某一限值，以考虑上述影响。为此，《抗震规范》规定，规则的框架—抗震墙结构中，任一层框架部分按框架和抗震墙协同工作分析的地震剪力，不应小于结构底部总地震剪力的 20%或框架部分各层按协同工作分析的地震剪力最大值 1.5 倍二者的较小值。即

（1）对于 $V_f \geqslant 0.2F_{Ek}$ 的楼层，该层框架部分的地震剪力取 V_f。

（2）对于 $V_f < 0.2F_{Ek}$ 的楼层，该层框架部分的地震剪力取 $0.2F_{Ek}$ 和 $1.5V_{f,max}$ 二者的较小值，即

$$V_f = \min(0.2F_{EK}, 1.5V_{f,max}) \tag{3-45}$$

式中 F_{Ek}——结构底部的总地震剪力；

$V_{f,max}$——框架部分层间地震剪力的最大值。

3. 截面设计与构造措施

（1）截面设计的原则

框架—抗震墙结构的截面设计，框架部分按框架结构进行设计，抗震墙部分按抗震墙结构进行设计。

周边有梁柱的抗震墙（包括现浇柱、预制梁的现浇抗震墙），当抗震墙与梁柱有可靠连接时，柱可作为抗震墙的翼缘，截面按抗震墙墙肢进行设计。主要的竖向受力钢筋应配置在柱截面内。抗震墙上的框架梁不必进行专门的截面设计计算，钢筋可按构造配置。

（2）构造措施

框架—抗震墙墙板的抗震构造措施除采用框架结构和抗震墙结构的有关构造措施外，还应满足下列要求。

① 截面尺寸

框架—抗震墙结构抗震墙的厚度不应小于 160 mm 且不宜小于层高或无支长度的 1/20，底部加强部位的抗震墙厚度不应小于 200 mm 且不宜小于层高或无支长度的 1/16。有端柱时，墙体在楼盖处应设置暗梁，和端柱组成边框，暗梁的截面高度不宜小于墙厚和 400 mm 的较大值；端柱截面宜与同层框架柱相同，并应满足对框架柱的要求。端柱截面宜与同层框架柱相同，并应满足对框架柱的要求。此外，墙的中线与端柱中心宜重合，端柱宽度不宜小于墙厚 b_w 的 2.5 倍，端柱的截面高度不小于端柱的宽度；梁的截面宽度不宜小于墙厚 b_w 的 2 倍，高度不宜小于墙厚的 3 倍。

② 分布钢筋

抗震墙墙板中竖向和横向分布钢筋的配筋率均不应小于 0.25%，钢筋直径不应小于 10 mm，间距不宜大于 300 mm，并应双排布置，双排分布钢筋间应设置拉筋，拉筋间距不应大于 600 mm，直径不应小于 6 mm。

③ 端柱箍筋

抗震墙底部加强部位的端柱和紧靠抗震墙洞口的端柱宜按柱箍筋加密区的要求沿全高加密箍筋。

八、抗震墙结构的抗震设计

抗震墙结构的抗震设计包括下列内容:除了先按抗震设计的一般要求进行抗震墙的结构布置外,还应进行抗震墙结构的抗震计算,最后进行抗震墙的截面设计与构造。

1. 抗震墙结构的抗震计算原则

对于规则的抗震墙结构,仍采用与框架—抗震墙结构类似的水平地震作用近似计算方法,本节不再详述。但按顶点位移计算结构体系基本周期公式中考虑非结构墙体刚度影响的周期折减系数 Ψ_T 取 1.0。为了确定单片抗震墙的等效刚度,对于洞口比较均匀的抗震墙,可根据其洞口大小、洞口位置及其对抗震墙的减弱情况区分为整体墙、整体小开口墙、联肢墙和壁式框架等几种类型,采用相应的公式进行计算。根据不同类型各片抗震墙等效刚度所占楼层总刚度的比例,把总水平地震作用分配到各片抗震墙,再进行倒三角形分布或倒三角分布、均匀分布与顶点集中力组合的水平地震作用下各类墙体的内力和位移计算,最终求得各墙体中墙肢的内力(弯矩、剪力、轴力)和连梁的内力(弯矩、剪力)。

2. 抗震墙的截面设计与构造措施

震害和试验研究表明,设计合理的抗震墙具有抗侧刚度大、承载力高、耗能能力强和震后易修复等优点。在水平荷载和竖向荷载作用下,抗震墙常见的破坏形态有弯曲破坏、斜拉破坏、斜压破坏、剪压破坏、沿施工缝滑移和锚固破坏等形式。为使抗震墙具有良好的抗震性能,设计中应遵守以下原则:

在发生弯曲破坏之前,不允许发生斜拉、斜压或剪压等剪切破坏形式和其他脆性破坏形式。

采用合理的构造措施,保证抗震墙具有良好的延性和耗能能力。

(1) 墙肢

① 墙肢(或整体墙)正截面承载力计算

A. 弯矩设计值

为了迫使塑性铰发生在抗震墙的底部,以增加结构的变形和耗能能力,应加强抗震墙上部的受弯承载力,同时对底部加强区采取提高延性的措施。为此,《抗震规范》规定,一级抗震墙的底部加强部位及以上一层,应按墙肢底部截面组合弯矩设计值采用;其他部位,墙肢截面的组合弯矩设计值应乘以增大系数,其值可采用 1.2。

底部加强部位的高度应从地下室顶板算起。部分框支抗震墙结构的抗震墙,其底部加强部位的高度,可取框支层加框支层以上两层的高度及落地抗震墙总高度的 1/10 二者的较大值;其他结构的抗震墙,房屋高度大于 24 m 时,底部加强部位的高度可取底部二层和墙肢总高度的 1/10 二者的较大值;房屋高度不大于 24 m 时,底部加强部位可取底部一层。当结构计算嵌固端位于地下一层底板及以下时,底部加强部位尚宜向下延伸到计算嵌固端。

B. 偏心受压承载力计算

抗震墙墙肢在竖向荷载和水平荷载作用下属偏心受力构件,它与普通偏心受力柱的区别在于截面高度大、宽度小,有均匀的分布钢筋。因此,截面设计时应考虑分布钢筋的影响并进行平面外的稳定验算。

偏心受压墙肢可分为大偏压和小偏压两种情况。当发生大偏压破坏时，位于受压区和受拉区的分布钢筋都可能屈服。但在受压区，考虑到分布钢筋直径小，受压易屈曲，因此设计中可不考虑其作用。受拉区靠近中和轴附近的分布钢筋，其拉应力较小，可不考虑，而设计中仅考虑距受压区边缘 $1.5x$（x 为截面受压区高度）以外的受拉分布钢筋屈服。当发生小偏压破坏时，墙肢截面大部分或全部受压，因此可认为所有分布钢筋均受压易屈曲或部分受拉但应变很小而忽略其作用，故设计时可不考虑分布筋的作用，即小偏压墙肢的计算方法与小偏压柱完全相同，但需验算墙体平面外的稳定。大、小偏压墙肢的判别可采用与大、小偏压柱完全相同的判别方法。

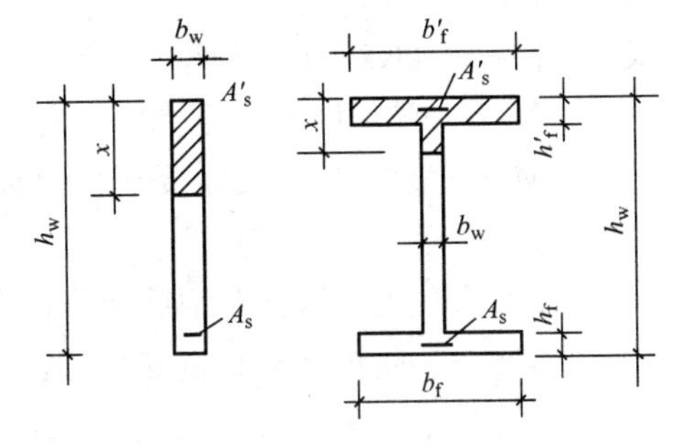

图 3－27　抗震墙截面

建立在上述分析基础上，矩形、T 形、工字形偏心受压墙肢的正截面承载力可按下列公式计算（图 3－27）：

$$N \leqslant \frac{1}{\gamma_{RE}}(A'_s f'_y - A_s\sigma_s - N_{sw} + N_c) \tag{3-46}$$

$$N\left(e_0 + h_{w0} - \frac{h_w}{2}\right) \leqslant \frac{1}{\gamma_{RE}}[A'_s f'_y(h_{w0} - a'_s) - M_{sw} + M_c] \tag{3-47}$$

当 $x > h'_f$ 时

$$N_c = \alpha_1 f_c b_w x + \alpha_1 f_c (b'_f - b_w) h'_f \tag{3-48a}$$

$$M_c = \alpha_1 f_c b_w x\left(h_{w0} - \frac{x}{2}\right) + \alpha_1 f_c (b'_f - b_w) h'_f\left(h_{w0} - \frac{h'_f}{2}\right) \tag{3-48b}$$

当 $x \leqslant h'_f$ 时

$$N_c = \alpha_1 f_c b'_f \cdot x \tag{3-49a}$$

$$M_c = \alpha_1 f_c b'_f x\left(h_{w0} - \frac{x}{2}\right) \tag{3-49b}$$

当 $x \leqslant \xi_b h_{w0}$ 时

$$\sigma_s = f_y \tag{3-50a}$$

$$N_{sw} = (h_{w0} - 1.5x) b_w f_{yw} \rho_w \tag{3-50b}$$

$$M_{sw} = \frac{1}{2}(h_{w0} - 1.5x)^2 b_w f_{yw} \rho_w \tag{3-50c}$$

当 $x > \xi_b h_{w0}$ 时

$$\sigma_s = \frac{f_y}{\xi_b - \beta_1}\left(\frac{x}{h_{w0}} - \beta_1\right) \tag{3-51a}$$

$$N_{sw} = 0 \tag{3-51b}$$

$$M_{sw}=0 \tag{3-51c}$$

其中
$$\xi_b=\frac{\beta_1}{1+\dfrac{f_y}{0.0033E_s}}$$

式中 γ_{RE}——承载力抗震调整系数，取为0.85；

N_c——受压区混凝土受压合力；

M_c——受压区混凝土受压合力对端部受拉钢筋合力点的力矩；

σ_s——受拉区钢筋应力；

N_{sw}——受拉区分布钢筋受拉合力；

M_{sw}——受拉区分布钢筋受拉合力对端部受拉钢筋合力点的力矩；

f_y、f'_y、f_{yw}——分别为抗震墙端部受拉、受压钢筋和墙体竖向分布钢筋强度设计值；

α_1、β_1——计算系数，当混凝土强度等级不超过C50时分别取1.0、0.8；

f_c——混凝土轴心抗压强度设计值；

e_0——偏心距，$e_0=M/N$；

h_{w0}——抗震墙截面有效高度，$h_{w0}=h_w-a'_s$；

a'_s——抗震墙受压区端部钢筋合力点到受压区边缘的距离，一般取$a'_s=b_w$；

ρ_w——抗震墙竖向分布钢筋配筋率；

ξ_b——界限相对受压区高度。

C. 偏心受拉承载力计算

偏心受拉墙肢分为大偏拉和小偏拉两种情况。当发生大偏拉破坏时，其受力和破坏特征同大偏压，故可采用大偏压的计算方法；当发生小偏拉破坏时，墙肢全截面受拉，混凝土不参与工作，其抗侧能力和耗能能力都很差，不利于抗震，因此应避免使用。

矩形截面受拉墙肢的正截面承载力，建议按下列近似公式计算：

$$N\leqslant\frac{1}{\gamma_{RE}}\frac{1}{\dfrac{1}{N_{ou}}+\dfrac{e_0}{M_{wu}}} \tag{3-52}$$

其中
$$N_{0u}=2A_sf_y+A_{sw}f_{yw} \tag{3-53a}$$

$$M_{wu}=A_sf_y(h_{w0}-a'_s)+A_{sw}f_{yw}\frac{h_{w0}-a'_s}{2} \tag{3-53b}$$

式中 A_{sw}——抗震墙腹板竖向分布钢筋的全部截面面积。

② 墙肢（或整体墙）斜截面承载力计算

A. 剪力设计值

对于抗震墙底部加强部位，《抗震规范》规定，其截面组合的剪力设计值，当一、二、三级抗震时应乘以下列增大系数，以防止墙底塑性铰区在弯曲破坏前发生剪切脆性破坏，即通过增大墙底剪力的方法来满足“强剪弱弯”的要求；四级抗震时，可不乘增大系数。

一、二、三级的抗震墙底部加强部位，其截面组合的剪力设计值应按下式调整：

$$V=\eta_{vw}V_w \tag{3-54a}$$

9 度的一级可不按上式调整，但应符合下式要求：

$$V = 1.1\frac{M_{wua}}{M}V_w \tag{3-54b}$$

式中 V——抗震墙底部加强部位截面组合的剪力设计值；

V_w——抗震墙底部加强部位截面组合的剪力计算值；

M_{wua}——抗震墙底部截面按实配纵向钢筋面积、材料强度标准值和轴力等计算的抗震受弯承载力所对应的弯矩值；有翼墙时应计入墙两侧各一倍翼墙厚度范围内的纵向钢筋；

M——抗震墙底部截面组合的弯矩设计值；

η_{vw}——抗震墙剪力增大系数，一级可取 1.6，二级可取 1.4，三级可取 1.2。

对于其他部位，均采用计算截面组合的剪力设计值。

B. 剪压比限值

为避免墙肢混凝土被压碎而发生斜压脆性破坏，抗震墙墙肢截面尺寸应符合下式要求：

当剪跨比 $\lambda > 2.5$ 时

$$V_w \leqslant \frac{1}{\gamma_{RE}}(0.2\beta_c f_c b h_0) \tag{3-55a}$$

当剪跨比 $\lambda \leqslant 2.5$ 时

$$V_w \leqslant \frac{1}{\gamma_{RE}}(0.15\beta_c f_c b h_0) \tag{3-55b}$$

式中 V_w——墙肢端部截面组合的剪力设计值。

C. 斜截面受剪承载力计算

抗震墙的斜截面受剪承载力包括墙肢混凝土、横向钢筋和轴向力的影响等三方面的抗剪作用。试验表明，反复荷载作用下，抗震墙的抗剪性能比静载下的抗剪性能降低 15%～20%。偏心受压墙肢斜截面受剪承载力按下列公式计算：

$$V_w \leqslant \frac{1}{\gamma_{RE}}\left[\frac{1}{\lambda - 0.5}\left(0.4 f_t b_w h_{w0} + 0.1N\frac{A_w}{A}\right) + 0.8 f_{yv}\frac{A_{sh}}{s}h_{w0}\right] \tag{3-56}$$

式中 N——抗震墙的轴向压力设计值，当 $N > 0.2f_c b_w h_w$ 时，取 $N = 0.2f_c b_w h_w$；

A——抗震墙全截面面积；

A_w——T 形或工形墙肢截面腹板的面积，矩形截面时，取 $A_w = A$；

λ——计算截面处的剪跨比，$\lambda = M_w/(V_w h_{w0})$；当 $\lambda < 1.5$ 时，取 $\lambda = 1.5$，当 $\lambda > 2.2$ 时，取 $\lambda = 2.2$；此处 M_w 为与 V_w 相应的弯矩值，当计算截面与墙底之间的距离小于 $h_{w0}/2$ 时，λ 应按距墙底 $h_{w0}/2$ 处的弯矩值与剪力值计算；

A_{sh}——配置在同一截面内的水平分布钢筋截面面积之和；

f_{yv}——水平分布钢筋抗拉强度设计值；

s——水平分布钢筋间距。

偏心受拉墙肢斜截面受剪承载力按下列公式计算：

$$V_w \leqslant \frac{1}{\gamma_{RE}}\left[\frac{1}{\lambda-0.5}\left(0.4f_t b_w h_{w0}-0.1N\frac{A_w}{A}\right)+0.8f_{yv}\frac{A_{sh}}{s}h_{w0}\right] \tag{3-57}$$

当公式右边计算值小于$\frac{1}{\gamma_{RE}}\left(0.8f_{yv}\frac{A_{sh}}{s}h_{w0}\right)$时，取$\frac{1}{\gamma_{RE}}\left(0.8f_{yv}\frac{A_{sh}}{s}h_{w0}\right)$。

通过上述斜截面受剪承载力的计算，来避免墙肢发生剪压破坏。而墙肢的斜拉破坏，可通过满足水平分布钢筋ρ_{min}和竖筋锚固来避免。

③ 抗震墙水平施工缝的受剪承载力验算

抗震墙的施工，是分层浇筑混凝土的，因而层间留有水平施工缝。唐山地震灾害调查和抗震墙结构模型试验表明，水平施工缝在地震中容易开裂，为避免墙体受剪后沿水平施工缝滑移，应验算水平施工缝受剪承载力。

按一级抗震等级设计的抗震墙水平施工缝处竖向钢筋的截面面积应符合下列要求：
当N为轴向压力时

$$V_w \leqslant \frac{1}{\gamma_{RE}}(0.6f_y A_s+0.8N) \tag{3-58a}$$

当N为轴向拉力时

$$V_w \leqslant \frac{1}{\gamma_{RE}}(0.6f_y A_s-0.8N) \tag{3-58b}$$

式中 V_w——水平施工缝处的剪力设计值；

N——水平施工缝处截面组合的轴向力设计值；

A_s——水平施工缝处全部竖向钢筋截面面积，包括原有竖向钢筋及附加竖向钢筋；

f_y——竖向钢筋抗拉强度。

④ 双肢抗震墙

通常，双肢抗震墙在竖向荷载和水平荷载作用下，一个墙肢处于偏心受压状态，而另一墙肢则处于偏心受拉状态。试验表明，受拉墙肢开裂后，其刚度降低将导致发生内力重分布，即偏拉墙肢的抗剪能力迅速降低，而偏压墙肢的内力有所加大。为保证墙肢有足够的承载力，《抗震规范》规定，当任一墙肢全截面平均出现拉应力且处于大偏心受拉状态时，另一墙肢组合的剪力和弯矩设计值应乘以增大系数1.25。

(2) 连梁

① 连梁内力的调整

抗震墙在水平地震作用下，其连梁内通常产生很大的剪力和弯矩。由于连梁的宽度往往较小(通常与墙厚相同)，这使得连梁的截面尺寸和配筋往往难以满足设计要求，即存在连梁截面尺寸不能满足剪压比限值、纵向受拉钢筋超筋、不满足斜截面受剪承载力要求等问题。若加大连梁截面尺寸，则因连梁刚度的增加而导致其内力也增加。根据设计经验，可采用下列方法来处理。

A. 在满足结构位移限制的前提下，适当减小连梁高度，从而使连梁的剪力和弯矩迅速减小。

B. 加大洞口宽度以增加连梁的跨度，也即减小连梁刚度。

C. 考虑水平力作用下，连梁由于开裂而导致其刚度降低的现象，采用刚度折减系数β(β

不宜小于 0.50)。

D. 为保证抗震墙“强墙弱梁”的延性要求，当联肢抗震墙中某几层连梁的弯矩设计值超过其最大受弯承载力时，可降低这些部位的连梁弯矩设计值，并将其余部位的连梁弯矩设计值相应提高，以满足平衡条件。经调整的连梁弯矩设计值，可均取为最大弯矩连梁调整前弯矩设计值的 80%，见图 3—28。必要时可提高墙肢的配筋，以满足极限平衡条件。

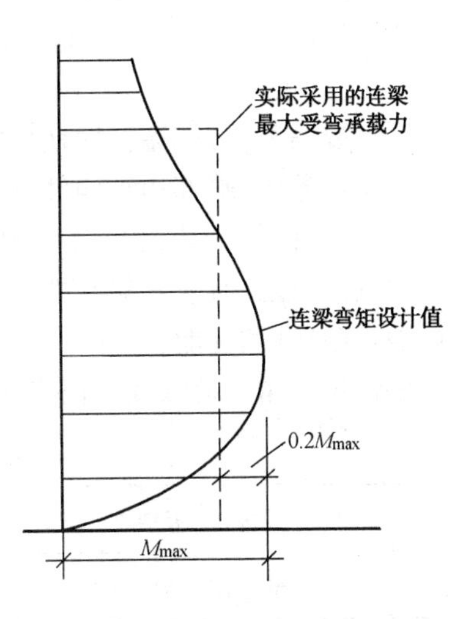

图 3—28　联肢抗震墙连梁的弯矩设计值

② 连梁斜截面受剪承载力计算

A. 剪力设计值

根据强剪弱弯的要求，对于抗震墙中跨高比大于 2.5 的连梁，其端部截面组合的剪力设计值同框架梁的剪力设计值取法见式(3—32)、式(3—33)。

B. 剪压比限值

试验表明，连梁跨高比对连梁的破坏形态和延性有重要影响。当跨高比大于 2.5 时，多为受弯破坏，延性较大；当跨高比小于 1.5 时，则多发生剪切破坏，延性低。因此，要求连梁的跨高比不小于 1.5。

为避免连梁过早出现斜裂缝而导致斜压破坏，连梁的截面尺寸应符合下列要求：

跨高比大于 2.5 时

$$V_b \leqslant \frac{1}{\gamma_{RE}}(0.20\beta_c f_c b h_0) \tag{3—59a}$$

跨高比小于 2.5 时

$$V_b \leqslant \frac{1}{\gamma_{RE}}(0.15\beta_c f_c b h_0) \tag{3—59b}$$

C. 斜截面受剪承载力计算

跨高比大于 2.5 时

$$V_b \leqslant \frac{1}{\gamma_{RE}}\left(0.42 f_t b h_0 + f_{yv}\frac{A_{sv}}{s}h_0\right) \tag{3—60a}$$

跨高比小于 2.5 时

$$V_b \leqslant \frac{1}{\gamma_{RE}}\left(0.38 f_t b h_0 + 0.9 f_{yv}\frac{A_{sv}}{s}h_0\right) \tag{3—60b}$$

(3) 构造措施

① 截面尺寸

抗震墙的厚度，一、二级不应小于 160 mm 且不宜小于层高或无支长度的 1/20，三、四级不应小于 140 mm 且不宜小于层高或无支长度的 1/25；无端柱或翼墙时，一、二级不宜小于层高或无支长度的 1/16，三、四级不宜小于层高或无支长度的 1/20。

底部加强部位的墙厚，一、二级不应小于 200 mm 且不宜小于层高或无支长度的 1/16，

三、四级不应小于 160 mm 且不宜小于层高或无支长度的 1/20；无端柱或翼墙时，一、二级不宜小于层高或无支长度的 1/12，三、四级不宜小于层高或无支长度的 1/16。

② 边缘构件

试验表明，抗震墙在周期反复荷载作用下的塑性变形能力，与截面纵向钢筋的配筋、端部边缘构件范围、端部边缘构件内纵向钢筋及箍筋的配置，以及截面形状、截面轴压比等因素有关，而墙肢的轴压比是更重要的影响因素。当轴压比较小时，即使在墙端部不设约束边缘构件，抗震墙也具有较好的延性和耗能能力；而当轴压比超过一定值时，不设约束边缘构件的抗震墙，其延性和耗能能力降低。因此，《混凝土规范》规定，一、二、三级抗震等级的抗震墙底部加强部位在重力荷载代表值作用下，墙肢的轴压比 $N/(f_cA)$ 不宜超过表 3－14 的限值。

表 3－14　墙肢轴压比限值

抗震等级(设防烈度)	一级(9 度)	一级(7、8 度)	二、三级
轴压比限值	0.4	0.5	0.6

注：抗震墙墙肢轴压比 $N/(f_cA)$ 中的 A 为墙肢截面面积。

为了保证抗震墙肢底部塑性铰区的延性性能以及耗能能力，《混凝土规范》规定，抗震墙两端及洞口两侧应设置边缘构件，并应符合下列要求：一、二、三级抗震等级的抗震墙结构中的抗震墙，在重力荷载代表值作用下，当墙肢底截面轴压比大于表 3－15 值时，其底部加强部位及其以上一层墙肢应按规定设置约束边缘构件，以提供足够的约束；当不大于表 3－15 值时，可按规定设置构造边缘构件，以提供适度约束。

表 3－15　抗震墙设置构造边缘构件的最大轴压比

抗震等级(设防烈度)	一级(9 度)	一级(7、8 度)	二、三级
轴压比	0.1	0.2	0.3

一、二、三级抗震等级的抗震墙结构和框架—抗震墙结构中的一般部位抗震墙以及四级抗震等级抗震墙结构和框架—抗震墙结构中的抗震墙，应按规定设置构造边缘构件。

抗震墙端部设置的约束边缘构件（暗柱、端柱、翼墙和转角墙）应符合下列要求（图 3－29）：约束边缘构件沿墙肢的长度 l_c 及配箍特征值 λ_v 宜满足表 3－16 的要求，箍筋的配置范围及相应的配箍特征值 λ_v 和 $\lambda_v/2$ 的区域如图 3－29 所示，其体积配筋率 ρ_v 应按下式计算：

$$\rho_v = \lambda_v \frac{f_c}{f_{yv}} \tag{3-61}$$

式中　λ_v—— 配箍特征值，对图 3－27 中 $\lambda_v/2$ 的区域，可计入拉筋。

一、二、三级抗震等级抗震墙约束边缘构件的纵向钢筋的截面面积，对暗柱、端柱、翼墙和转角墙分别不应小于图 3－29 中阴影部分面积的 1.2%、1.0%、1.0%。

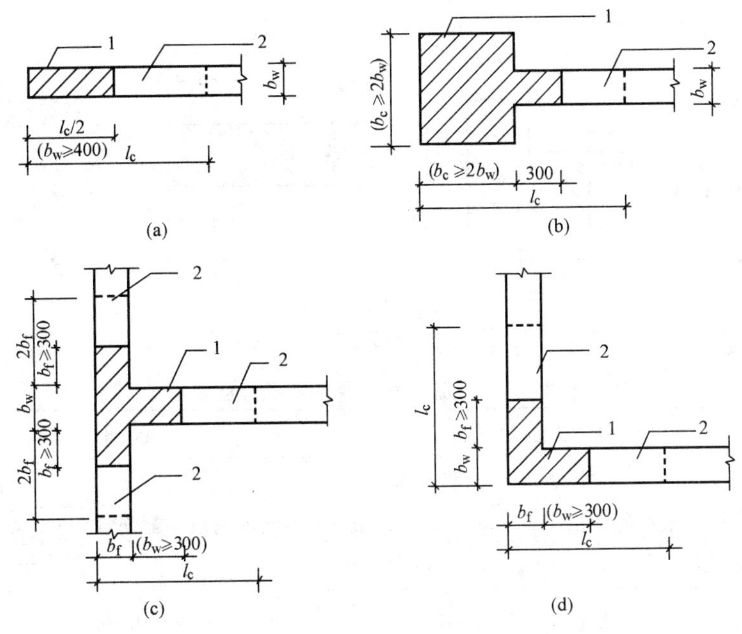

图 3－29　抗震墙的约束边缘构件(单位:mm)

(a) 暗柱；(b) 端柱；(c) 翼墙；(d) 转角墙

1－配箍特征值为 λ_v 的区域;2－配箍特征值为 $\lambda_v/2$ 的区域

表 3－16　约束边缘构件沿墙肢的长度 l_c 及其配箍特征值 λ_v

项目	一级(9 度)		一级(8 度)		二、三级	
	$\lambda \leq 0.2$	$\lambda > 0.2$	$\lambda \leq 0.3$	$\lambda > 0.3$	$\lambda \leq 0.4$	$\lambda > 0.4$
l_c(暗柱)	$0.20h_w$	$0.25h_w$	$0.15h_w$	$0.20h_w$	$0.15h_w$	$0.20h_w$
l_c(翼墙或端柱)	$0.15h_w$	$0.20h_w$	$0.10h_w$	$0.15h_w$	$0.10h_w$	$0.15h_w$
λ_v	0.12	0.20	0.12	0.20	0.12	0.20
纵向钢筋(取较大值)	$0.012A_c$，　8ϕ16		$0.012A_c$，　8ϕ16		$0.010A_c$，　6ϕ16(三级 6ϕ14)	
箍筋或拉筋沿竖向间距	100 mm		100 mm		150 mm	

注:(1) 抗震墙的翼墙长度小于其 3 倍厚度或端柱截面边长小于 2 倍墙厚时,按无翼墙、无端柱查表;

(2) l_c为约束边缘构件沿墙肢长度,且不小于墙厚和 400 mm;有翼墙或端柱时不应小于翼墙厚度或端柱沿墙肢方向截面高度加 300 mm;

(3) λ_v为约束边缘构件的配箍特征值,其体积配箍率按表 3－8 的规定计算,并可适当计入满足构造要求且在墙端有可靠锚固的水平分布钢筋的截面面积;

(4) h_w为抗震墙墙肢长度;λ 为墙肢轴压比;A_c为约束边缘构件阴影部分的截面面积。

底层墙肢底截面的轴压比不大于表 3－15 规定的一、二、三、四级抗震墙及四级抗震墙,墙肢两端可设置构造边缘构件,构造边缘构件的范围可按图 3－30 采用,构造边缘构件的配筋除应满足受弯承载力要求外,并宜符合表表 3－17 的要求。

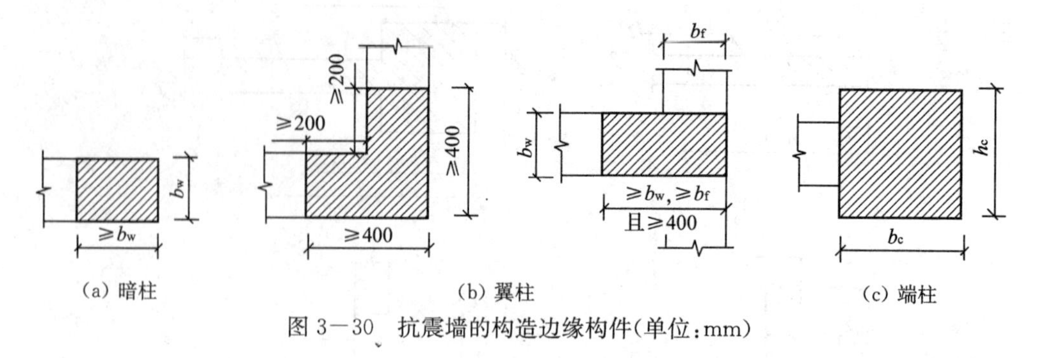

(a) 暗柱　　(b) 翼柱　　(c) 端柱

图 3－30　抗震墙的构造边缘构件(单位:mm)

表 3－17　构造边缘构件的构造配筋要求

抗震等级	底部加强部位			其他部位		
	纵向钢筋最小配筋量	箍筋、拉筋		纵向钢筋最小配筋量	箍筋、拉筋	
		最小直径/mm	沿竖向最大间距/mm		最小直径/mm	沿竖向最大间距/mm
一	$0.01A_c$ 和 6 根直径为 16 mm 的钢筋中的较大值	8	100	$0.008A_c$ 和 6 根直径为 14 mm 的钢筋中的较大值	8	150
二	$0.008A_c$ 和 6 根直径为 14 mm 的钢筋中的较大值	8	150	$0.006A_c$ 和 6 根直径为 12 mm 的钢筋中的较大值	8	200
三	$0.005A_c$ 和 6 根直径为 12 mm 的钢筋中的较大值	6	150	$0.004A_c$ 和 4 根直径为 12 mm 的钢筋中的较大值	6	200
四	$0.005A_c$ 和 4 根直径为 12 mm 的钢筋中的较大值	6	200	$0.004A_c$ 和 4 根直径为 12 mm 的钢筋中的较大值	6	250

注:(1) A_c 为边缘构件的阴影面积;
(2) 对其他部位,拉筋的水平间距不应大于纵向钢筋间距的 2 倍,转角处宜设置箍筋;
(3) 当端柱承受集中荷载时,其纵向钢筋、箍筋直径和间距应满足框架柱配筋要求。

③ 墙身分布钢筋

墙身分布钢筋包括竖向和横向分布钢筋。试验表明,当分布钢筋配筋率低于 0.1%时,抗震墙出现脆性破坏;配筋率低于 0.25%时,抗震墙会产生明显的温度裂缝。故分布钢筋除应满足承载力计算要求外,还必须满足最小配筋率要求。

抗震墙厚度大于 140 mm 时,其竖向和水平分布钢筋应采用双排钢筋;双排分布钢筋间拉筋的间距不应大于 600 mm,且直径不应小于 6 mm。抗震墙竖向和横向分布钢筋的直径,均不宜大于墙厚的 1/10 且不应小于 8 mm;竖向钢筋直径不宜小于 10 mm。

抗震墙墙板竖向、横向分布钢筋的配置,均应符合表 3－18 的要求。Ⅳ类场地上三级抗震墙的较高的高层建筑,其分布钢筋最小配筋率不应小于 0.20%。

表 3-18　抗震墙分布钢筋配筋要求

抗震等级	最小配筋率/%	最大间距/mm	最小直径	最大直径/mm
一、二、三	0.25	300	ϕ8	墙厚的 1/10
四	0.20			

部分框支抗震墙结构的落地抗震墙底部加强部位，竖向和横向钢筋配筋率均不应小于 0.3%，竖向和横向分布钢筋的间距不宜大于 200 mm。

横向分布钢筋在端部的锚固要求和端部边缘构件的约束箍筋与纵筋配置如图 3-31 所示。

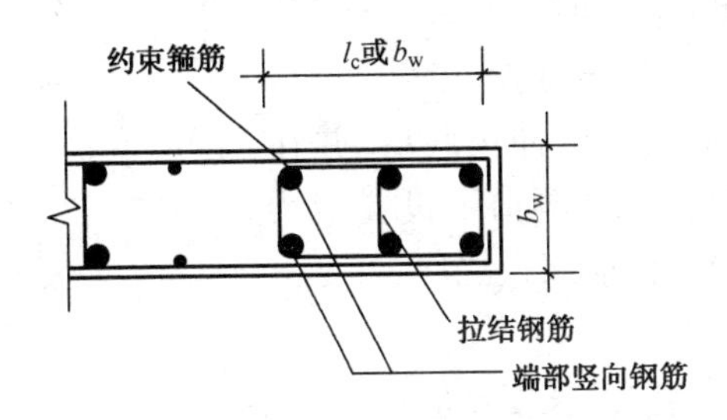

图 3-31　抗震墙墙肢端部约束构件配筋

横向分布钢筋在墙内和转角处的连接构造分别见图 3-32 和图 3-33。

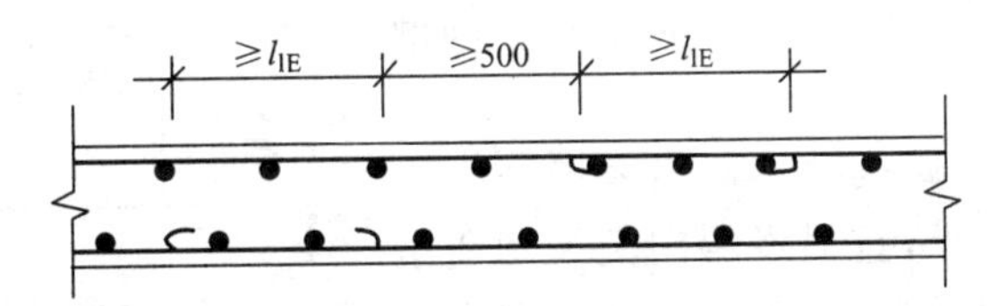

图 3-32　墙内水平分布筋的搭接

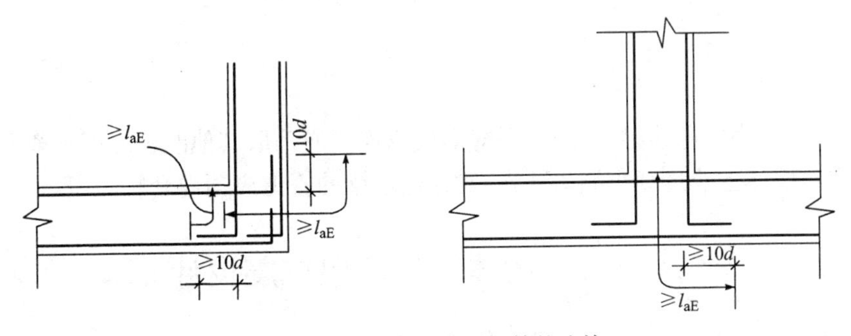

图 3-33　转角处水平钢筋的连接

墙内竖向分布钢筋的连接，一级抗震墙的所有部位和二级抗震墙的加强部位，接头位置应错开，每次连接的钢筋数量不超过 50%。其他抗震墙的钢筋可在同一部位连接。

④ 小墙肢配筋

抗震设计时，小墙肢的截面高度不宜小于 $3b_w$，其底部加强区竖向钢筋不少于 $0.015A_c$，其他部位不少于 0.01A_c，箍筋不少于柱加密区箍筋规定的配筋率。A_c 为小墙肢的截面面积。

一、二级抗震墙的小墙肢，其轴压比不宜大于 0.6。

试验表明，在反复荷载作用下，小墙肢开裂和破坏远远早于大墙肢，即使加强配筋，也难以防止小墙肢的早期破坏。因此，抗震设计时，应通过调整洞口位置来避免出现小墙肢。若不能满足小墙肢截面高度要求时，可将小墙肢按不受力墙肢设计。

⑤ 错洞墙

抗震设计时，一级抗震不应采用错洞墙，二、三级抗震不宜采用错洞墙。当必须采用错洞墙时，洞口错开距离不宜小于 2 m（图 3－34a）。抗震设计时，亦不宜采用叠合错洞墙，采用时应按图 3－34b 设置暗框架。底层局部错洞墙配筋构造按图3－34c，其标准层洞口部位的竖向钢筋应延伸至底层，并在一、二层形成上下连续的暗柱，二层洞口下设置暗梁并加强配筋。底层墙截面的暗柱应深入二层。

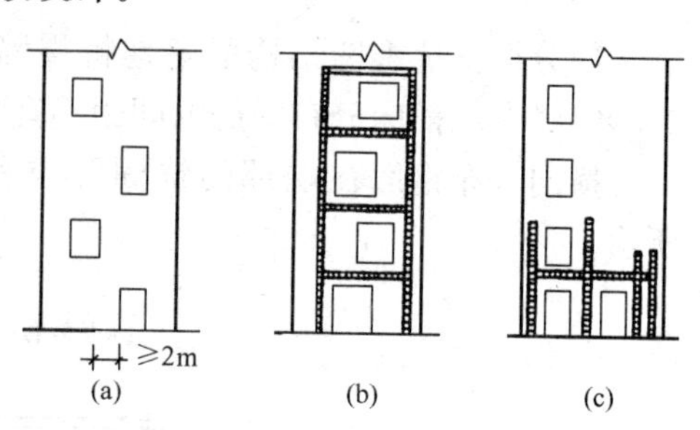

图 3－34 错洞抗震墙

（a）一般错洞墙；（b）叠合错洞墙；（c）底层叠合错洞墙

⑥ 连梁构造

连梁上下水平钢筋伸入墙内的长度不应小于 l_{aE}。

连梁沿梁全长箍筋的构造要求应按框架梁端加密区箍筋构造要求采用。

顶层连梁的纵向钢筋锚固长度范围内，应设置间距小于 150 mm 的构造箍筋，其直径同该连梁的箍筋直径。

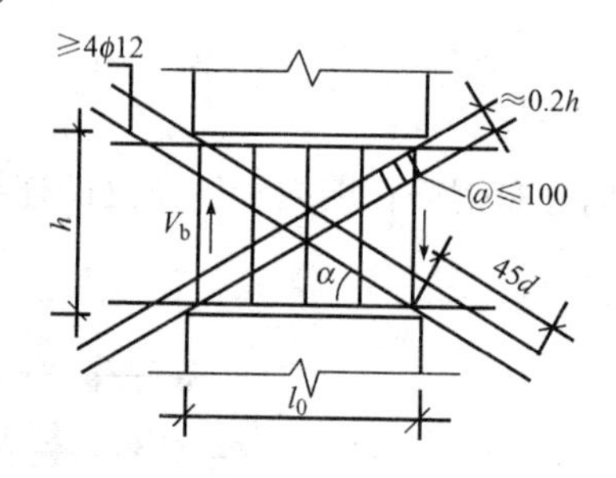

图 3－35 配交叉斜筋的连接

对一、二级的连梁，当跨高比≤2.0，墙厚不小于 200 mm 时，除普通箍筋外，宜另设斜向交叉构造钢筋；连梁的跨高比≤1 且墙厚≥250 mm 时，可采用交叉斜筋以改善连梁的延性，每个方向的斜筋面积按下式计算（图 3－35）：

$$A_s = \frac{V_b}{2f_y \sin\alpha} \tag{3-62}$$

对于跨高比较小的深连梁，可设水平缝形成双连梁或采取其他改善受剪承载力的措施。此外，需对墙体上非连续小洞口补强，对穿过连梁的管道应预埋套管。

§3－3 砌体结构房屋抗震设计

砌体结构房屋是指用烧结普通黏土砖、烧结多孔黏土砖、混凝土小型空心砌块、粉煤灰砌块等承重块材，通过砂浆砌筑而成的房屋。砌体结构在我国建筑工程中，特别是在住宅建筑中应用广泛。但由于砌体结构材料的脆性性质，其抗剪、抗拉和抗弯强度很低，所以未经合理设计的砌体结构房屋的抗震能力较差。

震害调查表明，砌体房屋的破坏率均比较高。但在 7、8 度区，甚至在 9 度区，仍有砌体结构房屋损坏轻微或者基本完好的实例，仅在 10 度、11 度区才出现大量多层砖房倒塌。对这些房屋的调查分析表明，只要设计合理、构造得当，保证施工质量，则在中、强地震区，砌体结构房屋仍具有一定抗震能力。为此，《抗震规范》给出了砌体结构房屋的抗震计算方法和抗震构造措施。

一、砌体房屋抗震设计一般规定

（一）多层砌体房屋的结构体系

多层砌体房屋比其他结构更要注意保持平面、立面规则的体型和抗侧力墙的均匀布置。由于多层砌体房屋一般都采用简化的抗震计算方法，对于体型复杂的结构和抗侧力构件布置不均匀的结构，其应力集中和扭转的影响，以及抗震薄弱部位均难以估计，细部的构造也较难处理。因此，《抗震规范》规定，多层砌体房屋的结构体系，应符合下列要求：

(1) 应优先采用横墙承重或纵横墙共同承重的结构体系，不应采用砌体墙和混凝土墙混合承重的结构体系；

(2) 纵横向砌体抗震墙的布置应符合下列要求：

① 宜均匀对称，沿平面内宜对齐，沿竖向应上下连续；且纵横向墙体的数量不宜相差过大；

② 平面轮廓凹凸尺寸，不应超过典型尺寸 50%；当超过典型尺寸 25%时，房屋转角处应采取加强措施；

③ 楼板局部大洞口的尺寸不宜超过楼板宽度的 30%，且不应在墙体两侧同时开洞；

④ 房屋错层的楼板高差超过 500 mm 时，应按两层计算；错层部位的墙体应采取加强措施；

⑤ 同一轴线上的窗间墙宽度宜均匀；墙面洞口的面积，6、7 度时不宜大于墙面总面积的 55%，8、9 度时不宜大于 50%；

⑥ 在房屋宽度方向的中部应设置内纵墙，其累计长度不宜少于房屋总长度的 60%（高宽比大于 4 的墙段不计入）。

(3) 房屋有下列情况之一时宜设置防震缝，缝两侧均应设置墙体，缝宽应根据烈度和房屋高度确定，可采用 70～100 mm：

① 房屋立面高差在 6 m 以上；

② 房屋有错层，且楼板高差大于层高的 1/4；

③ 各部分结构刚度、质量截然不同；

(4) 楼梯间不宜设置在房屋的尽端或转角处。

(5) 不应在房屋转角处设置转角窗。

(6) 横墙较少、跨度较大的房屋，宜采用现浇钢筋混凝土楼、屋盖。

（二）房屋的层数和高度的限制

多层砌体房屋的抗震能力，除取决于横墙间距、砖和砂浆强度等级、结构的整体性和施工质量等因素外，还与房屋的总高度有直接的联系。国内外历次地震表明，在一般场地下，砌体房屋的层数越多、高度越高，它的震害程度和破坏率就越大。因此，国内外建筑抗震设计规范均对砌体房屋的层数和总高度加以限制。

《抗震规范》规定，多层砌体房屋的层数和总高度应符合下列要求：

(1) 一般情况下，房屋的层数和总高度不超过表 3－19 的规定。

(2) 对医院、教学楼等横墙较少的多层砌体房屋，总高度应比表 3—19 的规定降低 3 m，层数相应减少一层；各层横墙很少的多层砌体房屋，还应再减少一层。

这里，横墙较少是指同一楼层内开间大于 4.2 m 的房间占该层总面积的 40%以上；其中，开间不大于 4.2 m 的房间占该层总面积不到 20%且开间大于 4.8 m 的房间占该层总面积 50%以上为横墙很少。

(3) 6、7 度时，横墙较少的丙类多层砌体房屋，当按规定采取加强措施并满足抗震承载力要求时，其高度和层数应允许仍按表 3—19 的规定采用。

(4) 采用蒸压灰砂砖和蒸压粉煤灰砖的砌体的房屋，当砌体的抗剪强度仅达到普通黏土砖砌体的 70%时，房屋的层数应比普通砖房屋减少一层，总高度应减少 3 m；当砌体的抗剪强度达到普通黏土砖砌体的取值时，房屋的层数和高度同普通砖房屋。

表 3—19　房屋的层数和总高度限值/m

房屋类别		最小抗震墙厚度/mm	烈度和设计基本地震加速度											
			6		7				8				9	
			0.05g		0.10g		0.15g		0.20g		0.30g		0.40g	
			高度	层数	高度	层数	高度	层数	高度	层数	高度	层数	高度	层数
多层砌体房屋	普通砖	240	21	7	21	7	21	7	18	6	15	5	12	4
	多孔砖	240	21	7	21	7	18	6	18	6	15	5	9	3
	多孔砖	190	21	7	18	6	15	5	15	5	12	4	—	—
	小砌块	190	21	7	21	7	18	6	18	6	15	5	9	3

注：(1) 房屋的总高度指室外地面到主要屋面板板顶或檐口的高度，半地下室从地下室内地面算起，全地下室和嵌固条件好的半地下室应允许从室外地面算起；对带阁楼的坡屋面应算到山尖墙的 1/2 高度处；

(2) 室内外高差大于 0.6 m 时，房屋总高度应允许比表中数据适当增加，但增加量应少于 1.0 m；

(3) 乙类的多层砌体房屋仍按本地区设防烈度表查，其层数应减少一层且总高度应降低 3 m；不应采用底部框架—抗震墙砌体房屋；

(4) 本表小砌块砌体房屋不包括配筋混凝土小型空心砌块砌体房屋。

表 3—19 对多层砌块房屋的总高度限值，主要是依据计算分析、部分震害调查和足尺模型试验，并参照多层砖房的规定确定的。

《抗震规范》还规定，普通砖、多孔砖和小砌块砌体房屋的层高，不应超过 3.6 m。

(三) 多层砌体房屋的最大高宽比

为了防止多层砌体房屋的整体弯曲破坏，《抗震规范》未规定对这类房屋进行整体弯曲验算，而只提出了表 3—20 所示的房屋最大高宽比的规定来加以限制。

表 3—20　多层砌体房屋的房屋最大高宽比

烈度	6 度	7 度	8 度	9 度
最大高宽比	2.5	2.5	2.0	1.5

注：(1) 单面走廊房屋的总宽度不包括走廊宽度。

(2) 建筑平面接近正方形时，其高宽比宜适当减小。

(四) 抗震横墙的最大间距

多层砌体房屋的横向水平地震作用主要由横墙承担。对于横墙,除了要求满足抗震承载力外,还要使横墙间距能够保证楼盖对传递水平地震作用所需的刚度要求。前者可通过抗震承载力验算来解决,而横墙间距则必须根据楼盖的水平刚度要求给予一定的限值。当横墙间距过大,纵向砖墙会因楼盖水平刚度不足而产生过大的层间变形,导致其出平面的弯曲破坏,应予防止。《抗震规范》规定,砌体房屋的横墙间距不应超过表 3—21 的要求。

表 3—21 砌体房屋抗震横墙的最大间距 单位:m

房屋类别	烈度			
	6 度	7 度	8 度	9 度
现浇或装配整体式钢筋混凝土楼、屋盖	15	15	11	7
装配式钢筋混凝土楼、屋盖	11	11	9	4
木屋盖	9	9	4	—

注:(1) 多层砌体房屋的顶层,除木屋盖外的最大横墙间距应允许适当放宽,但应采取相应加强措施;
(2) 多孔砖抗震横墙厚度为 190 mm 时,最大横墙间距应比表中数值减少 3 m。

(五) 房屋局部尺寸的限制

墙体是多层砌体房屋最基本的承重构件和抗侧力构件,地震时房屋倒塌往往是从墙体破坏开始的。应保证房屋的各道墙体能同时发挥它们的最大抗剪承载力,并避免由于薄弱部位抗震承载力不足而发生破坏,导致逐个破坏,进而造成整栋房屋的破坏,甚至倒塌。表 3—22 系根据震害宏观调查而提出的房屋局部尺寸限值。如果采用增设构造柱等措施,则局部尺寸可适当放宽。

表 3—22 房屋局部尺寸限值 单位:m

部位	6 度	7 度	8 度	9 度
承重窗间墙最小宽度	1.0	1.0	1.2	1.5
承重外墙尽端至门窗洞边的最小距离	1.0	1.0	1.2	1.5
非承重外墙尽端至门窗洞边的最小距离	1.0	1.0	1.0	1.0
内墙阳角至门窗洞边的最小距离	1.0	1.0	1.5	2.0
无锚固女儿墙(非出入口处)的最大高度	0.5	0.5	0.5	0.0

注:(1) 局部尺寸不足时应采取局部加强措施弥补;
(2) 出入口处的女儿墙应有锚固。

二、多层砌体房屋的抗震验算

对于多层砌体房屋,一般只需验算房屋在横向和纵向水平地震作用下,横墙和纵墙在其自身平面内的抗剪承载力。同时《抗震规范》规定,可只选择从属面积较大或竖向应力较小的不利墙段进行截面抗震承载力的验算。

(一) 水平地震作用和层间剪力的计算

多层砌体结构房屋,刚度沿高度的分布一般比较均匀,并以剪切变形为主,因此可采用底部剪力法计算水平地震作用。考虑到多层砌体房屋中纵向或横向承重墙体的数量较多,房屋的侧移刚度很大,因而其纵向和横向基本周期短,一般均不超过 0.25 s。所以《抗震规范》规定，对于多层砌体房屋，确定水平地震作用时采用 $\alpha_1=\alpha_{\max}$，$\delta_n=0$。计算结构的总水平地震作用标准值 F_{Ek}：

$$F_{Ek}=\alpha_{\max}G_{eq} \tag{3-63}$$

作用于第 i 层质点处的水平地震作用标准值 F_i（图 3－36）：

$$F_i=\frac{G_iH_i}{\sum_{k=1}^{n}G_kH_k}F_{Ek} \tag{3-64}$$

作用于第 i 层的地震剪力 V_i（图 3－36）：

$$V_i=\sum_{k=i}^{n}F_k \tag{3-65}$$

对于有突出屋面的楼梯间、水箱间等小屋以及女儿墙、烟囱等附属建筑的多层砌体房屋（图 3－37），F_{Ek} 仍按式（3－63）计算，F_i 和 V_i 则分别按下列公式计算：

$$F_i=\frac{G_iH_i}{\sum_{k=1}^{n+1}G_kH_k}F_{Ek} \tag{3-66}$$

$$V_{n+1}=3F_{n+1} \tag{3-67}$$

$$V_i=\sum_{k=i}^{n+1}F_i \qquad (i=1,2,\cdots,n) \tag{3-68}$$

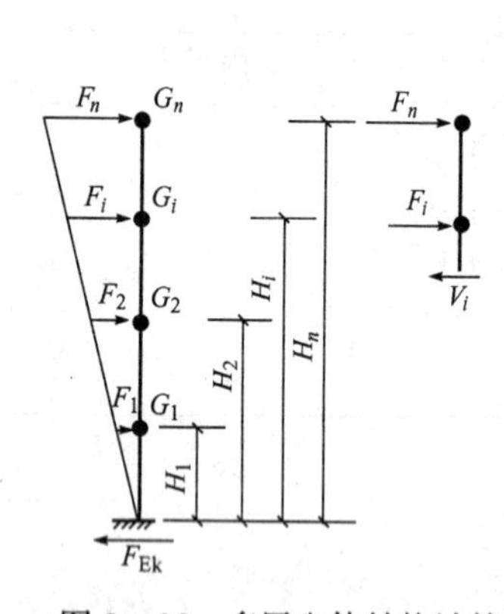

图 3－36　多层砌体结构计算简图

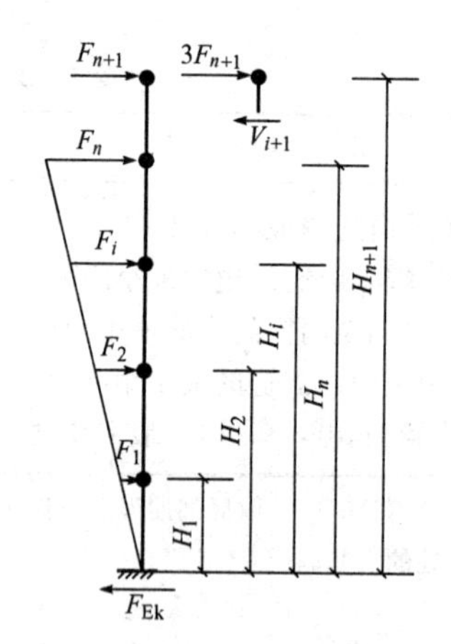

图 3－37　有突出屋顶结构的计算简图

（二）楼层水平地震剪力在各抗侧力墙体间的分配

由于多层砌体房屋墙体平面内的抗侧力等效刚度很大，而平面外的刚度很小，所以一个方向的楼层水平地震剪力主要由平行于地震作用方向的墙体来承担，而与地震作用相垂直的墙体，其承担的水平地震剪力很小。因此，横向楼层地震剪力全部由各横向墙体来承担，而纵向楼层地震剪力由各纵向墙体来承担。

1. 横向楼层地震剪力的分配

横向楼层地震剪力在横向各抗侧力墙体之间的分配，不仅取决于每片墙体的层间抗侧力等效刚度，而且取决于楼盖的整体刚度。

(1) 刚性楼盖

刚性楼盖是指现浇钢筋混凝土楼盖及装配整体式钢筋混凝土楼盖。当横墙间距符合表3－21的规定时，则刚性楼盖在其平面内可视作弹性支座(各横墙)上的刚性连续梁，并假定房屋的刚度中心与质量中心重合，而不发生扭转。于是，楼盖发生整体相对平移运动时，各横墙将发生相等的层间位移(图 3－38)。

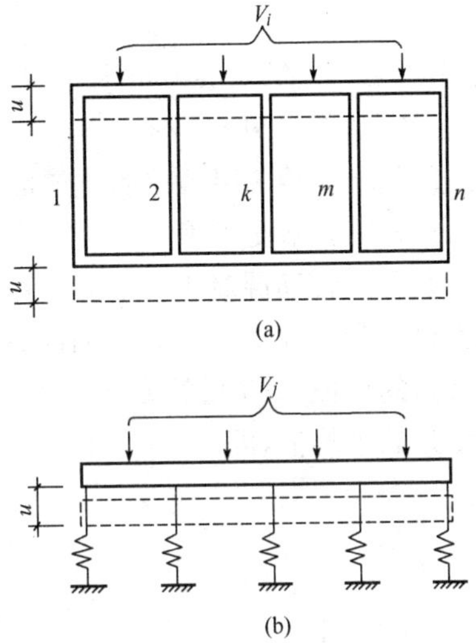

图 3－38　刚性楼盖的计算简图

若已知第 i 层横向墙体的层间等效刚度之和为 K_i，则在第 i 层层间地震剪力 V_i 作用下产生层间位移 u 可按下式计算：

$$u=\frac{V_i}{K_i}=\frac{V_i}{\sum\limits_{k=1}^{n}K_{ik}} \qquad (3-69)$$

第 i 层第 m 片横墙所分配的水平地震剪力 V_{im} 按下式计算：

$$V_{im}=K_{im}u=K_{im}\frac{V_i}{\sum\limits_{k=1}^{n}K_{ik}}=\frac{K_{im}}{\sum\limits_{k=1}^{n}K_{ik}}V_i \qquad (3-70)$$

式中　K_{im}、K_{ik}——分别为第 i 层第 m、第 k 片墙体的层间等效侧向刚度；

V_i——房屋第 i 层的横向水平地震力。

(2) 柔性楼盖

对于木结构楼盖等柔性楼盖，由于其水平刚度很小，在横向水平地震作用下，各片横墙产生的位移，主要取决于其邻近从属面积上楼盖重力荷载代表值所引起的地震力。因而可近似地视整个楼盖为分段简支于各片横墙的多跨简支梁(图 3－39)，各片横墙可独立地变形。这样，第 i 层第 m 片横墙所承担的地震剪力 V_{im}，可根据该墙从属面积上的重力荷载代表值的比例进行分配，即

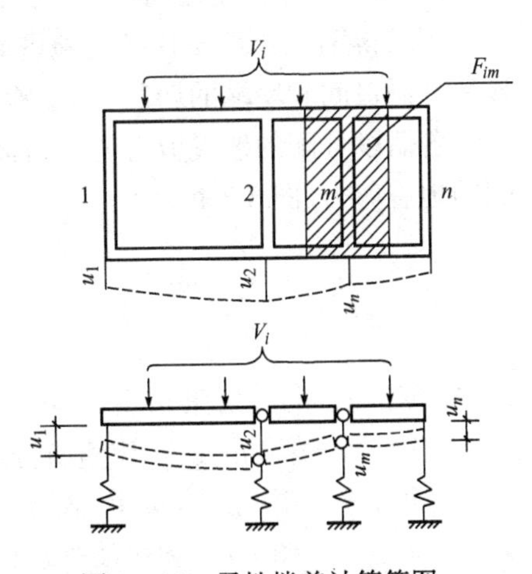

图 3－39　柔性楼盖计算简图

$$V_{im}=\frac{G_{im}}{G_i}V_i \qquad (3-71)$$

式中　G_{im}——第 i 层第 m 片墙从属面积上重力荷载代表值；

G_i——第 i 层楼盖总重力荷载代表值。

当楼盖单位面积上的重力荷载代表值相等时，式(3－71)可进一步写成

$$V_{im}=\frac{F_{im}}{F_i}V_i \tag{3-72}$$

式中 F_{im}——第 i 层第 m 片墙从属荷载面积，等于该墙两侧相邻墙之间各一半建筑面积之和（图 3－39）；

F_i——第 i 层楼盖的建筑面积。

（3）中等刚度楼盖

装配式钢筋混凝土楼盖属于中等刚度楼盖，在横向水平地震作用下，楼盖的变形状态介于刚性楼盖和柔性楼盖之间。因此，在一般多层砌体房屋设计中，《抗震规范》建议，对于中等刚度楼盖的房屋，第 i 层第 m 片墙所承担的地震剪力 V_{im}，可取刚性楼盖和柔性楼盖房屋两种计算结果的平均值，即

$$V_{im}=\frac{1}{2}\left[\frac{K_{im}}{\sum_{k=1}^{n}K_{ik}}+\frac{F_{im}}{F_i}\right]V_i \tag{3-73}$$

2．纵向楼层地震剪力的分配

由于房屋的宽度小而长度大，因此无论何种类型的楼盖，其纵向水平刚度均很大，可视为刚性楼盖。对于柔性楼盖、中等刚度楼盖和刚性楼盖的房屋，其各片纵墙所承担的地震剪力均按式（3－70）计算。

为考虑水平地震作用扭转影响，对于规则结构不进行扭转耦联计算时，《抗震规范》规定，横向第 1，n 片横墙与纵向外墙应分别乘以 1.15 与 1.05 的增大系数。

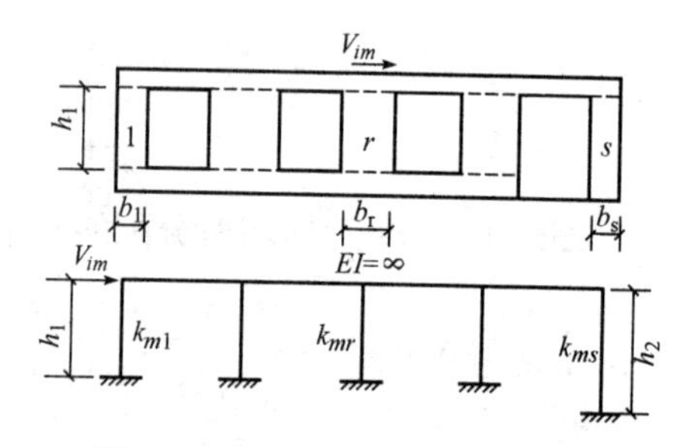

图 3－40 开洞墙片计算简图

3．同一片墙各墙段间地震剪力的分配

当求得第 i 层第 m 片墙的地震剪力 V_{im} 后，对于具有开洞的墙片，还要把地震剪力分配给该墙片洞口间和墙端的墙段，以便验算各墙段截面的抗震承载力。

各墙段分配的地震剪力值，与各墙段的等效侧向刚度成正比。第 m 片墙第 r 片墙段所分配的地震剪力（图 3－40）为

$$V_{mr}=\frac{K_{mr}}{\sum_{r=1}^{s}K_{mr}}V_{im} \tag{3-74}$$

式中 V_{mr}——第 i 层第 m 片墙第 r 片墙段所分配的地震剪力；

V_{im}——第 i 层第 m 片墙所分担的地震剪力；

K_{mr}——第 i 层第 m 片墙第 r 片墙段的等效侧向刚度，根据墙段高宽比（h_r/b_r），按式（3－77）和式（3－78）计算，当 $h_r/b_r>4$ 时，取 $K_{mr}=0$。

4．墙体层间等效侧向刚度

由上述可知，在进行楼层地震剪力的分配时，要知道各片墙体及墙段的层间等效侧向刚度，因此，必须讨论墙体的层间等效侧向刚度的计算方法。

(1) 无洞墙体

在多层砖房的抗震分析中，如各层楼盖仅发生平移而不发生转动，确定墙体的层间等效侧向刚度时，视其为下端固定、上端嵌固的构件，因而其侧移柔度（即单位水平力地震作用下的总变形）一般应包括层间弯曲变形 δ_b 和剪切变形 δ_s（如图 3－41 所示）。

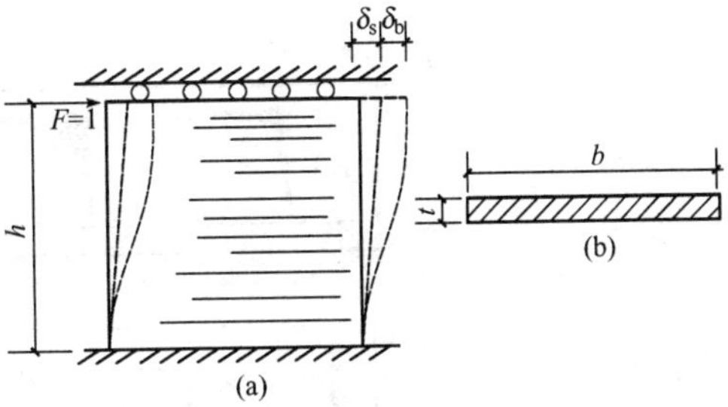

$$\delta=\delta_b+\delta_s=\frac{h^3}{12EI}+\frac{\zeta h}{GA} \qquad (3-75)$$

图 3－41　墙体的计算简图与墙体截面

式中　A、I——分别为墙体的水平截面面积和水平截面惯性矩；

E、G——分别为砖砌体受压时的弹性模量和剪切模量，一般取 $G=0.4E$；

ζ——剪应变不均匀系数，对矩形截面取 $\zeta=1.2$。

将 A、I、G 的表达式和 ζ 值代入式(3－75)，经整理后得

$$\delta=\frac{1}{Et}\left[\left(\frac{h}{b}\right)^3+3\left(\frac{h}{b}\right)\right] \qquad (3-76)$$

图 3－42 给出了墙体的不同高宽比与其弯曲变形 δ_b、剪切变形 δ_s、总变形 δ 的关系曲线。从图中可以看出：当 $h/b<1$ 时，弯曲变形占总变形的 10% 以下；当 $h/b>4$ 时，剪切变形在总变形所占的比例很小，其侧移柔度值很大；当 $1\leqslant h/b\leqslant 4$ 时，剪切变形和弯曲变形在总变形中均占有相当的比例。为此，《抗震规范》规定：

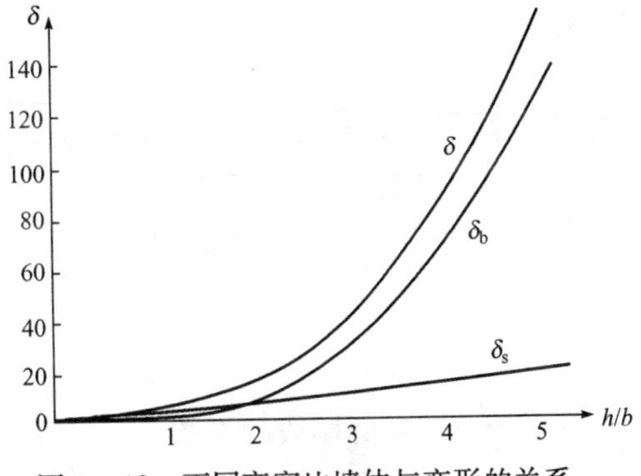

图 3－42　不同高宽比墙体与变形的关系

当 $h/b<1$ 时，确定层间等效侧向刚度可只计算剪切变形，则

$$K=\frac{1}{\delta}=\frac{Etb}{3h} \qquad (3-77)$$

当 $1\leqslant h/b\leqslant 4$ 时，层间等效侧向刚度的计算应同时考虑弯曲和剪切变形，则

$$K=\frac{Et}{\frac{h}{b}\left[\left(\frac{h}{b}\right)^2+3\right]} \qquad (3-78)$$

当 $h/b>4$ 时，等效侧向刚度可取为 0。

(2) 有洞口的墙体

一片有门、窗洞口的纵墙或横墙称为有洞口的墙体(图 3－43)，其窗间墙或门间墙称为墙段。门、窗间墙段的高度 h 取门、窗洞口净高，其等效侧向刚度按式(3－77)、式(3－78)计算。

确定有洞口墙体的层间等效侧向刚度时，不仅应考虑门、窗间墙段变形的影响，还应考虑洞口上、下的水平砖墙带变形的影响。

对于图 3－43a 所示开有规则洞口的多洞口墙体，墙顶在单位力($F=1$)的作用下，墙顶侧移 δ 应等于沿墙高各墙带的侧移 δ_i 之和，即

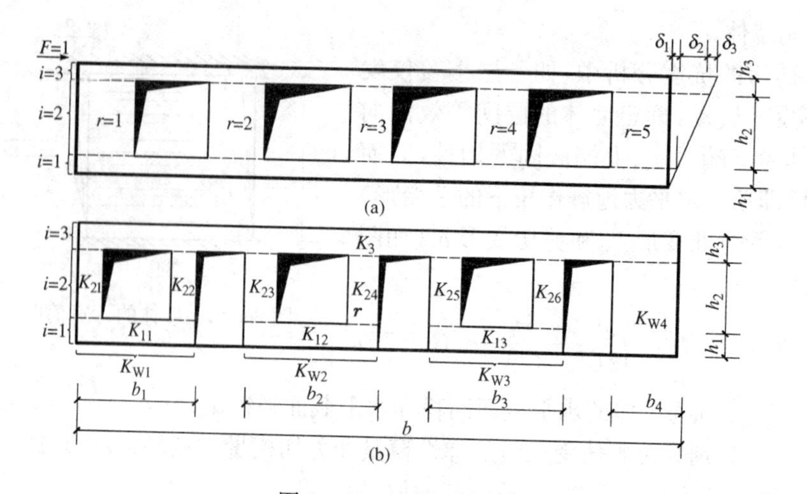

图 3—43 多洞口墙体

(a) 开有规则洞口；(b) 开有不规则洞口

$$\delta=\sum_{i=1}^{n}\delta_i \tag{3-79}$$

其中

$$\delta_i=\frac{1}{K_i} \tag{3-80}$$

式中 n—— 多洞口墙体所划分的墙带总数。

对于洞口上、下的水平实心墙带，因其高宽比 $h/b<1$，故此时式(3—80) 中的墙带刚度 K_i 按式(3－77) 计算；窗间墙带的刚度 K_i 应等于各窗洞间墙段刚度 K_{ir} 之和，即

$$K_i=\sum_{r=1}^{s}K_{ir} \tag{3-81}$$

式中 s—— 窗间墙段的总数；

K_{ir}—— 应根据墙段的高宽比 h/b，由式(3－77)(当 $h/b<1$ 时) 和式(3－78)(当 $1\leqslant h/b\leqslant 4$ 时) 计算。

多洞口墙体的层间等效侧向刚度按下式计算：

$$K=\frac{1}{\delta}=\frac{1}{\sum_{i=1}^{n}\delta_i} \tag{3-82}$$

对于开有不规则洞口的多洞口墙体(图 3－43b)，在第一层至第二层的范围划分为 4 个单元墙片，其等效侧向刚度分别为 K_{w1}、K_{w2}、K_{w3}、K_{w4}，其中 K_{w1}、K_{w2}、K_{w3} 的确定方法与上述规则有洞口墙相同。洞口上的实心墙带刚度 K_3 和第 4 单元墙片刚度 K_{w4} 的确定方法与墙段相同。这样，开有不规则洞口的多洞口墙体的层间等效侧向刚度按下式计算：

$$K=\frac{1}{\dfrac{1}{K_{w1}+K_{w2}+K_{w3}+K_{w4}}+\dfrac{1}{K_3}} \tag{3-83}$$

其中

$$K_{w1}=\frac{1}{\dfrac{1}{K_{11}}+\dfrac{1}{K_{21}+K_{22}}} \tag{3-84a}$$

$$K_{w2}=\frac{1}{\frac{1}{K_{12}}+\frac{1}{K_{23}+K_{24}}} \tag{3-84b}$$

$$K_{w3}=\frac{1}{\frac{1}{K_{13}}+\frac{1}{K_{25}+K_{26}}} \tag{3-84c}$$

式中符号意义见图 3－43。

（3）小开口墙体

墙体的开洞率指洞口水平截面积与墙段水平毛截面积之比，相邻洞口之间净宽小于 500 mm的墙段视为洞口。当开洞率不大于 0.3，且窗洞高度不大于层高的 50％时，按小开口墙体对待。对于设置构造柱的小开口墙段，《抗震规范》规定按毛墙面计算其层间等效刚度，即按无洞墙体公式计算，但应根据开洞率乘以表 3－23 中的洞口影响系数。

表 3－23 墙段洞口影响系数

开洞率	0.10	0.20	0.30
影响系数	0.98	0.94	0.88

注：洞口中线偏离墙段中线大于墙段的 1/4 时，表中影响系数值折减 0.9；门洞的洞顶高度大于层高 80％时，表中数据不适用；窗洞高度大于 50％层高时，按门洞对待。

（三）墙体截面的抗震承载力验算

砌体结构墙体抗震受剪承载力的计算，有两种半理论半经验的方法，即主拉应力强度和剪切摩擦强度理论法。从试算结果与试验结果对比看，在砂浆强度等级高于 M2.5 且竖向重力荷载引起的正应力 σ_0 与砌体抗剪强度设计值 f_v 之比符合 $1<\sigma_0/f_v\leqslant 4$ 时，两者计算结果相近；在 f_v 较低且 σ_0/f_v 相对较大时（对于砌块砌体），两者的结果差异增大。从墙体破坏机理来进行分析，两者都符合地震区墙体开裂时呈现交叉斜裂缝，但解释各异。《抗震规范》建议，考虑历史的连续性，对砖砌体的验算仍采用主拉应力强度公式；考虑砌块砌体房屋的震害经验较少，对砌块砌体的验算则采用基于试验结果的剪切摩擦强度公式。

1. 砌体沿阶梯形截面破坏的抗震抗剪强度

《抗震规范》规定，各类砌体沿阶梯形截面破坏的抗震抗剪强度设计值，应按下式确定：

$$f_{vE}=\zeta_N f_v \tag{3-85}$$

式中 f_{vE}——砌体沿阶梯形截面破坏的抗震抗剪强度设计值；

f_v——非抗震设计的砌体抗剪强度设计值；

ζ_N——砌块抗震抗剪强度的正应力影响系数，应按表 3－24 采用。

表 3－24 砌体强度的正应力影响系数

砌体类别	σ_0/f_v							
	0.0	1.0	3.0	5.0	7.0	10.0	12.0	≥16.0
普通砖、多孔砖	0.80	0.99	1.25	1.47	1.65	1.90	2.05	—
小砌块	—	1.23	1.69	2.15	2.57	3.02	3.32	3.92

注：σ_0 为对应于重力荷载代表值的砌体截面平均压应力。

对于普通砖、多孔砖砌体沿阶梯形截面破坏的抗震抗剪强度系按主拉应力强度理论确定的。有水平地震作用引起的剪应力 τ 和竖向重力荷载引起的正应力 σ_0，在其共同作用下，在阶梯形截面上产生的主拉应力应不大于砖砌体的主拉应力强度。经推导，砖砌体沿阶梯形截面破坏的抗震抗剪强度设计值由式(3－85)表达，其中的砖砌体强度正应力影响系数 ζ_N 可表示为

$$\zeta_N=\frac{1}{1.2}\sqrt{1+0.45\frac{\sigma_0}{f_v}} \tag{3-86}$$

由式(3－86)可得表 3－24 中普通砖、多孔砖的 ζ_N 值。

混凝土小砌块砌体沿阶梯形截面破坏的抗震抗剪强度由剪切摩擦强度理论确定，即认为抗震抗剪强度设计值 f_{vE} 随 σ_0/f_v 的增加而线性增加，考虑阶梯形破坏截面上摩擦力的影响，《抗震规范》规定，f_{vE} 仍由式(3－85) 计算，ζ_N 按式(3－87) 计算，并列于表 3－24 中。

$$\zeta_N=\begin{cases}1+0.25\dfrac{\sigma_0}{f_v} & \left(\dfrac{\sigma_0}{f_v}\leqslant 5\right)\\ 2.25+0.17\left(\dfrac{\sigma_0}{f_v}-5\right) & \left(\dfrac{\sigma_0}{f_v}>5\right)\end{cases} \tag{3-87}$$

2. 砖砌体截面抗震承载力验算

《抗震规范》规定，普通砖、多孔砖墙体的截面抗震受剪承载力，应按下列规定验算。

一般情况下，应按下式验算：

$$V\leqslant f_{vE}A/\gamma_{RE} \tag{3-88}$$

式中 V—— 墙体地震剪力设计值，对第 i 层 m 片墙，$V=1.3V_{im}$ ；

A——墙体横截面面积，多孔砖取毛截面面积；

γ_{RE}——承载力抗震调整系数，对于两端均有构造柱、芯柱的承重墙，$\gamma_{RE}=0.9$，以考虑构造柱、芯柱对抗震承载力的影响；对于其他承重墙，$\gamma_{RE}=1.0$；对于自承重墙体，$\gamma_{RE}=0.75$，以适当降低抗震安全性的要求。

3. 配筋砖砌体的截面抗震受剪承载力验算

为了提高砖砌体的抗剪强度，增强其变形能力，有效措施之一是在砌体的水平灰缝中设置横向配筋。试验表明，配置水平钢筋的砌体，在配筋率为 0.03%～0.167%范围内时，极限承载力较无筋墙体可提高 5%～25%。若配筋墙体的两端设有构造柱，由于水平钢筋锚固于柱中，使钢筋的效应发挥得更为充分，则可比无构造柱同样配筋率的墙体还可提高 13%左右。另一方面，配筋砌体受力后的裂缝分布均匀，变形能力大大增加，配筋墙体的极限变形为无筋墙体的2～3倍。由于水平配筋和墙体两端构造柱的共同作用，使配筋墙体具有极好的抗倒塌能力。基于试验结果，经过统计分析，《抗震规范》建议采用下列公式验算水平配筋普通砖、多孔砖墙体的截面抗震受剪承载力。

$$V\leqslant\frac{1}{\gamma_{RE}}(f_{vE}A+\zeta_s f_{yh}A_{sh}) \tag{3-89}$$

式中 A——墙体横截面面积，多孔砖取毛截面面积；

f_{yh}——钢筋抗拉强度设计值；

A_{sh}——层间墙体竖向截面的钢筋总面积，其配筋率不小于 0.07%且不大于 0.17%；

ζ_s——钢筋参与工作系数，可按表 3－25 采用。

当按照式(3－88)、式(3－89)验算不满足要求时，可计入设置于墙段中部、截面不小于240 mm×240 mm(墙厚为190 mm时为240 mm×190 mm)且间距不大于4 m的构造柱对受剪承载力的提高作用，按下列简化方法验算：

$$V \leqslant \frac{1}{\gamma_{RE}}[\eta_c f_{vE}(A-A_c)+\zeta_c f_t A_c+0.08 f_{yc} A_{sc}+\zeta_s f_{yh} A_{sh}] \tag{3-90}$$

式中 A_c——中部构造柱的横截面总面积，对横墙和内纵墙，$A_c>0.15A$时，取$0.15A$；对外纵墙，$A_c>0.25A$时，取$0.25A$；

f_t——中部构造柱的混凝土轴心抗拉强度设计值；

A_{sc}——中部构造柱的纵向钢筋截面总面积，配筋率不小于0.6%，大于1.4%时取1.4%；

ζ_c——中部构造柱参与工作系数，居中设1根时取0.5，多于1根时取0.4；

η_c——墙体约束修正系数，一般情况取1.0，构造柱间距不大于3.0 m时取1.1；

f_{yh}，f_{yc}——分别为墙体水平钢筋、构造柱钢筋抗拉强度设计值；

A_{sh}——层间墙体竖向截面的总水平钢筋面积，无水平钢筋时取0.0。

表3－25 钢筋参与工作系数

墙体高宽比	0.4	0.6	0.8	1.0	1.2
ζ_s	0.1	0.12	0.14	0.15	0.12

4. 小砌块墙体的截面抗震受剪承载力验算

《抗震规范》规定，小砌块墙体的截面抗震受剪承载力，应按式(3－91)验算。式(3－91)中的第一部分反映无筋混凝土小砌块砌体的抗剪强度，第二部分反映芯柱钢筋混凝土的抗剪强度。当同时设置芯柱和构造柱时，构造柱截面可作为芯柱截面，构造柱钢筋可作为芯柱钢筋。

$$V \leqslant \frac{1}{\gamma_{RE}}[f_{vE}A+(0.3f_t A_c+0.05 f_y A_s)\zeta_c] \tag{3-91}$$

式中 A_c——芯柱截面总面积；

f_t——芯柱混凝土轴心抗拉强度设计值；

A_s——芯柱纵向钢筋截面总面积；

f_y——芯柱钢筋抗拉强度设计值；

ζ_c——芯柱参与工作系数，可按表3－26采用。

表3－26 芯柱参与工作系数

填孔率ρ	$\rho<0.15$	$0.15\leqslant\rho<0.25$	$0.25\leqslant\rho<0.5$	$\rho\geqslant0.5$
ζ_c	0.0	1.0	1.10	1.15

注：填孔率指芯柱根数(含构造柱和填实孔洞数量)与孔洞总数之比。

三、砌体结构房屋的抗震构造措施

多层砖房在强烈地震袭击下极易倒塌，因此，防倒塌是多层砖房抗震设计的重要问题。多层砌体房屋的抗倒塌，不是依靠罕遇地震作用下的抗震变形验算来保障，而主要是从前述的总体布置和下面讨论的细部构造措施方面来解决。

（一）多层黏土砖房抗震构造措施

1. 钢筋混凝土构造柱

根据震害经验和大量试验研究，可知构造柱的设置对墙体的初裂荷载并无明显提高；对砖砌体的抗剪承载力只能提高10%～30%，其提高的幅度与墙体高宽比、竖向压力和开洞情况有关；构造柱的主要作用是对砌体起约束作用，使之有较高的变形能力，是一种有效的抗倒塌措施；构造柱应当设置在震害较重、连接构造比较薄弱和易于应力集中的部位。

（1）构造柱的设置要求

多层普通砖、多孔砖房屋，应按下列要求设置现浇钢筋混凝土构造柱：

① 构造柱设置部位，一般情况下应符合表3－27的要求。

② 外廊式和单面走廊式的多层房屋，应根据房屋增加1层后的层数，按表3－27的要求设置构造柱，且单面走廊两侧的纵墙均应按外墙处理。

③ 教学楼、医院等横墙较少的房屋，应根据房屋增加一层后的层数，按表3－27的要求设置构造柱；当横墙较少的房屋为外廊式和单面走廊时，应按②的要求设置构造柱，但6度不超过四层、7度不超过三层和8度不超过二层时，应按增加二层后的层数对待。

④ 各层横墙很少的房屋，应按增加二层的层数设置构造柱。

⑤ 采用蒸压灰砂砖和蒸压粉煤灰砖的砌体房屋，当砌体的抗剪强度仅达到普通黏土砖砌体的70%时，应根据增加一层的层数按①～④的要求设置构造柱；但6度不超过四层、7度不超过三层和8度不超过二层时，应按增加二层的层数对待。

表3－27 砖房构造柱设置要求

<table>
<tr><th colspan="4">房屋层数</th><th colspan="2" rowspan="2">设置部位</th></tr>
<tr><th>6度</th><th>7度</th><th>8度</th><th>9度</th></tr>
<tr><td>四、五</td><td>三、四</td><td>二、三</td><td></td><td rowspan="3">楼、电梯间四角，楼梯斜梯段上下端对应的墙体处；
外墙四角和对应转角；
错层部位横墙与外纵墙交接处；
大房间内外墙交接处；
较大洞口两侧</td><td>隔12 m或单元横墙与外纵墙交接处；楼梯间对应的另一侧横墙与外纵墙交接处</td></tr>
<tr><td>六</td><td>五</td><td>四</td><td>二</td><td>隔开间横墙（轴线）与外纵墙交接处；山墙与内纵墙交接处</td></tr>
<tr><td>七</td><td>≥六</td><td>≥五</td><td>≥三</td><td>内墙（轴线）与外纵墙交接处；内墙的局部较小墙垛处；内纵墙与横墙（轴线）交接处。</td></tr>
</table>

注：较大洞口，内墙指不小于2.1 m的洞口；外墙在内外墙交接处已设置构造柱时应允许适当放宽，但洞侧墙体应加强。

（2）构造柱的构造要求

多层普通砖、多孔砖房屋的构造柱应符合下列要求：

① 构造柱最小截面可采用180 mm×240 mm（墙厚190 mm时为180 mm×190 mm），纵向钢筋宜采用4ϕ12，箍筋间距不宜大于250 mm，且在柱上下端宜适当加密；7度时超过六层、8度时超过五层和9度时，构造柱纵向钢筋宜采用4ϕ14，箍筋间距不应大于200 mm，房屋四角的构造柱可适当加大截面及配筋。

② 设置构造柱处应先砌砖墙后浇柱，构造柱与墙连接处应砌成马牙槎，并应沿墙高每隔500 mm设2ϕ6水平钢筋和ϕ4分布短筋平面内点焊组成的拉结网片或ϕ4电焊钢筋网片，每边伸

入墙内不宜小于 1 m，如图 3—46 所示，以加强构造柱与砖墙之间的整体性。6、7 度时底部 1/3 楼层，8 度时底部 1/2 楼层，9 度时全部楼层，上述拉结钢筋网片应沿墙体水平通长设置。

③ 构造柱与圈梁连接处，构造柱的纵筋应在圈梁纵筋内侧穿过，保证构造柱纵筋上下贯通(图 3—44)。

④ 构造柱可不单独设置基础，但应伸入室外地面下 500 mm，或与埋深小于 500 mm 的基础圈梁相连。

⑤ 房屋高度和层数接近表 3—19 的限值时，纵、横墙内构造柱间距尚应符合：横墙内的构造柱间距不宜大于层高的 2 倍；下部 1/3 楼层的构造柱间距适当减小；当外纵墙开间大于 3.9 m 时，应另设加强措施。内纵墙的构造柱间距不宜大于 4.2 m。

2. 钢筋混凝土圈梁

多次震害调查表明，圈梁是多层砖房的一种经济有效的措施，可提高房屋的抗震能力，减轻震害。从抗震观点分析，圈梁的作用包括：圈梁的约束作用使楼盖与纵横墙构成整体的箱形结构，防止预制楼板散开和砖墙出平面的倒塌，充分发挥各片墙体的抗震能力，增强房屋的整体性；作为楼盖的边缘构件，对装配式楼盖在水平面内进行约束，提高楼板的水平刚度，保证楼盖起整体横隔板的作用，以传递并分配层间地震剪力；与构造柱一起对墙体在竖向平面内进行约束，限制墙体斜裂缝的开展，且不延伸超出两道圈梁之间的墙体，并减小裂缝与水平的夹角，保证墙体的整体性与变形能力，提高墙体的抗剪能力；可以减轻地震时地基不均匀沉陷和地表裂缝对房屋的影响，特别是屋盖处和基础地面处的圈梁，具有提高房屋的竖向刚度和抗御不均匀沉陷的能力。

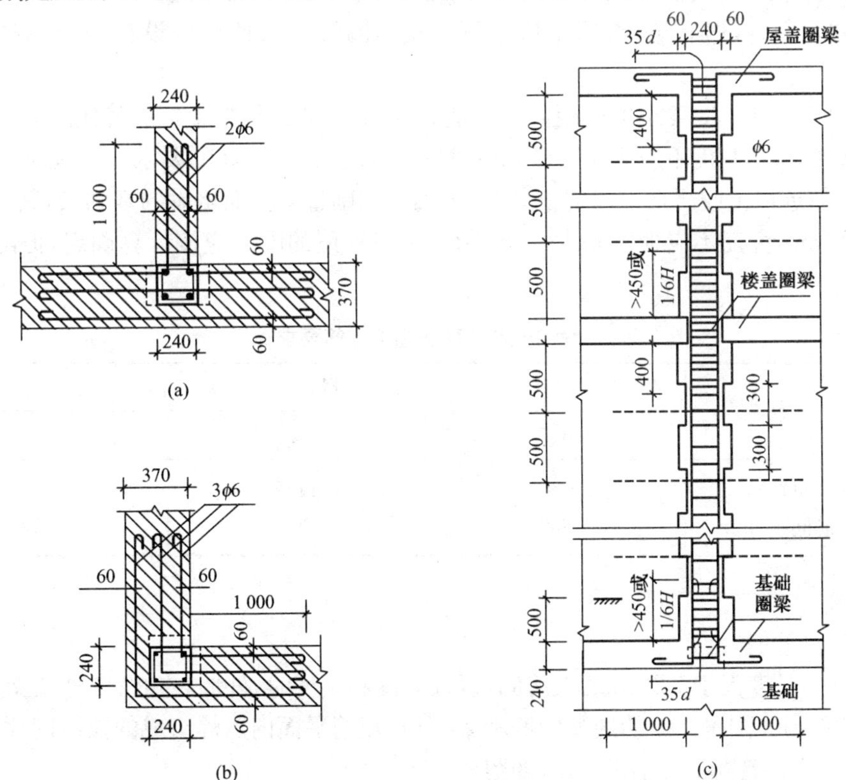

图 3—44 构造柱

(a) 丁字墙与构造柱的拉结连接；(b) 转角墙与构造柱的拉结连接；

(c) 圈梁与构造柱的连接，H 为层高

（1）圈梁的设置要求

多层普通砖、多孔砖房屋的现浇钢筋混凝土圈梁设置应符合下列要求：

① 装配式钢筋混凝土楼、屋盖或木楼、屋盖的砖房，横墙承重时应按表 3—28 的要求设置圈梁；纵墙承重时，抗震横墙上的圈梁间距应比表内要求适当加密。

表 3—28 多层砖砌体房屋现浇钢筋混凝土圈梁设置要求

墙类	烈度		
	6、7	8	9
外墙和内纵墙	屋盖处及每层楼盖处	屋盖处及每层楼盖处	屋盖处及每层楼盖处
内横墙	同上； 屋盖处间距不应大于 4.5 m； 楼盖处间距不应大于 7.2 m； 构造柱对应部位	同上； 各层所有横墙，且间距不应大于 4.5 m； 构造柱对应部位	同上； 各层所有横墙

② 现浇或装配式钢筋混凝土楼、屋盖与墙体有可靠连接的房屋，应允许不另设圈梁，但楼板沿墙体周边应加强配筋并应与相应的构造柱钢筋可靠连接。

（2）圈梁的构造要求

多层普通砖、多孔砖房屋的现浇钢筋混凝土圈梁构造应符合下列要求：

① 圈梁应闭合，遇有洞口，圈梁应上下搭接。圈梁宜与预制板设在同一标高处或紧靠板底。

② 圈梁在表 3—28 要求的间距内无横墙时，应利用梁或板缝中配筋替代圈梁。

③ 圈梁的截面高度不应小于 120 mm，配筋应符合表 3—29 的要求。当地基为软弱黏性土、液化土、新近填土或严重不均匀土层时，为加强基础整体性而增设的基础梁，其截面高度不应小于 180 mm，配筋不应少于 4ϕ12。砖拱楼、屋盖房屋的圈梁应按计算确定，但配筋不应少于 4ϕ10。

表 3—29 砖房圈梁配筋要求

配筋	烈度		
	6、7	8	9
最小纵筋	4ϕ10	4ϕ12	4ϕ14
最大箍筋间距/mm	250	200	150

3. 连接

（1）墙体间的拉结

6、7 度时，长度大于 7.2 m 的大房间，以及 8 度和 9 度时，外墙转角及内外墙交接处，应沿墙高每隔 500 mm 配置 2ϕ6 的通长钢筋和 ϕ4 分布短筋平面内点焊组成的拉结网片或 ϕ4 点焊网片，并每边伸入墙内不宜小于 1 m，如图 3—45。

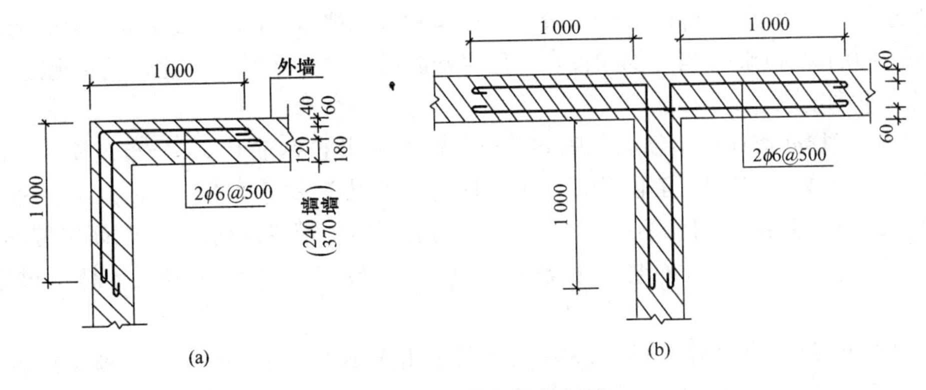

图 3－45　墙体的拉结钢筋

(a) 外墙转角处的拉结钢筋；(b) 内外墙交接处的拉结钢筋

后砌的非承重砌体隔墙，应沿墙高每隔 500 mm 配置 2ϕ6 钢筋与承重墙或柱拉结，并每边伸入墙内不宜小于 500 mm；8 度和 9 度时，长度大于 5 m 的后砌隔墙，墙顶尚应与楼板或梁拉结。

(2) 楼板搁置长度

现浇钢筋混凝土楼板或屋面板伸进纵、横墙内的长度，均不应小于 120 mm；装配式钢筋混凝土楼板或屋面板，当圈梁未设在板的同一标高时，板端伸进外墙的长度不应小于120 mm，伸进内墙的长度不宜小于 100 mm 或采用硬架支模连接，在梁上不应小于 80 mm 或采用硬架支模连接。

(3) 楼板与圈梁、墙体的拉结

当板的跨度大于 4.8 m 并与外墙平行时，靠外墙的预制板侧边应与墙或圈梁拉结，如图3－48所示。对于房屋端部大房间的楼盖，8 度时房屋的屋盖和 9 度时房屋的楼、屋盖，当圈梁设在板底时，钢筋混凝土预制板应相互拉结，并应与梁、墙或圈梁拉结。

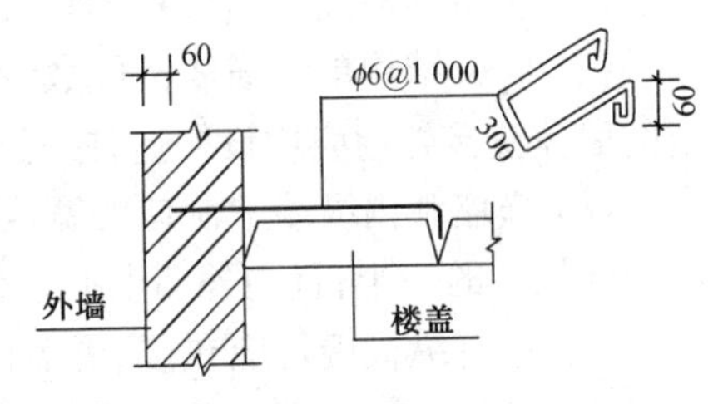

图 3－46　预制板侧边与外墙的连接

预制阳台，6、7 度时应与圈梁和楼板的现浇板带可靠连接，但 8、9 度时不应采用预制阳台。

(4) 屋架、梁与墙柱的锚拉

楼、屋盖的钢筋混凝土梁或屋架应与墙、柱(包括构造柱)或圈梁可靠连接；不得采用独立砖柱。跨度不小于 6 m 大梁的支承构件应采用组合砌体等加强措施，并满足承载力要求。

坡屋顶房屋的屋架应与顶层圈梁可靠连接，檩条或屋面板应与墙及屋架可靠连接，房屋出入口处的檐口瓦应与屋面构件锚固。采用硬山搁檩时，顶层内纵墙顶宜增砌支承山墙的踏步式墙垛并设置构造柱，以防止端山墙外闪。

门窗洞处不应采用无筋砖过梁。过梁支承长度在 6～8 度时不应小于 240 mm，9 度时不应小于 360 mm。

4. 加强楼梯间的整体性

历次地震灾害表明，楼梯间由于比较空旷而常常破坏严重，在9度及9度以上的地区曾多次发生楼梯间的局部倒塌，当楼梯间设在房屋尽端时破坏尤为严重。因此，《抗震规范》规定楼梯间应符合下列要求：

(1) 顶层楼梯间墙体应沿墙高每隔500 mm设2ϕ6通长钢筋和ϕ4分布短筋平面内点焊组成的拉结网片或ϕ4点焊钢筋网片；7～9度时其他各层楼梯间墙体应在休息平台和楼层半高处设置60 mm厚、纵向钢筋不应少于2ϕ10的钢筋混凝土带或配筋砖带，配筋砖带不少于3皮，每皮的配筋不少于2φ6，砂浆强度等级不应低于M7.5且不低于同层墙体的砂浆强度等级。

(2) 楼梯间及门厅内墙阳角处的大梁支承长度不应小于500 mm，并应与圈梁连接。

(3) 装配式楼梯段应与平台板的梁可靠连接，8、9度时不应采用装配式楼梯段；不应采用墙中悬挑式踏步和踏步竖肋插入墙体的楼梯，不应采用无筋砖砌栏板。

(4) 突出屋顶的楼、电梯间，构造柱应伸到顶部，并与顶部圈梁连接，所有墙体应沿墙高每隔500 mm设2ϕ6通长钢筋和ϕ4分布短筋平面内点焊组成的拉结网片或ϕ4点焊钢筋网片。

5. 采用同一类型的基础

多层砖房同一结构单元的基础(或桩承台)，宜采用同一类型的基础，地面宜埋置在同一标高上，否则应埋设基础圈梁，并应按1∶2的台阶逐步放坡。

6. 横墙少、层数多、高度高房屋的加强措施

丙类的多层砖砌体房屋，当横墙较少的多层普通砖、多孔砖住宅楼的总高度和层数接近和达到表3－19规定限值时，应采取下列加强措施：

(1) 房屋的最大开间尺寸不宜大于6.6 m。

(2) 同一结构单元横墙错位数量不宜超过横墙总数的1/3，且连续错位不宜多于两道；错位的墙体交接处均应增设构造柱，且楼、屋面板应采用现浇钢筋混凝土楼板。

(3) 横墙和内纵墙上洞口的宽度不宜大于1.5 m；外纵墙上洞口的宽度不宜大于2.1 m或开间尺寸的一半；且内外墙上洞口位置不应影响内外纵墙与横墙的整体连接。

(4) 所有纵横墙均应在楼、屋盖标高处设置加强的现浇钢筋混凝土圈梁，圈梁的截面高度不宜小于150 mm，上下纵筋各不应少于3ϕ10，箍筋不小于ϕ6，间距不大于300 mm。

(5) 所有纵横墙在交接处及横墙中部，均应增设满足下列要求的构造柱：在纵、横墙内的柱距不宜大于3.0 m，最小截面尺寸不宜小于240 mm×240 mm(墙厚190 mm时为240 mm×190 mm)，配筋宜符合表3－30的要求。

(6) 同一结构单元的楼、屋面板应设置在同一标高处。

(7) 房屋底层和顶层的窗台标高处，宜设置沿纵横墙通长的水平现浇钢筋混凝土带；其截面高度不小于60 mm，宽度不小于墙厚，纵向钢筋不少于2ϕ10，横向分布筋的直径不小于ϕ6且其间距不大于200 mm。

表 3—30　增设构造柱的纵筋和箍筋设置要求

<table>
<tr><th rowspan="2">位置</th><th colspan="3">纵　向　钢　筋</th><th colspan="3">箍　　筋</th></tr>
<tr><th>最大配筋率/%</th><th>最小配筋率/%</th><th>最小直径/mm</th><th>加密区范围/mm</th><th>加密区间距/mm</th><th>最小直径/mm</th></tr>
<tr><td>角柱</td><td rowspan="2">1.8</td><td rowspan="2">0.8</td><td>14</td><td>全高</td><td rowspan="3">100</td><td rowspan="3">6</td></tr>
<tr><td>边柱</td><td>14</td><td rowspan="2">下端 700
上端 500</td></tr>
<tr><td>中柱</td><td>1.4</td><td>0.6</td><td>12</td></tr>
</table>

（二）多层砌块房屋抗震构造措施

小砌块房屋的抗震构造措施，除应符合上述的有关要求外，尚应满足下述构造措施。

1. 钢筋混凝土芯柱的设置

混凝土小砌块房屋应按表 3—31 的要求设置钢筋混凝土芯柱。对外廊式和单面走廊式的多层房屋、横墙较少的房屋、各层横墙很少的房屋，尚应分别按照《抗震规范》关于设置构造柱需增加层数的对应要求，按表 3—31 设置芯柱。

表 3—31　小砌块房屋芯柱设置要求

<table>
<tr><th colspan="4">房屋层数</th><th rowspan="2">设　置　部　位</th><th rowspan="2">设　置　数　量</th></tr>
<tr><th>6 度</th><th>7 度</th><th>8 度</th><th>9 度</th></tr>
<tr><td>四、五</td><td>三、四</td><td>二、三</td><td></td><td>外墙转角，楼、电梯间四角，楼梯段上下端对应的墙体处；
大房间内外墙交接处；
错层部位横墙与外纵墙交接处；
隔 12 m 或单元横墙与外纵墙交接处</td><td rowspan="2">外墙转角，灌实 3 个孔；
内外墙交接处，灌实 4 个孔；
楼梯段上下端对应的墙体处，灌实 2 个孔</td></tr>
<tr><td>六</td><td>五</td><td>四</td><td></td><td>同上；
隔开间横墙（轴线）与外纵墙交接处</td></tr>
<tr><td>七</td><td>六</td><td>五</td><td>二</td><td>同上；
各内墙（轴线）与外纵墙交接处；
内纵墙与横墙（轴线）交接处和洞口两侧</td><td>外墙转角，灌实 5 个孔；
内外墙交接处，灌实 4 个孔；
内墙交接处，灌实 4～5 个孔；
洞口两侧各灌实 1 个孔</td></tr>
<tr><td></td><td>七</td><td>≥六</td><td>≥三</td><td>同上；
横墙内芯柱间距不大于 2 m</td><td>外墙转角，灌实 7 个孔；
内外墙交接处，灌实 5 个孔；
内墙交接处，灌实 4～5 个孔；
洞口两侧各灌实 1 个孔</td></tr>
</table>

对于外墙转角、内外墙交接处和楼、电梯间四角等部位，应允许采用钢筋混凝土构造柱替代部分芯柱。

小砌块房屋芯柱截面不宜小于 120 mm×120 mm，芯柱混凝土强度等级不应低于 Cb20，芯柱的竖向插筋应贯通墙身且与圈梁连接，插筋不应小于 1ϕ12，6、7 度时超过 5 层、8 度时超过四层和 9 度时，插筋不应小于 1ϕ14。芯柱应伸入室外地面下 500 mm，或与埋深小于 500 mm 的基础圈梁相连。为提高墙体抗震受剪承载力而设置的芯柱，宜在墙体内均匀布置，最大净距不宜大于 2.0 m。

2. 构造柱代替芯柱的构造要求

小砌块房屋中替代芯柱的钢筋混凝土构造柱应符合下列构造要求：

(1) 构造柱截面不宜小于 190 mm×190 mm，纵向钢筋宜采用 4ϕ12，箍筋间距不宜大于 250 mm，且在柱上下端宜适当加密；6、7 度时超过五层、8 度时超过四层和 9 度时，构造柱纵向钢筋宜采用 4ϕ14，箍筋间距不应大于 200 mm；外墙转角的构造柱可适当加大截面及配筋。

(2) 构造柱与砌块墙连接处应砌成马牙槎，与构造柱相邻的砌块孔洞，6 度时宜填实，7 度时应填实，8、9 度时应填实并插筋。构造柱与砌块墙之间沿墙高每隔 600 mm 设置 ϕ4 点焊拉结钢筋网片，并应沿墙体水平通长设置。6、7 度时底部 1/3 楼层，8 度时底部 1/2 楼层，9 度全部楼层，上述拉结钢筋网片沿墙高间距不大于 400 mm。

(3) 构造柱与圈梁连接处，构造柱的纵筋应在圈梁纵筋内侧穿过，保证构造柱纵筋上下贯通。

(4) 构造柱可不单独设置基础，但应伸入室外地面下 500 mm，或与埋深小于 500 mm 的基础圈梁相连。

3. 圈梁的设置要求

小砌块房屋的现浇钢筋混凝土圈梁应按表 3－28 的要求设置，圈梁宽度不应小于 190 mm，配筋不应少于 4ϕ12，箍筋间距不应大于 200 mm。

4. 其他构造措施

(1) 小砌块房屋墙体交接处或芯柱与墙体交接处应设置拉结钢筋网片，网片可采用直径 4 mm 的钢筋点焊而成，沿墙高每隔 500 mm 设置，每边伸入墙内不宜小于 1.0 m。

(2) 小砌块房屋的层数，6 度时五层、7 度时超过四层、8 度时超过三层和 9 度时，在底层和顶层的窗台标高处，沿纵横墙应设置通长的水平现浇钢筋混凝土带；其截面高度不小于 60 mm，纵筋不少于 2ϕ10，并应有分布拉结钢筋；其混凝土强度等级不应低于 C20。

§3－4 钢结构房屋抗震设计

一、钢结构房屋的震害

根据震害调查，一些多层及高层钢结构房屋，即使在设计时并未考虑抗震，在强震下承载力仍足够，但其侧向刚度一般不足，以致窗户及隔墙受到破坏。钢结构在地震作用下虽极少整体倒塌，但常发生局部破坏，如梁、柱的局部失稳与整体失稳，交叉支撑的破坏，节点的破坏等。

交叉支撑的破坏是钢结构中常见的震害。圆钢拉条的破坏发生在花篮螺栓处、拉条与节点板连接处。型钢支撑受压时由于失稳而导致屈曲破坏，受拉时在端部连接处拉脱或拉断。此外，还可能发生柱与基础连接的破坏，此时锚栓拔出，或在水平向剪坏。

对于空间钢结构，例如网架结构、网壳结构等，由于其自重轻、刚度好，在经历了唐山地震、乌恰地震、阪神地震这样的强震考验后，调查结果表明，所受的震害要小于其他类型的结构，但有两点经验教训是值得汲取的：

(1) 注意支承部分的设计与施工。许多震害是由于支座螺栓或地基失效而造成的。

(2) 保持屋盖吊顶或悬吊物的抗震性。许多公共建筑的屋盖结构本身无问题，但往往由于吊顶等塌落而影响使用。

二、多层和高层钢结构房屋抗震设计

（一）多层和高层钢结构体系

多层和高层钢结构体系包括纯框架体系、框架支撑（剪力墙板）体系和筒体体系等。在地震区，当设防烈度为 7 度、8 度和 9 度时，纯框架体系的适用高度分别为 110 m、90 m 和 50 m，后两种体系的适用高度较纯框架体系可分别增高 2 倍和 3 倍左右。

1. 纯框架体系的结构特点

纯框架体系由于在柱子之间不设置支撑或墙板之类的构件，故建筑平面布置及窗户开设等有较大的灵活性。这类结构的抗侧力能力有赖于梁柱构件及其节点的承载力与延性，故节点必须做成可靠的刚接，这将导致节点构造的复杂化，增加制作和安装费用。

2. 框架支撑体系的结构特点

纯框架结构抗侧刚度较小，高度较大时，为了满足使用荷载下的刚度要求往往加大截面，使承载能力过大。为了提高结构的侧向刚度，对于高层建筑，比较经济的办法是在框架的一部分开间中设置支撑，支撑与梁、柱组成一竖向的支撑桁架体系，它们通过楼板体系可以与无支撑框架共同抵抗侧力，以减小侧向位移。

支撑体系的布置由建筑要求及结构功能来确定，一般布置在端框架中、电梯井周围等处。支撑桁架的形式如图 3—47、图 3—48 所示。

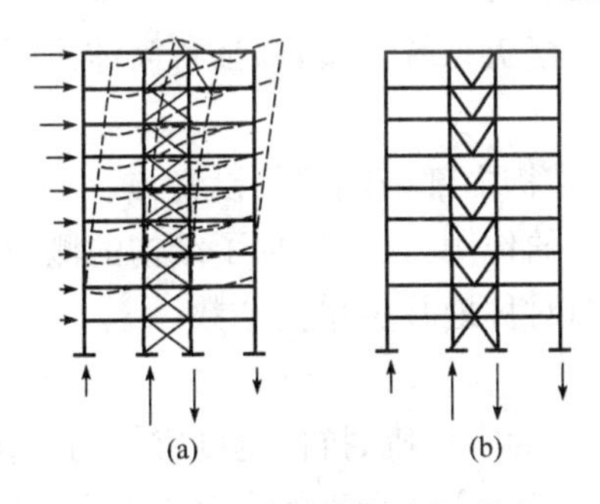

图 3—47　支撑桁架腹杆形式

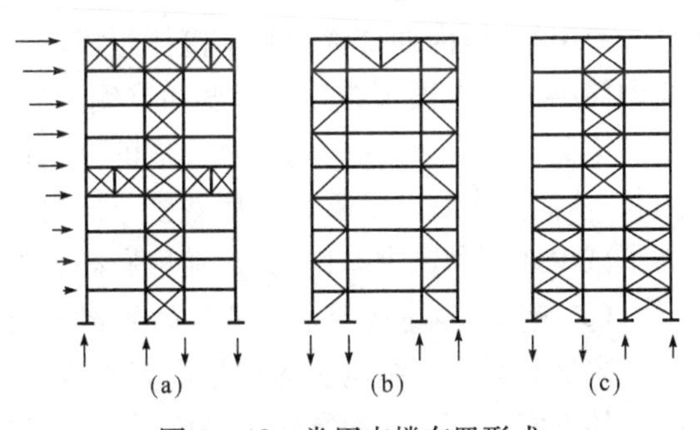

图 3—48　常用支撑布置形式

图 3—47 中的支撑桁架在水平力作用下，其柱脚受到很大的拔力，即使在中等高度的建筑物中这一作用力亦难以处理。同时由于支撑桁架两边柱子受到很大的轴力，因而轴向伸缩较大，使支撑架产生很大的弯曲变形而在上层发生很大的位移，进而使其周围的横梁也相应产生很大的弯曲变形，如图 3—47a 中虚线所示。为了克服上述缺点，改善结构的工作性能，在实际高层框架中常采用图 3—48 所示的支撑布置形式。

支撑桁架腹杆的形式主要有交叉式和 K 式两种（图3—47），也有采用华伦式的（图3—48b）。腹杆在桁架节点上与梁、柱中心交会或偏心交会。

偏心支撑的形式如图 3—49 所示，这种体系是在梁上设置一较薄弱部位，如图中的梁段 e，使这部位在支撑失稳之前就进入弹塑性阶段，从而避免支撑的屈曲，因杆件在地震作用下反复屈曲将引起承载力的下降和刚度的退化。偏心支撑体系在弹塑性阶段的变形如图 3—49 虚线所示。偏心支撑与中心支撑相比具有较大的延性，它是适宜用于高

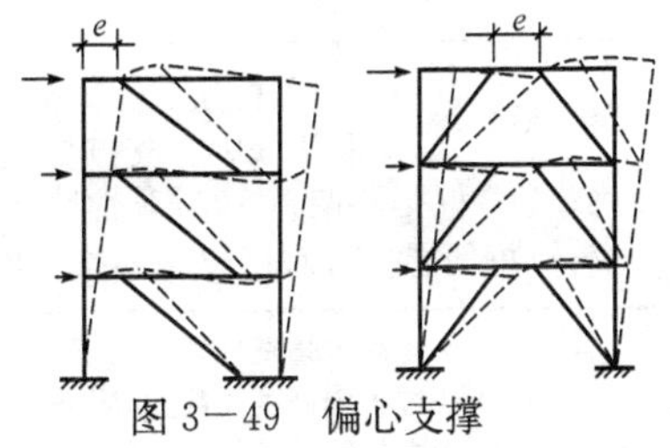

图 3—49　偏心支撑

烈度地震区的一种新型支撑体系。

3. 框架剪力墙板体系的结构特点

框架剪力墙板体系是在钢框架中嵌入剪力墙板而成。剪力墙板可采用钢板，也可用钢筋混凝土板，后者较经济，应用更普遍。框架剪力墙板体系也是一种有效的结构形式，墙板对提高框架结构的承载能力和刚度，以及在强震时吸收地震能量方面均有重要作用。

考虑到普通整块钢筋混凝土墙板初期刚度过高，地震时它们将首先斜向开裂，发生脆性破坏而退出工作，造成框架超载而破坏，所以提出了延性剪力墙板，如带竖缝的剪力墙板，它将墙板分割成一系列延性较好的壁柱，这种墙板在强震时能与钢框架一起工作。

4. 筒体体系的结构特点

筒体体系对于超高层建筑是一种经济有效的结构形式，它既能满足结构刚度的要求，又能形成较大的使用空间。筒体体系根据结构布置和组成方式的不同，可以分为框架筒、桁架筒、筒中筒以及束筒等体系。

框架筒：结构外围的框架由密柱深梁组成，形成一个筒体来抵抗侧向荷载，结构内部的柱子只承受重力荷载而不考虑其抗侧力作用。框架筒作为悬臂的筒体结构，在水平荷载作用下，由于横梁的弯曲变形，会产生剪力滞后现象，这样，使得房屋的角柱要承受比中柱更大的轴力。

桁架筒：在框架筒中增设交叉支撑，从而大大提高结构的空间刚度，而且这时剪力主要由支撑斜杆承担，避免横梁受剪变形，基本上消除了剪力滞后现象。

筒中筒：由内外套置的几个筒体组成，筒与筒之间由楼盖系统连接，保证各筒体协同工作。筒中筒结构具有很大的侧向刚度和抗侧力的能力。

束筒：由几个筒体并列组合而成的结构体系。由于结构内部横隔墙的设置，减小了筒体的边长，从而大大减轻了剪力滞后效应。同时，由于横隔墙的作用，大大增加了结构的侧向刚度。为了减少地震和风力的作用，常随房屋高度的增加，逐渐对称地减少单筒个数。

（二）多层和高层钢结构房屋的结构布置

多层和高层钢结构房屋的平面布置宜规则和对称，立面宜规则，抗侧刚度宜均匀变化。当结构体型复杂，平、立面特别不规则时，必须设置抗震缝，缝宽应不小于相应钢筋混凝土结构房屋的 1.5 倍。

1. 多层和高层钢结构房屋的一般规定

表 3—32 列出了不同结构体系的多层和高层钢结构房屋的最大适用高度；平面和竖向均不规则的钢结构房屋适用的最大高度宜适当降低。

表 3—32　钢结构房屋适用的最大高度/m

结构类型	6、7 度	7 度	8 度		9 度
	(0.10g)	(0.15g)	(0.20g)	(0.30g)	(0.40g)
框架	110	90	90	70	50
框架—中心支撑	220	200	180	150	120
框架—偏心支撑（延性墙板）	240	220	200	180	160
筒体（框筒，筒中筒，桁架筒，束筒）和巨型框架	300	280	260	240	180

注：(1) 房屋高度指室外地面到主要屋面板板顶的高度（不包括局部突出屋顶部分）；

(2) 超过表内高度的房屋，应进行专门研究和论证，采取有效地加强措施；

(3) 表内的筒体不包括混凝土筒。

表 3－33 列出了钢结构民用房屋的最大高宽比。

表 3－33　钢结构民用房屋适用的最大高宽比

烈度	6、7	8	9
最大高宽比	6.5	6.0	5.5

注：塔形建筑的底部有大底盘时，高宽比可按大底盘以上计算。

钢结构房屋应根据设防分类、烈度和房屋高度采用不同的抗震等级，并应符合相应的计算和构造措施要求。丙类建筑的抗震等级应按表 3－34 确定。

表 3－34　钢结构房屋的抗震等级

房屋高度	烈度			
	6	7	8	9
≤50 m		四	三	二
>50 m	四	三	二	一

注：(1) 高度接近或等于高度分界时，应允许结合房屋不规则程度和场地、地基条件确定抗震等级；

(2) 一般情况，构件的抗震等级应与结构相同；当某个部位各构件的承载力均满足 2 倍地震作用组合下的内力要求时，7～9 度的构件抗震等级应允许按降低一度确定。

一、二级的钢结构房屋，宜设置偏心支撑、带竖缝钢筋混凝土抗震墙板、内藏钢支撑钢筋混凝土墙板、屈曲约束支撑等消能支撑或筒体。

采用框架结构时，甲、乙类建筑和高层的丙类建筑不应采用单跨框架，多层的丙类建筑不宜采用单跨框架。

2. 框架—支撑结构的布置原则

(1) 支撑框架在两个方向的布置均宜基本对称，支撑框架之间楼盖的长宽比不宜大于 3。

(2) 三、四级且高度不大于 50 m 的钢结构宜采用中心支撑，也可采用偏心支撑、屈曲约束支撑等消能支撑。

(3) 中心支撑框架宜采用交叉支撑，也可采用人字支撑或单斜杆支撑，不宜采用 K 形支撑；支撑的轴线宜交汇于梁柱构件轴线的交点，偏离交点时的偏心距不应超过支撑杆件宽度，并应计入由此产生的附加弯矩。当中心支撑采用只能受拉的单斜杆体系时，应同时设置不同倾斜方向的两组斜杆，且每组中不同方向单斜杆的截面面积在水平方向的投影面积之差不应大于 10%。

(4) 偏心支撑框架的每根支撑应至少有一端与框架梁连接，并在支撑与梁交点和柱之间或同一跨内另一支撑与梁交点之间形成消能梁段。

(5) 采用屈曲约束支撑时，宜采用人字支撑、成对布置的单斜杆支撑等形式，不应采用 K 形或 X 形，支撑与柱的夹角宜在 35°～55°之间。屈曲约束支撑受压时，其设计参数、性能检验和作为一种消能部件的计算方法可按相关要求设计。

3. 钢框架—筒体结构设置

钢框架—筒体结构，必要时可设置由筒体外伸臂或外伸臂和周边桁架组成的加强层。

4. 钢结构房屋的楼盖的相关要求

(1) 宜采用压型钢板现浇钢筋混凝土组合楼板或钢筋混凝土楼板，并应与钢梁有可靠连接。

(2) 对6、7度时不超过50 m的钢结构，尚可采用装配整体式钢筋混凝土楼板，也可采用装配式楼板或其他轻型楼盖；但应将楼板预埋件与钢梁焊接，或采取其他保证楼盖整体性的措施。

(3) 对转换层楼盖或楼板有大洞口等情况，必要时可设置水平支撑。

(三) 高层建筑钢结构抗震设计

高层建筑钢结构的抗震设计采用两阶段设计法。第一阶段为多遇地震作用下的弹性分析，验算构件的承载力和稳定性以及结构的层间位移；第二阶段为罕遇地震作用下的弹塑性分析，验算结构的层间侧移和层间侧移延性系数。

1. 地震作用计算

(1) 结构自振周期

结构自振周期按顶点位移法计算。

$$T_1 = 1.7\psi_T\sqrt{U_T} \tag{3-92}$$

考虑非结构构件的影响，$\psi_T = 0.9$；U_T 为把集中在各楼面处的重力荷载 G_i 视为假想水平荷载算得的结构顶点位移：

$$U_r = \sum_{i=1}^{n}\delta_i \tag{3-93}$$

$$\delta_i = V_{Gi}/\sum D \tag{3-94}$$

式中　V_{Gi}—— 框架在假想水平荷载 G_i 作用下的 i 层层间剪力；

δ_i——V_{Gi} 作用下的层间位移；

$\sum D$——i 层柱的 D 值之总和，D 为框架柱的抗侧移刚度，可按 D 值法计算。

在初步设计时，基本周期可按下列经验公式估算：

$$T_1 = 0.1\,n \tag{3-95}$$

式中　n——建筑物层数(不包括地下部分及屋顶塔屋)。

(2) 设计反应谱

高层钢结构的周期较长，目前《抗震规范》将设计反应谱周期延至6 s，基本满足了国内绝大多数高层钢结构抗震设计的需要。对于周期大于6 s的结构，抗震设计反应谱应进行专门研究。

高层钢结构在弹性阶段的阻尼比为0.02，小于一般结构的阻尼比0.05，从而其地震反应增大。根据分析，阻尼比为0.02的单质点弹性体系，其地震的加速度反应将比阻尼比为0.05时提高约34%，故在高层钢结构的抗震设计中，地震影响系数的最大值 α_{max} 应为《抗震规范》中给出的 α_{max} 的1.34倍。高层钢结构在弹塑性阶段的阻尼比可采用0.05。

(3) 底部剪力

采用底部剪力法计算水平地震作用时，结构的总水平地震作用等效底部剪力标准值为

$$F_{Ek} = \alpha_1 G_{eq} \tag{3-96}$$

$$G_{eq} = c\sum_{i=1}^{n}G_i \tag{3-97}$$

式中　c——等效荷载系数，对于一般结构，取 $c=0.85$，对于 20 层以上的高层钢结构，取$c=0.80$。

结构各层水平地震作用的标准值为

$$F_i=\frac{G_iH_i}{\sum\limits_{i=1}^{n}G_jH_j}F_{\mathrm{Ek}}(1-\delta_{\mathrm{n}}) \tag{3-98}$$

式中，顶层附加水平集中力系数δ_{n}，当建筑高度在40 m以下时，可采用《抗震规范》中的方法确定，但对于高层钢结构，δ_{n} 应按下式计算：

$$\delta_{\mathrm{n}}=\frac{1}{T+8}+0.05 \tag{3-99}$$

当 $\delta_{\mathrm{n}}>0.15$ 时，取 $\delta_{\mathrm{n}}=0.15$。

高层钢结构在采用底部剪力法计算时，其高度应不超过 60 m，且结构的平面及竖向布置应较规则。

(4) 双向地震作用

高层钢结构高度较大，对设计要求应较严，对于设防烈度较高的重要建筑，当其平面明显不规则时，应考虑双向水平地震作用下的扭转效应进行抗震计算。根据强震观测记录的统计分析，两个方向水平地震加速度的最大值不相等，两者之比约为 1∶0.85，而且两个方向的最大值不一定发生在同一时刻，因此，《抗震规范》采用平方和开方法计算两个方向地震作用效应的组合。

2. 地震作用下内力与位移计算

(1) 多遇地震作用

结构在第一阶段多遇地震作用下的抗震计算中，其地震作用效应采用弹性方法计算，并计入重力二阶效应。根据不同情况，可采用底部剪力法、反应谱振型分解法以及时程分析法等方法。在框架—支撑(剪力墙板)结构中，框架部分按计算得到的任一楼层地震剪力应乘以调整系数，以达到不小于结构底部总地震剪力的 25%。

高层钢结构在进行内力和位移计算时，对于各种体系均可采用矩阵位移法。计算时除应考虑梁、柱弯曲变形和柱的轴向变形外，尚宜考虑梁、柱的剪切变形，此外还应考虑梁柱节点域的剪切变形对侧移的影响。

在预估杆件截面时，内力及位移的分析可采用近似方法。框架结构在水平荷载作用下可采用 D 值法进行简化计算。框架支撑结构在水平荷载作用下可简化为平面抗侧力体系。

(2) 罕遇地震作用

多层和高层钢结构第二阶段的抗震计算应采用时程分析法对结构进行弹塑性时程分析。不超过 20 层且层刚度无突变的钢框架结构和支撑钢框架结构可采用《抗震规范》中的简化计算方法进行薄弱层(部位)弹塑性抗震变形验算。在采用杆系模型分析时，梁、柱的恢复力模型可采用双线型，其滞回模型不考虑刚度退化。采用层间模型分析时，层间恢复力模型可采用图 3—50 所示的形式。对新型、特殊的杆件和结构，其恢复力模型宜通过试验确定，而整体结构应采用考虑扭转的空间结构模型。分析时结构的阻尼比可取 0.05，并应考虑 $P-\Delta$ 效应对侧移的影响。

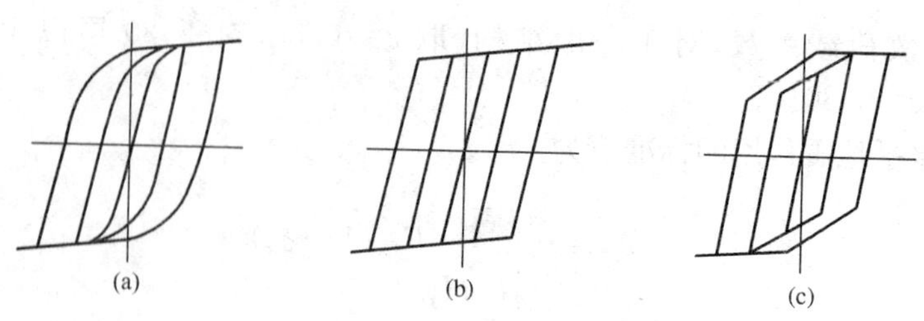

图 3—50 多层多跨框架的恢复力模型

(a) Ramberg—Osgood 型；(b) 双线型；(c) 三线型

3. 构件设计

(1) 内力组合

构件设计内力的组合方法见式(2—203)。

(2) 设计原则

框架梁、柱截面按弹性设计。设计时应考虑到在罕遇地震作用下框架将转入塑性工作，必须保证这一阶段的延性性能，使其不致倒塌。特别要注意防止梁、柱发生整体和局部失稳，故梁、柱板件的宽厚比应不超过其在塑性设计时的限值。同时，为使框架具有较大的吸能能力，应将框架设计成强柱弱梁体系。还要考虑到塑性铰出现在柱端的可能性而采取措施，以保证其承载力。这是因为框架在重力荷载和地震作用的共同作用下反应十分复杂，很难保证所有塑性铰出现在梁上，且由于构件的实际尺寸、承载力以及材性常与设计取值有差异，当梁的实际承载力大于柱时，塑性铰将转移至柱上。此外，在设计中一般不考虑竖向地震作用，即忽略了由此引起的柱轴向内力，从而过高地估计柱的抗弯能力。

4. 侧移控制

钢框架结构应限制并控制其侧移，使其不超过一定的数值，以免在小震下(弹性阶段)由于层间变形过大而造成非结构构件的破坏，而在大震下(弹塑性阶段)造成结构的倒塌。为了控制框架侧移不致过大，可采取各种措施：一种是减少梁的变形，因为结构侧移一般总与梁的 EI/L 成反比，减少梁的变形要比减少柱的变形经济。但必须注意，一旦增加梁的承载力，塑性铰可能由梁上转移至柱上。另一种办法是减少节点区的变形，可改用腹板较厚的重型柱或局部加固节点区来达到。此外，也可以采用增加柱子数量的办法。

在多遇地震下，高层钢结构的层间侧移标准值应不超过层高的 1/300。

用时程分析法验算罕遇地震下结构的弹塑性位移时，因考虑为罕遇地震，故不考虑风荷载。将所有标准荷载同时施加于结构进行分析，因结构处于弹塑性阶段时叠加原理已不适用。

在罕遇地震下为了避免倒塌，高层钢结构的层间侧移应不超过层高的 1/50，同时结构层间侧移的延性系数对于纯框架、偏心支撑框架、中心支撑框架分别不小于 3.5、3.0 及 2.5。

结构弹塑性层间位移主要取决于楼层屈服强度系数 ξ_y 的大小及其沿房屋高度的分布情况，ξ_y 是层受剪承载力与罕遇地震下层弹性剪力之比。为了控制层间弹塑性位移不致过大，应控制 ξ_y 的值不致过小，而且使 ξ_y 沿房屋高度分布较为均匀。

三、钢构件与连接的性能及其抗震设计

梁、柱、支撑等构件及其节点的合理设计，应主要包括以下方面：

(1) 对于会形成塑性铰的截面，应避免其在未达到塑性弯矩时发生局部失稳或破坏，同时塑性铰应具有足够的转动能力，以保证体系能形成塑性倒塌机构。

(2) 避免梁、柱构件在塑性铰之间发生局部失稳或整体失稳，或同时发生局部失稳与整体失稳。

(3) 构件之间的连接要设计成能传递剪力与弯矩，并能允许框架构件充分发挥塑性性能的形式。

(一) 钢梁的抗震设计

钢梁的破坏表现为梁的侧向整体失稳和局部失稳。钢梁根据其板件宽厚比、侧向无支承长度及弯矩梯度、节点连接构造等的不同，其承载力及变形性能将有很大差别。

钢梁在反复荷载作用下的极限荷载将比单调荷载时小，但考虑到楼板的约束作用又将使梁的承载能力有明显提高，因此，钢梁承载力计算与一般在静力荷载作用下的钢结构相同，计算时取截面塑性发展系数 $\gamma_x=1$，承载力抗震调整系数 $\gamma_{RE}=0.75$。由于在强震作用下钢梁中将产生塑性铰，而在整个结构未形成破坏机构之前要求塑性铰能不断转动，为了使其在转动过程中始终保持极限抗弯能力，不但要避免板件的局部失稳，而且必须避免构件的侧向扭转失稳。

为了避免板件的局部失稳，应限制板件的宽厚比。《抗震规范》对于超过 12 层的框架的梁可能出现塑性铰的区段，规定了梁、柱板件宽厚比的限值(见表 3—35 所示)。

表 3—35　框架梁、柱板件宽厚比限值

<table>
<tr><th colspan="2" rowspan="2">板件名称</th><th colspan="4">抗震等级</th></tr>
<tr><th>一级</th><th>二级</th><th>三级</th><th>四级</th></tr>
<tr><td rowspan="3">柱</td><td>工字形截面翼缘外伸部分</td><td>10</td><td>11</td><td>12</td><td>13</td></tr>
<tr><td>工字形截面腹板</td><td>43</td><td>45</td><td>48</td><td>52</td></tr>
<tr><td>箱形截面壁板</td><td>33</td><td>36</td><td>38</td><td>40</td></tr>
<tr><td rowspan="3">梁</td><td>工字形截面和箱形截面翼缘外伸部分</td><td>9</td><td>9</td><td>10</td><td>11</td></tr>
<tr><td>箱形截面翼缘在两腹板之间部分</td><td>30</td><td>30</td><td>32</td><td>36</td></tr>
<tr><td>工字形截面和箱形截面腹板</td><td>$72-120\frac{N_b}{Af}$
$\leqslant 60$</td><td>$72-100\frac{N_b}{Af}$
$\leqslant 65$</td><td>$80-110\frac{N_b}{Af}$
$\leqslant 70$</td><td>$85-120\frac{N_b}{Af}$
$\leqslant 75$</td></tr>
</table>

注：(1) 表列数值适用于 Q235 钢，采用其他牌号钢材时，应乘以 $\sqrt{235/f_{ay}}$；

(2) $N_b/(Af)$ 为梁轴压比。

为了避免构件的侧向扭转失稳，除了按一般要求设置侧向支承外，尚应在塑性铰处设侧向支承。塑性铰处的侧向支承与其相邻支承点的最大距离将与该段内的弯矩梯度、钢材屈服强度以及截面回转半径有关。当抗震设防烈度≥7 度时，在这两支承点间弯矩作用平面外的构件长细比 λ_y 应符合下列要求：

$-1\leqslant M_l/M_p\leqslant 0.5$ 时

$$\lambda_y \leqslant (60 - 40M_l/M_p)\sqrt{235/f_{ay}} \tag{3-100}$$

$0.5 < M_l/M_p \leqslant 1.0$ 时

$$\lambda_y = (45 - 10M_l/M_p)\sqrt{235/f_{ay}} \tag{3-101}$$

式中 λ_y—— 弯矩作用平面外的长细比，$\lambda_y = l_1/i_y$，l_1 为侧向支承点间距离，i_y 为截面回转半径；

M_p—— $M_p = W_{px}f$，其中 W_{px} 为对中性轴 x 的毛截面抵抗矩；

M_l—— 与塑性铰相距 l_1 的侧向支承点处的弯矩，当长度 l_1 为同向曲率时，M_l/M_p 为正，反向曲率时，M_l/M_p 为负。

在罕遇地震作用下可能出现塑性铰处，梁上、下翼缘均应设置侧向支撑。

在抗震设计中，为了满足抗震要求，钢梁必须具有良好的延性性能，因此必须正确设计截面尺寸，合理布置侧向支撑，注意连接构造，保证其充分发挥变形能力。

（二）钢柱的抗震设计

1. 钢柱的承载力与延性

钢柱的工作性能取决于下列因素：柱两端约束、柱轴向压力的大小、柱的长细比、截面尺寸和抗扭刚度等。

先考察柱端约束条件对柱工作性能的影响。考虑三种约束情况：柱两端弯矩相等而方向相反，柱变形曲线为单曲率，两端弯矩的比值 $\beta=-1$；柱一端为铰接，一端有弯矩，比值 $\beta=0$；柱两端弯矩相等而方向相同，柱变形曲线呈双曲率，中间有反弯点，比值 $\beta=+l$。

在柱受单调荷载作用而不发生局部失稳或侧向失稳的情况下，上述不同的柱端约束条件对柱承载力与延性的影响见图3－51。图中柱的长细比和轴压比(柱轴向力 N 与其相应短柱屈服压力 N_y 之比)保持定值。由图可见，$\beta=+1$ 的柱在偏压塑性弯矩 M_{pc} 作用下具有很大的转动能力；$\beta=-1$ 的柱子由于受到较大的附加弯矩，其强度达不到 M_{pc}，且当达到最大弯矩后转动能力迅速下降，当柱长细比与轴压比增大时这种现象更为显著。

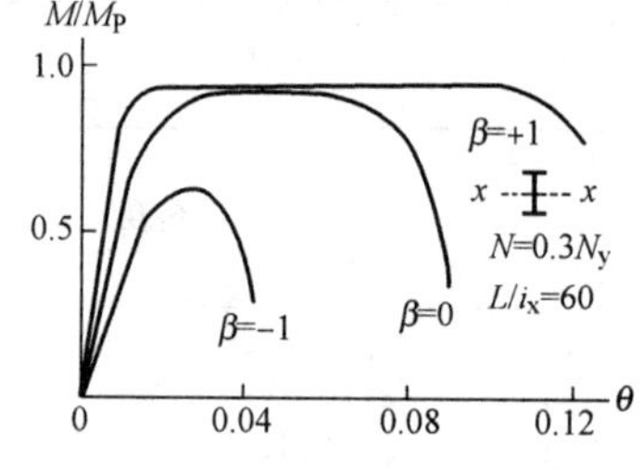

图 3－51 柱端约束对柱强度与延性的影响

在单调荷载下，当柱不发生局部失稳与扭转失稳时，柱的强度与延性随着轴压比的增加而降低。在相同轴压比下，柱长细比愈大，其弯曲变形能力愈小。

根据研究，当框架柱的轴向压力 N 小于其欧拉临界力 N_E 的 25％时，可避免框架发生弹塑性整体失稳。可以用下列直线公式来近似地表达：

对 3 号钢 $$\lambda \leqslant 120(1-\mu_N) \tag{3-102}$$

对 16 Mn 钢 $$\lambda \leqslant 100(1-\mu_N) \tag{3-103}$$

式中 μ_N—— 轴压比，$\mu_N = N/N_y$；

λ—— 柱长细比。

上两式可以作为偏心受压柱长细比和轴压比的综合限制公式。上述公式适用于 $\mu_N \geqslant$

0.15；当 $\mu_N \leqslant 0.15$ 时，由于轴压比对框架的弹塑性失稳影响已较小，所以只需对柱的最大长细比加以限定，使其不超过 150。

2. 钢柱的抗震设计

在框架柱的抗震设计中，当计算柱在多遇地震作用组合下的稳定性时，柱的计算长度系数 μ，对于纯框架体系，可按《钢结构设计规范》中有侧移时的 μ 值取用；对于有支撑或剪力墙体系，如层间位移不超过限值(1/300 层高)，可取 $\mu = 1.0$。

为了实现强柱弱梁的设计原则，使塑性铰出现在梁端而不是出现在柱端，柱截面的塑性抵抗矩宜满足下列关系：

等截面梁

$$\sum W_{pc}(f_{yc} - N/A_c) \geqslant \eta \sum W_{pb} f_{yb} \tag{3-104a}$$

端部翼缘变截面的梁

$$\sum W_{pc}(f_{yc} - N/A_c) \geqslant \sum (\eta W_{pb1} f_{yb} + V_{pb} s) \tag{3-104b}$$

式中 W_{pc}、W_{pb}——分别为交汇于节点的柱和梁的塑性截面模量；

W_{pb1}——梁塑性铰所在截面的梁塑性截面模量；

f_{yc}、f_{yb}——分别为柱和梁的钢材屈服强度；

N——地震组合的柱轴力；

A_c——框架柱的截面面积；

η——强柱系数，一级取 1.15，二级取 1.10，三级取 1.05；

V_{pb}——梁塑性铰剪力；

s——塑性铰至柱面的距离，塑性铰可取梁端部变截面翼缘的最小处。

钢柱在轴压比较大时，在反复荷载下承载力的折减十分显著，故其轴压比不宜超过 0.6。与钢梁的设计相似，在柱可能出现塑性铰的区域内，板件的宽厚比及侧向支承的间距应加以限制。为了保证塑性铰的转动能力，在塑性铰区域内，应按表 3－35 来确定柱板件宽厚比的限值。长细比和轴压比均较大的柱，其延性较小，故需满足式(3－105)、式(3－106)的要求。钢框架结构框架柱的长细比，一级不应大于 $60\sqrt{235/f_{ay}}$，二级不应大于 $80\sqrt{235/f_{ay}}$，三级不应大于 $100\sqrt{235f_{ay}}$，四级不应大于 $120\sqrt{235f_{ay}}$。

（三）支撑构件的抗震设计

支撑构件在反复荷载作用下的性能与其长细比关系很大。当构件采用圆钢或扁钢时，由于长细比极大，故只能受拉而不能受压；当支撑构件采用型钢时，其长细比一般较小，故能承受一定的压力。在水平荷载反复作用下，当支撑杆件受压失稳后，其承载能力降低，刚度退化，吸能能力随之降低。

1. 中心支撑构件设计

在交叉支撑中，当支撑杆件的长细比很大时可认为只有拉杆起作用，但当杆件长细比不很大(小于 200)时，则受压失稳的斜杆尚有一部分承载能力，故应考虑拉、压两杆的共同工作。根据试验，交叉支撑中拉杆内力 N_t 可按下式计算：

$$N_t = \frac{V}{(1+\psi_c \varphi)\cos\alpha} \tag{3-105}$$

式中 V—— 支撑架节间的地震剪力；

φ—— 支撑斜杆的轴心受压稳定系数；

ψ_c—— 压杆卸载系数，当 $\lambda = 60 \sim 100$ 时，$\psi_c = 0.7 \sim 0.6$；当 $\lambda = 100 \sim 200$ 时，$\psi_c = 0.6 \sim 0.5$；

α—— 支撑斜杆与水平所成的角度。

在计算人字支撑和 V 形支撑的斜杆内力时，因斜杆受压屈曲后使横梁产生较大变形，同时体系的抗剪能力发生较大退化，为了提高斜撑的承载能力，其地震内力应乘以增大系数 1.5。

支撑斜杆在多遇地震作用效应组合下的抗压验算，可按下式进行：

$$\frac{N}{\varphi A_{br}} \leqslant \frac{\psi f}{\gamma_{RE}} \tag{3-106}$$

式中 N—— 支撑斜杆的轴向力设计值；

A_{br}—— 支撑斜杆的截面面积；

φ—— 由支撑长细比确定的轴心受压构件的稳定系数；

ψ—— 受循环荷载作用时的强度降低系数；

γ_{RE}—— 支撑稳定破坏承载力抗震调整系数，取 0.85。

$$\psi = \frac{1}{1+0.35\lambda_n} \tag{3-107}$$

$$\lambda_n = \frac{\lambda}{\pi}\sqrt{f_{ay}/E} \tag{3-108}$$

式中 λ、λ_n——支撑斜杆的长细比和正则化长细比；

E——支撑斜杆钢材的弹性模量；

f、f_{ay}——分别为钢材强度设计值和屈服强度。

对于高层钢结构支撑构件的长细比，按压杆设计时，不应大于 $120\sqrt{235/f_{ay}}$；一、二、三级中心支撑不得采用拉杆设计，四级采用拉杆设计时，其长细比不应大于 180。

2. 偏心支撑体系设计

(1) 耗能梁段设计

如图 3—49，可通过调整耗能段的长度 e，使该段梁的屈服先于支撑杆的失稳。为了发挥腹板优良的剪切变形性能，设计中宜使腹板发生剪切屈服时，梁受剪段两端所受的弯矩尚未达到截面的塑性弯矩。这种破坏形式称为剪切屈服型，它特别适宜用于强震区。一般当 e 符合下式时即为剪切屈服型，否则为弯曲屈服型。

$$e \leqslant 1.6M_s/V_s \tag{3-109}$$

式中 M_s、V_s——分别为耗能梁段的塑性抗弯和抗剪承载力。

$$V_s = h_0 t_w f_v \tag{3-100}$$

$$M_s = W_p f_y \tag{3-111}$$

式中　h_0、t_w—— 分别为梁段腹板的计算高度与厚度；

W_p—— 梁段截面塑性抵抗矩；

f_y、f_v—— 分别为钢材屈服强度与抗剪强度，$f_v = 0.58 f_y$。

一般耗能梁段只需作抗剪承载力验算，即使梁段的一端为柱时，虽然梁端弯矩较大，但由于弹性弯矩向梁段的另一端重分布，在剪力到达抗剪承载力之前，不会有严重的弯曲屈服。

耗能梁段的抗剪承载力可按下列规定验算：

当 $N_{lb} \leqslant 0.15A_{lb}f$ 时，忽略轴向力的影响

$$V \leqslant \varphi V_l / \gamma_{RE} \tag{3-112}$$

式中　N、V——分别为耗能梁段的轴力设计值和剪力设计值；

A——耗能梁段的截面面积；

V_l——耗能梁段的受剪承载力，取腹板屈服时的剪力和梁段两端形成塑性铰时的剪力两者的较小值，即

$$V_l = 0.58A_w f_{ay} \tag{3-113a}$$

$$V_l = 2M_{lp}/a \tag{3-113b}$$

$$A_w = (h - 2t_f)t_w \tag{3-113c}$$

$$M_{lp} = f W_p \tag{3-113d}$$

A_w——耗能梁段的腹板截面面积；

f、f_{ay}——耗能梁段钢材的抗压强度设计值和屈服强度；

M_{lp}——消能梁段的全塑性受弯承载力；

a、h——分别为耗能梁段的净长和截面高度；

W_p——耗能梁段的塑性截面模量。

当 $N_{lb} > 0.15A_{lb}f$ 时，由于轴向力的影响，要适当降低梁段的受剪承载力，以保证梁段具有稳定的滞回性能

$$V \leqslant \varphi V_{lc} / \gamma_{RE} \tag{3-114}$$

V_{lc}为耗能梁段考虑轴力影响的受剪承载力，取

$$V_{lc} = A_w f_{ay} \sqrt{1 - [N/(Af)]^2} \tag{3-115a}$$

或

$$V_{lc} = 2.4M_{lp}[1 - N/(Af)]/a \tag{3-115b}$$

二者的较小值。

在上述各公式中，γ_{RE}为耗能梁段承载力抗震调整系数，均取 0.85。耗能梁段截面宜与同一跨内框架梁相同。耗能梁段的腹板上应设置加劲肋，以防止腹板过早屈曲。对于剪切屈服型梁段，加劲肋的间距不得超过 $30t_w - h_0/5$（t_w 为腹板厚度，h_0 为腹板计算高度）。

(2) 支撑斜杆及框架梁、柱设计

偏心支撑斜杆内力可按两端铰接计算，其强度按下式计算：

$$\frac{N_{br}}{\varphi A_{br}} \leqslant \frac{f}{\gamma_{RE}} \tag{3-116}$$

式中　A_{br}—— 支撑截面面积；

φ—— 由支撑长细比确定的轴心受压构件稳定系数；

N_{br}—— 支撑轴力设计值；

γ_{RE}—— 抗震调整系数，取 0.85。

为使偏心支撑框架仅在耗能梁段屈服，支撑斜杆、柱和非耗能梁段的内力设计值应根据耗能梁段屈服时的内力确定。《抗震规范》考虑耗能梁段有 1.5 的实际有效超强系数，并根据各构件的抗震调整系数 γ_{RE}，规定：支撑斜杆的轴力设计值，应取与支撑斜杆相连接的耗能梁段达到受剪承载力时支撑斜杆轴力与增大系数的乘积。对于偏心支撑斜杆，其增大系数，一级不应小于 1.4，二级不应小于 1.3，三级不应小于 1.2；位于耗能梁段同一跨的框架梁和框架柱的内力设计值，应分别取耗能梁段达到受剪承载力时梁、柱内力与增大系数的乘积，其增大系数，一级不应小于 1.3，二级不应小于 1.2，三级不应小于 1.1。

（四）梁与柱的连接

钢结构抗侧力构件连接的承载力设计值，不应小于相连构件的承载力设计值；高强度螺栓连接不得滑移。同时，钢结构抗侧力构件的极限承载力应大于相连构件的屈服承载力。

1. 梁与柱连接的工作性能

抗震结构中，梁与柱的连接常采用全部焊接或焊接与螺栓连接联合使用。试验证明，不论是全焊节点或翼缘用焊接而腹板用高强螺栓连接的节点，其强度由于应变硬化，均可超出计算值很多。这类节点如果设计与构造合适，可以承受较强烈的反复荷载，它们具有很高的吸能能力。

2. 梁与柱连接的抗震设计

(1) 设计要求

在框架结构节点的抗震设计中，应考虑在距梁端或柱端 1/10 跨长或两倍截面高度范围内构件进入塑性区，设计时应验算该节点连接的极限承载力、构件塑性区的板件宽厚比和受弯构件塑性区侧向支承点间的距离。其中有关板件宽厚比及侧向支承点间的距离的要求如前所述，对于连接的计算将包括下列内容：计算连接件（焊缝、高强螺栓等），以便将梁的弯矩、剪力和轴力传递至柱；验算柱在节点处的承载力和刚度。

(2) 梁柱连接承载力验算

梁与柱连接时应使梁能充分发挥其承载力与延性。为此，当确定梁的抗弯及抗剪能力时应考虑钢材强度的变异，也应考虑局部荷载的剪力效应，即梁柱节点连接的极限受弯、受剪承载力应满足下式要求：

$$M_u^j \geqslant \eta_j M_p \tag{3-117a}$$

$$V_u^j \geqslant 1.2(2M_p/l_n) + V_{Gb} \tag{3-117b}$$

式中　M_u^j、V_u^j——分别为连接的极限受弯、受剪承载力；

M_p——梁的塑性受弯承载力；

l_n——梁的净跨；

V_{Gb}——梁在重力荷载代表值（9 度时高层建筑尚应包括竖向地震作用标准值）作用下，按简支梁分析的梁端截面剪力设计值；

η_j——连接系数，可按表 3－36 采用。

表 3－36　钢结构抗震设计的连接系数

母材牌号	梁柱连接时		支撑连接，构件拼接		柱　脚	
	焊接	螺栓连接	焊接	螺栓连接		
Q235	1.40	1.45	1.25	1.30	埋入式	1.2
Q345	1.30	1.35	1.20	1.25	外包式	1.2
Q345GJ	1.25	1.30	1.15	1.20	外露式	1.1

注：(1) 屈服强度高于 Q345 的钢材，按 Q345 的规定采用；
(2) 屈服强度高于 Q345GJ 的 GJ 钢材，按 Q345GJ 的规定采用；
(3) 翼缘焊接腹板栓接时，连接系数分别按表中连接形式取用。

3．节点域承载力验算

梁柱节点域如果构造和焊接可靠，而且设置适当的加劲板以免腹板局部失稳和翼缘变形，将具有很大的耗能能力，成为结构中延性极高的部位。梁柱节点域的破坏形式有以下两种：

一是柱腹板在梁受压翼缘的推压下发生局部失稳，或柱翼缘在梁受拉翼缘的拉力下发生过大的弯曲变形，导致柱腹板处连接焊缝的破坏，如图 3－52a 所示。

二是当节点域存在很大的剪力时，该区域将受剪屈服或失稳而破坏，如图 3－52b 所示。

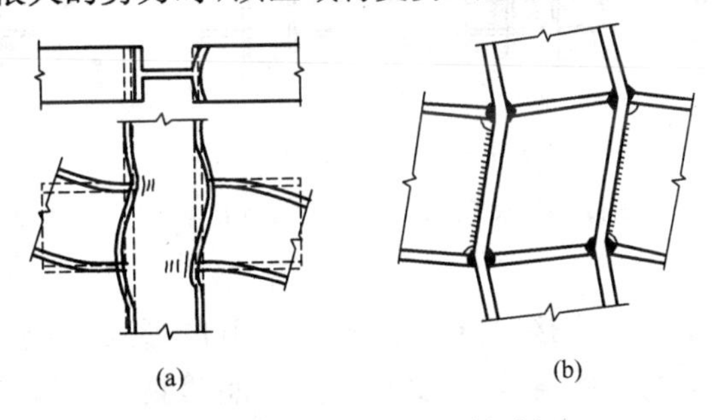

(a)　　(b)

图 3－52　梁柱节点区的破坏

(a) 柱翼缘的变形；(b) 节点核心区的变形

(1) 节点区的拉、压承载力验算

对于梁柱节点，梁弯矩对柱的作用可以近似地用作用于梁翼缘的力偶表示，而不计腹板内力。此作用力 $T=f_yA_f$(其中 f_y、A_f 分别为翼缘屈服强度及截面积)。设 T 以 1∶2.5 的斜率向柱腹板深处扩散，则在工字钢翼缘填角尽端处腹板应力为

$$\sigma=\frac{T}{t_w(t_b+5k_c)}=\frac{f_yA_f}{t_w(t_b+5k_c)} \tag{3-118}$$

式中　t_w—— 柱腹板厚度；

t_b—— 梁翼缘厚度；

k_c—— 柱翼缘外边至翼缘填角尽端的距离。

为了保证柱腹板的承载力，应使上述应力小于柱腹板的屈服强度，即当梁与柱采用同一钢材时，应使

$$t_w \geqslant \frac{A_f}{t_b + 5k_c} \tag{3-119}$$

为了防止柱与梁受压翼缘相连接处柱腹板的局部失稳，柱腹板厚度尚应满足下列稳定性要求：

$$t_w \geqslant (h_b + h_c)/90 \tag{3-120}$$

式中　h_b、h_c—— 分别为梁腹板高度和柱腹板高度。

为了防止柱与梁受拉翼缘相接处柱翼缘及连接焊缝的破坏，对于宽翼缘工字钢，柱翼缘的厚度 t_c 应满足下列条件：

$$t_c \geqslant 0.4\sqrt{A_f} \tag{3-121}$$

若不能满足式(3－119)～式(3－121)的要求，则在节点区须设置加劲板。图 3－53 为加劲板的 3 种设置方法。

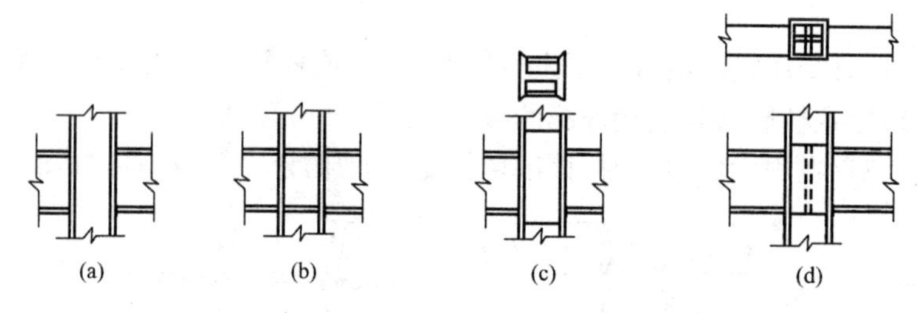

图 3－53　梁柱节点的加强

(a) 无加劲板；(b) 水平加劲板；(c) 竖直加劲板；(d) T 形加劲板

《抗震规范》规定，主梁与柱刚接时应采用图 3－53b 的形式，对于大于等于 7 度抗震设防的结构，柱的水平加劲肋应与翼缘等厚，6 度时应能传递两侧梁翼缘的集中力，其厚度不得小于梁翼缘的 1/2，并应符合板件宽厚比的限值。

(2) 节点域剪切变形及承载力验算

在框架中间节点，当两边的梁端弯矩方向相同，或方向不同但弯矩不等时，节点域的柱腹板将受到剪力的作用，使节点区发生剪切变形(图 3－52b)。

作用于节点的弯矩及剪力见图 3 － 54a。取上部水平加劲肋处柱腹板为隔离体(如图 3 － 54b 所示)，其上 V_c 为柱的剪力，T_1 及 T_2 为梁翼缘的作用力，可以近似地将梁端设计弯矩 M_{b1} 及 M_{b2} 除以梁高 h_b 得之。设工字形柱腹板厚度为 t_w，高度为 h_c，得柱腹板中的平均剪应力为

$$\tau = \left(\frac{M_{b1} + M_{b2}}{h_b} - V_c\right) / h_c t_w \tag{3-122}$$

τ 应小于钢材抗剪强度设计值 f_v，即

$$\tau = f_v / \gamma_{RE} \tag{3-123}$$

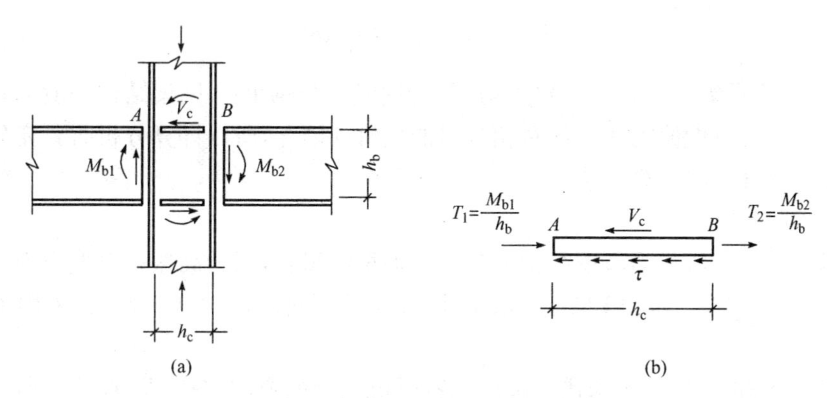

图 3－54　梁柱节点区的作用力

《抗震规范》中省去 V_c 引起的剪应力项，以及考虑节点域在周边构件的影响下承载力的提高，将 f_v 乘以 4/3 的增强系数，即

$$(M_{b1}+M_{b2})/(h_b h_c t_w) \leqslant (4/3)f_v/\gamma_{RE} \tag{3-124}$$

式中　M_{b1}、M_{b2}—— 分别为节点域两侧梁的弯矩设计值；

γ_{RE}—— 承载力抗震调整系数，取 0.85。

同时，节点域的屈服承载力尚应符合下列公式要求：

$$\psi(M_{pb1}+M_{pb2})/(h_b h_c t_w) \leqslant (4/3)f_v/\gamma_{RE} \tag{3-125}$$

式中　M_{pb1}、M_{pb2}—— 分别为节点域两侧梁的全塑性受弯承载力；

ψ—— 折减系数，6 度 Ⅳ 类场地和 7 度时取 0.6，8、9 度时可取 0.7；

γ_{RE}—— 同上式，取 1.0。

式(3－124)、式(3－125) 系对工字形截面而言，对于箱形截面的柱，其腹板受剪面积取 $1.8h_c t_w$。

当柱的轴压比大于 0.5 时，在设计节点域时应考虑压应力与剪应力的联合作用。此时可将式(3－124)、式(3－125) 中的钢材抗剪设计强度 f_v 乘以折减系数 α：

$$\alpha=\sqrt{1-(N/N_y)^2} \tag{3-126}$$

式中　N—— 柱轴压力设计值；

N_y—— 柱的屈服轴压承载力。

如腹板厚度不足，宜将柱腹板在节点域局部加厚，不宜贴焊补厚板。

四、网架结构抗震设计

(一) 网架结构的自振特性

对网架结构进行动力分析时，一般采用理想铰接假定，每个节点具有 3 个自由度，荷载按实际情况分别集中于上下弦节点，杆只受轴力。目前建造的网架一般为周边多柱支承，计算中将支座假定为简支，并且不考虑柱轴向变形的影响。

1. 自振特性的计算方法

任一体系自由振动特性的分析可归结为解广义特征值问题：

$$[K]\{\Phi\}=\omega^2[M]\{\Phi\} \tag{3-127}$$

对于有 n 个节点的网架，式(3－127)中的矩阵和向量是 $3n$ 阶的。网架结构一般都有数百个以上节点，求解其广义特性值问题要耗费相当多的机时和内存，所以计算分析时要充分利用网架的对称性，并采用合适的计算方法。

(1) 子空间迭代法

在抗震设计中，一般只需考虑结构的前数个振型的组合，因为高振型对地震内力的影响很小，所以，可不必直接解式(3－127)，去求全部 $3n$ 个特征对。针对这一特点，采用子空间迭代法是合适的。

子空间迭代法是一种逐步迭代求解广义特征值问题的方法，它可以通过较小的计算工作量求出大型特征值问题的前数个特征对。具体做法这里不再赘述，可查阅有关数值计算方法方面的书籍。

(2) 能量法

能量法是用于计算体系基频(即第一频率)最有效、最简便的近似方法之一。能量法的基本原理就是当体系按某一振型作自由振动时，若没有能量的输入和损耗，则体系的机械能守恒。

设有 n 个质点的体系按其自由振动的第一振型 $\{Z\}=\{\Phi_1\}$ 振动，其质量向量为 $\{M\}$，则体系的最大势能可用重力所做的功来表示：

$$U_{\max}=0.5\{W\}^{\mathrm{T}}\{Z\} \tag{3-128}$$

式中
$$\{W\}=\{M\}g$$

体系的最大动能为

$$\begin{aligned}V_{\max}&=\frac{1}{2}\{W\}^{\mathrm{T}}\{Z^2\}\\&=\frac{1}{2}\omega_1^2\{W\}^{\mathrm{T}}\{Z^2\}\\&=\frac{\omega_1^2}{2g}\{W\}^{\mathrm{T}}\{Z^2\}\end{aligned} \tag{3-129}$$

由能量守恒，有

$$\omega_1^2=g\,\frac{\{W\}^{\mathrm{T}}\{Z\}}{\{W\}^{\mathrm{T}}\{Z^2\}} \tag{3-130}$$

或展开写为

$$\omega_1=\sqrt{g\,\frac{\sum W_iZ_i}{\sum W_iZ_i^2}} \tag{3-131}$$

式(3－131)就是用能量法求基频的公式。对于网架结构，可以得到相当好的精度。

2. 网架结构的频率

(1) 频谱

网架结构的频谱相当密集。频谱的密集反映了网架动力特性的复杂性。研究表明，改变网架中任何一个设计参数，都会引起频率的改变。

(2) 基频

常用网架的基本周期在 0.37～0.62 s 范围内，比相同跨度平面桁架的基本周期短些，表明网架刚度要大些。相同跨度的网架基频大体上相似。网架短向跨度越大则基频越小，这意味着结构因跨度增大而变柔，即跨度越小的网架结构在地面运动下产生的反应将越强烈。

3. 网架结构的振型

(1) 振型的分类

网架结构的振型大体可分为两类：一类是节点水平分量很大，而竖向分量较小的振型，以水平振动为主的水平振型；另一类是各节点竖向分量很大而水平分量较小的振型，以竖向振动为主的竖向振型。两类振型夹杂在一起，参差出现。网架的第一振型均为竖向振型。

(2) 竖向振型

在地面运动的竖向分量作用下，与结构的竖向振型对应的地震作用就大。因此，对网架的竖向振型应给予特别的关注。网架的竖向振型具有以下特性：各类网架的竖向振型曲面基本上是一样的，且第一振型的形状与静力作用下的竖向位移曲面非常相似；相同跨度网架的竖向振型频率非常接近。

(二) 网架结构的竖向地震内力

通过自由振动分析求得网架结构的振型和频率后即可计算网架的竖向地震内力。

1. 计算方法

计算网架竖向地震内力时，可采用振型分解反应谱法或时程分析法。采用振型分解反应谱法时，可以直接求振型最大位移，然后再计算振型竖向地震内力，最后用“平方和开平方”组合计算各杆件竖向地震内力标准值。采用时程分析法时，输入某地震记录，计算结构各时刻的节点位移，从而求得各时刻的杆件内力再从中选取最大值。由于网架的自由度多，因此可以将反应谱法中的振型分解过程结合到时程法中，可以大大节省机时。

采用振型分解反应谱法时，存在一个振型截断问题。分析表明，网架结构的竖向地震内力主要由前 3 个正对称的竖向振型贡献。为确保能获得前 3 个正正对称的竖向振型，利用对称性取 1/4 网架进行动力分析时，至少取前 10 个正正对称振型来进行分析和内力组合，即取μ=10。若用整个网架计算，尚应取更多的振型。

2. 竖向地震内力系数

网架结构竖向地震内力 S_{Ei}的分布规律不同于静内力 S_{si}分布。为能定量地表达竖向地震内力的放大作用，需要引入网架结构的竖向地震内力系数 ζ_i，即

$$\zeta_i=\left|\frac{S_{Ei}}{S_{si}}\right| \qquad (i=1,2,\cdots,m) \tag{3-132}$$

分析表明，网架结构竖向地震内力系数的分布是有明显规律的：无论是上下弦杆还是腹杆 ζ_i 值都是在网架边缘附近较小，向跨中逐渐增大，在中点附近达到峰值。综合起来，网架结构的 ζ_i 值分布可以近似地看成一个如图 3－55 所示的圆锥形。锥顶为网架的对称中心，锥底为网架平面上的一个圆，锥表面各点的高度即代表网架各杆件的 ζ_i

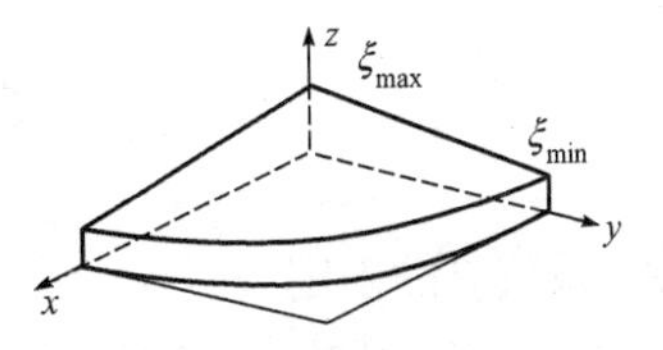

图 3－55　网架 ζ 值呈圆锥形分布

值。对于矩形平面网架，锥形底面呈椭圆形。

（三）计算网架结构竖向地震内力的实用分析方法

1. 峰值 ζ_{max} 的确定

影响网架竖向地震内力的因素很多，如荷载的大小、网架的形式、网格的尺寸、网架的跨度和高度、网架平面的长宽比等。这些因素的变化，有的改变了网架的刚度，有的改变了网架的质量。显然，任一参数的变化，网架的基频都会有相应的变化。可以认为，只有网架的基频能够综合反映所有这些参数的影响，它最好地体现了网架的动力特性。因此，为确定 ζ_{max} 的合理取值，应首先寻求其与基频 ω_1 之间的关系。

用反应谱法计算常用网架在设防烈度为 8 度时各杆件的 ζ_i 值。分析上弦杆的 ζ_{max} 值有以下两个明显的特点：

(1) 场地条件不同时，ζ_{max} 值不同。对于常用网架，在 IV 类场地上的 ζ_{max} 值最大，依次为Ⅲ、Ⅱ、Ⅰ类场地。许多网架在Ⅲ、IV 类场地上 ζ_{max} 值相同。

(2) 跨度相同的网架中，上弦杆斜放的那些网架（如斜放四角锥、两向正交斜放、星形四角锥）的 ζ_{max} 值比上弦杆正放的那些网架（如两向正交正放、正放四角锥、正放抽空四角锥、棋盘形四角锥）的 ζ_{max} 值明显的大。因此，应该分类地对计算结果进行分析研究。可将网架划分为两大类：前者称为斜放类，后者称为正放类。

综上所述，网架结构 ζ_{max}—ω_1 关系曲线可统一表示为图 3—56。a 值是 ζ_{max} 最大的取值，b 值实际上对应着各类场地的特征周期。只是对于不同场地、不同类型的网架，图中的 a、b 应有不同的取值，见表 3—37。注意到表中的 a 值是根据设防烈度 8 度时的计算结果确定的。对于 7 度和 9 度的情况只需对图中的 a 值分别乘以 0.5 和 2 即可。

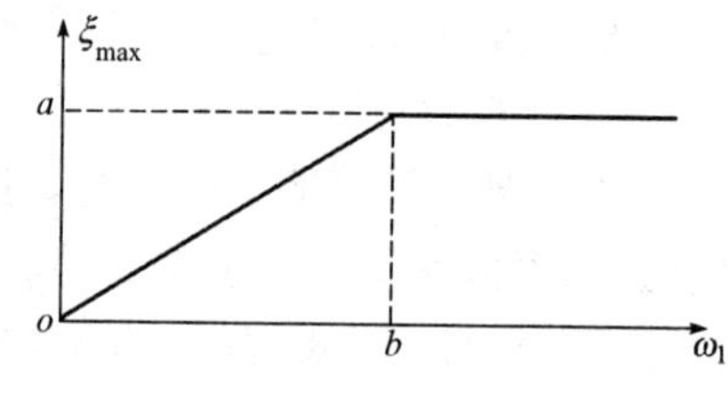

图 3—56　统一的 ζ_{max}—ω_1 关系曲线

表 3—37　参数 a、b 取值

场地类别	a		b
	正放类	斜放类	
Ⅰ	0.123	0.175	31.42
Ⅱ	0.120	0.169	20.95
Ⅲ	0.112	0.143	15.71
Ⅳ	0.112	0.143	9.67

ζ_{max} 的完整表达式为

$$\zeta_{max}=\begin{cases}\dfrac{a}{b}\omega_1 & (0<\omega_1<b)\\ a & (\omega_1\geqslant b)\end{cases} \tag{3—133}$$

2. 系数 β 的确定

由图 3—55 可知，把圆锥的峰值设为 ζ_{max}，其边缘值为 ζ_{min}，因此，定义系数 β 为

$$\beta=\frac{\zeta_{min}}{\zeta_{max}} \tag{3—134}$$

由大量计算分析表明：β值与网架跨度和场地条件的变化已无明显关系。但正放类网架的β值高于斜放类网架，矩形网架的β值高于正方形网架。将这几种情况分别归类并取平均值，得表3—38的结果。

β是最小ζ值系数，当$\zeta_{max}=1$时，网架边缘的ζ值就等于β。β值越大意味着图3—57中圆锥的坡度越平缓，各杆件ζ_i值也越大，或者说越接近ζ_{max}。斜放类网架的ζ_{max}值较正放类网架大许多，而β值却小许多，表明相应于斜放类网架的圆锥坡度比较陡，各杆件ζ_i值变化较大。

表3—38　系数β值

网　架		β值
正放类	正方形	0.81
	矩形	0.87
斜放类	正方形	0.56
	矩形	0.80

3. 任一杆件ζ_i的计算

在确定了ζ_{max}和β值之后，网架任一杆件的ζ_i值可按下式计算：

$$\zeta_i=c\zeta_{max}\left(1-\frac{r_i}{r}\eta\right)\qquad(i=1,2,\cdots,m)\tag{3—135}$$

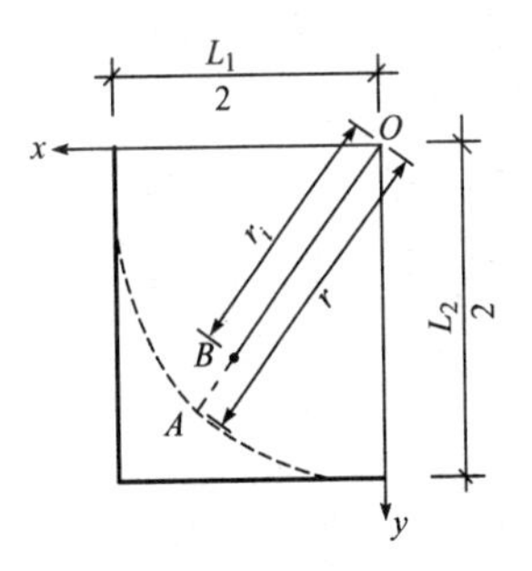

图3—57　计算β值的长度

式中　r_i——网架平面的中心O至第i杆中点B的距离；

r——OA的长度，A点为OB线段与圆（或椭圆）锥底面圆周的交点，见图3—57；

c——设防烈度系数，对于7、8、9度分别取0.5、1.0、2.0；

η——修正系数，$\eta=1-\beta$，对应表3—38中的β值，η分别为0.19、0.13、0.44、0.20。

4. 实用分析步骤

归纳起来，在竖向地震作用下，网架抗震设计的实用分析步骤为：

(1) 进行静力分析，计算网架静内力$\{S_s\}$和静力竖向位移$\{Z\}$。

(2) 按能量法公式(3—131)计算网架基频ω_1。

(3) 按式(3—133)确定网架竖向地震内力系数峰值ζ_{max}，其中a、b取自表3—37。

(4) 按表3—38选用最小ζ值系数β。

(5) 应用式(3—135)逐杆计算竖向地震内力系数ζ_i。

(6) 应用下式计算各杆件竖向地震内力$\{S_{Ei}\}$：

$$S_{Ei}=\zeta_i\left|S_{Si}\right|\qquad(i=1,2,\cdots,m)\tag{3—136}$$

(7) 按式(2—203)取静内力与竖向地震内力的最不利组合进行杆件截面抗震验算。

5. 规范采用的简化算法

我国《抗震规范》和《网架结构设计与施工规程》JGJ 7—91(以下简称《网架规程》)均对网

架结构在竖向地震作用下抗震设计的简化计算作了规定，下面分别介绍。

《抗震规范》规定了计算作用在网架第 i 节点上的竖向地震作用标准值的公式，即

$$F_{Ei} = \pm \lambda G_i \tag{3-137}$$

计算 G_i 时，i 节点上的恒荷载取 100%，雪荷载、屋面积灰荷载取 50%；不考虑屋面活荷载。λ 为竖向地震作用系数，按表 2－14 取值。表中的系数是通过对网架结构和大跨度钢屋架用反应谱法和时程分析法进行竖向地震反应计算，并等效反算地震作用而得出的。研究认为，网架各杆件竖向地震内力和重力荷载作用下的内力之比值彼此相差不算太大，采用随烈度和场地类别变化的系数来考虑竖向地震作用的方法比较简单，且偏于安全。当然，这一方法也比较粗略，因为在地震作用下网架各杆件内力不是按同一比例增加的。因此，对于平面复杂或重要的大跨度结构还是应采用振型分解反应谱法或时程分析法作专门的分析和验算。

《抗震规范》还规定，长悬臂和其他大跨度结构的竖向地震作用标准值在 8 度和 9 度时，可分别取该结构重力荷载代表值的 10%和 20%。按以上方法求得竖向地震作用标准值后，将其视为等效的静荷载作用于网架结构，再按静力分析的方法计算各杆件竖向地震内力。

《网架规程》中规定了计算周边简支矩形平面网架竖向地震内力的简化计算方法。该方法是基于本节的讨论提出的，为便于工程设计应用，作了一些调整。由于网架静力设计时采用的荷载设计值通常已包括荷载分项系数，即恒荷载 1.4，活荷载 1.2，同时也无须考虑对活荷载折减 50%，大体相当于乘 1.3 的系数。计算所得的第 i 杆件轴向力设计值记作 N_{Gi}。为减少设计计算工作量，使得在应用实用分析方法时可以直接使用此内力值，不必再另行计算一次，《网架规程》将表 3－37 中 a 值除以 1.3 系数，并将与荷载分项系数相联系的地震内力系数以 ζ 表示，改变成表 3－39。同时将式(3－136)中圆频率改用工程频率表示，即将 b 改用 f_0(Hz)表示，ω_1 改用 f_1 表示。于是有

$$\zeta_{max} = \begin{cases} \dfrac{a}{f_0} f_1 & (0 < f_1 < f_0) \\ a & (f_1 \geq f_0) \end{cases} \tag{3-138}$$

表 3－39　确定竖向地震轴向力系数 ζ 的数值

场地类别	a		f_0/Hz
	正放类	斜放类	
Ⅰ	0.095	0.135	5.0
Ⅱ	0.092	0.130	3.3
Ⅲ	0.086	0.110	2.5
Ⅳ	0.086	0.110	1.5

最后第 i 杆件竖向地震轴向力标准值表示为：$N_{Evi} = \pm \zeta |N_{Gi}|$。

这样用所求得的地震作用标准值，就可按《抗震规范》的要求与其他荷载效应进行组合，在工程设计中应用就更为方便了。

(四) 网架结构体系的水平抗震性能

网架结构多用于高大空旷的房屋，支承系统要和网架共同承受水平地震作用，网架良好的空间刚度正好提供了这种可能性，因此对网架结构体系在水平地震作用下的反应应该给予足够重视。

1. 计算方法

计算网架结构体系水平地震内力的方法与计算竖向地震内力的方法相同，仍然采用振型分解反应谱法或时程分析法。通常将地震时水平地面运动分解为相互垂直的两个水平运动分量，如沿坐标 x 轴和 y 轴两个方向。计算水平地震作用和水平地震反应时，一般只需考虑其中较大的一个，而且假定作用在结构侧向刚度较小的方向。在进行杆件内力组合时，按照式(2—203)根据具体情况进行组合。

2. 计算模型的确定

在研究网架结构竖向地震作用时，通常将柱子及下部结构简化为网架的支座，只考虑柱子提供的竖向约束作用，即将网架支座简化为简支。如果柱子及下部结构的整体刚度较大，可将网架支座简化为固定，即对网架提供一个或两个方向的水平约束。网架结构体系的整体空间工作特征明显。在分析一个网架结构工程的水平地震效应时，必须认真研究它的计算模型，并进行整个体系的计算分析。同时由于下部结构抗侧刚度对计算结果影响将很大，所以要认真研究和测算它们的刚度取值，以期得到尽可能切合实际的结果。计算时通常采用以下 3 种做法：

(1) 将柱子作为杆件直接参与计算，考虑柱子的抗弯刚度和轴向刚度。柱子下端嵌固，上端与网架铰接。

(2) 考虑网架支座有水平方向弹性约束，计算下部结构的侧向刚度，作为网架水平方向弹性约束的弹簧刚度。

(3) 上述(1)与(2)种方法相结合，既考虑柱子的刚度又将其他辅助构件的刚度简化为弹性约束。

在计算网架结构体系的水平地震内力时，除了要考虑下部结构的刚度外，还有一点不可忽视的是附加质量，它对网架结构水平地震反应的影响(亦称惯性效应)是明显的。通常的做法是：将附着在柱子上的墙体质量集中到柱子两端节点上，其他附属构件则根据具体情况考虑。

3. 水平抗震性能

(1) 水平地震内力

网架结构体系的水平地震内力与竖向地震内力明显不同，有其自己的分布规律。水平地震内力系数也不再符合圆锥形分布的规律了。尽管较大的水平地震内力有时发生在静内力较小的部位，但是比静内力大十几倍的情况还是不可忽视的，这些部位往往就是隐患之所在。

(2) 值得注意的问题

①《网架规程》规定：7 度区可不进行水平方向抗震验算，8 度区对周边支承的中小跨度网架一般可不进行水平方向抗震验算，这是合适的。但在 8 度区，跨度稍大的或较重要的网架结构应认真进行水平方向的抗震验算。

② 网架结构的水平抗震验算应该对整个结构体系进行，特别是要认真研究下部支承结构，具体分析各类构件的抗侧刚度，确定合适的计算模型。由于建筑物的形式各异，网架支承系统的构造不同，不宜像竖向抗震验算那样，提出一个通用的实用计算方法，还是针对具体情况具体分析更为适宜。

③ 水平地震内力主要由上弦承受，原因在于目前网架与柱子连接多采用如图 3—58a 的方式。如果采用图 3—58b 的形式，并在上弦网格中增设水平支撑，使上下弦同时抵抗水平地震作用，当会有较好的效果。

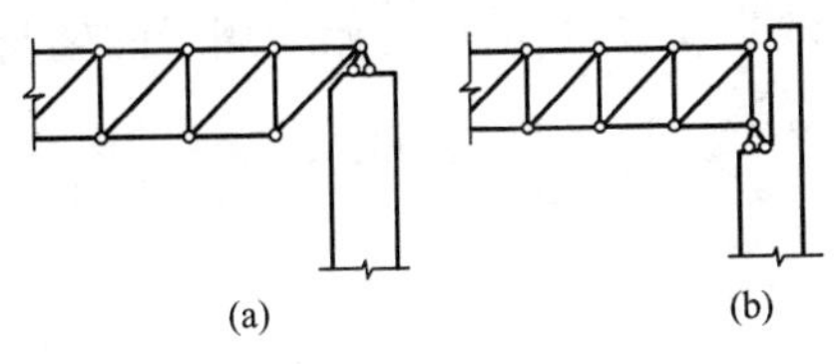

图 3—58　网架与柱连接方式

④ 改变下部支承结构侧向刚度的做法有：变柱子截面、加强边梁(圈梁)等辅助构件让其能参加工作、改变主场馆周围的附属用房的抗侧移能力等；也可以在网架平面内增加水平支撑，增强网架自身的平面刚度；还可以在网架下增设弹性支座，以消耗水平地震产生的能量。至于下部结构是强一些好还是弱一点好，应结合具体情况以网架杆件受力合理为度。

（五）抗震构造与措施

研究空间杆系结构的抗震构造措施，首先应考虑合理的支座构造和合理的结构体系。

1. 合理的支座构造

地震发生时，强烈的地面运动迫使建筑物基础产生很大的位移，这一作用通过与基础或支承的连接使空间杆系结构产生很大的内力和位移，严重时导致结构破坏或倒塌。显然，如果连接支座有一定的变形能力，将能够消耗一部分地震能量。根据结构动力学理论，结构变形能力的增加将导致结构基本周期加长。基本周期越长，离场地的特征周期越远，地震影响系数将越小，从而降低空间杆系结构的加速度反应，减小节点位移和地震作用。好的支座抗震构造应该在满足必要的竖向承载力的同时，尽量给结构提供较大的侧向位移能力。

(1) 带有摩擦滑动的平板压力支座

在结构和支承面之间作摩擦滑动，在轻微地震或水平力作用下，结构在静摩擦力作用下仍能固结在支承上，而当强震发生时，静摩擦力被克服，结构作水平滑移，从而消耗地震能量。摩擦滑动层可以用经过防腐处理的高强合金钢板做成干摩擦滑板，也可以用聚四氟乙烯或氯丁二烯在接触面上作一涂层，以提供预定的摩擦系数，也有用滑石、石墨等作为滑动垫层的。

图 3－59 为平板压力支座。将空心球或螺栓球与十字节点板焊接，通过十字节点板及底板将支承反力传至下部支承结构。在支座底板与支承面顶板间设一块连有埋头螺栓的过渡钢板，安装定位后将过渡板侧边与支承面顶板焊接，并将过渡板上的埋头螺栓与支座底板相连。它构造简单，加工方便，用钢量较省，是空间杆系结构中最常用的支座形式。为使支座节点有一定的侧移能力，可将支座底板与过渡板的接触面做成摩擦滑动层，并把支座底板上的螺栓孔做成椭圆形，这样可使支座具有一定的抗震能力。

(2) 板式橡胶支座

板式橡胶支座是平板压力支座的底板与支承面顶板之间设置一块由多层橡胶片与薄钢板黏合、压制成的矩形橡胶垫板，并以锚栓相连使其成为一体(图 3－60)。橡胶片具有良好的弹性，薄钢板具有一定的强度，两者组合而成的橡胶垫板不仅可使空间杆系结构支座节点在不出现过大竖向压缩变形的情况下获得足够的承载力，而且也可产生较大的剪切变形，因此有利于减轻地震作用对结构的影响，对改善下部支承结构的受力状态也是有利的。

我国在 20 世纪 60 年代就已将橡胶支座应用于桥梁结构，多年的工程实践表明，它的抗震效果良好，目前已开始应用于网架与网壳结构中，对于这种橡胶垫板的设计计算也取得了一定经验。

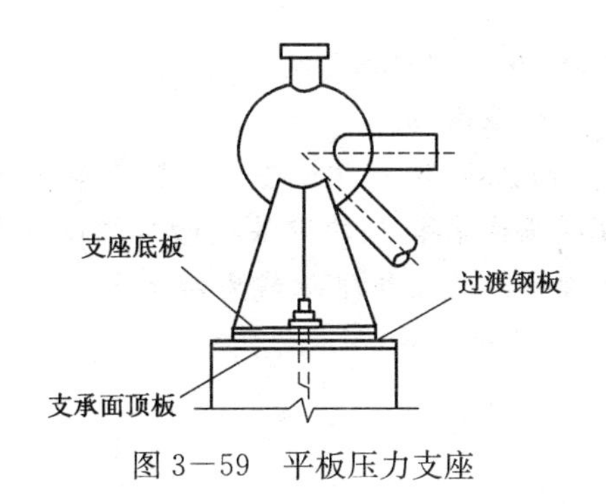

图 3－59　平板压力支座

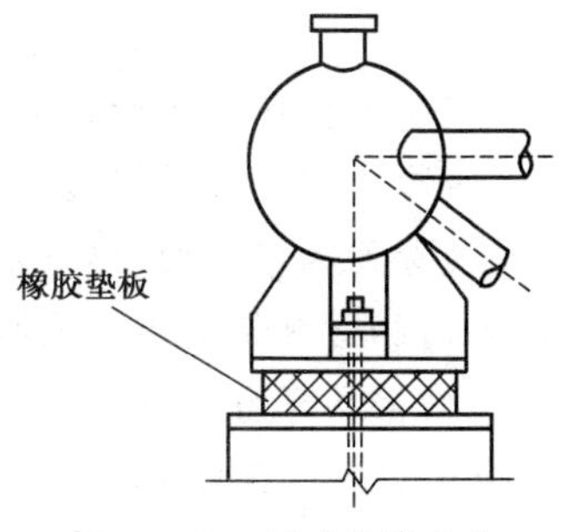

图 3－60　板式橡胶支座

2. 合理的结构体系

由于空间杆系结构多通过周边支承与下部结构或基础连接，从而形成一个整体空间工作体系。因此该体系抗震性能的好坏，不仅与空间杆系结构本身的空间工作性能、下部结构的抗侧移性能及支座抗变形能力有关，也与结构布置方案及各结构部件之间的连接构造有关。

(1) 结构布置方案

不同的结构布置方案，特别是支承系统的不同刚度，明显地影响着空间杆系结构的地震反应。

(2) 结构与支座连接的构造

空间杆系结构本身具有良好的空间工作性能，且刚度分布均匀，然而，结构与支承的连接方式将明显地影响结构杆件的地震反应。前面在讨论网架结构体系水平抗震性能时已指出，由于采用上弦支承方式，上弦杆的地震内力比下弦杆的地震内力大得多，造成杆件内力的不均匀，因此提出的采用上下弦杆同时与支承体系连接的构造就是一种改进的方案。上下弦杆同时承担水平力的传递，必将减小上弦杆的内力，使结构中内力分布趋于均匀。

此外，结构减震控制技术也开始用于大跨结构的抗震设计中。

复习思考题

3－1　试分析不同场地建筑物的震害特点。

3－2　试分析房屋体型对结构抗震性能的影响。

3－3　试分析结构布置对结构抗震性能的影响。

3－4　试举例说明多道抗震防线对提高结构的抗震性能的作用。

3－5　试分析对比杆件弯曲耗能、剪切耗能和轴变耗能的优劣。

3－6　何谓结构的延性？试说明提高结构延性的基本原则。

3－7　试分析控制或减小结构变形的措施。

3－8　试举例说明现浇钢筋混凝土高层建筑结构抗震等级的确定。

3－9　试分析钢筋混凝土框架结构、框架—抗震墙结构和抗震墙结构的受力特点、结构布置原则和各自的适用范围。

3－10　简述框架结构内力与位移计算的方法和步骤。

3－11　试说明框架柱抗震设计的要点和抗震的构造措施。

3－12　试说明框架梁抗震设计的要点和抗震的构造措施。

3－13　试说明框架节点抗震设计的要点和抗震的构造措施。

3—14　试简述框架—抗震墙结构的抗震设计要点和抗震构造措施。

3—15　试简述抗震墙结构的抗震设计要点和抗震构造措施。

3—16　某幢 4 层现浇钢筋混凝土框架，抗震设防烈度为 8 度、设计地震基本加速度 0.2g、设计地震分组为第 2 组、建筑场地为Ⅱ类，框架平面和各楼层的梁柱截面尺寸以及各层梁柱按实际配筋和材料强度标准值所计算的梁端、柱端实际截面极限承载力示于图 3—61，多遇地震作用下的楼层剪力标准值和层间侧移刚度值见表 3—40 所示。试求：

(1) 各楼层受剪承载力 V_y；

(2) 各楼层在罕遇地震下的弹性楼层剪力 V_e；

(3) 楼层屈服强度系数 ξ_y，确定薄弱层；

(4) 薄弱层弹性位移、弹塑性位移；

(5) 层间弹塑性位移验算。

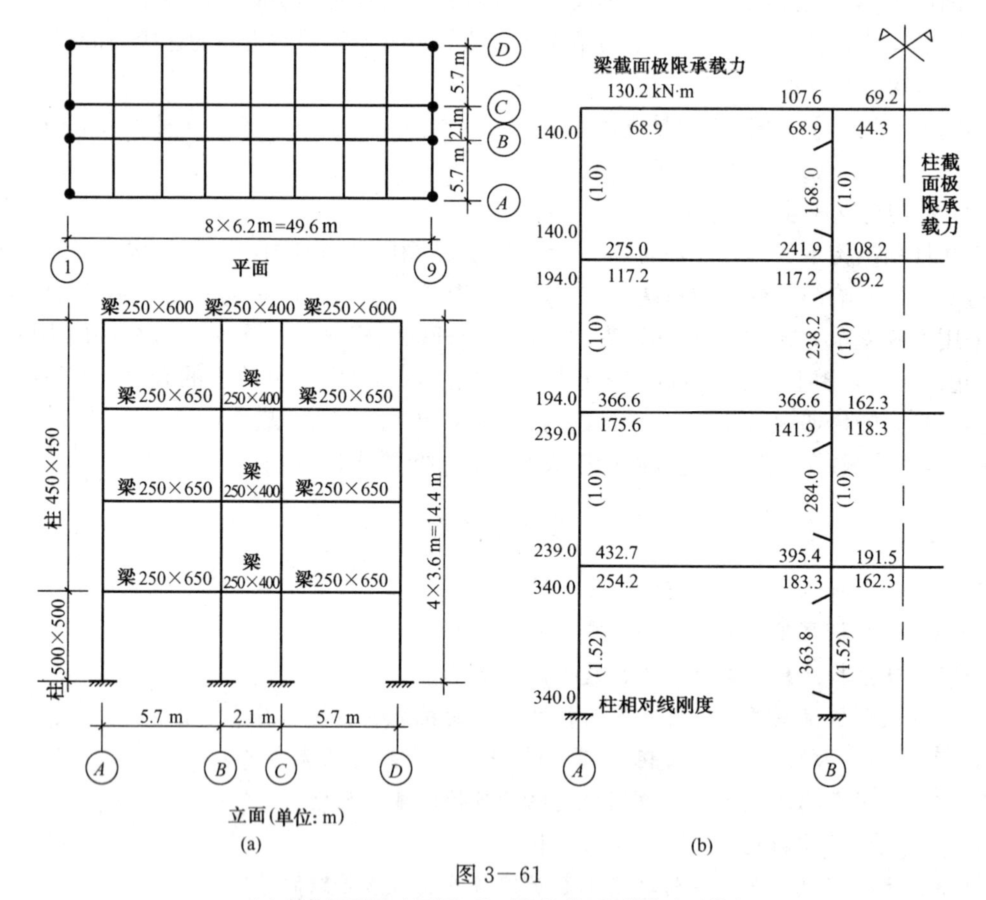

图 3—61

(a) 结构平面图、剖面图；(b) 梁、柱截面极限抗弯承载力

表 3—40

V_i/kN	$\sum D$/(kN·m^{-1})	V_i/kN	$\sum D$/(kN·m^{-1})
1 076	454 580	2 749	474 280
2 003	474 280	3 314	583 960

3—17　某幢6层现浇钢筋混凝土框架，屋顶有局部突出的楼梯间和水箱。抗震设防烈度为8度、设计地震基本加速度0.2g、设计地震分组为第2组、建筑场地为Ⅱ类。混凝土强度等级：梁为C20，柱为C25。主筋采用HRB 335级钢筋，箍筋用HPB 300级钢筋。框架平面、剖面，构件尺寸和各层重力荷载代表值见图3—62。试验算横向中间框架梁柱截面的承载力和多遇、罕遇地震作用下的框架层间变形。

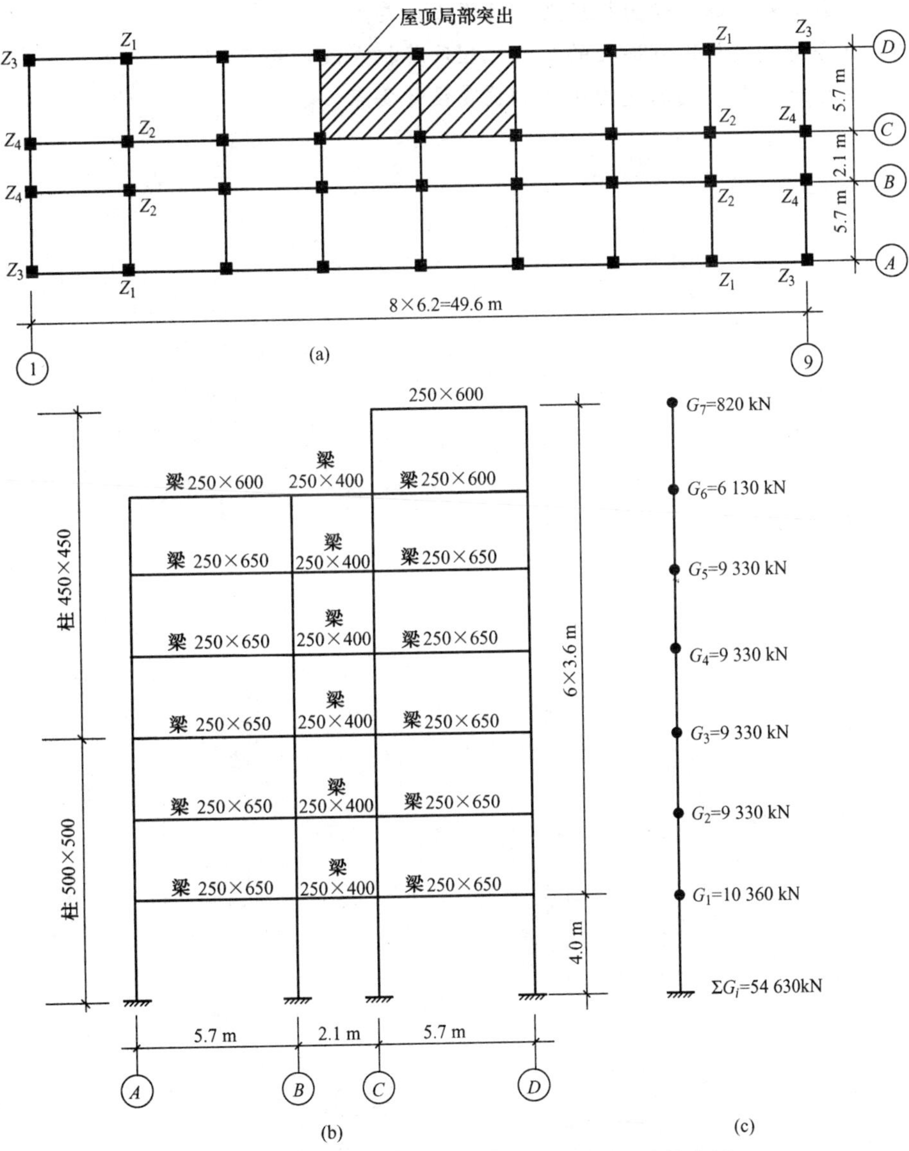

图3—62　带局部突出屋顶间的6层框架结构房屋

(a) 平面图，包括柱网尺寸和柱编号；(b) 剖面图，包括框架及梁柱截面尺寸；

(c) 计算简图，包括各层重力荷载代表值

3—18　试分析多层砌体房屋的受力特点和结构布置原则。

3—19　试简述多层砌体房屋的抗震计算方法、抗震设计要点和抗震构造措施。

3—20　试分析常见高层钢结构体系的受力特点和各自的适用范围。

3—21　试分析钢结构和钢筋混凝土结构阻尼比对其地震影响系数取值的影响。

3—22　试分析对比钢结构房屋和钢筋混凝土结构房屋在多遇地震和罕遇地震作用下的侧移限值。

3—23　试分析钢梁的受力破坏机理及其抗震设计要点。

3—24　试分析钢柱的受力破坏机理及其抗震设计要点。

3—25　试分析钢支撑的受力机理及其抗震设计要点。

3—26　试分析钢梁与钢柱连接的工作机理及其抗震设计要点。

3—27　试分析网架结构的受力机理和抗震设计要点。

第 4 章　建筑结构基础隔震和消能减震设计

学习目的：了解基础隔震体系的减震机理、工作特性和适用范围；了解夹层橡胶垫形状系数、轴压承载力、剪压承载力及水平剪切变形、受拉承载力、水平刚度、竖向刚度和竖向位移的确定方法及主要影响因素。掌握基础隔震计算的简化方法——水平向减震系数法；了解隔震设计的要点和构造措施。了解结构消能减震的概念、方法、手段、优越性和应用范围；了解结构消能减震的设计参数确定和计算要点；了解黏弹性阻尼器和黏滞性阻尼器的减震机理；了解消能减震结构的设计要点和设计步骤。

教学要求：介绍基础隔震体系的减震机理、简化计算方法和隔震设计要点，建立基础隔震体系的概念和设计方法。分析消能减震结构和抗震结构的异同点，分析消能减震装置的减震机理，建立消能减震结构设计的方法。

§4—1　建筑结构基础隔震设计

一、隔震概论

（一）引言

纵观结构抗震发展史，建筑结构一般都是采用增强其承载力和变形来抗御地震，即所谓的抗震结构，其抵抗倒塌是依靠结构主要构件开裂损坏并吸收地震能量来实现的。因此，由传统抗震方法设计的结构即使能避免房屋倒塌，但由结构破坏所造成的直接和间接经济损失及其引发的次生灾害却给人类造成了巨大损失，极大地妨碍着社会发展。近二十多年来，结构隔震和消能减震的研究与应用得到迅速发展，研究表明，通过适当的隔震或减震措施，在地震中特别是“大震”作用下，结构的地震作用可大大降低，从而能有效地抵御地震灾害。

建筑结构基础隔震属于结构被动控制范畴，其基本思想是：将整个建筑物或其局部楼层坐落在隔震层上，通过隔震层的变形来吸收地震能量，控制上部结构地震作用效应和隔震部位的变形，从而减小结构的地震响应，提高建筑结构的抗震可靠性。

（二）基础隔震体系的减震机理及特性

结构基础隔震体系是在上部结构物底部与基础面（或底部柱顶）之间设置隔震层而形成的结构体系，它包括上部结构、隔震装置和下部结构。常用的隔震装置包括夹层橡胶隔震垫和摩擦滑移隔震装置。为了达到明显的减震效果，隔震体系必须具备下述 4 项基本特性：

（1）竖向承载特性。隔震装置应能有效地支承上部结构，即使在隔震装置发生大变形时也能正常工作且不发生失稳破坏。

（2）水平隔震特性。隔震装置具有合适的水平刚度，以有效地消减地震能量向上部结构的传递，延长整个结构体系的自振周期，达到降低上部结构地震作用的目的。

(3) 复位特性。隔震装置应具有水平弹性恢复力，使隔震结构体系在地震中具有瞬时自动"复位"功能。地震后，上部结构回复至初始状态，满足正常使用要求。对摩擦滑移装置，也可加恢复力部件。

(4) 阻尼消能特性。隔震装置具有足够的阻尼从而具有较大的消能能力。较大的阻尼可使上部结构的位移明显减小。

同时，隔震装置应具有可靠稳定的性能指标和满足使用要求的耐久性。

与传统抗震结构体系相比，隔震体系具有以下优越性：

(1) 明显有效地减轻结构的地震反应。从振动台地震模拟试验结果及已建造的隔震结构在地震中的强震记录得知，隔震体系的上部结构加速度只相当于传统结构(基础固定)加速度反应的1/4～1/12。

(2) 确保结构安全。在地面剧烈震动时，上部结构仍能处于正常的弹性工作状态，从而可确保上部结构及其内部设施的安全和正常使用。

(3) 降低房屋造价。由于隔震体系的上部结构承受的地震作用大幅度降低，使上部结构构件和节点的断面、配筋减小，构造及施工简单，从而可节省造价。虽然隔震装置需要增加造价(约5%)，但建筑总造价仍可降低。多层隔震房屋比传统抗震房屋节省土建造价为:7度区节省1%～3%;8度区节省5%～12%;9度区节省10%～15%，并且抗震安全度大大提高。

(4) 抗震措施简单明了。抗震设计的对象从考虑整个结构物复杂的不明确的抗震措施转变为重点考虑隔震装置，简单明了，设计施工大大简化。

(5) 震后无须修复。地震后，只对隔震装置进行必要的检查，而建筑结构物本身通常不需修复。地震后可很快恢复正常生活或生产，带来明显的社会效益和经济效益。

(6) 上部结构的建筑设计(平面、立面、体型、构件等)限制较小。由于上部结构地震作用小，从而加大了建筑设计的灵活性。

隔震建筑物已有经过地震检验的实例。在1995年1月17日日本神户大地震中，地震区有两栋橡胶垫隔震房屋(兵库县松村组3层隔震楼、兵库县邮政部7层中心大楼)，仪器记录显示，隔震建筑物的加速度反应仅为传统抗震建筑物加速度反应的1/4～1/8，两栋隔震房屋的结构及内部的装修、设备、仪器丝毫无损，其明显的隔震效果令人惊叹。于1993年在汕头市建成的夹层橡胶垫隔震房屋，在1994年9月16日台湾海峡地震(7.3级)中经受了考验。于1994年在大理市建成的隔震房屋，在1995年10月24日云南武定地震(6.5级)中经受了考验。地震发生时，传统抗震房屋剧烈晃动，屋里人站立不稳，桌上杯、瓶跳动，悬挂物摇摆，人们惊慌失措，但隔震房屋中的人却几乎没有感觉。

由于基础隔震所具有的优越性，结构隔震体系特别适用于下列工程：

(1) 地震区的民用建筑。如住宅、办公楼、教学楼、剧院、宾馆和大商场等。

(2) 地震区的生命线工程。如医院、急救中心、指挥中心、水厂、电厂、粮食加工厂、通信中心、交通枢纽和机场等。

(3) 地震区的重要建筑结构物。如重要历史性建筑、博物馆、重要纪念性建筑物、文物或档案馆、重要图书资料馆、法院、监狱、危险品仓库等。

(4) 内部有重要仪器设备的建筑结构物。如计算机中心、精密仪器中心、检测中心等。

(5) 桥梁、架空输水渠、雷达站和天文台等重要结构物。

现阶段隔震技术的应用，应该按照积极稳妥推广的方针，首先在有特殊使用要求和8、9度地震区的多层砌体、混凝土框架和抗震墙房屋中应用。

二、橡胶垫隔震装置

国内外曾经采用的隔震装置有：砂垫层、石墨砂浆（加钢棒消能）隔震层、摩擦滑块或滑板隔震层、砂浆（加钢筋拉结）隔震层、滚球（或滚轴）隔震层、摆动式基础桩隔震、夹层橡胶垫等。目前，技术比较成熟并已在国内外广泛推广应用的隔震装置是夹层钢板与橡胶层紧密黏结的标准型夹层橡胶隔震垫（简称夹层橡胶垫）。这里主要介绍夹层橡胶垫的有关构造和性能等。

（一）夹层橡胶垫的构造

夹层橡胶垫是由橡胶和夹层钢板分层叠合经高温硫化黏结而成，如图4－1所示。

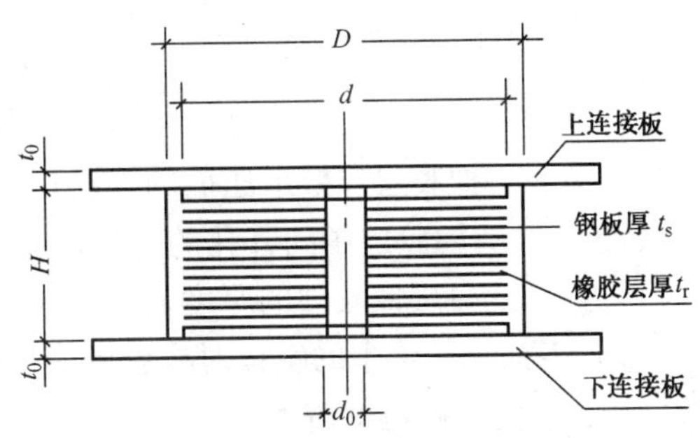

图4－1　夹层橡胶垫构造详图

由于在橡胶层中加设夹层钢板（图4－2a），并且橡胶层与夹层钢板紧密黏结，当橡胶垫承受垂直荷载时，橡胶层的横向变形受到约束（图4－2b），即 $a_1 \ll a$，使夹层橡胶垫具有很大的竖向承载力和竖向刚度。当橡胶垫承受水平荷载时（图4－2c），其橡胶层的相对侧移大大减小，即 $d_1 \ll d$，使橡胶垫可达到很大的整体侧移 d 而不致失稳，并且保持较小的水平刚度（仅为竖向刚度的1/500～1/1 500）。由于夹层钢板与橡胶层紧密黏结，橡胶层在竖向地震作用下还能承受一定的拉力，使夹层橡胶垫成为一种竖向承载力极大（可高达200 000 kN）、水平刚度较小、水平侧移容许值很大（可达1 000 mm），又能承受竖向地震作用的理想的隔震装置。

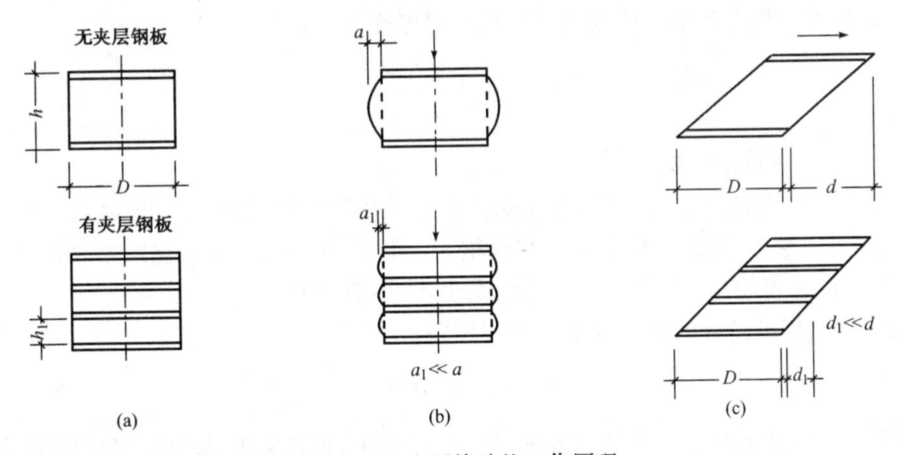

图4－2　夹层橡胶垫工作原理

夹层橡胶垫的主要构造要求（图4－1）如下：

(1) 夹层钢板（厚 t_s）和橡胶垫（厚 t_r）紧密黏结，以确保钢板对橡胶的变形约束，使橡胶具有较高的竖向受压承载力和一定的抗拉能力，较大的水平变形能力和耐反复荷载疲劳的能力，使工程结构物在多次地震的地面多维运动（水平地震作用、竖向地震作用、扭转作用等）下，隔震装置能可靠地工作。

(2) 设置铅芯或采用高阻尼的橡胶材料,使夹层橡胶垫具有足够的阻尼比。

(3) 设置侧向保护层,使橡胶垫具有更高的耐老化特性(耐高低温老化,耐臭氧老化)、耐水性、耐酸碱腐蚀、耐火性能等。

(4) 有可靠的上下连接板,使橡胶垫与上下结构(构件)可靠连接。

(二) 夹层橡胶垫的形状系数

夹层橡胶垫的形状系数是确保橡胶垫承载力和变形能力的重要几何参数。下述各式中的符号见图 4—1。

1. 第一形状系数 S_1

S_1 定义为橡胶垫中各层橡胶层的有效承压面积与其自由表面积之比,即

$$S_1=\frac{\pi(d^2-d_0^2)/4}{\pi(d-d_0)t_r}=\frac{d-d_0}{4t_r} \tag{4-1}$$

式中 d——橡胶层有效承压面的直径;

d_0——橡胶层中间开孔的直径;

t_r——每层橡胶层的厚度。

S_1 表征橡胶垫中的钢板对橡胶层变形的约束程度。所以,S_1 值越大,橡胶垫的受压承载力越大,竖向刚度也就越大。

S_1 的取值根据国内外的研究成果和应用经验,一般取

$$S_1\geqslant 15 \tag{4-2}$$

当满足式(4—2)时,橡胶垫的极限受压强度可达 100～120 MPa。如果设计压力为15 MPa,则其受压承载力的安全系数可达 6.7～8.0,使隔震建筑结构物具有足够大的安全储备。

2. 第二形状系数 S_2

S_2 定义为橡胶垫有效承压体的直径与橡胶总厚度之比,即

$$S_2=\frac{d}{nt_r} \tag{4-3}$$

式中 n——橡胶层的总层数。

S_2 表征橡胶垫受压体的宽高比,即反映橡胶垫受压时的稳定性。S_2 值越大,橡胶垫越粗矮,其受压稳定性越好,受压失稳临界荷载就越大。但是,S_2 越大,橡胶垫的水平刚度也越大,水平极限变形能力将越小。所以,S_2 既不能太小,也不能太大。

S_2 的取值根据国内外的研究成果和应用经验,一般取

$$S_2=3\sim 6 \tag{4-4}$$

如果要求橡胶垫的水平变形能力较大,则 S_2 取低值,而设计承载力也取较低值;反之,则 S_2 取较高值,而设计承载力也可取较高值。

(三) 夹层橡胶垫的轴压承载力

1. 轴压承载力的定义及应用意义

夹层橡胶垫的轴压承载力是指橡胶垫在无任何水平变位情况下的竖向承载力,它既是确保橡胶垫在无地震时正常使用的正常指标,也是直接影响橡胶垫在地震时其他各种力学性能的重要指标。

2. 轴压破坏的形式和特点

夹层橡胶垫在轴向压力下，由于橡胶层的侧向鼓出受到夹层钢板的约束，使其具有很大的轴压承载能力。在竖向压力下，夹层橡胶垫和钢板的轴压应力 σ_z、环向应力 σ_θ 和径向应力 σ_r 的分布是中间大、边缘小，钢板在径向拉应力作用下产生的断裂是从橡胶垫的中间往边缘发展，最终形成贯穿性断裂而使承载力丧失。所以，橡胶垫的轴压破坏表现为夹层钢板的断裂。

3. 轴压承载力的影响因素及计算

研究表明，影响夹层橡胶垫极限轴压承载力的因素有：

(1) 夹层钢板极限抗拉屈服强度 σ_y 越高，夹层橡胶垫极限轴压承载力就越大。

(2) 在一定范围内，橡胶垫中的钢板与橡胶层厚度比 t_s/t_r 越大，则夹层橡胶垫的轴压承载力就越大。例如，当要求 $\sigma_{vmax} \geqslant 0.40$ MPa，在 $S_1=15$ 的情况下，要求 $t_s/t_r \geqslant 0.40$。

(3) 夹层橡胶垫第一形状系数 S_1 越大，其轴压承载力也就越大。

(4) 轴压承载力的设计值。

研究表明，在确保夹层橡胶垫的橡胶层与钢板紧密黏结，并且 $S_1 \geqslant 15$、$S_2 \geqslant 3$ 的条件下，一般 σ_{vmax} 可达 95～120 MPa。如果考虑轴压承载力的安全系数 $f=6$，则橡胶垫的设计轴压应力为 $\sigma_v=(95\sim120)/6=16\sim20$ MPa。所以，在实际工程应用中，对夹层橡胶垫的设计轴压应力的取值为

一般工程　$\sigma_v=15$ MPa　(4—5)

重要工程　$\sigma_v=10$ MPa　(4—6)

这样，对于一般工程结构，安全系数为 6.3～7.8；对于重要工程结构，安全系数为 9.5～11.7，以确保在使用情况下，橡胶垫的承载力安全度大于上部结构及构件的承载力安全度。

为了达到较大的轴压承载力（$\sigma_{vmax} \geqslant 90$ MPa），建议橡胶垫中的钢板、橡胶厚度比的取值为

$$t_s/t_r=0.4\sim0.5 \tag{4—7}$$

(四) 夹层橡胶垫剪压承载力及水平剪切变形

1. 剪压承载力的定义及应用意义

夹层橡胶垫剪压承载力是指橡胶垫在发生水平剪切变形下的竖向承载能力。地震发生时，工程结构的隔震作用是通过橡胶垫产生水平变形来实现的。所以，橡胶垫水平剪切变形能力及剪压承载力是确保地震时橡胶垫正常工作的重要指标。

2. 剪压受力特点及承载力的试验分析

夹层橡胶垫在轴压（竖向）荷载作用下具有很大的轴压承载能力。当橡胶垫发生侧向变位时，其受荷的有效面积减小，核心受压部分的应力急剧提高，局部区域可能出现拉应力。由于橡胶垫中的钢板对橡胶层变形的约束作用，以及橡胶垫外围材料对核心受压部分的约束作用（三向压力），使核心受压部分的极限承载能力大大提高。试验表明，当橡胶垫的剪切应变不太大时（剪切应变 $r \leqslant 100\%$），橡胶垫的极限竖向承载力没有明显的降低。

当橡胶垫的剪切应变不断增大，其核心受荷有效面积不断减小，再加上 $P-\Delta$ 效应的影响，其极限竖向承载力会有所降低。但如果橡胶垫承受的轴压应力恒定不变，则橡胶垫出现剪切破坏时，能达到很大的剪切变形值。对较大直径夹层橡胶垫剪切破坏试验结果表明，当橡胶垫承受轴压力为 $\sigma_v=10\sim30$ MPa，其破坏时的极限剪切应变达到 380%～450%，说明夹层橡

胶垫的剪压承载力和极限水平剪切变形能力都很大。在 $\sigma_v=10\sim15$ MPa 的情况下，水平剪切应变 r 只要满足下式，橡胶垫就不会出现剪压破坏：

$$r\leqslant 350\% \tag{4-8}$$

这里，r 为橡胶垫剪压时上下板水平相对位移 D 与橡胶层总厚度之比 nt_r，称为橡胶垫水平剪切应变值。

3. 水平容许剪切变形的设计取值

夹层橡胶垫剪压受荷时，随着剪切变形的不断增大，其受荷有效面积不断减小。研究表明，当橡胶垫水平剪切变形时上顶板面与下顶板面的水平相对位移值 D 满足以下表达式时（即 D 值不大于橡胶垫直径的 75%），橡胶垫仍然不会明显降低承载能力。

$$D\leqslant\frac{3}{4}d \tag{4-9}$$

式中 d——橡胶垫直径。

综上所述，当橡胶垫的轴压应力 $\sigma_v=10\sim15$ MPa 时，在剪压受荷时，为确保橡胶垫的承载能力不明显降低，其水平剪切变形应同时满足剪切应变限制值及上下板水平相对位移限制值两种条件，即要求：

（1）剪切应变条件

设计水平剪切应变　$r\leqslant 100\%$

最大水平剪切应变　$r\leqslant 250\%$

极限水平剪切应变　$r\leqslant 350\%$

（2）上下板面水平相对位移条件　$D\leqslant\frac{3}{4}d$

（五）夹层橡胶垫受拉承载能力

1. 受拉承载力的定义及应用意义

夹层橡胶垫受拉承载力是指橡胶垫在承受轴向拉伸时的承载能力。当橡胶垫承受偏心拉伸时，由于会产生复位弯矩，最终仍表现为轴向拉伸状态和轴拉破坏，故对橡胶垫受拉承载力的研究仍以轴向拉伸为主。

隔震结构在下述情况下有可能使橡胶垫出现全断面的拉伸状态或局部断面的拉伸状态：

（1）工程结构物或建筑物的高宽比较大，地震时有可能产生较大摇摆，使某些橡胶垫处于拉伸状态。

（2）地震时地面竖向地震作用较大（如 1995 年 1 月日本阪神大地震），再加上地面较大的水平作用或扭转作用，有可能使某些橡胶垫处于拉伸状态。

（3）橡胶垫产生较大的水平剪切变形时，橡胶垫横断面局部区域可能产生受拉应力。所以，必须使橡胶垫具有一定的受拉承载力，才能确保隔震结构在强震的多维地面运动综合作用下，橡胶垫不拉断、不散塌，自始至终保持其整体性，发挥隔震功能。

橡胶垫受拉承载力是通过夹层钢板与橡胶层的紧密黏结来保证的。

2. 受拉承载力的设计取值

综合国内外对夹层橡胶垫的拉伸破坏试验结果，为确保橡胶垫在受拉状态下能正常工作，对其受拉承载力的设计值建议如下：

设计容许拉伸应力　　　　　$\sigma_n \leqslant 2\ \text{MPa}$　　　　　(4—10)

极限拉伸应力　　　　　$\sigma_n \leqslant 5\ \text{MPa}$　　　　　(4—11)

（六）夹层橡胶垫水平刚度

1. 水平刚度的定义及应用意义

夹层橡胶垫的水平（剪切）刚度是指橡胶垫上下板面产生单位相对位移所需施加的水平（剪切）力，记为 K_h。

$$K_h = Q/D \tag{4—12}$$

式中　K_h——夹层橡胶垫水平刚度（N/mm）；

D——夹层橡胶垫上下板面水平相对位移（mm）；

Q——夹层橡胶垫承受的水平剪力（N）。

夹层橡胶垫水平刚度是隔震器的重要力学参数之一。为此，要求：

(1) 选择合适的水平刚度以合理确定隔震器的自振周期，从而达到较明显的隔震效果。

(2) 具有足够的初始水平刚度，以保证隔震结构在强风、小震下的正常使用。

(3) 确定合适的水平刚度以使隔震器不致产生过大的水平剪力。

(4) 确定合适的水平刚度以使隔震结构不致产生过大的水平位移。

影响夹层橡胶垫水平刚度的主要因素有：橡胶材料的力学性能、形状系数、轴压应力、剪切变形、水平反复荷载循环次数、加载频率和材料稳度等。

2. 水平刚度计算

当夹层橡胶垫的形状系数 $S_1 \geqslant 15$，$S_2 \geqslant 5$，且设计竖向轴压应力 $\sigma_v \leqslant 15\ \text{MPa}$，设计剪切应变 $r \leqslant 350\%$时，其水平刚度 K_h 受各种因素的影响较小，并且夹层橡胶垫上下板与结构有可靠的固定连接，确保橡胶垫在水平变位过程中其上下板无角度变化。在满足上述条件时，可以近似按纯剪切的情况计算其水平刚度 K_h：

$$K_h = \frac{GA}{T_r} \tag{4—13}$$

式中　K_h——夹层橡胶垫水平（剪切）刚度（N/mm）；

G——橡胶垫材料剪切模量（MPa），以试验实测值为准；

A——橡胶垫有效水平剪切断面（mm^2）；

T_r——橡胶垫中的橡胶层总高度，$T_r = nt_r$（mm）。

对于一般工程隔震结构所采用的夹层橡胶垫，其使用条件基本符合上述式（4—12）的条件。所以，采用式（4—12）计算夹层橡胶垫水平刚度 K_h 可基本上满足工程设计的要求。

3. 水平刚度的测定

作为实际工程应用的夹层橡胶垫的水平刚度，必须对隔震结构实际采用的夹层橡胶垫进行足尺试验，以实测的水平刚度作为设计依据。试验测定的方法是对橡胶垫在竖向设计恒定荷载下进行剪切试验，测绘出水平剪力 Q 和 D 相对位移的曲线（图 4—3），根据 $Q-D$ 曲线进行计算。公式如下：

(1) 小阻尼夹层橡胶垫（图 4—3a）

以剪切应变 $r=100\%$时的曲线为取值标准，

$$K_h = Q/D \tag{4-14}$$

(2) 大阻尼夹层橡胶垫(图 4－3b)

初始刚度:以剪切应变 $r \approx 5\%$(水平剪力不超过转折点 Q_1)时的曲线为取值标准,

$$K_h = Q_1/D_1 \tag{4-15}$$

隔震刚度:以剪切应变 $r = 100\%$ 时的曲线为取值标准,

$$K_h = \frac{Q_2 - Q_1}{D_2 - D_1} \tag{4-16}$$

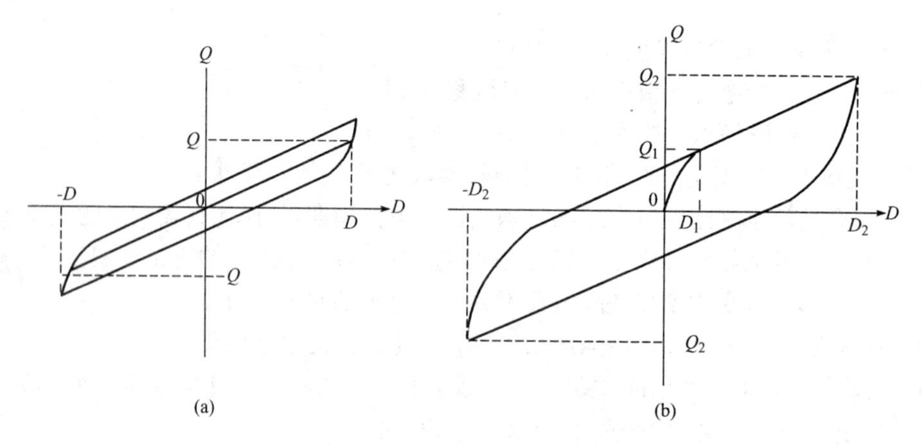

图 4－3　夹层橡胶垫水平剪切 $Q-D$ 曲线

(a) 小阻尼;(b) 大阻尼

(七) 夹层橡胶垫竖向刚度及竖向位移

夹层橡胶垫的竖向刚度是指橡胶垫在竖向压力下,产生单位竖向位移所施加的竖向力。即

$$K_v = \frac{P}{\delta_v} \tag{4-17}$$

式中　K_v——夹层橡胶垫竖向刚度(N/mm);

P——夹层橡胶垫承受的竖向压力(N);

δ_v——夹层橡胶垫竖向压缩变形(mm)。

夹层橡胶垫竖向刚度 K_v 的合理取值对隔震结构的作用如下:

(1) 使隔震结构体系的上部结构在正常荷载下不出现过大的竖向变形。

(2) 合理确定隔震结构的竖向自振周期,以避免地震(或其他振动)时出现共振效应。

影响夹层橡胶垫竖向刚度的主要因素有:橡胶材料的力学性能、形状系数、竖向轴压应力和水平剪切变形等。

实际工程应用的夹层橡胶垫的竖向刚度,必须通过实际采用的夹层橡胶垫进行足尺试验,以实测的竖向刚度值作为设计依据。

试验测定方法是对夹层橡胶垫施加荷载 P_v 至设计荷载 P_0,然后施加反复竖向荷载,其荷载值为 $P_v = (1 \pm 30\%) P_0$,得出曲线 $P_v - \delta_v$,并进行计算如下:

设 P_0 为夹层橡胶垫的设计竖向荷载,令 $P_1 = (1 - 30\%) P_0$,相应的竖向位移为 δ_1,$P_2 =$

$(1+30\%)P_0$，相应的竖向位移为 δ_2，则实测的竖向刚度为

$$K_v=\frac{P_2-P_1}{\delta_2-\delta_1} \tag{4-18}$$

（八）夹层橡胶垫的阻尼

1. 阻尼的含义及工程应用的意义

夹层橡胶垫的阻尼，是评价夹层橡胶垫在水平剪切变形过程中由于橡胶垫组成材料的非弹性变形（或内摩擦）而产生能量耗散能力的指标。由于隔震结构体系的上部结构在地震过程中基本上处于弹性状态，其提供的阻尼值很小，而隔震结构体系的水平变形集中于夹层橡胶垫，所以隔震结构的阻尼值基本上由夹层橡胶垫提供，即夹层橡胶垫的阻尼值基本上代表隔震结构的阻尼值，一般用等效阻尼比 ζ 来表示。

如果使夹层橡胶垫具有合理的足够大的阻尼比，就能有效地控制隔震结构的地震反应，特别是减少上部结构的水平位移。所以，ζ 是隔震结构体系的重要动力参数之一。

2. 阻尼材料的特性和分类

根据对夹层橡胶垫的不同阻尼比的要求，目前国内外采用下述几种不同材料制成夹层橡胶垫（图 4－4）。

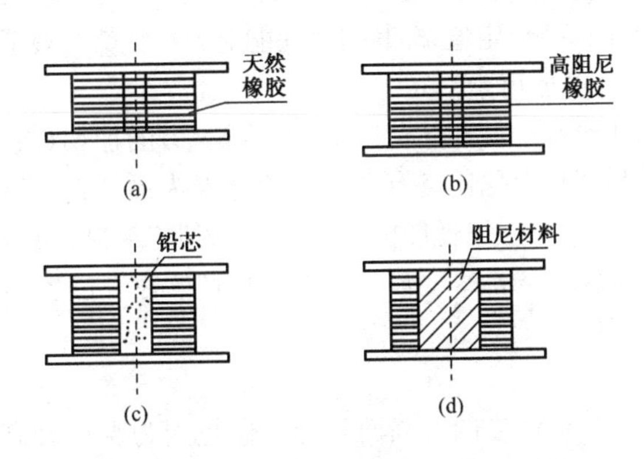

图 4－4　不同材料类型的夹层橡胶垫

(a) 天然橡胶夹层胶垫(MRB)；(b) 高阻尼夹层橡胶垫(HD－MRB)

(c) 铅芯夹层橡胶垫(LRB)；(d) 内包阻尼体夹层橡胶垫(DRB)

(1) 天然橡胶夹层橡胶垫(MRB)

这种夹层橡胶垫具有高弹性、低阻尼的特性。为了满足隔震结构体系对阻尼值的要求，一般可在隔震结构中外加阻尼装置（消能装置）。例如，钢板（或钢条、钢棒等）消能构件，铅棒消能构件，特制的阻尼器、滑动摩擦层等。

(2) 高阻尼夹层橡胶垫(HD－MRB)

这种夹层橡胶垫采用具有高阻尼的橡胶材料制成，使阻尼比达到 10%～15%。

(3) 夹层橡胶垫(LRB)

在夹层橡胶垫的中间开孔部位灌入铅，由于纯铅材料具有较低的屈服点和较高的塑变耗能能力，使铅芯夹层橡胶垫的阻尼比可达 20%～30%。

(4) 内包阻尼体夹层橡胶垫(DRB)

在橡胶垫的中央部位设置柱形体的阻尼材料，周边仍由天然橡胶包围约束。这种夹层橡

胶垫的阻尼比约为15%～20%。

3. 阻尼影响因素及试验分析

夹层橡胶垫阻尼比 ζ 的大小，受到诸多因素的影响，现分析如下。

(1) 夹层橡胶垫的组成材料

夹层橡胶垫采用不同的橡胶材料或内包芯材，或外加阻尼耗能装置，能得到不同的阻尼值。

(2) 竖向荷载(轴压应力)

夹层橡胶垫在水平变形时的阻尼比，随着竖向压应力的增大而增大。因为较大的竖向压应力使橡胶垫的三向应力值提高，当承受水平变形时，橡胶材料的非弹性性能就更为明显，也表现为阻尼比的增大。

(3) 水平剪切变形大小

夹层橡胶垫阻尼比随着剪切变形的增大而略为降低。因为剪切变形小时，剪切刚度较大，其耗能能力也较高。随着剪切变形的增大，剪切刚度有所降低，其耗能能力也有所降低。

(4) 水平加荷次数

如果夹层橡胶垫中的橡胶层与钢板之间的黏结性较好，则在反复水平循环加荷次数不断增加的情况下，其阻尼比基本保持恒定值，即其阻尼耗能能力在疲劳荷载下不会产生"衰退"现象。

(5) 水平循环加荷速度(加荷频率)

夹层橡胶垫阻尼比随着水平循环加荷速度(加荷频率)的加快(较高频率)而略有提高；反之，加荷速度减慢(较低频率)，阻尼比略有下降。这是因为加荷速度减慢，夹层橡胶垫在水平荷载下的"惰变"现象越明显，其阻尼耗能能力会产生"衰退"现象。如果加荷速度较高(达到地震时的加荷速度)，夹层橡胶垫的水平变形是一个"瞬时"的往复过程，无明显的"惰变"现象，其阻尼能力能维持原来较高值。

(6) 环境温度

夹层橡胶垫阻尼比随环境温度的升高而降低。这是因为温度升高，夹层橡胶垫的水平剪切刚度下降，其耗能能力也随着下降。

4. 阻尼比的试验测定和计算

作为提供实际工程应用的夹层橡胶垫，其阻尼值必须通过对实际采用的橡胶产品的足尺试验进行测定计算求得。试验测定的方法是对橡胶垫在竖向设计恒定荷载下进行剪切试验，测绘出水平剪力 Q 和 D 相对位移的曲线 $Q-D$(图4－3)，根据 $Q-D$ 曲线所包络的面积进行计算求得。

通过夹层橡胶垫的水平剪切试验，直接测绘出在设计竖向恒载下，水平剪切应变为100%时的水平剪切力 Q 与水平相对位移 D 的 $Q-D$ 曲线，并按下述公式计算阻尼比：

$$\zeta=\frac{W_c}{2\pi K_h D^2} \tag{4-19}$$

式中 ζ——夹层橡胶垫的阻尼比；

W_c——曲线 $Q-D$ 所包络的面积，可按图4－3积分或图解求出；

K_h——夹层橡胶垫的水平剪切刚度，可按图4－3及式(4－12)或式(4－13)求得；

D——夹层橡胶垫上下板的水平相对位移值(图4－2)。

（九）耐久性

夹层橡胶垫耐久性的含义是：安装在工程结构中的夹层橡胶垫经过50～100年（或更长时间）的使用，经历长期恒定荷载、多次地震冲击荷载，以及环境大气的长期作用，仍能保持符合要求的承载力、弹性恢复力、刚度阻尼等力学性能。耐久性的目标是：确保夹层橡胶垫的正常使用寿命不低于工程结构本身的使用寿命（一般结构的使用寿命为50年）。

影响夹层橡胶垫耐久性的主要因素有橡胶材料"老化"、夹层橡胶垫的"徐变"、夹层橡胶垫的"疲劳"以及与耐久性有关的其他性能，如耐火性、耐水性、耐腐蚀性等。

对国内外长期应用的橡胶垫调查结果表明，橡胶垫有很强的抗老化能力。

提高夹层橡胶垫耐久性的措施有：

（1）在橡胶垫的材料配方中掺和适量的抗老化剂，橡胶的耐老化性能比几十年前提高约30%。

（2）在夹层橡胶垫的外皮设置厚度约10 mm的保护层。该保护层不承受任何荷载，完全是为了在大气环境中对橡胶垫加以保护。

（3）在橡胶垫材料配方中加入阻燃剂及其他特殊掺和剂，又在橡胶垫外皮保护层的外表面涂刷特种涂料层，以确保橡胶垫具有完全可靠的耐火、耐水、耐腐蚀等性能。

（4）隔震结构中采用的夹层橡胶垫，在构造设计上实现"可更换"的连接方案。在出现意外环境灾害的情况下，能简捷快速地对夹层橡胶垫进行更换。

（5）对实际工程应用的夹层橡胶垫仍进行严格的耐老化性能及各项耐久性性能的检验，以确保夹层橡胶垫制品达到更高的质量标准。

三、隔震结构设计

（一）隔震设计要求

1. 设计方案

建筑结构的隔震设计，尚应根据建筑抗震设防类别、抗震设防烈度、场地条件、建筑结构方案和建筑使用要求，与建筑抗震设计的设计方案进行技术、经济可行性的对比分析后，确定其设计方案。

2. 设防目标

采用隔震设计的房屋建筑，其抗震设防目标应高于抗震建筑。在水平地震方面，《抗震规范》给出隔震支座水平剪力计算公式并通过对支座水平位移的限制，保证了隔震结构具有比抗震结构至少高0.5个设防烈度的抗震安全储备。竖向抗震措施不应降低。

3. 隔震部件

设计文件上应注明对隔震部件的性能要求；隔震部件的设计参数和耐久性应由试验确定；在安装前应按有关规定对工程中所有各种类型和规格的消能部件原型进行抽样检测，每种类型和每一规格的数量不应少于3个，抽样检测的合格率应为100%；设置隔震部件的部位，除按计算确定外，应采取便于检查和替换的措施。

（二）隔震设计要点

《抗震规范》对隔震设计提出了分部设计法和水平减震系数的概念。

1. 分部设计方法

把整个隔震结构体系分成上部结构（隔震层以上结构）、隔震层、隔震层以下结构和基础四部分，分别进行设计。

2. 上部结构设计

采用“水平向减震系数”设计上部结构。

(1) 水平向减震系数概念

采用基础隔震后，隔震层以上结构的水平地震作用可根据水平向减震系数确定。

水平向减震系数，对于多层建筑，为按弹性计算所得的隔震与非隔震各层间剪力的最大比值；对于高层建筑，尚应计算隔震与非隔震各层倾覆力矩的最大比值，并与层间剪力的最大比值先比较，取二者的较大值。

(2) 水平向减震系数计算和取值

计算水平向减震系数的结构简图，应增加由隔震支座及其顶部梁板组成的质点，对变形特征为剪切型的结构可采用剪切型结构模型(图 4—5)；当上部结构的质心与隔震层刚度中心不重合时，应计入扭转变形的影响。

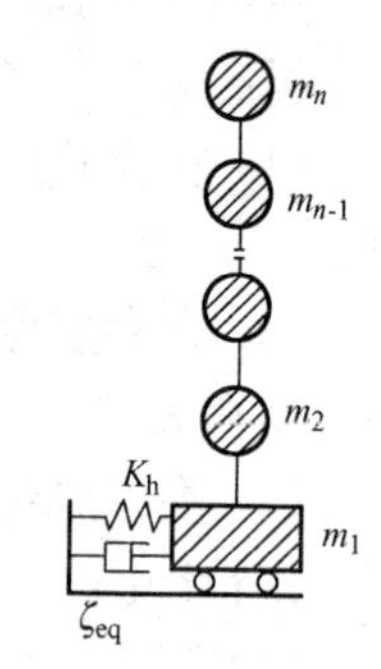

图 4—5　隔震结构计算简图

分析对比结构隔震与非隔震两种情况下各层最大层间剪力，宜采用多遇地震下的时程分析。弹性计算时，简化计算和反应谱分析时宜按隔震支座水平剪切应变为 100%时的性能参数进行计算，当采用时程分析法时按设计基本地震加速度输入进行计算。输入地震波的反应谱特性和数量应符合规范规定，计算结果宜取其包络值。当处于发震断层 10 km 以内时，输入地震波应考虑近场影响系数，5 km 以内取 1.5，5～10 km 取不小于 1.25。

减震系数计算和取值涉及上部结构的安全，涉及《抗震规范》规定的隔震结构抗震设防目标的实现。

(3) 上部结构水平地震作用计算——水平向减震系数应用

对多层结构，水平地震作用沿高度可按重力荷载代表值分布。

水平地震影响系数最大值可按下式计算：

$$\alpha_{\max 1}=\beta\alpha_{\max}/\psi \tag{4—20}$$

式中 $\alpha_{\max 1}$ ——隔震后的水平地震影响系数最大值；

$\alpha_{\max}$ ——非隔震的水平地震影响系数最大值；

β ——水平向减震系数；

ψ ——调整系数；一般橡胶支座，取 0.80；支座剪切性能偏差(按有关规定确定)为 S—A 类，取 0.85；隔震装置带有阻尼器时，相应减少 0.05。

隔震层以上结构的总水平地震作用不得低于非隔震结构在 6 度设防时的总水平地震作用，并应进行抗震验算。各楼层的水平地震剪力尚应符合对本地区设防烈度的最小地震剪力系数的规定。

(4) 上部结构竖向地震作用计算

9 度和 8 度且水平向减震系数不大于 0.3 时，隔震层以上的结构应进行竖向地震作用计算。

竖向地震作用标准值 F_{EVK}，8 度(0.2g)、8 度(0.3g)和 9 度时应分别不小于隔震层以上结构总重力荷载代表值的 20%、30%和 40%。隔震层以上结构竖向地震作用标准值计算时，各楼层可视为质点，按规范对常规结构形式的计算公式计算其竖向地震作用标准值沿高度的分布。

(5) 隔震及其构造措施

① 隔震建筑应采取不阻碍隔震层在罕遇地震下发生大变形的下列措施：

上部结构的周边应设置竖向隔离缝，缝宽不宜小于各隔震支座在罕遇地震下的最大水平位移值的 1.2 倍且不小于 200 mm。对两相邻隔震结构，其缝宽取最大水平位移之和，且不小于 400 mm。上部结构（包括与其相连的任何构件）与下部结构（包括地下室和与其相连的构件）之间，应设置完全贯通的水平隔离缝，缝高可取 20 mm，并用柔性材料填充；当设置水平隔离缝确有困难时，应设置可靠的水平滑移垫层；穿越隔震层的门廊、楼梯、电梯、车道等部位，应防止可能的碰撞。

② 隔震层以上结构的抗震措施：

当水平向减震系数为大于 0.40 时（设置阻尼器时为 0.38）不应降低非隔震时的要求；水平向减震系数不大于 0.40 时（设置阻尼器时为 0.38），可适当降低抗震规范对非隔震建筑的要求，但烈度降低不得超过 1 度，与抵抗竖向地震作用有关的抗震构造措施不应降低。此时，对砌体结构，可按抗震规范采取隔震构造措施，承重外墙尽端至门窗洞边的最小距离及圈梁的截面和构造配筋仍按非隔震的有关规定；对钢筋混凝土结构，柱和墙的轴压比控制仍应按非隔震的有关规定采用。

3. 隔震层设计

(1) 隔震层布置

隔震层设计应根据预期的水平向减震系数和位移控制要求，选择适当的隔震支座（含阻尼器）以及为抵抗地基微震动与风荷载提供初刚度的部件组成隔震层。

隔震层宜设置在结构的底部或下部，其橡胶隔震支座应设置在受力较大的位置，间距不宜过大，其规格、数量和分布应根据竖向承载力、侧向刚度和阻尼的要求通过计算确定。隔震层在罕遇地震下应保持稳定，不宜出现不可恢复的变形；隔震层橡胶支座在罕遇地震的水平和竖向地震同时作用下，拉应力不应大于 1 MPa。隔震层的平面布置应力求具有良好的对称性。

(2) 隔震支座竖向承载力验算

隔震支座应进行竖向承载力验算。橡胶隔震支座平均压应力限值和拉应力规定是隔震层承载力设计的关键。抗震规范规定：隔震支座在重力荷载代表值作用下的竖向压应力设计值不应超过表 4－1 列出的限值。

表 4－1　橡胶隔震支座平均压应力限值

建筑类别	甲类建筑	乙类建筑	丙类建筑
平均压应力限值(MPa)	10	12	15

注：(1) 压应力设计值应按永久荷载和可变荷载的组合计算；其中，楼面活荷载应按现行国家标准《建筑结构荷载规范》GB 50009 的规定乘以折减系数；

(2) 结构倾覆验算时应包括水平地震作用效应组合；对需进行竖向地震作用计算的结构，尚应包括竖向地震效应组合；

(3) 当橡胶支座的第二形状系数（有效直径与橡胶层总厚度之比）小于 5.0 时应降低平均压应力限值：小于 5 不小于 4 时降低 20%；小于 4 不小于 3 时，降低 40%；

(4) 外径小于 300 mm 的橡胶支座，丙类建筑的平均压应力限值为 10 MPa。

通过表 4－1 列出的平均压应力限值，可保证隔震层在罕遇地震时的承载力及稳定性，并以此初步选取隔震支座的直径。

(3) 隔震支座水平剪力计算

隔震支座的水平剪力应根据隔震层在罕遇地震下的水平剪力按各隔震支座的水平刚度进行分配；当按扭转耦联计算时，尚应计及隔震层的扭转刚度。

(4) 罕遇地震下隔震支座水平位移验算

隔震支座在罕遇地震作用下的水平位移应符合下列要求：

$$u_i \leqslant [u_i] \tag{4-21}$$

$$u_i = \beta_i u_c \tag{4-22}$$

式中 u_i——罕遇地震作用下第 i 个隔震支座考虑扭转的水平位移；

$[u_i]$——第 i 个隔震支座水平位移限值，不应超过该支座有效直径的 0.55 倍和支座橡胶总厚度的 3.0 倍二者中的较小值；

u_c——罕遇地震下隔震层质心处或不考虑扭转时的水平位移；

β_i——第 i 隔震支座的扭转影响系数，应取考虑扭转和不考虑扭转时 i 支座计算位移的比值；当上部结构质心与隔震层刚度中心在两个主轴方向均无偏心时，边支座的扭转影响系数不应小于 1.15。

(5) 隔震层力学性能计算

隔震层的水平动刚度和等效黏滞阻尼比可按下列公式计算：

$$K_h = \sum K_j \tag{4-23}$$

$$\zeta_{eq} = \sum K_j \zeta_j / K_h \tag{4-24}$$

式中 ζ_{eq}——隔震层等效黏滞阻尼比；

K_h——隔震层水平动刚度；

ζ_j——第 j 隔震支座由试验确定的等效黏滞阻尼比，单独设置的阻尼器，应包括该阻尼器的相应阻尼比；

K_j——第 j 隔震支座（含阻尼器）由试验确定的水平动刚度。

(6) 隔震部件的性能要求

① 隔震支座承载力、极限变形与耐久性能应符合《建筑隔震橡胶支座》产品标准（JG 118—2000）的要求。

② 隔震支座的极限水平变位，应大于有效直径的 0.55 倍和支座橡胶总厚度 3 倍的最大值。

③ 在经历相应设计基准期的耐久试验后，刚度、阻尼特性变化不超过初期值的±20%，徐变量不超过支座橡胶总厚度的 0.05。

④ 隔震支座的设计参数由试验确定参数时，竖向荷载应保持表 4－1 所列的压应力限值；对水平向减震系数计算，应取剪切变形 100%的等效刚度和等效黏滞阻尼比；对罕遇地震验算，宜采用剪切变形 250%时的等效刚度和等效黏滞阻尼比，当隔震支座直径较大时可采用剪切变形 100%时的等效刚度和等效黏滞阻尼比。当采用时程分析时，应以试验所得滞回曲线

作为计算依据。

(7) 隔震层与上部结构的连接

① 隔震层顶部应设置梁板式楼盖，且应符合下列要求：

隔震支座的相关部位应采用现浇钢筋混凝土梁板结构，现浇板厚度不宜小于 160 mm；隔震层顶部梁、板的刚度和承载力，宜大于一般楼盖梁板的刚度和承载力；隔震支座附近的梁、柱应计算冲切和局部承压，加密箍筋并根据需要配置网状钢筋。

② 隔震支座和阻尼器的连接构造，应符合下列要求：

隔震支座和阻尼器应安装在便于维护人员接近的部位。

隔震支座与上部结构、下部结构之间的连接件，应能传递罕遇地震下支座的最大水平剪力和弯矩。

外露的预埋件应有可靠的防锈措施。预埋件的锚固钢筋应与钢板牢固连接。锚固钢筋的锚固长度宜大于 20 倍锚固钢筋直径，且不应小于 250 mm。

③ 穿过隔震层的设备配管、配线，应采用柔性连接或其他有效措施以适应隔震层的罕遇地震水平位移；采用钢筋或刚架接地的避雷设备，宜设置跨越隔震层的柔性接地配线。

4. 隔震层以下结构设计

(1) 隔震层支墩、支柱及相连构件，应采用隔震结构罕遇地震下隔震支座底部的竖向力、水平力和力矩进行承载力验算。

(2) 隔震层以下的结构(包括地下室和隔震塔楼下的底盘)中直接支承隔震层以上的结构的相关构件，应满足嵌固的刚度比和设防烈度下的抗震承载力要求，并按罕遇地震进行抗剪承载力验算。隔震层以下地面以上的结构在罕遇地震下的层间位移角限值应满足表 4－2 要求。

(3) 隔震建筑地基基础的抗震验算和地基处理仍应按本地区抗震设防烈度进行，甲、乙类建筑的抗液化措施应按提高一个液化等级确定，直至全部消除液化沉陷。

表 4－2　隔震层以下地面以上结构罕遇地震作用下层间弹塑性位移角限值

下部结构类型	$[\theta_p]$
钢筋混凝土框架结构和钢结构	1/100
钢筋混凝土框架－抗震墙	1/200
钢筋混凝土抗震墙	1/250

(三) 隔震设计简化计算和砌体结构隔震措施

1. 简化计算

(1) 隔震支座扭转影响系数简化计算

当隔震支座的平面布置为矩形或接近于矩形，但上部结构的质心与隔震层刚度中心不重合时，隔震支座扭转影响系数可按下列方法确定，此简化计算适合于各种隔震结构，包括采用隔震设计的砌体结构、钢筋混凝土结构和其他结构。

① 仅考虑单向地震作用时：

假定隔震层顶板是面内刚性的，由几何关系(图 4－6)，第 i 支座的水平位移可写为

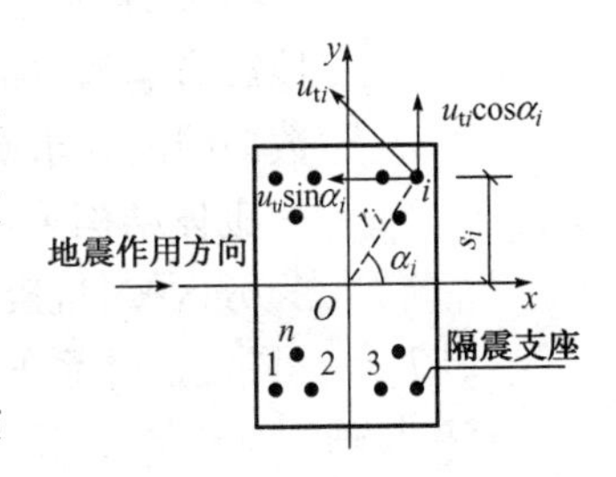

图 4－6　隔震层扭转计算简图

$$u_i=\sqrt{(u_c+u_{ti}\sin\alpha_i)^2+(u_{ti}\cos\alpha_i)^2}$$
$$=\sqrt{u_c^2+2u_cu_{ti}\sin\alpha_i+u_{ti}^2}$$

略去高阶微量,可得

$$\left.\begin{aligned}u_i&=\beta_i u_c\\ \beta_i&=1+(u_{ti}/u_c)\sin\alpha_i\end{aligned}\right\} \quad (4-25)$$

另一方面,在水平地震下 i 支座的水平位移可根据楼层的扭转角与支座至隔震层刚度中心的距离得到,再将隔震层平移刚度与扭转刚度之比用其顶板的几何尺寸之间的关系替代,可得

$$\begin{aligned}u_{ti}/u_c&=12r_ie/(a^2+b^2)\\ \beta_i&=1+12es_i/(a^2+b^2)\end{aligned} \quad (4-26)$$

式中 e——上部结构质心与隔震层刚度中心在垂直于地震作用方向的偏心距;

s_i——第 i 个隔震支座与隔震层刚度中心在垂直于地震作用方向的距离;

a、b——隔震层平面的两个边长,对边支座,扭转影响系数不宜小于 1.15;当隔震层和上部结构采取有效的抗扭措施后或扭转周期小于平动周期的 70%,扭转影响系数可取 1.15。

② 同时考虑双向地震作用时:

扭转影响系数可仍按式(4-26)计算,但其中偏心距(e)应采用下列公式中的较大值替代:

$$e=\sqrt{e_x^2+(0.85e_y)^2} \quad (4-27a)$$

$$e=\sqrt{e_y^2+(0.85e_x)^2} \quad (4-27b)$$

式中 e_x——y 方向地震作用的偏心距;

e_y——x 方向地震作用的偏心距。

对边支座,扭转影响系数不宜小于 1.2。

(2) 砌体结构及与其基本周期相当的结构简化计算

① 多层砌体结构水平向减震系数:

$$\psi=\sqrt{2}\,\eta_2(T_{gm}/T_1)^{\gamma} \quad (4-28)$$

式中 ψ——水平向减震系数;

η_2——地震影响系数的阻尼调整系数,根据隔震层等效阻尼按第 2 章地震影响系数曲线的要求确定;

γ——地震影响系数的曲线下降段衰减指数,根据隔震层等效阻尼按第 2 章地震影响系数曲线的要求确定;

T_{gm}——砌体结构采用隔震方案时的设计特征周期,根据本地区所属的设计特征周期分区按《抗震规范》确定,但小于 0.4 s 时按 0.4 s 采用;

T_1——隔震后体系的基本周期,不应大于 2.0 s 和 5 倍特征周期的较大值。

② 与砌体结构周期相当的结构水平向减震系数:

$$\psi=\sqrt{2}\,\eta_2(T_g/T_1)^{\gamma}(T_0/T_g)^{0.9} \quad (4-29)$$

式中　T_0——非隔震结构的计算周期，当小于特征周期时应采用特征周期值的数值；

T_1——隔震后体系的基本周期，不应大于 5 倍特征周期值；

T_g——特征周期。

③ 砌体结构及与其基本周期相当的结构隔震后体系的基本周期：

$$T_1=2\pi\sqrt{G/K_h g} \tag{4-30}$$

式中　G——隔震层以上结构的重力荷载代表值；

K_h——隔震层的水平动刚度；

g——重力加速度。

④ 砌体结构及与其基本周期相当的结构，罕遇地震下隔震层水平剪力计算：

$$V_c=\lambda_s\alpha_1(\zeta_{eq})G \tag{4-31}$$

式中　V_c——隔震层在罕遇地震下的水平剪力。

⑤ 砌体结构及与其基本周期相当的结构，罕遇地震下隔震层刚度中心处水平位移计算：

$$u_c=\lambda_s\alpha_1(\zeta_{eq})G/K_h \tag{4-32}$$

式中　u_c——隔震层刚度中心处水平位移；

λ_s——近场系数；甲、乙类建筑距发震断层 5 km 以内取 1.5；5～10 km 取 1.25；10 km 以外取 1.0；丙类建筑取 1.0；

$\alpha_1(\zeta_{eq})$——罕遇地震下的地震影响系数值，可根据隔震层参数，按第 2 章地震影响系数曲线的要求确定；

K_h——罕遇地震下隔震层的水平动刚度，应按式(4－23)进行计算。

⑥ 砌体结构进行竖向地震作用下的抗震验算时，砌体抗震抗剪强度的正应力影响系数，宜按减去竖向地震作用等效后的平均压应力取值。

⑦ 砌体结构的隔震层顶部各纵、横梁均可按受均布荷载的单跨简支梁或多跨连续梁计算。均布荷载可按底部框架砖砌体房屋的钢筋混凝土托梁的规定取值；当按连续梁算出的正弯矩小于单跨简支梁跨中弯矩的 0.8 倍时，应按 0.8 倍单跨简支梁跨中弯矩配筋。

2. 砌体结构的隔震措施

(1) 层数、总高度和高宽比

当水平向减震系数不大于 0.40 时(设置阻尼器时为 0.38)，丙类建筑的多层砌体结构房屋的层数、总高度和高宽比限值，可按砌体结构降低 1 度的有关规定采用。

(2) 隔震层构造

① 多层砌体房屋的隔震层位于地下室顶部时，隔震支座不宜直接放置在砌体墙上，并应验算砌体的局部承压。

② 上部结构为砌体结构时，隔震层顶部纵、横梁的构造均应符合底部框架砖房的钢筋混凝土托墙梁的要求。

(3) 丙类建筑隔震后上部砌体结构的抗震构造措施应符合的要求

① 承重墙外墙尽端至门窗洞边的最小距离和圈梁的配筋构造，仍应符合多层砌体房屋抗震的有关规定。

② 多层砖砌体房屋的钢筋混凝土构造柱设置，水平向减震系数大于 0.40 时(设置阻尼器

时为 0.38)，仍应符合《抗震规范》关于多层砖砌体房屋构造柱的设置要求；(7～9)度，当水平向减震系数不大于 0.40 时(设置阻尼器时为 0.38)，应符合表 4－3 的规定。

表 4－3　隔震后砖砌体房屋构造柱设置要求

房屋层数			设置部位	
7 度	8 度	9 度		
三、四	二、三		楼、电梯间四角，楼梯斜段上下端对应的墙体处；外墙四角和对应转角；错层部位横墙与外纵墙交接处；较大洞口两侧；大房间内外墙交接处	每隔 12 m 或单元横墙与外墙交接处
五	四	二		每隔三开间的横墙与外墙交接处
六	五	三、四		隔开间横墙(轴线)与外墙交接处，山墙与内纵墙交接处； 9 度四层，外纵墙与内纵墙(轴线)交接处
七	六、七	五		内墙(轴线)与外墙交接处，内墙局部小墙垛处； 内纵墙与横墙(轴线)交接处

③ 混凝土小砌块房屋芯柱的设置，水平向减震系数大于 0.40 时(设置阻尼器时为 0.38)，仍应符合《抗震规范》关于多层小砌块房屋芯柱的设置要求；(7～9)度，当水平向减震系数不大于 0.40 时(设置阻尼器时为 0.38)，应符合表 4－4 的规定。

表 4－4　隔震后混凝土小型空心砌块房屋芯柱设置要求

房屋层数			设置部位	设置数量
7 度	8 度	9 度		
三、四	二、三		外墙转角，楼梯间四角，楼梯斜段上下端对应的墙体处；大房间内外墙交接处；每隔 12 m 或单元横墙与外墙交接处	外墙转角，灌实 3 个孔； 内外墙交接处，灌实 4 个孔
五	四	二	外墙转角，楼梯间四角，楼梯斜段上下端对应的墙体处；大房间内外墙交接处，隔三开间横墙(轴线)与外墙交接处	
六	五	三	外墙转角，楼梯间四角，楼梯斜段上下端对应的墙体处；大房间内外墙交接处，隔开间横墙(轴线)与外墙交接处，山墙与内纵墙交接处；8、9 度时，外纵墙与横墙(轴线)交接处，大洞口两侧	外墙转角，灌实 5 个孔； 内外墙交接处，灌实 4 个孔； 洞口两侧各灌实 1 个孔
七	六	四	外墙转角，楼梯间四角，楼梯斜段上下端对应的墙体处；各内墙(轴线)与外纵墙交接处；内纵墙与横墙(轴线)交接处；洞口两侧	外墙转角，灌实 7 个孔； 内外墙交接处，灌实 4 个孔； 内墙交接处，灌实 4～5 个孔； 洞口两侧各灌实 1 个孔

④ 上部结构的其他抗震构造措施，水平向减震系数大于 0.40 时(设置阻尼器时为 0.38)，仍应符合《抗震规范》的相关规定；(7～9)度，当水平向减震系数不大于 0.40 时(设置阻尼器时为 0.38)，可按《抗震规范》降低 1 度的相应规定采用。

§4—2 建筑结构消能减震设计

一、结构消能减震概述

传统抗震设计方法以概率理论为基础，提出三水准的设防要求，即小震不坏，中震可修，大震不倒，并通过两个阶段设计来实现：第一阶段设计采用第一水准烈度的地震动参数，结构处于弹性状态，能够满足承载力和弹性变形的要求；第二阶段设计采用第三水准烈度的地震动参数，结构处于弹塑性状态，要求具有足够的弹塑性变形能力，但又不能超过变形限值，使建筑物“裂而不倒”。然而，结构物要终止在强震或大风作用下的振动反应(速度、加速度和位移)，必然要进行能量转换或耗散。传统抗震结构体系实际上是依靠结构及承重构件的损坏消耗大部分输入能量，往往导致结构构件严重破坏甚至倒塌，这在一定程度上是不合理也是不安全的。为了克服传统抗震设计方法的缺陷，结构振动控制技术(简称结构控制)逐渐发展起来，并被认为是减轻结构地震和风振反应的有效手段。结构消能减震(又称消能减振)技术就是一种结构控制技术，《建筑抗震设计规范》(GB 50011—2001)首次以国家标准的形式对房屋消能减震设计这种抗震设防新技术的设计要点做出了规定，标志着消能减震技术在我国已经由科学研究走向了推广应用阶段。

(一) 结构振动控制的概念

1972 年美籍华裔学者姚治平(J. T. P. Yao)教授撰文第一次明确提出了土木工程结构控制的概念，近 30 年来，国内外学者在结构控制的理论、方法、试验和工程应用等方面取得了大量的研究成果。结构控制的概念可以简单表述为：通过对结构附加控制机构或装置，由控制机构或装置与结构共同承受振动作用，以调谐和减轻结构的振动反应，使它在外界干扰作用下的各项反应值被控制在允许范围内。基于此定义，结构控制的减振机理，可简单地用一个结构动力方程予以说明：

$$[M]\{\ddot{x}(t)\}+[C]\{\dot{x}(t)\}+[K]\{x(t)\}=F(t)-[M]\{I\}\ddot{x}_{g}(t) \tag{4—33}$$

式中 $[M]$、$[C]$、$[K]$——分别为结构的质量、阻尼和刚度矩阵；

$\{I\}$——单位列向量；

$F(t)$——外部作用(包括控制机构或装置施加的控制力、风或可能施加的其他外力)列向量；

$\{\ddot{x}(t)\}$、$\{\dot{x}(t)\}$、$\{x(t)\}$——分别为结构在外部作用(或荷载)下的加速度、速度和位移反应列向量；

$\ddot{x}_{g}(t)$——地面的地震加速度反应。

结构控制就是通过调整结构的自振频率 ω 或自振周期 T(通过改变$[K]$、$[M]$)或增大阻尼$[C]$，或施加控制力 $F(t)$，以大大减少结构在地震(或风)作用下的反应。设$\{\ddot{x}_{max}\}$、$\{\dot{x}_{max}\}$、$\{x_{max}\}$为确保结构和结构中的人、设备及装修设施等的安全和处于正常使用状态所允许的结构加速度、速度和位移反应值，则结构的动力响应需满足下式要求：

$$\{\ddot{x}\} \leqslant \{\ddot{x}_{\max}\}, \quad \{\dot{x}\} \leqslant \{\dot{x}_{\max}\}, \quad \{x\} \leqslant \{x_{\max}\} \tag{4-34}$$

结构控制一般可分为被动控制、主动控制、混合控制和半主动控制 4 类。

（二）结构消能减震设计的概念

结构消能减震设计是指在房屋结构中设置消能装置，通过其局部变形提供附加阻尼，以消耗输入上部结构的地震能量，达到预期设防要求。具体地说，就是把结构的某些构件（如支撑、剪力墙、连接件等）设计成消能杆件，或在结构的某些部位（层间空间、节点、连接缝等）安装消能装置，在小风或小震下，这些消能杆件（或消能装置）和结构共同工作，结构本身处于弹性状态并满足正常使用要求；在大震或大风下，随着结构侧向变形的增大，消能杆件或消能装置产生较大阻尼，大量消耗输入结构的地震或风振能量，使结构的动能或者变形能转化成热能等形式耗散掉，迅速衰减结构的地震或风振反应，使主体结构避免出现明显的非弹性状态（结构仍然处于弹性状态或者虽然进入弹塑性状态，但不发生危及生命和丧失使用功能的破坏）。

结构消能减震技术的研究来源于对结构在地震发生时的能量转换的认识，下面以一般的能量表达式来分别说明地震时传统抗震结构和消能减震结构的能量转换过程。

传统抗震结构

$$E_{in}=E_R+E_D+E_S \tag{4-35}$$

消能减震结构

$$E_{in}=E_R+E_D+E_S+E_A \tag{4-36}$$

式中 E_{in}——地震时输入结构的地震能量；

E_R——结构物地震反应的能量，即结构物振动的动能和势能（弹性变形能）；

E_D——结构阻尼消耗的能量（一般不超过 5%）；

E_S——主体结构及承重构件非弹性变形（或损坏）消耗的能量；

E_A——消能构件或消能装置消耗的能量。

从式（4—35）可以看出，对于传统结构，如果 E_D 忽略不计，为了终止结构地震反应（$E_R \to 0$），必然导致主体结构及承重构件的损坏、严重破坏或者倒塌（$E_S \to E_{in}$）。而对于消能减震结构，由式（4—36），如果 E_D 忽略不计，消能装置率先进入消能工作状态，大量消耗输入结构的地震能量（$E_A \to E_{in}$），既能保护主体结构及承重构件免遭破坏（$E_S \to 0$），又能迅速地衰减结构的地震反应（$E_R \to 0$），确保结构在地震中的安全。

（三）结构消能减震体系的分类

结构消能减震体系由主体结构和消能部件（消能装置和连接件）组成，按照消能部件的不同型式可分为以下类型：

1．消能支撑

可以代替一般的结构支撑，在抗震和抗风中发挥支撑的水平刚度和消能减震作用。消能装置可以做成方框支撑、圆框支撑、交叉支撑、斜杆支撑、K 形支撑和双 K 形支撑等（图 4—7）。

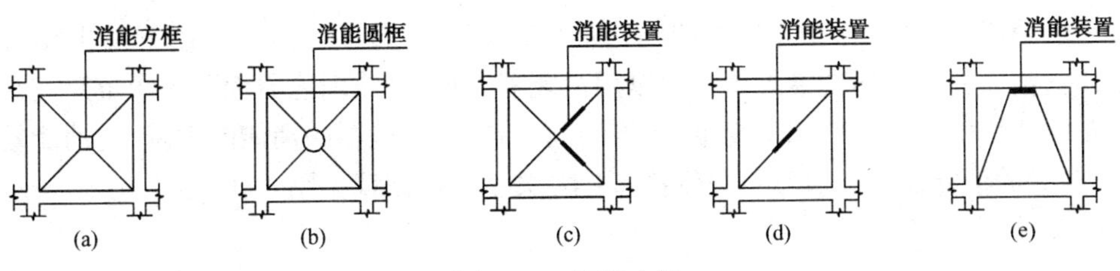

图 4—7　消能支撑

(a) 方框支撑；(b) 圆框支撑；(c) 交叉支撑；(d) 斜杆支撑；(e) K 形支撑

2．消能剪力墙

消能剪力墙可以代替一般结构的剪力墙，在抗震和抗风中发挥支撑的水平刚度和消能减震作用。消能剪力墙可以做成竖缝剪力墙、横缝剪力墙、斜缝剪力墙、周边缝剪力墙、整体剪力墙和分离式剪力墙等(图 4—8)。

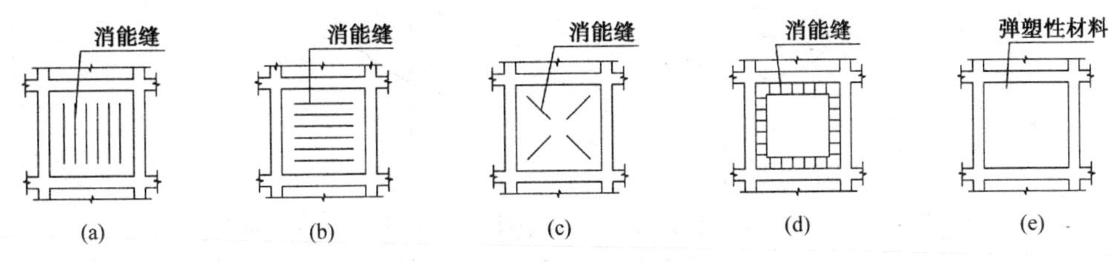

图 4—8　消能剪力墙

(a) 竖缝剪力墙；(b) 横缝剪力墙；(c) 斜缝剪力墙；(d) 周边缝剪力墙；(e) 整体剪力墙

3．消能节点

在结构的梁柱节点或梁节点处安装消能装置。当结构产生侧向位移、在节点处产生角度变化或者转动式错动时，消能装置即可发挥消能减震作用(图 4—9)。

4．消能连接

在结构的缝隙处或结构构件之间的连接处设置消能装置。当结构在缝隙或连接处产生相对变形时，消能装置即可发挥消能减震作用(图 4—10)。

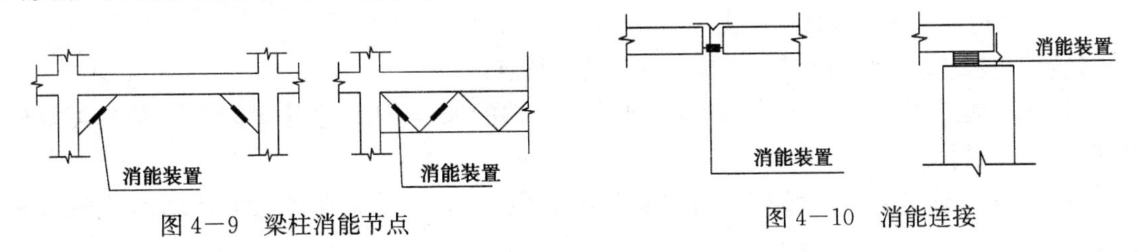

图 4—9　梁柱消能节点

图 4—10　消能连接

5．消能支承或悬吊构件

对于某些线结构(如管道、线路，桥梁的悬索、斜拉索的连接处等)，设置各种支承或者悬吊消能装置，当线结构发生振(震)动时，支承或者悬吊构件即可发生消能减震作用。

(四) 消能器的分类

消能部件中安装有消能器(又称阻尼器)等消能减震装置。消能器的功能是：当结构构件(或节点)发生相对位移(或转动)时，产生较大阻尼，从而发挥消能减震作用。为了达到最佳消能效果，要求消能器提供最大的阻尼，即当构件（或节点）在力（或弯矩）作用下发生相对位移（或转动）时，消能器所做的功最大。这可以用消能器阻尼力（或消能器承受的弯矩）—位移（转角）关系滞回曲线所包络的面积来度量，包络的面积越大，消能器的消能能力越大，消能效果就越明显。典型的消能器力（或弯矩）—位移（转角）关系滞回曲线见图 4—11。

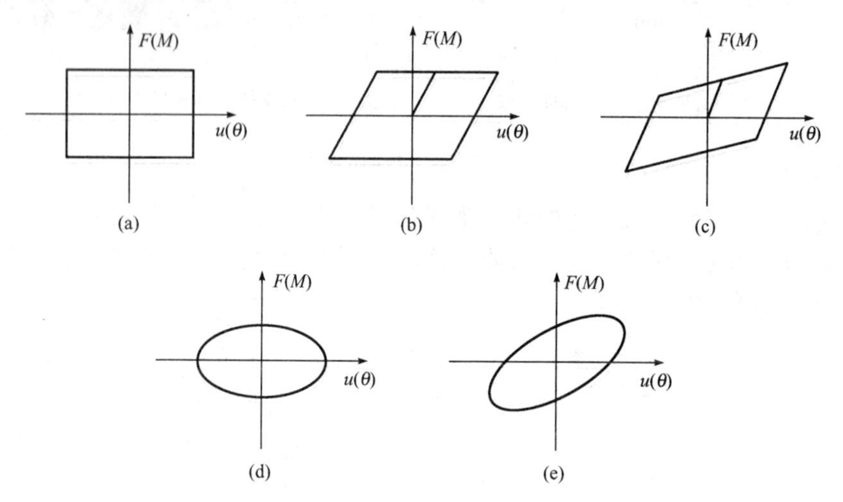

图 4—11　典型的消能器力（弯矩）—位移（转角）关系滞回曲线

(a) 方形线；(b) 单折线；(c) 双折线；(d) 椭圆线（无刚度）；(e) 椭圆线（有刚度）

消能器主要分为位移相关型、速度相关型及其他类型。黏弹性阻尼器、黏滞流体阻尼器、黏滞阻尼墙、黏弹性阻尼墙等属于速度相关型，即消能器对结构产生的阻尼力主要与消能器两端的相对速度有关，与位移无关或与位移的关系为次要因素；金属屈服型阻尼器、摩擦阻尼器属于位移相关型，即消能器对结构产生的阻尼力主要与消能器两端的相对位移有关，当位移达到一定的启动限值才能发挥作用。摩擦阻尼器属于典型的位移相关型消能器，但是有些摩擦阻尼器有时候性能不够稳定。此外，还有其他类型的消能器，如调频质量阻尼器（TMD）、调频液体阻尼器（TLD）等。

（五）结构消能减震建筑的特点

设置消能减震装置的减震结构具有以下基本特点：

(1) 消能减震装置可同时减少结构的水平和竖向的地震作用，适用范围较广，结构类型和高度均不受限制。

(2) 消能减震装置应使结构具有足够的附加阻尼，以满足罕遇地震下预期的结构位移要求。

(3) 由于消能减震结构不改变结构的基本型式（但是可减小梁、柱断面尺寸和配筋，减少剪力墙的设置），除消能部件和相关部件外，结构设计仍可按照《抗震规范》对相应结构类型的要求进行。

（六）结构消能减震技术的优越性

结构消能减震技术是一种积极的、主动的抗震对策，不仅改变了结构抗震设计的传统概念、方法和手段，而且使得结构的抗震（风）舒适度、抗震（风）能力、抗震（风）可靠性和灾害防御水平大幅度提高。采用消能减震结构体系与传统抗震结构体系相比，具有以下优越性。

(1) 安全性

消能器作为非承重的消能构件或消能装置，在强震中能率先消耗地震能量，迅速衰减结构的地震反应并保护主体结构和构件免遭破坏，确保结构的安全。根据有关振动台试验的数据，消能减震结构的地震反应比传统抗震结构降低 40%～60%。

(2) 经济性

消能减震结构是通过“柔性消能”的途径减少结构的地震反应，因而可以减少剪力墙的设置，减少结构断面和配筋，并提高结构的抗震性能。可节约造价 5%～10%。若用于旧建筑物的抗震加固，则可节约造价 10%～60%。

(3) 技术合理性

结构越高、越柔，消能减震效果就越显著。因而，消能减震技术必将成为采用高强、轻质材料的超高结构、大跨度结构及桥梁的合理的减震(地震和风振)手段。

(七) 结构消能减震技术的应用范围

消能减震技术适用于结构的地震和风振控制，结构的层数越多、高度越高、跨度越大、变形越大、场地的烈度越高，消能减震效果就越明显。可广泛应用于下述工程结构的减震(抗风)：

(1) 高层建筑，超高层建筑。

(2) 高柔结构，高耸塔架。

(3) 大跨度桥梁。

(4) 柔性管道、管线(生命线工程)。

(5) 旧有高柔建筑或结构物的抗震(或抗风)加固改造。

二、结构消能减震设计

结构消能减震技术是一种新技术，结构采用消能减震设计应考虑使用功能的要求、消能减震效果、长期工作性能以及经济性等问题。现阶段，这种新技术主要用于对使用功能有特殊要求(如重要机关、医院等地震时不能中断使用的建筑)和高烈度地区(8、9 度区)的建筑，或用于投资方愿意通过增加投资来提高安全要求的建筑。

(一) 结构消能减震设计的一般规定

房屋消能减震设计，应根据建筑抗震设防类别、抗震设防烈度、场地条件、建筑结构方案和建筑使用要求，与采用抗震设计的方案进行技术、经济可行性对比分析后，确定其设计方案。

1. 消能减震装置的设置要求

消能减震装置应符合以下要求：

(1) 应对结构提供足够的附加阻尼，并沿结构的两个主轴方向均有附加阻尼或刚度。

(2) 宜设在层间变形较大的部位，以便更好地发挥消能作用。一般应按照计算来确定位置和数量，并有利于提高整个结构的消能减震能力，形成均匀合理的受力体系。

(3) 应采用便于检查和替换的措施。

(4) 消能器与斜撑、墙体、梁或节点等支承构件的连接，应符合钢构件连接或钢与钢筋混凝土构件连接的要求，并能承担消能器施加给连接节点的最大作用力。

(5) 与消能部件相连的结构构件，应计入消能部件传递的附加内力，并将其传给基础。

(6) 消能器和连接构件在长期使用过程中需要检查和维护，其安装位置应便于维护人员接近和操作，即应具有较好的易维护性。

(7) 消能器和连接构件应具有耐久性能。

(8) 设计文件上应注明消能减震装置的性能要求。

(9) 消能减震部件的性能参数应严格检查,安装前应对消能器进行抽样检测,每种类型和每一规格的数量不应少于3个,抽样检测的合格率应为100%。

2. 结构消能减震设计设防目标

采用消能减震设计的建筑,当遭遇到本地区的多遇地震影响、抗震设防烈度影响和罕遇地震影响时,其抗震设防目标应高于(传统)抗震设计的抗震设防目标。采用消能减震设计,还不能完全做到在设防烈度下上部结构不受损坏或主体结构处于弹性工作阶段的要求,但是与非消能减震(及非隔震)建筑相比,应有所提高。大体上是:当遭受多遇地震影响时,基本不受损坏,基本不影响使用功能;当遭受设防烈度的地震影响时,不需要修理仍可继续使用;当遭受高于本地区设防烈度的罕遇地震影响时,将不发生危及生命安全和丧失使用功能的破坏。消能减震结构在罕遇地震下的层间弹塑性位移角限值,应明显小于《抗震规范》关于非消能减震设计的规定,框架结构宜采用1/80。

3. 消能减震结构设计涉及的主要问题

(1) 消能减震装置(阻尼器)的设计、选择、布置及数量。

(2) 消能减震装置附加给结构的阻尼比的估算。

(3) 消能减震结构体系在罕遇地震下的位移计算。

(4) 消能部件与主体结构的连接构造。

(二) 消能减震设计的计算分析参数

消能减震装置应提供恢复力模型、有效刚度、阻尼系数、阻尼比、设计容许位移、极限位移、适用环境温度及加载频率等参数。消能减震装置的力学性能主要用恢复力模型来表示,其与温度、加载速度、频率、幅值和环境等因素有关。

(1) 消能部件附加给结构的有效阻尼比,可以按照下列方法确定:

① 消能部件附加给结构的有效阻尼比可按下式估算:

$$\zeta_a = W_c/(4\pi W_s) \tag{4-37}$$

式中 ζ_a——消能结构的附加有效阻尼比;

W_c——所有消能部件在结构预期位移下往复一周所消耗的能量;

W_s——设置消能部件的结构在预期位移下的总应变能。

② 不计扭转影响时,消能减震结构在其水平地震作用下的总应变能,可按照下式估算:

$$W_s = (1/2)\sum F_i u_i \tag{4-38}$$

式中 F_i——质点 i 的水平地震作用标准值;

u_i——质点 i 对应于水平地震作用标准值的位移。

③ 速度线性相关型消能器在水平地震作用下所消耗的能量,可按照下式估算:

$$W_c = (2\pi^2/T_1)\sum C_j \cos^2\theta_j \Delta u_j^2 \tag{4-39}$$

式中 T_1——消能减震结构的基本自振周期;

C_j——第 j 个结构由试验确定的线性阻尼系数;

θ_j——第 j 个消能器的消能方向与水平面的夹角；

Δu_j——第 j 个消能器两端的相对水平位移。

当消能器的阻尼系数和有效刚度与结构的振动周期有关时，可取相当于消能减震结构基本自振周期的值。

④位移相关型、速度非线性相关型和其他类型消能器在水平地震作用下所消耗的能量，可按照下式估算：

$$W_c = \sum A_j \tag{4-40}$$

式中 A_j——第 j 个消能器的恢复力滞回环在相对水平位移 Δu_j 时的面积。

消能器的有效刚度可取消能器的恢复力滞回环在相对水平位移 Δu_j 时的割线刚度。

⑤ 消能部件附加给结构的有效阻尼比超过20%时，宜按20%计算。

(2) 消能部件由试验确定的有效刚度、阻尼比和恢复力模型的设计参数，应符合下列规定：

① 速度相关型阻尼器应由试验提供设计容许位移、极限位移，以及在设计容许位移幅值和不同环境温度条件下加载频率为0.1～4 Hz的滞回模型。速度相关型消能器与斜撑、墙体或梁等支承构件组成消能部件时，该部件在消能器消能方向的刚度可按下式确定(无刚度消能器除外)：

$$K_b = (6\pi/T_1)C_v \tag{4-41}$$

式中 K_b——消能部件在消能器方向的刚度；

C_v——消能器由试验确定的相应于结构基本自振周期的线性阻尼系数；

T_1——消能减震结构的基本自振周期。

② 位移相关型阻尼器应由往复静力加载试验确定设计容许位移、极限位移和恢复力模型参数。位移相关型消能器与斜撑、墙体或梁等支承构件组成消能部件时，该部件的恢复力模型参数宜符合下列要求：

$$\Delta u_{py}/\Delta u_{sy} \leqslant 2/3 \tag{4-42}$$

$$(K_p/K_s)(\Delta u_{py}/\Delta u_{sy}) \geqslant 0.8 \tag{4-43}$$

式中 K_p——消能部件在水平方向的初始刚度；

K_s——设置消能部件的结构楼层侧向刚度；

Δu_{py}——消能部件的屈服位移；

Δu_{sy}——设置消能部件的结构层间屈服位移。

③ 在最大容许位移幅值下，按应允许的往复周期循环60圈后，消能器的主要性能衰减量不应超过10%且不应有明显的低周疲劳现象。

(三) 消能减震设计的计算要点

(1) 由于加上消能部件后不改变结构的基本型式，除消能部件和相关部件外，结构设计(包括抗震构造)仍可按照《抗震规范》对相应结构类型的要求进行。这样，计算消能减震结构的关键是确定结构的总刚度和总阻尼。

(2) 一般情况下，计算消能减震结构宜采用静力非线性(弹塑性)分析方法或者非线性(弹塑性)动力时程分析方法。对非线性(弹塑性)动力时程分析法,宜采用消能部件的恢复力模型计算;对静力非线性(弹塑性)分析法,可采用消能部件附加给结构的有效阻尼比和有效刚度计算。

(3) 当主体结构基本处于弹性工作阶段时,可采用线性分析方法作简化估算,并根据结构的变形特征和高度等,按《抗震规范》规定分别采用底部剪力法、振型分解反应谱法和时程分析法。其地震影响系数可根据消能减震结构的总阻尼比按《抗震规范》规定的地震影响系数曲线采用。

(4) 消能减震结构的总刚度应为结构刚度和消能部件有效刚度的总和。

(5) 消能减震结构的总阻尼比应为结构阻尼比和消能部件附加给结构的有效阻尼比的总和。

(四) 消能减震结构设计

消能减震结构设计采用两阶段设计方法:

(1) 多遇地震作用下的弹性阶段验算,进行承载力计算和弹性变形验算。

(2) 罕遇地震作用下的变形验算,鉴于此阶段消能器可大量耗散地震能量,降低结构的地震反应,因此,消能减震结构的抗震设防目标应比非消能减震结构有所提高。

速度相关型消能器是消能减震设计中最常用的消能器,速度相关型消能器的力与速度和位移的关系一般可表示为

$$F_d = C_d \dot{X} + K_d X \tag{4-44}$$

式中 F_d——消能器提供的阻尼力;

C_d、K_d——分别是消能器的阻尼系数和刚度;

X、$\dot{X}$——分别是消能器的相对位移和相对速度。

黏滞(流体)阻尼器和黏弹性阻尼器是目前较为常见的消能器。黏滞消能器(图 4—12)一般由缸筒、活塞、阻尼孔、阻尼材料和导杆等部分组成,活塞在缸筒内作往复运动,活塞上开有适量小孔作为阻尼孔,缸筒内装满流体阻尼材料。当活塞与缸筒之间发生相对运动时,由于活塞前后的压力差使流体阻尼材料从阻尼孔中通过,从而产生阻尼力。其消能原理是将结构的部分振动能量通过消能器中黏滞流体阻尼材料的黏滞耗能耗散掉,达到减小结构振动反应的目的。对于黏滞消能器,式(4—44)中 C_d 是消能器的黏滞阻尼系数,与阻尼材料、温度、消能器构造、阻尼孔大小等因素有关,由产品型号给定或试验测定;K_d 等于零。

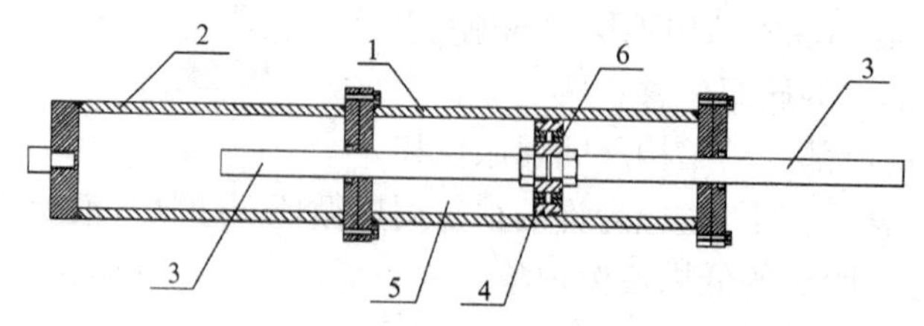

图 4—12 黏滞消能器

1—主缸;2—副缸;3—导杆;4—活塞;
5—阻尼材料(硅油或液压油);6—阻尼孔

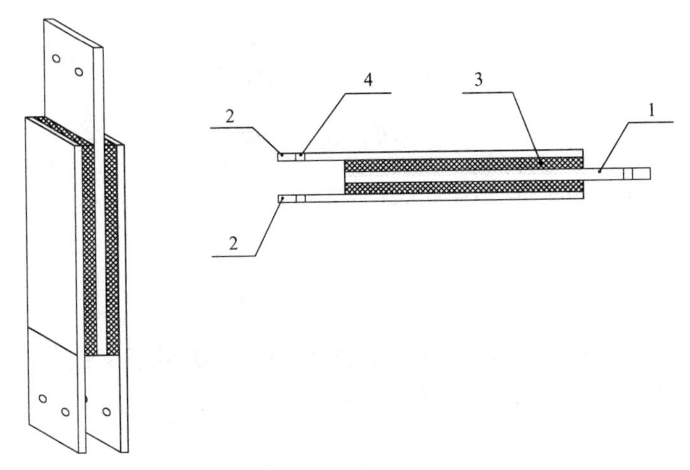

图 4—13　黏弹性阻尼器

1—中间钢板；2—两侧钢板；3—黏弹性材料；4—螺栓孔

黏弹性阻尼器(图 4—13)通常由钢板和固体黏弹性材料交替叠合而成，其原理是通过黏弹性材料的往复剪切变形来耗散能量。对于黏弹性消能器：

$$C_{\mathrm{d}}=\frac{\eta(\omega)G(\omega)A}{\omega\delta}\qquad K_{\mathrm{d}}=\frac{G(\omega)A}{\delta}\tag{4-45}$$

式中　$\eta(\omega)$、$G(\omega)$——分别为黏弹性材料的损耗因子和剪切模量，一般与频率和温度有关，由黏弹性材料特性曲线确定；

A、δ——分别为黏弹性材料的受剪面积和厚度；

ω——结构的振动频率，对于多自由度结构，取弹性振动的固有频率。

速度相关型消能器与斜撑等串联使用时，为了充分发挥消能器的减震效果，斜撑在消能器往复变形方向的刚度 K_{b} 宜符合下式要求：

$$K_{\mathrm{b}}\geqslant 10C_{\mathrm{d}}\left[1+\frac{1}{T_1}\right]\tag{4-46}$$

式中　T_1——结构固有基本自振周期。

当满足式(4—46)要求时，可忽略串联构件刚度对消能器相对变形的影响。

(1) 振型分解反应谱法

消能减震结构在地震作用下弹性振动的动力方程可以表示为

$$[M_{\mathrm{s}}]\{\ddot{x}(t)\}+([C_{\mathrm{s}}]+[C_{\mathrm{d}}])\{\dot{x}(t)\}+([K_{\mathrm{s}}]+[K_{\mathrm{d}}])\{x(t)\}=-[M]\{I\}\ddot{x}_{\mathrm{g}}(t)\tag{4-47}$$

式中　$[M_{\mathrm{s}}]$、$[C_{\mathrm{s}}]$、$[K_{\mathrm{s}}]$——分别为原结构的质量、阻尼和刚度矩阵；

$[C_{\mathrm{d}}]$、$[K_{\mathrm{d}}]$——分别为消能器给结构附加的阻尼和刚度矩阵；

$\{I\}$——单位列向量；

$\{\ddot{x}(t)\}$、$\{\dot{x}(t)\}$、$\{x(t)\}$——分别为质点加速度、速度和位移列阵；

$\ddot{x}_{\mathrm{g}}(t)$——地面的地震加速度。

由消能减震结构的质量阵$[M_{\mathrm{s}}]$和总刚度阵$([K_{\mathrm{s}}]+[K_{\mathrm{d}}])$可以求得其频率向量和振型

矩阵：

$$[\omega]=\{\omega_1,\omega_2,\cdots,\omega_n\} \tag{4-48}$$

$$[\Phi]=\{\Phi_1,\Phi_2,\cdots,\Phi_n\} \tag{4-49}$$

原结构的阻尼矩阵 C_s 通常假定是正交的，即

$$\Phi_i^T C_s \Phi_j=\begin{cases} C_{si}^* & (i=j) \\ 0 & (i\neq j) \end{cases} \tag{4-50}$$

但是消能器附加给结构的阻尼矩阵 C_d 通常不满足式(4－50)的正交性条件，需要进行强行解耦，即作近似处理，忽略 C_d 的非正交项，则有

$$\Phi_i^T C_d \Phi_j=\begin{cases} C_{di}^* & (i=j) \\ 0 & (i\neq j) \end{cases} \tag{4-51}$$

此时，可对方程(4－47)进行求解，这种方法成为强行解耦法。大量计算表明，采用这种方法求得的结构反应误差不超过10%，大多数情况下不超过5%。

(2) 时程分析法

采用时程分析法对消能减震结构体系进行分析时，体系的刚度和阻尼是时间的函数，随着消能构件或消能装置处于不同的工作状态而变化。

当主体结构基本处于弹性工作阶段时，体系的非线性特性可能是由消能构件（或消能装置）的非线性工作状态产生的，这时体系的刚度矩阵包括线性部分（主体结构）和非线性部分（消能构件或装置），体系的阻尼矩阵可以忽略主体结构的阻尼影响（占很小比例），只考虑消能构件或装置产生的阻尼。考虑每一时间的增量变化，采用分步积分法求出消能减震结构体系在每时刻的结构地震反应。一般情况下，当主体结构进入非弹性工作状态时，体系的非线性特性由主体结构和消能构件（或消能装置）的非线性工作状态共同产生，体系的刚度矩阵包括主体结构的非线性部分和消能构件（或装置）非线性部分，这时一般不能忽略主体结构的阻尼影响（占很小比例）。

(3) 消能减震结构的设计步骤

消能减震结构的设计步骤可归纳如下：

① 确定结构所在场地的抗震设计参数，如设防烈度、地面加速度、采用的地震波、结构的重要性、使用要求、变形限值及设防目标等。

② 按照传统抗震设计方法优选结构设计方案。

③ 对结构进行分析计算。如抗震设计方案满足要求，即可采用抗震方案；如抗震设计方案不能满足设防目标要求，或虽能满足要求但为了进一步提高抗震能力，则考虑采用消能减震方案。

④ 选择消能减震装置（如黏滞阻尼器、黏弹性阻尼器等），根据消能减震装置的设计参数，初步确定消能减震装置的布置方案（位置、数量、型式等）。

⑤ 对消能减震结构进行计算，确定其是否满足要求。如满足要求，即可采用该方案，并对其进行完善设计；如不满足要求，则重新选择消能减震设计方案（消能装置的类型、安装位置、数量、型式等），并对该方案进行计算，直至满足要求。

复习思考题

4—1　试分析对比基础隔震结构体系和抗震结构体系的异同点。

4—2　试简述夹层橡胶垫轴压承载力、剪压承载力和受拉承载力的确定方法和主要影响因素。

4—3　试简述夹层橡胶垫竖向刚度和水平刚度的确定方法及主要影响因素。

4—4　试分析消能减震结构和抗震结构的异同点。

4—5　试简述消能减震装置的类型和各自的适用范围。

4—6　试简述各类消能减震装置的滞回特性。

4—7　试分析消能减震装置的设置原则和设计中所涉及的主要问题。

4—8　试分析黏弹性阻尼器和黏滞性阻尼器的工作机理和滞回特性。

4—9　试分析消能减震设计中主要计算分析参数的确定。

4—10　试简述消能减震结构的设计和设计步骤。

第 5 章　桥梁结构抗震设计

学习目的：了解桥梁震害的基本特点；掌握依据规范反应谱法计算水平地震作用的一般步骤；了解地震反应时程分析中对各种非线性因素、阻尼、地震波输入等问题的处理；了解桥梁抗震延性设计的基本思想和原理。

教学要求：通过桥梁震害分析，认识桥梁震害的基本特点和抗震设计要点；分析桥梁抗震设计的反应谱法、时程分析法和延性设计方法，讲解桥梁抗震设计的基本内容和特点。

桥梁结构抗震设计的目标就是减轻桥梁震害，最大限度地保障人民生命财产的安全。

在桥梁抗震设防思想上，我国现行的《公路工程抗震设计规范(JTJ 004—89)》(以下简称《公路抗震规范》)采用的仍然是单一水准的抗震设防验算。但目前在编的《城市桥梁抗震设计规范》，则采用了目前世界各国普遍接受的三阶段抗震设计思想，根据桥梁的重要性以及承担交通量的多少，采用不同的设防标准。

在桥梁抗震设计理论上，一是以地震运动为确定性过程的确定性地震反应分析，它又主要包括动力反应谱法和动态时程分析法；另一种是以地震运动为随机过程的概率性抗震设计理论，其应用于实际桥梁抗震设计尚未成熟。

在桥梁抗震设计方法上，正在由传统的承载力设计，转向概念设计、延性设计、位移设计、减震隔震设计以及基于性能的设计。

§5—1　桥梁震害及其分析

桥梁是交通生命线工程中的重要组成部分，震区桥梁的破坏，不仅直接阻碍了及时的救灾行动，使次生灾害加重，导致生命财产以及间接经济损失巨大，而且给灾后的恢复与重建带来困难。在近三十年的国内外大地震中，桥梁破坏均十分严重。如 1976 年中国唐山地震(M7.8)、1971 年美国圣费南多地震(M6.6)、1989 年美国洛马普里埃塔地震(M7.0)、1994 年美国诺斯雷奇地震(M6.7)、1995 年日本神户地震(M7.2)和 1999 年中国台湾集集地震(M7.6)等，桥梁震害及其带来的次生灾害均给桥梁抗震设计以深刻的启示。

一、上部结构的破坏

桥梁上部结构由于受到墩台、支座等的隔离作用，在地震中直接受惯性力作用而破坏的实例较少 。由于下部结构破坏而导致上部结构破坏，则是桥跨结构破坏的主要形式，其常见的形式有以下几种。

(1) 墩台位移使梁体由于预留搁置长度偏少或支座处抗剪承载力不足，使得桥跨的纵向位移超出支座长度而引起落梁破坏，这是最为常见的桥梁震害之一。如在1976年的唐山大地震中，滦河桥35孔22 m跨径的混凝土T形简支梁桥，就有23孔落梁，均为活动支承端落下河床，固定端仍搁置在残墩上，见图5—1。简支钢桥也常常有同样的遭遇，美国旧金山奥克兰海湾桥在地震中落梁破坏就是一例，尽管在这座桥的活动支座处安装了约束螺栓，但仍难以抵抗纵向的相对位移(图5—2)；又如在1995年日本神户地震中，西宫港大桥钢系杆拱主跨(跨径252 m)的东连接第一跨引桥脱落(图5—3)，均为支座连接构件失效引起。

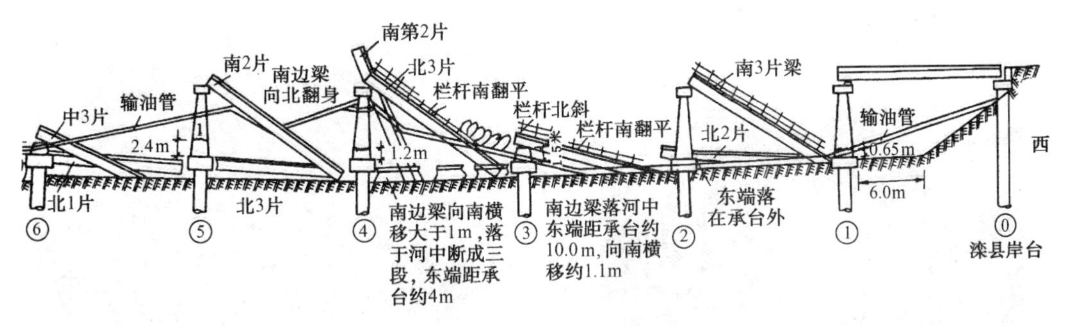

图5—1　唐山地震中滦河桥西侧桥孔倒塌

图5—2　美国旧金山奥克兰海湾桥在地震中落梁

图5—3　日本神户地震中西宫港大桥连接跨落梁

(2) 桥墩部位两跨梁端相互撞击的破坏，特别是用活动支座隔开的相邻桥跨结构的运动可能是异相的，这就增加撞击破坏的机会。如在1999年中国台湾集集地震中，东丰大桥曾发生梁端相互撞击而导致的梁端混凝土的压碎与剥落，见图5—4。

图5—4　中国台湾地震中东丰桥梁端混凝土的压碎与剥落

(3) 由于地基失效引起的上部结构震害。强烈地震中的地裂缝、滑坡、泥石流、砂土液化、断层等地质原因,均会导致桥梁结构破坏。地基液化会使基础丧失基本的稳定性和承载力,软土通常会放大结构的振动反应,使落梁的可能性增加,断层、滑坡和泥石流更是撕裂桥跨的直接原因。

图 5—5 为中国台湾集集地震中,新溪南桥北端由于河川高滩地土壤液化,造成地基开裂与沉陷。图 5—6 为中国台湾集集地震中乌溪桥北端,断层通过桥墩基础位置。这些地基失效均对上部结构造成了严重的危害。

图 5—5　中国台湾集集地震中新溪南桥土壤液化地基开裂

图 5—6　中国台湾集集地震中断层正好通过乌溪桥沉箱基础

(4) 墩柱失效引起的落梁破坏。由于墩台延性设计不足导致桥梁倒塌的现象屡见不鲜。如中国台湾集集地震中,名竹桥由于桥墩严重倾斜或折断引起的落梁,如图 5—7。另一典型的事例是在日本神户地震中,日本阪神高速公路中一座高架桥共有 18 根独柱墩同时被剪断,致使 500 m 左右长的梁体向一侧倾倒,见图5—8。

图 5—7　中国台湾集集地震中由于桥墩严重倾斜或折断引起的落梁

图 5—8　日本神户地震中一座高架桥 500 m 左右长的梁体向一侧倾倒

二、下部结构的破坏

桥梁墩台和基础的震害是由于受到较大的水平地震力作用所致。高柔的桥墩多为弯曲型破坏,粗矮的桥墩多为剪切型破坏,长细比介于两者之间的则呈现弯剪型破坏。图 5—9 为中国台湾集集地震中乌溪桥南下线桥墩受剪破坏的情况。图 5—10 为 1994 年美国诺斯雷奇地震时某跨线桥桥墩的破坏。

图 5—9　中国台湾集集地震中乌溪桥南下线桥墩受剪破坏

图 5—10　美国诺斯雷奇地震中某桥墩的破坏

此外，配筋设计不当还会引起盖梁和桥墩节点部位的破坏。如在唐山地震中，位于宁河县境内于家岭桥，其墩柱震害就明显地表现出受横向地震惯性力破坏的特征，其中较高的中墩结构普遍发生盖梁和桥墩节点部位的损坏。

§5—2　桥梁按反应谱理论的计算方法

我国《公路抗震规范》对桥梁抗震计算是以反应谱法为基础制定的，适用于跨径不超过150 m的钢筋混凝土和预应力混凝土梁桥或钢筋混凝土拱桥的抗震设计。

一、桥梁设计反应谱

反应谱的基本概念，可以通过单质点弹性体系的地震反应来阐述。我们知道，依据单质点体系运动方程的解，在选定的地震加速度输入下，通过杜哈曼(Duhamel)积分，可以获得相对位移、相对速度和绝对加速度的时程反应曲线。由第2章已知，单质点弹性体系在给定的地震作用下相对位移、相对速度和绝对加速度的最大反应量与体系自振周期的关系曲线，称为反应谱。而《公路抗震规范》的反应谱，所描述的是不同周期的结构在各种地震动输入下质点加速度的最大值，并用动力放大系数β来定义：

$$\beta(T,\xi)=\frac{|\ddot{x}+\ddot{x}_g|_{max}}{|\ddot{x}_g|_{max}} \qquad (5-1)$$

式中　$|\ddot{x}_g|_{max}$——地面运动最大加速度绝对值；

$|\ddot{x}+\ddot{x}_g|_{max}$——质点上最大绝对加速度的绝对值。

我国《公路抗震规范》所给出的反应谱见图5—11，它是根据900多条国内外地震加速度记录反应谱的统计分析，确定了四类场地上的反应谱曲线(临界阻尼比为0.05)，同时又根据150多条数字强震仪加速度记录的反应谱分析，对上述反应谱的长周期部分作了修正。

规范将构造物所在地的土层，分为四类场地土。

Ⅰ类场地土：岩石，紧密的碎石土。

Ⅱ类场地土：中密、松散的碎石土，密实、中密的砾、粗、中砂，地基土容许承载力$[\sigma_0]>$ 250 kPa的黏性土。

Ⅲ类场地土：松散的砾、粗、中砂，密实、中密的细、粉砂，地基土容许承载力$[\sigma_0]\leqslant$250 kPa

的黏性土和$[\sigma_0]\geqslant 130$ kPa 的填土。

Ⅳ类场地土：淤泥质土，松散的细、粉砂，新近沉积的黏性土，地基土容许承载力$[\sigma_0]<$ 130 kPa的填土。

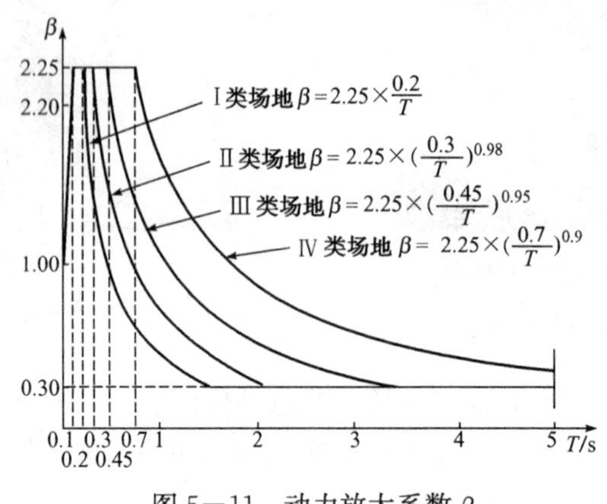

图 5—11　动力放大系数 β

对于多层土，当构造物位于Ⅰ类土上时，即属于Ⅰ类场地；位于Ⅱ、Ⅲ、Ⅳ类土上时，则按构造物所在地表以下 20 m 范围内的土层综合评定为Ⅱ类、Ⅲ类或Ⅳ类场地。对于桩基础，可根据上部土层影响较大，下部土层影响较小，厚度大的土层影响较大，厚度小的土层影响较小的原则进行评定。对于其他基础，可着重考虑基础下的土层并按上述原则进行评定。对于深基础，则考虑的深度应适当加深。

二、梁桥地震作用力的计算

1. 单质点弹性体系

对于由高柔桥墩支承的梁桥体系，桥墩所支承的上部结构重量远较墩本身大，两者的比值一般在 5∶1 以上，且桥墩较柔，这时在分析桥墩的水平地震力时可简化成单质点弹性体系。

按反应谱法，可写出单质点弹性体系所受地震惯性力的最大值

$$
\begin{aligned}
F &= m\left|\ddot{x}_g+\ddot{x}\right|_{max}\\
&= mg\left(\frac{\left|\ddot{x}_g\right|_{max}}{g}\right)\left(\frac{\left|\ddot{x}_g+\ddot{x}\right|_{max}}{\left|\ddot{x}_g\right|_{max}}\right)\\
&= K_h\beta G
\end{aligned}
\tag{5-2}
$$

式中　G——集中于质点处的重力荷载代表值，$G=mg$；

K_h——水平地震系数，根据抗震设防要求采用，$K_h=\left|\ddot{x}_g\right|_{max}/g$；

β——动力放大系数，根据选定的反应谱曲线及体系的自振周期确定，$\beta=\dfrac{\left|\ddot{x}_g+\ddot{x}\right|_{max}}{\left|\ddot{x}_g\right|_{max}}$。

在考虑有关修正以后，我国《公路抗震规范》中给出作用于桥梁结构集中质点的地震力计算公式的一般形式为

$$F=C_iC_zK_h\beta G \tag{5-3}$$

式中，C_i 为重要性修正系数，根据桥梁结构的重要性，按表 5－1 取值；对政治、经济或国防上具有重要意义的三、四级公路工程，按国家批准权限，报请批准后，其重要性修正系数可按表

5－1调高1档采用。

表5－1　重要性修正系数 C_i

路线等级及构造物	重要性修正系数 C_i
高速公路和一级公路上的抗震重点工程	1.7
高速公路和一级公路的一般工程，二级公路上的抗震重点工程，二、三级公路上桥梁的梁端支座	1.3
二级公路的一般工程、三级公路上的抗震重点工程、四级公路上桥梁的梁端支座	1.0
三级公路的一般工程、四级公路上的抗震重点工程	0.6

注：(1) 位于基本烈度为9度地区的高速公路和一级公路上的抗震重点工程，其重要性修正系数也可采用1.5。

(2) 抗震重点工程系指特大桥、大桥、隧道和破坏后修复(抢修)困难的路基中桥和挡土墙等工程。一般工程系指非重点的路基、中小桥和挡土墙等工程。

C_z 为综合影响系数，根据桥梁结构的形式，按表5－2取值，该系数的引入主要是反映结构的弹塑性动力特性、计算图式的简化、结构阻尼、几何非线性等影响，有关说明详见本书§5－4。

表5－2　综合影响系数 C_z

<table>
<tr><th colspan="3" rowspan="2">桥梁和墩、台类型</th><th colspan="3">桥墩计算高度 H/m</th></tr>
<tr><th>$H<10$</th><th>$10\leqslant H<20$</th><th>$20\leqslant H<30$</th></tr>
<tr><td rowspan="4">梁桥</td><td>柔性墩</td><td>柱式桥墩、排架桩墩、薄壁桥墩</td><td>0.30</td><td>0.33</td><td>0.35</td></tr>
<tr><td>实体墩</td><td>天然基础和沉井基础上的实体桥墩</td><td>0.20</td><td>0.25</td><td>0.30</td></tr>
<tr><td colspan="2">多排桩基础上的桥墩</td><td>0.25</td><td>0.30</td><td>0.35</td></tr>
<tr><td colspan="2">桥　台</td><td colspan="3">0.35</td></tr>
<tr><td colspan="3">拱　桥</td><td colspan="3">0.35</td></tr>
</table>

K_h 为水平地震系数，根据抗震设防的基本烈度水准选用，按表5－3取值。

表5－3　水平地震系数 K_h

基本烈度	7度	8度	9度
水平地震系数 K_h	0.1	0.2	0.3

β 为动力放大系数，可根据结构计算方向的自振周期和场地类别按图5－11确定。当具有场地土的平均剪切模量或场地土的剪切波速、质量密度和分层厚度实测资料时，动力放大系数 β 可按《公路抗震规范》附录六确定。

式(5－3)中的重力荷载代表值 G，不同的情况有不同的简化。对于柔性墩简支梁桥情况(图5－12)，根据《公路抗震规范》第4.2.5条规定，将其定义为支座顶面处的换算质点重力：

$$G_t = G_{sp} + G_{cp} + \eta G_p \tag{5－4}$$

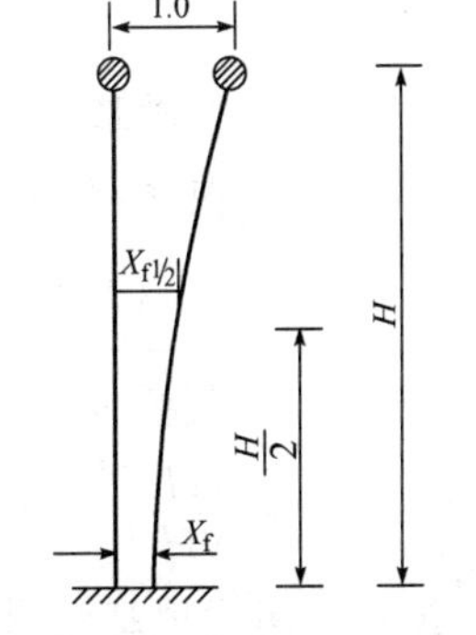

图5－12　柔性墩计算简图

式中　G_{sp}——梁桥上部结构重力，对于简支梁桥，计算地震荷载时为相应于墩顶固定支座的一孔梁的重力；

G_{cp}——盖梁重力；

G_p——墩身重力，对于扩大基础和沉井基础，为基础顶面以上墩身重力；对于桩基础，为一般冲刷线以上墩身重力；

η——墩身重力换算系数：

$$\eta = 0.16(X_f^2 + 2X_{f1/2}^2 + X_f X_{f1/2} + X_{f1/2} + 1)$$

X_f、$X_{f1/2}$——考虑地基变形时，顺桥向作用于支座顶面上的单位水平力分别在墩身底部和计算高度 $H/2$ 处引起的水平位移与支座顶面处的水平位移之比。

2. 多质点弹性体系

对于实体墩的情况，在确定地震作用时，除将上部结构的荷载简化到墩顶外，常将墩身分成若干段，按多质点弹性体系进行计算(图 5－13)。

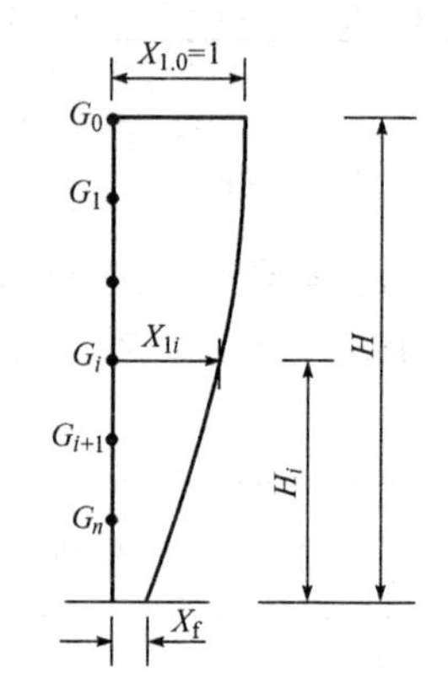

图 5－13　多质点桥墩计算简图

对于多自由度弹性体系，如第 2 章所述，可通过振型坐标变换，将一组 n 个耦合的运动方程转换为一组 n 个不耦合的运动方程进行求解。其思路是将多质点的复杂振动，分解为按各个振型的独立振动，对每一个振型采用反应谱法进行地震力计算，最后进行叠加，这个方法适用于解线性结构的动力反应。

《公路抗震规范》给出根据桥墩第一振型(或称基本振型)，计算桥墩顺桥向和横桥向的水平地震作用公式：

$$F_i = C_i C_z K_h \beta \gamma_1 X_{1i} G_i \tag{5-5}$$

式中　C_i——重要性修正系数，按表 5－1 取值；

C_z——综合影响系数，按表 5－2 取值；

K_h——水平地震系数，按表 5－3 取值；

β——动力放大系数，按图 5－11 取值；

γ_1——桥墩顺桥向或横桥向的基本振型参与系数：

$$\gamma_1 = \frac{\sum_{i=0}^{n} X_{1i} G_i}{\sum_{i=0}^{n} X_{1i}^2 G_i} \tag{5-6}$$

X_{1i}——桥墩基本振型在第 i 分段重心处的相对位移，对于实体桥墩(图 5－14)，当 $H/B > 5$ 时，$X_{1i} = X_f + \frac{1-X_f}{H} H_i$(一般适用于顺桥向)；当 $H/B < 5$ 时，$X_{1i} = X_f + \left(\frac{H_i}{H}\right)^{1/3}(1 - X_f)$(一般适用于横桥向)；

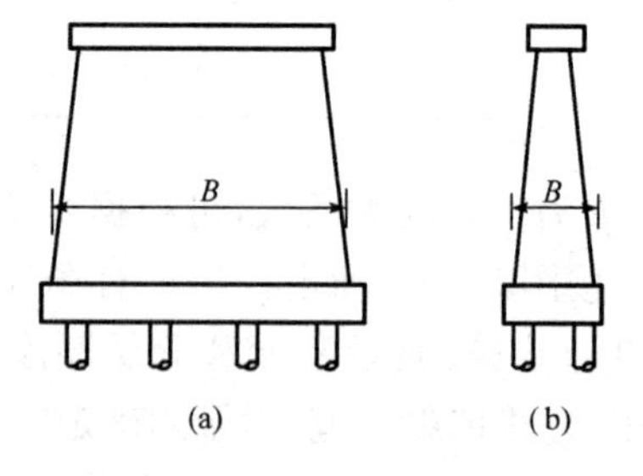

图 5－14　墩身最大宽度

(a) 横桥向；(b) 顺桥向

X_f——考虑地基变形时，顺桥向作用于支座顶面或横桥向作用于上部结构质量重心上的单位水平力，在一般冲刷线或基础顶面引起的水平位移与支座顶面或上部结构质量重心处的水平位移之比。

H_i——一般冲刷线或基础顶面至墩身各分段重心处的垂直距离；

H——桥墩计算高度，即一般冲刷线或基础顶面至支座顶面或上部结构质量重心的垂直距离；

B——顺桥向或横桥向的墩身最大宽度；

$G_{i=0}$——梁桥上部结构重力，对于简支梁桥，计算顺桥向地震作用时为相应于墩顶固定支座的一孔梁的重力，计算横桥向地震作用时为相邻两孔梁重力的一半；

$G_{i=1,2,3\cdots}$——桥墩墩身各分段的重力。

对于考虑多振型参与组合的情况，引入第 i 振型的振型参与系数

$$\gamma_i = \frac{\{\phi\}_i^{\mathrm{T}}[M]\{I\}}{\{\phi\}_i^{\mathrm{T}}[M]\{\phi\}_i} \tag{5-7}$$

可以得到第 i 振型引起的第 j 质点水平方向上按地震反应谱法计算的最大地震力

$$F_{ji} = K_{\mathrm{h}}\beta_i\gamma_i\phi_{ji}G_j \tag{5-8}$$

同样，在引入结构重要性系数 C_{i} 和综合影响系数 C_{z} 之后，可以有如下表达式：

$$F_{ji} = C_{\mathrm{i}}C_{\mathrm{z}}K_{\mathrm{h}}\beta_i\gamma_i\phi_{ji}G_j \tag{5-9}$$

式中各参数的意义及取值同式(5—5)。

三、拱桥地震作用力的计算

单孔拱桥的地震作用应按在拱平面和出拱平面两种情况分别进行计算。

1. 在拱平面

顺桥向水平地震动所产生的竖向地震作用力引起的拱脚、拱顶和1/4拱跨截面处的弯矩、剪力或轴力应按下式计算：

$$S_{\mathrm{va}} = C_{\mathrm{i}}C_{\mathrm{z}}K_{\mathrm{h}}\beta\gamma_{\mathrm{v}}\Psi_{\mathrm{v}}G_{\mathrm{ma}} \tag{5-10}$$

顺桥向水平地震动所产生的水平地震作用力引起的拱脚、拱顶和1/4拱跨截面处的弯矩、剪力或轴力应按下式计算：

$$S_{\mathrm{ha}} = C_{\mathrm{i}}C_{\mathrm{z}}K_{\mathrm{h}}\beta\gamma_{\mathrm{h}}\Psi_{\mathrm{h}}G_{\mathrm{ma}} \tag{5-11}$$

2. 出拱平面

横桥向水平地震动所产生的水平地震作用力引起的拱脚、拱顶和1/4拱跨截面处的弯矩、剪力或轴力应按下式计算：

$$S_{\mathrm{za}} = C_{\mathrm{i}}C_{\mathrm{z}}K_{\mathrm{h}}\beta\Psi_{\mathrm{z}}G_{\mathrm{ma}} \tag{5-12}$$

式(5—10)、式(5—11)、式(5—12)中各参数的意义及取值如下：

C_{i}——重要性修正系数，按表5—1采用；

C_{z}——综合影响系数，取0.35；

K_{h}——水平地震系数，按表5—3的规定确定；

β——相应于在拱平面或出拱平面的基本周期的动力放大系数，按反应谱曲线取值；

γ_{v}、γ_{h}——分别为与在拱平面基本振型的竖向分量、水平分量有关的系数，按表5—4采用；

G_{ma}——包括拱上建筑在内沿拱圈单位弧长的平均重力；

Ψ_h、Ψ_v、Ψ_z——拱桥地震内力系数，按表 5—5 采用。

表 5—4　系数 γ_v 与 γ_h 值

系数	矢跨比					
	1/4	1/5	1/6	1/7	1/8	1/10
γ_v	0.70	0.67	0.63	0.58	0.53	0.45
γ_h	0.46	0.35	0.27	0.21	0.17	0.12

表 5—5　拱桥地震内力系数 Ψ_h、Ψ_v 和 Ψ_z 值

f/L	截面	Ψ_h 值			Ψ_v 值			Ψ_z 值		
		m	n	q	m	n	q	m	n	t
1/3	拱顶	0.000 0	0.000 0	0.092 96	0.000 0	0.000 0	0.099 18	0.327 0	0.000 0	0.000 0
	1/4	0.013 1	0.264 84	0.027 90	0.013 45	0.047 12	0.052 52	0.007 84	0.271 90	0.008 47
	拱脚	0.030 18	0.375 55	0.342 28	0.018 84	0.172 65	0.130 63	0.087 65	0.333 33	0.013 45
1/4	拱顶	0.000 0	0.000 0	0.080 44	0.000 0	0.000 0	0.101 80	0.033 46	0.000 0	0.000 0
	1/4	0.011 45	0.261 03	0.023 02	0.014 12	0.045 61	0.051 62	0.006 49	0.271 90	0.007 73
	拱脚	0.026 2	0.405 63	0.302 2	0.020 13	0.153 44	0.149 02	0.086 50	0.333 33	0.010 67
1/5	拱顶	0.000 0	0.000 0	0.069 26	0.000 0	0.000 0	0.103 80	0.034 43	0.000 0	0.000 0
	1/4	0.009 93	0.257 91	0.019 05	0.014 80	0.045 42	0.050 87	0.005 05	0.271 90	0.007 06
	拱脚	0.022 61	0.429 15	0.264 17	0.021 21	0.134 82	0.163 47	0.085 17	0.333 33	0.008 27
1/6	拱顶	0.000 0	0.000 0	0.060 2	0.000 0	0.000 0	0.105 19	0.035 46	0.000 0	0.000 0
	1/4	0.008 68	0.255 56	0.016 04	0.015 22	0.046 31	0.050 30	0.003 67	0.271 90	0.006 49
	拱脚	0.019 67	0.445 73	0.232 01	0.021 94	0.118 85	0.173 73	0.083 82	0.333 33	0.006 40
1/7	拱顶	0.000 0	0.000 0	0.052 96	0.000 0	0.000 0	0.106 16	0.036 47	0.000 0	0.000 0
	1/4	0.007 66	0.253 77	0.013 77	0.015 52	0.047 88	0.049 89	0.002 42	0.271 90	0.006 01
	拱脚	0.017 31	0.457 28	0.205 56	0.022 45	0.105 62	0.180 96	0.082 55	0.333 33	0.004 99
1/8	拱顶	0.000 0	0.000 0	0.047 16	0.000 0	0.000 0	0.106 85	0.037 40	0.000 0	0.000 0
	1/4	0.006 84	0.252 35	0.012 01	0.015 73	0.049 86	0.049 59	0.001 29	0.217 90	0.005 59
	拱脚	0.015 4	0.465 42	0.183 86	0.022 81	0.094 69	0.186 14	0.083 19	0.333 33	0.003 93

续表 5—5

f/L	截面	Ψ_h 值			Ψ_v 值			Ψ_z 值		
		m	n	q	m	n	q	m	n	t
1/9	拱顶	0.000 0	0.000 0	0.042 42	0.000 0	0.000 0	0.107 35	0.038 25	0.000 0	0.000 0
	1/4	0.006 16	0.251 17	0.010 61	0.015 89	0.052 05	0.049 37	0.000 31	0.271 90	0.005 22
	拱脚	0.013 84	0.471 24	0.165 91	0.023 07	0.085 62	0.189 93	0.080 36	0.333 33	0.003 12
1/10	拱顶	0.000 0	0.000 0	0.038 51	0.000 0	0.000 0	0.107 72	0.039 00	0.000 0	0.090 0
	1/4	0.005 6	0.250 16	0.009 47	0.016 01	0.054 33	0.049 20	0.000 55	0.271 90	0.004 89
	拱脚	0.012 55	0.475 47	0.150 91	0.023 27	0.078 03	0.192 77	0.079 46	0.333 33	0.002 51

说明：表 5—5 中 f/L 为矢跨比；m 为截面弯矩系数，求弯矩值时应将表值乘以 L^2；n 为截面轴力系数，求轴力值时应将表值乘以 L；q 为截面剪力系数，求剪力值时应将表值乘以 L；t 为截面扭矩系数，求扭矩值时应将表值乘以 L^2。

连拱桥的地震内力计算与单孔拱桥相似，详见《公路抗震规范》，这里不再讨论。

四、地震作用组合

前面讨论了应用振型分解反应谱法求解各振型地震内力计算的一般公式，需要注意，按各振型独立求解的地震反应最大值，一般不会同时出现，因此，几个振型综合起来时的地震力最大值一般并不等于每个振型中该力最大值之和。目前，国内外学者提出了多种反应谱组合方法，应用较广的是基于随机振动理论提出的各种组合方法，如 CQC 法（完整二次项组合法）、SRSS 法（平方和开方法）等。

当求出各阶振型下的最大地震作用效应 S_i 时，CQC 组合方法为

$$S_{\max}=\sqrt{\sum_{i=1}^{n}\sum_{j=1}^{n}\rho_{ij}S_{i,\max}S_{j,\max}} \tag{5-13}$$

式中　ρ_{ij}——振型组合系数。

对于所考虑的结构，若地震动可看成宽带随机过程，则

$$\rho_{ij}=\frac{8\sqrt{\xi_i\xi_j}\,(\xi_i+\gamma\xi_j)\gamma^{3/2}}{(1+\gamma^2)^2+4\xi_i\xi_j\gamma(1+\gamma^2)+4(\xi_i^2+\xi_i^2)\gamma^2} \tag{5-14}$$

其中 $\gamma=\omega_j/\omega_i$。若采用等阻尼比，即 $\xi_i=\xi_j=\xi$，则

$$\rho_{ij}=\frac{8\xi^2(1+\gamma)\gamma^{3/2}}{(1+\gamma^2)^2+4\xi^2\gamma(1+\gamma^2)+8\xi^2\gamma^2} \tag{5-15}$$

体系的自振周期相隔越远，则 ρ_{ij} 值越小。如当

$$\gamma>\frac{\xi+0.2}{0.2}$$

则 $\rho_{ij}<0.1$，便可认为 ρ_{ij} 近似为零，可采用 SRSS 方法，即

$$S_{max}=\sqrt{\sum_{i=1}^{n}S_{i,max}^{2}} \tag{5-16}$$

通常在地震引起的内力中，前几阶振型对内力的贡献比较大，高振型的影响渐趋减少，实际设计中一般仅取前几阶振型。

在多方向地震动作用下，还涉及空间组合问题，即各个方向输入引起的地震反应的组合。《公路抗震规范》指出，在计算桥梁地震作用时，应分别考虑顺桥和横桥两个方向的水平地震作用；对于位于基本烈度为 9 度区的大跨径悬臂梁桥，还应考虑上、下两个方向竖向地震作用和水平地震作用的不利组合。

对各种桥梁结构，目前主要还是采用经验方法组合，如：

(1) 各分量反应最大值绝对值之和(SUM)，给出反应最大值的上限估计值。

(2) 各分量反应最大值平方和的平方根(SRSS)。

(3) 各分量反应最大值中的最大者加上其他分量最大值乘以一个小于 1 的系数。

一般来说，梁式桥等中小跨度桥梁一般可采用 SRSS 方法组合；大跨度桥梁一般可采用 CQC 方法组合。

五、按反应谱法进行桥梁抗震设计的一般过程

以上讨论了应用振型分解反应谱法求解桥梁地震作用的一般公式和过程，接着应进行桥梁结构承载力和稳定性验算。

以极限状态法表达的钢筋混凝土和预应力混凝土桥梁抗震验算要求的一般表达式为

$$S_d(\gamma_g\sum G;\gamma_q\sum Q_d)\leqslant\gamma_b R_d\left(\frac{R_c}{\gamma_c};\frac{R_s}{\gamma_s}\right) \tag{5-17}$$

式中 S_d—— 荷载效应函数；

R_d—— 结构抗力效应函数；

γ_g—— 荷载安全系数，对钢筋混凝土与预应力混凝土结构取 1.0；

γ_q—— 地震作用安全系数，对钢筋混凝土与预应力混凝土结构取 1.0；

G—— 非地震作用效应；

Q_d—— 地震作用效应；

R_c—— 混凝土设计强度；

R_s—— 预应力钢筋或非预应力钢筋设计强度；

γ_c—— 混凝土安全系数；

γ_s—— 预应力钢筋或非预应力钢筋安全系数；

γ_b—— 构件工作条件系数，矩形截面取 0.95，圆形截面取 0.68。

除了以地震组合验算桥梁的承载能力极限状态以外，还应进行地基土的容许应力验算，承载力计算，桥梁墩、台的抗滑动、抗倾覆稳定性验算等。此外，对板式橡胶支座，还要进行支座厚度验算、支座抗滑稳定性验算。

至此，将按反应谱法进行桥梁抗震设计的基本步骤总结如下：

第一步：对桥梁结构进行简化，建立合理的抗震计算模型。

第二步：计算地震力及其最不利组合。

(1) 根据地质勘察报告，综合确定场地类型。

(2) 分析模型的基本周期(频率)、振型，根据情况取前一阶或前几阶。

(3) 根据场地类型和基本周期确定动力放大系数。

(4) 根据《公路抗震规范》，计算振型参与系数，计算桥梁结构所受地震作用。

(5) 根据地震作用计算地震作用效应，如弯矩、轴力、剪力等。

(6) 对各振型下的地震作用效应进行组合，求最大地震反应。

(7) 在考虑多方向地震作用时，还需进行多方向最不利作用效应组合。

第三步：进行地震组合下的桥梁结构(包括支座)的承载力和稳定性验算。

第四步：结合前面的抗震计算结果，进行桥梁的抗震构造设计，《公路抗震规范》分别按 7 度区、8 度区和 9 度区给出了抗震构造设计规定。有关基于延性的抗震设计讨论，见 §5—4。

反应谱方法通过反应谱的建立将动力问题转化为静力问题，概念简单，计算方便，可以用较少的计算量获得结构的最大反应值，因此，目前世界上各国规范都把它作为一种基本的分析手段。

但是，反应谱方法只是弹性范围内的概念，它不能描述结构在强烈地震作用下的塑性工作状态；其次，它不能反映桥梁在地震作用过程中，结构内力、位移等随时间的反应历程；再者，它不能体现结构的延性对地震作用的抵抗。此外，规范反应谱本身的通用性，使其能否反映在随机地震波下的某个具体结构物的最大反应，也常受到质疑。

因此，桥梁结构的时程分析以及延性设计都应该是桥梁抗震设计的重要内容。

§5—3　桥梁结构地震响应分析

当前，以反应谱法为基础的公路工程抗震设计规范，只适用于主跨 150 m 以下的梁桥和拱桥，不适用于大跨斜拉桥与悬索桥的抗震设计，国外大多数桥梁工程抗震规范亦如此。同时，在大多数工程抗震设计规范中都指出对大跨桥梁要进行特殊抗震设计，一般建议采用时程分析法。

时程分析法是根据给定的地震波和结构恢复力特性，对动力方程直接积分，采用逐步积分的方法计算地震过程中每一时刻结构的位移、速度和加速度反应。用矩阵形式表达的多自由度体系的动力平衡方程为

$$[M]\{\ddot{x}\}+[C]\{\dot{x}\}+f\{x\}=-[M]\{I\}\ddot{x}_g \tag{5—18}$$

式中　$\{x\}$—— 质点对地面的相对位移矢量；

$\ddot{x}_g$—— 地面运动加速度记录，为时间 t 的函数；

$[M]$、$[C]$—— 分别为质量矩阵、阻尼矩阵；

$\{f(x)\}$—— 结构恢复力列向量。

动力时程分析法的基本步骤已在第 2 章中介绍，这里将针对桥梁(特别是大跨度桥梁)地震反应分析中的一些特殊问题，诸如结构非线性分析、阻尼、地基与基础相互作用、地震波的选用及输入等问题进行讨论。

一、桥梁结构地震响应分析中的非线性因素

对于大型桥梁结构而言，仅考虑结构的线性分析是不够的。大跨度桥梁的非线性主要来

自5个方面：

（1）柔性缆索的垂曲效应，一般用等效弹性模量来模拟。

（2）梁柱效应，即梁柱单元轴向变形和弯曲变形的耦合作用，一般引入几何刚度矩阵来模拟，只考虑轴力对弯曲刚度的影响；

（3）大位移引起的几何形状变化；

（4）桥墩弹塑性；

（5）桥梁支座、伸缩缝、挡块等边界及连接单元的非线性。

1. 索单元的非线性刚度

在斜拉桥或悬索桥中，缆索具有至关重要的作用，其性能描述的准确与否对动力分析结果影响很大。缆索垂度影响缆索刚度，随着缆索张力的增加，垂度减少，倾斜缆索的轴向刚度增加，考虑这一影响的一个简便方法是等效弹性模量方法，其表达形式为

$$E_{eq}=\frac{E}{1+\frac{(WL)^2AE}{12T^3}} \tag{5-19}$$

式中　E_{eq}—— 等效弹性模量；

E—— 缆索材料的有效弹性模量；

L—— 缆索的水平投影长度；

W—— 缆索单位长度的重量；

A—— 缆索的横截面面积；

T—— 张力。

式(5－19)给出了缆索张力为T时等效弹性模量的切线值，如果缆索拉力在施加一荷载增量过程中从T_i增加到T_j，那么在荷载增量范围内等效割线弹性模量可表达为

$$E_{eq}=\frac{E}{1+\frac{(WL)^2(T_i+T_j)AE}{12T_i^2T_j^2}} \tag{5-20}$$

局部坐标下缆索单元的割线刚度矩阵可用下式表达：

$$K_{Ec}=\frac{AE_{eq}}{L_c}\begin{bmatrix}1 & -1\\ -1 & 1\end{bmatrix} \tag{5-21}$$

式中　L_c—— 缆索全长；

A—— 截面面积。

2. 考虑大变形的塔、梁、柱单元的切线刚度

在变形较大的情况下，桥梁杆件同时承受轴力和弯矩，单元中轴向和弯曲变形则由于耦合作用产生附加弯矩，从而对于受压构件有效弯曲刚度减少，对于受拉构件有效弯曲刚度增加。同样，由于弯矩的存在也影响构件的轴向刚度。在线性结构中，这种相互作用通常是忽略的。然而，对大跨柔性结构如悬索桥、斜拉桥，这种相互作用可能是非常重要的。

考虑大变形的梁、柱单元的切线刚度矩阵的一般公式为

$$K_{Tb}=K_{Eb}+K_{Gb} \tag{5-22}$$

式中　K_{Tb}—— 梁单元切线刚度矩阵；

　　K_{Eb}—— 梁单元弹性刚度矩阵；

　　K_{Gb}—— 梁单元几何刚度矩阵。

3. 大位移引起的几何形状变化

考虑大位移对刚度影响的最有效方法是拖动坐标法，即将局部坐标"捆"在单元上，随单元的运动而运动。实际上，大跨度桥梁由于地震引起的位移并不大，即使对于大跨度悬索桥由于地震引起的位移相对于跨径来说也很小，因而可以忽略大位移引起的几何非线性。

一般来说，对于大跨度桥梁，应以恒荷载下的非线性静力分析为基础，在恒荷载变形状态下(此时结构已具有较大的刚度)进行地震反应分析。在地震反应分析中，可对几何非线性进行近似考虑，即只考虑(斜拉桥、悬索桥)缆索的弹性模量修正和恒荷载作用下的几何刚度。

4. 桥墩的弹塑性

对于预期的强地震，在桥梁抗震设计中，容许并且希望在桥墩中出现塑性变形，利用结构的延性抵抗地震。目前，国内绝大部分桥梁采用的是钢筋混凝土桥墩。因此，要实现这一抗震思想，就要在地震反应分析中合理、正确地模拟钢筋混凝土墩柱的弹塑性性能。

在地震作用下，一个空间的钢筋混凝土墩柱所受到的截面内力为：轴力 P，剪力 Q_y、Q_z，扭矩 T，弯矩 M_y、M_z。其中，剪力和扭矩所对应的塑性变形通常导致脆性破坏，必须避免。另一方面，考虑剪切和扭转影响的弹塑性分析非常复杂，目前还相当不成熟。因此，一般的做法是，通过合理设计提供足够的剪切和扭转承载力以确保不发生脆性破坏，而在弹塑性反应分析中，仅考虑轴力和弯矩的耦合作用。

对空间的钢筋混凝土墩柱进行弹塑性分析时，一般都采用屈服面的概念进行截面工作状态的判别和弹塑性切线刚度的推导。

所谓屈服面，就是屈服承载力 P_u、M_{yu} 和 M_{zu} 之间的相互作用面(如图 5－15 所示)。根据屈服面的定义，如截面的内力坐标(P,M_y,M_z) 位于屈服面之内，表明截面处于弹性状态；如位于屈服面上，表明截面正好屈服；如位于屈服面之外，表明截面已进入塑性工作状态。这种基于屈服面的模型相对比较直观，也易于理解，数值计算的工作量和难度也较小，比较容易得到正确、合理的结果。

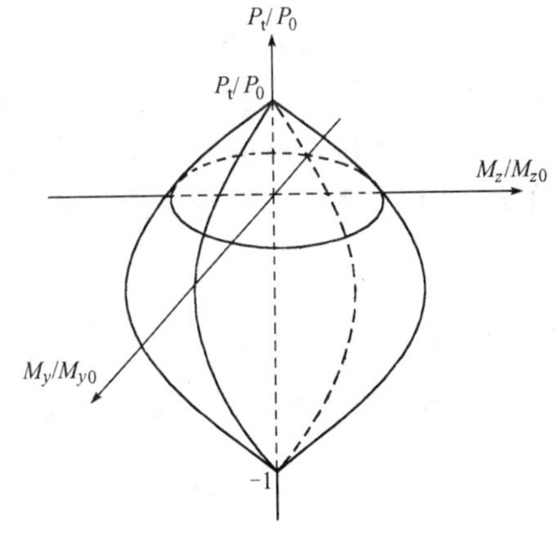

图 5－15　钢筋混凝土截面的屈服面

另外一种较常见的模型是假定钢筋混凝土墩柱的塑性变形集中在两端，中间的墩柱保持弹性，于是杆端用弹塑性的三维弹簧单元来模拟，中间用线弹性的三维梁单元模拟。这种弹簧模型也较简单易行，数值计算的工作量和难度比基于屈服面的模型稍大。

5. 桥梁支座连接的非线性

支座除了能对上部结构提供支承约束外，从抗震设计的观点来看，支座还是绝好的减隔震装置。支座的支承或约束关系，特别是抗震支座的滞回耗能特性，对桥梁结构的地震反应影响很大。

桥梁中广泛采用的各种橡胶支座、抗震支座以及各种限位装置(如各种挡块)等,严格地说都是非线性的,需要采用特殊的非线性单元进行描述。

在模拟地震的作用分析中,对支承条件的非线性特性大多采用较简单的恢复力模型来表达(表 5—6)。下面介绍目前工程中几种常用支座的恢复力模型,包括板式叠层橡胶支座、聚四氟乙烯滑板式橡胶支座、盆式活动橡胶支座以及铅芯橡胶支座和弧形钢板减震橡胶支座。

表 5—6 几种常见支座的恢复力模型

名 称	板式叠层橡胶支座	聚四氟乙烯滑板式橡胶支座	盆式活动橡胶支座	铅芯橡胶支座	滑板支座+U形钢板耗能器
图 式	钢板	聚四氟乙烯板	聚四氟乙烯板 不锈钢板	铅芯	聚四氟乙烯滑板或盆式支座 U形钢板
恢复力模型	f Δ	f Δ	f Δ	f Δ	f Δ

(1) 板式叠层橡胶支座

板式叠层橡胶支座是由若干层橡胶片与薄钢板叠合而成,通过薄钢板约束橡胶的横向变形,达到提高支座的竖向刚度和承载力的目的,但在水平方向,薄钢板不影响橡胶的剪切刚度,因而保持了橡胶固有的柔韧性。目前国内生产的矩形和圆形板式橡胶支座的最大竖向承载力一般不超过 10 000 kN。板式橡胶支座的动力剪切试验表明,它的滞回曲线呈狭长形,可以近似作线性处理。因此,地震反应分析中,恢复力模型可以取为直线型,即

$$F(x)=Kx \tag{5—23}$$

式中 x——上部结构与墩顶的相对位移,不能超过支座产品的限定位移量;

K——支座的等效剪切刚度,计算公式为

$$K=\frac{GA}{\sum t} \tag{5—24}$$

G——板式橡胶支座的动剪切模量,现行规范取值为 1.2 MPa;

A——支座的剪切面积;

$\sum t$——板式橡胶支座橡胶层的总厚度。

(2) 聚四氟乙烯滑板式橡胶支座、盆式活动橡胶支座

聚四氟乙烯滑板式橡胶支座,是在普通板式橡胶支座的顶面黏覆一层厚度 2~4 mm 的聚四氟乙烯板而成,它除了具有普通板式橡胶支座的竖向刚度与压缩变形外,还能利用聚四氟乙烯板和梁底不锈钢板间的低摩擦系数,允许梁体在其上自由滑动。研究表明,聚四氟乙烯板和不锈钢板间的摩擦系数与压应力和滑动频率有关,还与接触面的润滑情况有关。

聚四氟乙烯滑板式橡胶支座由于仅靠摩擦耗能，没有弹性恢复力，有时称之为纯摩擦减震器，其滞回曲线一般可简化成理想弹塑性模型，初始刚度取滑移前的刚度，屈服荷载取滑动摩擦力。其动力滞回曲线类似于理想弹塑性材料的应力—应变关系。弹性恢复力最大值与临界滑动摩擦力相等，即

$$Kx_c = fN \tag{5-25}$$

式中　f——摩擦系数；

　　N——支座所承受的压力。

因此临界位移值为

$$x_c = \frac{fN}{K} \tag{5-26}$$

这里，K 为橡胶支座的水平剪切刚度，在聚四氟乙烯滑板橡胶支座中，弹性临界位移 x_c 是在支座面滑动以前由橡胶支座的剪切变形完成的。

盆式橡胶支座是利用半封闭盆腔内的弹性橡胶块，在三向受力状态下具有流体的性质特点，实现上部结构的转动；还可以通过聚四氟乙烯板与不锈钢板之间的低摩擦滑移形成滑动的盆式橡胶支座。在活动盆式支座和活动球形支座中，相对位移几乎完全是由聚四氟乙烯滑板和不锈钢板的相对滑动完成的，因此，它们有类似的恢复力模型，只是临界位移 x_c 很小(根据试验取值)。

(3) 铅芯橡胶支座、U 形钢板减震橡胶支座

铅芯橡胶支座是目前研究应用最多的一种隔震装置，它是在普通叠层橡胶支座中竖直灌入一个或多个铅芯而成。由于铅金属具有较低的屈服剪切强度(约 10 MPa)，足够高的初始剪切刚度(约 130 MPa)，特别是在塑性变形下具有较好的疲劳特性，因而铅芯橡胶支座具有饱满而稳定的滞回特性，其初始剪切刚度可以达到普通叠层橡胶支座的 10 倍以上，而屈服后的刚度接近于普通叠层橡胶支座的剪切刚度。

由于铅芯橡胶支座的构造比较简单、使用方便以及减震耗能效果显著，因此已应用于桥梁抗震设计之中。大量的动力性能试验表明，铅芯橡胶支座和弧形钢板减震橡胶支座的滞回曲线都可近似成双线性，均可采用表 5—6 中所示的双线性恢复力模型。铅芯橡胶支座的初始刚度 K_1 和塑性阶段刚度 K_2，主要由橡胶支座的刚度、铅销的屈服力以及橡胶用量与铅销用量之比等因素决定。

纯滑动支座的缺点是没有恢复力，在地震作用下滑动位移大且难以控制。采用 U 形钢板条与聚四氟乙烯滑板支座组合使用可以起到减震耗能的作用，滑动支座与 U 形钢板组合装置的滞回曲线与铅芯支座基本相同。同样，若采用 U 形钢板条与滑动的盆式橡胶支座组合使用，也会有相同的恢复力特性。

二、地基与基础的相互作用

在地震中桥梁上部结构的惯性力通过基础反馈给地基，会使地基产生变形。在较硬土层中，这种变形远比地震动产生的变形小。因此，当桥梁建在坚硬的地基上时，往往可以忽略这一变形，即假定地基是刚性的。在较坚硬的场地土中，桥梁基础往往采用刚性扩大基础，此时，桥梁墩底可采用固定边界条件进行处理。

但是，当桥梁基础位于较软弱的土层时，地基的变形则不仅会使上部结构产生侧移和转动，而且会改变结构的地震输入，这时如仍然采用刚性地基假定，就会有较大的误差，这是由地基与结构的动力相互作用引起的。而在软弱土层中，桥梁基础最常用的形式是桩基础。“桩—土—结构”动力相互作用使结构的动力特性、阻尼和地震反应发生改变，而忽略这种改变并不总是偏安全的。对于中、小跨度桥梁，可以将基础的刚性通过墩底的 6 根等效弹簧(刚度取决于基础设计和土质条件)模拟基础 6 个方向上的刚度(3 个平动和 3 个转动)。但是，对大跨度桥梁进行地震反应分析时，一般应考虑“桩—土—结构”相互作用。目前常用的方法有质量弹簧阻尼模型、Winkler 模型、连续介质力学模型和有限元模型等，这些模型均将上部结构作为一个整体，并沿深度方向输入相应土层的地震动进行地震反应分析。

三、桥梁结构阻尼

结构振动中的阻尼机制十分复杂，目前，对均质结构广泛采用的是一种简单的瑞利(Rayleigh)阻尼模型，即假定阻尼矩阵为刚度矩阵和质量矩阵的线性组合。参见 § 2—4。

计算比例系数 α 和 β 时，一般选用与地震波输入方向一致的两个最低阶振型，但通过对振型的观察来确定桥梁在某个方向的最低阶振型显然是不妥当的，合理的方法是通过计算振型参与系数，找出在该方向参与程度最大的两个振型。

在一般桥梁结构的地震反应分析中，阻尼可用上述阻尼比的形式计入；而对于非线性地震反应分析，或具有非均匀阻尼的桥梁(如斜拉桥、悬索桥等)的地震反应分析，则必须采用正确的方法计算阻尼矩阵。为了考虑由结构的非均质性和各部分耗能机理不同而引起的阻尼非均匀性，Clough 提出了非比例阻尼理论，认为总阻尼矩阵可由分块的瑞利阻尼矩阵叠加而成，详细的方法可参见有关文献。

要考虑阻尼的影响，无论是采用阻尼比的形式还是采用阻尼矩阵的形式，都必须先确定桥梁结构的阻尼比。到目前为止，还没有一种被广泛接受的用来估算桥梁结构阻尼比的方法。在桥梁结构的动力响应分析中，只能参考一些实测资料来估算阻尼比。由于目前国内桥梁的实测阻尼资料很少，而现有阻尼比实测值的分散性又很大，因此阻尼比的估算一直是桥梁结构地震反应分析中的难点。

目前根据规范，对跨径不超过 150 m 的钢筋混凝土和预应力混凝土梁桥或钢筋混凝土拱桥的抗震设计，结构的阻尼比取 5%。另外，钢结构的阻尼比较钢筋混凝土结构低，一般可取 3%；缆索承重桥梁(斜拉桥、悬索桥)与普通桥梁相比，结构更为复杂，而且是非均质结构，各部分的能量耗散机理不同，因而阻尼比的确定也就更加困难。各国的规范也没有给出参考值。因此，在地震反应分析中，只能参考同类型桥梁结构的实测阻尼比来近似取值。国内 7 座斜拉桥(钢桥 1 座，叠合梁桥 3 座，混凝土桥 3 座)的实测资料表明，实测阻尼比大部分在 0.5%～1.5%之间，叠合梁斜拉桥各阶振型的实测阻尼比集中在 0.01 附近，而混凝土斜拉桥阻尼比大部分在 0.012 附近，阻尼比与固有频率之间没有明确关系。

四、地震波的选用及输入

在进行桥梁的时程反应分析时，都利用了以往的典型地震加速度时程记录，或场地的人工波加速度记录。地震地面运动实质上是随机过程，结构响应是随机动力作用于结构后引起的反应。不同地震波下结构内力的反应规律基本一致，但分析表明，某些截面内力，在不同地震波下的反应值有较大的差异，甚至高达1倍以上。由于地震所造成的地面运动是一个随机过程，仅采用任一条已知的地震记录来预测桥梁可能经历的未知地震作用，其可信度很难评价。为此，一般建议在设计中应对拟选择的地震加速度记录进行快速傅立叶变换，在频域内找出地震波的主要频率，换算成主要周期，使之尽量符合桥址处的场地自振周期。

地震时的地面运动既是时间又是空间的随机过程，因此，对大跨度桥梁而言，同一桥梁的各个基础可能位于不同的场地土上，因此要求在不同的支点处输入不同的地震波，在桥梁抗震分析中称之为多点激励；即使是同一地震波，当它沿着桥梁纵轴方向传播时，也会在到达大桥梁各支墩时存在时间差或相位差，这种现象简称行波效应。近年来，一些学者针对实际工程开展了多点激励和行波效应对大跨度桥梁地震响应的研究工作，尽管目前还不能简单地回答它们对桥梁地震反应分析带来的影响是“有利”还是“不利”，但对大跨度桥梁来说，多点激励和行波效应确实应予以重视。

§5—4 桥梁抗震延性设计

延性表示结构超过弹性阶段后的变形能力，桥梁震害调查加深了人们对结构延性设计重要性的认识。

目前，人们已经广泛认同桥梁抗震设计必须从单一的承载力设防转入承载力和延性双重设防。大多数多地震国家的桥梁抗震设计规范已采纳了延性抗震理论。延性抗震理论不同于承载力理论的是，它是通过结构选定部位的塑性变形（形成塑性铰）来抵抗地震作用的。利用选定部位的塑性变形，不仅能消耗地震能量，而且能延长结构周期，从而减小结构的地震响应。

一、延性指标

在定量化的延性指标中，最常用的是曲率延性系数（简称曲率延性）和位移延性系数（简称位移延性）。

1. 曲率延性系数

钢筋混凝土延性构件的非弹性变形能力来自塑性铰区截面的塑性转动能力，因此可以采用截面的曲率延性系数来反映。曲率延性系数定义为截面的极限曲率与屈服曲率之比，即

$$\mu_\phi = \frac{\phi_u}{\phi_y} \tag{5-27}$$

式中　ϕ_y、ϕ_u——分别表示塑性铰区截面的屈服曲率和极限曲率（见图5－16）。

对钢筋混凝土构件，塑性铰区截面的屈服曲率，一般指截面最外层受拉钢筋初始屈服时的曲率（适筋构件）或截面混凝土受压区最外层纤维初次达到峰值应变值时的曲率（超筋构件或高轴压比构件，轴压比为截面所受的轴力与其名义抗压强度之比）。

钢筋混凝土延性构件塑性铰区截面的极限曲率，通常由两个条件控制，即被箍筋约束的核心混凝土达到极限压应变值，或临界截面的抗弯能力下降到最大弯矩值的85%。

2. 位移延性系数

位移延性是反映结构或构件延性的另一个指标，钢筋混凝土构件的位移延性系数定义为构件的极限位移与屈服位移之比，即

$$\mu_d = \frac{\Delta_u}{\Delta_y} \tag{5-28}$$

式中　Δ_y、Δ_u——分别表示延性构件的屈服位移和极限位移(见图 5—17)。

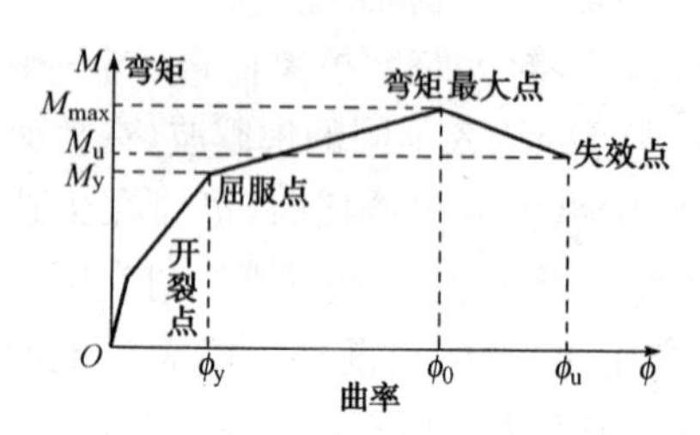

图 5—16　截面弯矩—曲率关系

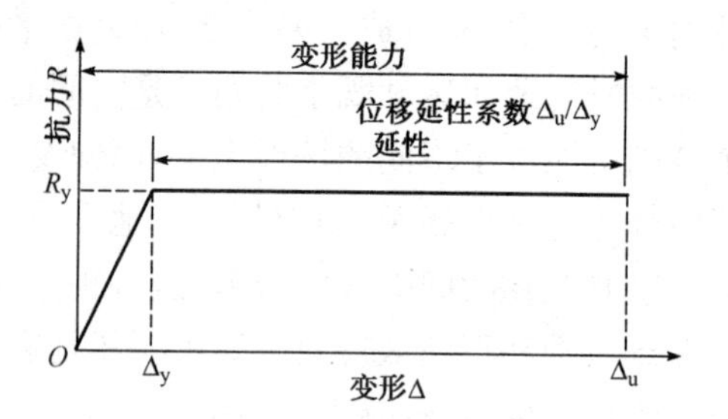

图 5—17　构件(或结构)抗力—变形关系

二、考虑延性的地震作用折减

在实用抗震设计中,对于具有延性的结构构件,可以利用弹性反应谱求得弹性反应的地震作用,然后对其地震作用进行折减。定义弹性地震作用折减系数 q(或称结构性能系数)为单自由度弹性系统的最大地震惯性力 F_e 与相应的延性系统的屈服力 F_y 之比,即

$$q = \frac{F_e}{F_y} \tag{5-29}$$

目前,世界上很多国家的规范都采用等位移准则(长周期结构)和等能量准则(中等周期结构)来确定地震作用折减系数。

对于长周期结构(一般认为 $T>0.7$s),结构的最大位移反应与完全弹性的最大位移反应在统计平均意义上相等,这就是等位移准则。根据图 5—18 所示关系,有

$$q = \frac{F_e}{F_y} = \frac{\Delta_u}{\Delta_y} = \mu_d \tag{5-30}$$

对于中等周期结构,设定弹性系统在最大位移时所储存的变形能与弹塑性系统达到最大位移时的能耗相等,这就是等能量准则。根据图 5—19 所示关系,有

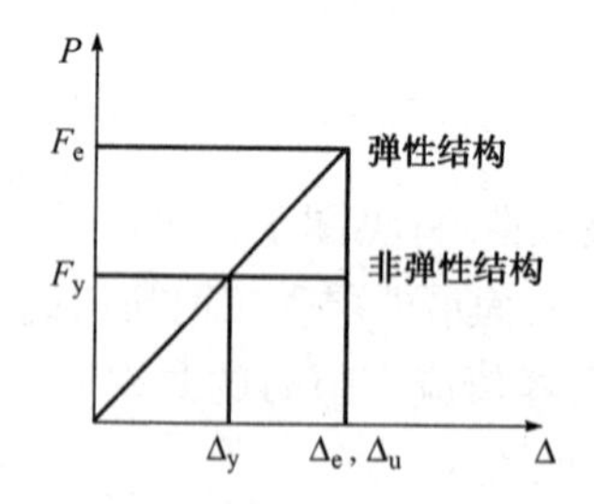

图 5—18　地震作用折减的等位移准则

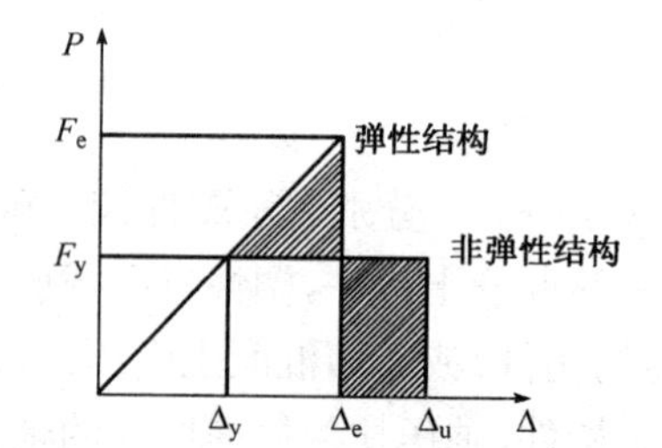

图 5—19　地震作用折减的等能量准则

$$\frac{1}{2}(F_e - F_y)(\Delta_e - \Delta_y) = F_y(\Delta_u - \Delta_e) \tag{5-31}$$

$$\frac{F_e}{F_y}=\frac{\Delta_e}{\Delta_y} \tag{5-32}$$

由式(5－31)和式(5－32),可推得

$$q=\frac{F_e}{F_y}=\sqrt{2\mu_d-1} \tag{5-33}$$

欧洲规范(Eurocode 8)规定的弹性地震作用折减系数取值如下:

对于长周期范围($T>0.7s$): $q=\mu_d$

对于中等周期结构(小于弹性反应谱峰值所对应的周期): $q=\sqrt{2\mu_d-1}$

对于刚性结构($T\approx0$): $q=1$

欧洲规范(Eurocode 8)对桥梁中的延性构件,给出了所对应的 q 最大值,如表 5－7,可供设计时参考。

表 5－7　弹性地震作用折减系数 q 的最大值

延性构件		非弹性特性	
		有限延性	延　性
钢筋混凝土墩	垂直受弯墩	1.5	3.5
	斜受弯支撑	1.2	2.0
	矮　　墩	1.0	1.0
钢　　墩	垂直受弯墩	1.5	3.0
	斜受弯支撑	1.2	2.0
	带普通系杆墩	1.5	2.5
桥　　台		1.0	1.0
拱		1.2	2.0

我国《公路抗震规范》中的水平地震作用综合影响系数 C_z(取值见表 5－2),其基本计算公式就是弹性地震力折减系数 q 的倒数,即

$$C_z=\frac{1}{q}=\frac{1}{\sqrt{2\mu_d-1}} \tag{5-34}$$

规范在取值时,除反映结构的弹塑性动力特性外,还考虑了计算图式的简化、结构阻尼和几何非线性等影响。

三、延性抗震设计方法简介

1. 能力设计原理

新西兰学者提出结构延性设计中的一个重要原理——能力设计原理(Philosophy of Capacity Design)。其思想是:在结构体系中的延性构件和能力保护构件(脆性构件以及不希望发生非弹性变形的构件,统称为能力保护构件)之间建立承载力安全等级差异,以确保结构不会发生脆性的破坏模式。

与常规的承载力设计方法相比，能力设计方法强调进行可以控制的延性设计。表5—8对基于这两种设计方法设计的结构的抗震性能进行了比较。

表5—8　常规设计方法与能力设计方法比较

结构抗震性能	常规设计方法	能力设计方法
塑性铰出现位置	不明确	预定的构件部位
塑性铰的布局	随机	预先选择
局部延性需求	难以估计	与整体延性需求直接联系
结构整体抗震性能	难以预测	可以预测
防止结构倒塌破坏概率	有限	概率意义上的最大限度

总的来说，能力设计方法是抗震概念设计的一种体现，它的主要优点是设计人员可对结构在屈服时、屈服后的性状给予合理的控制，即结构屈服后的性能是按照设计人员的意图出现的，这是传统抗震设计方法所达不到的。此外，根据能力设计方法设计的结构具有很好的延性，能最大限度地避免结构倒塌，同时也降低了结构对许多不确定因素的敏感性。

采用能力设计方法进行延性抗震设计的步骤可以总结如下：

(1) 在概念设计阶段，选择合理的结构布局。

(2) 确定地震中预期出现的弯曲塑性铰的合理位置，并保证结构能形成一个适当的塑性耗能机制。

(3) 对潜在塑性铰区域，通过计算分析或估算建立截面"弯矩—转角"之间的对应关系。然后利用这些关系确定结构的位移延性和塑性铰区截面的预期抗弯承载力。

(4) 对选定的塑性耗能构件进行抗弯设计。

(5) 估算塑性铰区截面在发生设计预期的最大延性范围内的变形时，其可能达到的最大抗弯承载力(弯曲超强承载力)，以此来考虑各种设计因素的变异性。

(6) 按塑性铰区截面的弯曲超强承载力，进行塑性耗能构件的抗剪设计以及能力保护构件的承载力设计。

(7) 对塑性铰区域进行细致的构造设计，以确保潜在塑性铰区截面的延性能力。

在很多情况下，上述的能力设计过程并不需要复杂精细的动力分析技巧，而只要在粗略的估算条件下，即可确保结构具有预知的和满意的延性性能。这是因为按能力设计方法设计的结构，不会形成不希望的塑性铰机构或非线性变形模式。结合相应的延性构造措施，能力设计依靠合理选择的塑性铰机构，使结构达到优化的能量耗散。这样设计的结构将特别能适应未来的大地震所可能激起的延性需求。

2. 潜在塑性铰位置的选择

桥梁结构的质量大部分集中在上部结构，上部结构的设计主要受恒荷载、活荷载、温度等控制，地震惯性力对上部结构的内力影响不大，但是这种地震惯性力对桥梁墩、柱和基础等下部结构的作用却是巨大的。因此，在结构的能力设计中，桥梁下部设计地震惯性力可以小于地震所产生的弹性惯性力，从而使下部结构产生塑性铰并消耗掉一部分能量。

选择桥梁预期出现的塑性铰位置时，应能使结构获得最优的耗能，并尽可能使预期的塑性铰出现在易于发现和易于修复的结构部位。在下部结构中，由于基础通常埋置于地下，一旦出现损坏，修复的难度和代价比较高，也不利于震后迅速发现，因而通常不希望在基础中出现塑性铰。于是，预期出现塑性铰的位置通常在墩柱的下端或上端，把钢筋混凝土桥墩设计成延性构件，而把其余部位的构件按能力保护构件设计。

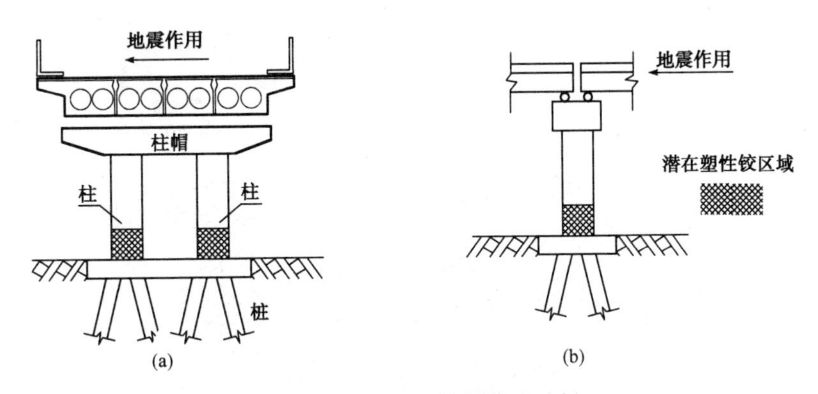

图 5－20　潜在塑性铰位置选择

(a) 横桥向地震作用；(b) 顺桥向地震作用

四、钢筋混凝土桥墩的延性设计

1. 钢筋混凝土桥墩的延性性能

当墩柱中的混凝土受到足够的约束时，混凝土的极限压应变大大提高，从而使其进入塑性后的转动能力也得到大幅度增强。圆形或螺旋形箍筋以及沿截面周边的竖向钢筋，都会对核芯混凝土提供侧向约束；采用钢管混凝土墩柱则可进一步提高墩柱的延性。

研究表明，钢筋混凝土墩柱延性的影响因素有以下特点：

(1) 轴压比

轴压比对延性影响很大，轴压提高，延性下降，当轴压比较大时(如轴压比达到或超过25％)延性下降幅度较大。

(2) 箍筋用量

适当加密箍筋配置，可以大幅度提高延性。

(3) 箍筋形状

同样数量的螺旋箍筋与矩形箍筋相比，可以获得更好的约束效果，但方形箍筋与矩形箍筋相比，约束效果差别不大。

(4) 混凝土强度

混凝土强度对柱的延性有一定影响，强度越高，延性越低。

(5) 保护层厚度

保护层厚度增大，对延性不利。

(6) 纵向受拉钢筋

纵向受拉钢筋的增加会改变截面的中性轴位置，从而改变截面的屈服曲率和极限曲率，配筋量过大总体上对延性有不利的影响。

(7) 截面形式

空心截面与相应的实心截面相比具有更好的延性，圆形截面与矩形截面相比有更好的延性。

约束混凝土的应力—应变关系，是描述墩柱延性的基础。目前已有很多试验研究成果，图5—21为Mander等人提出的约束混凝土的应力—应变关系简图，其解析表达式可参阅有关文献。

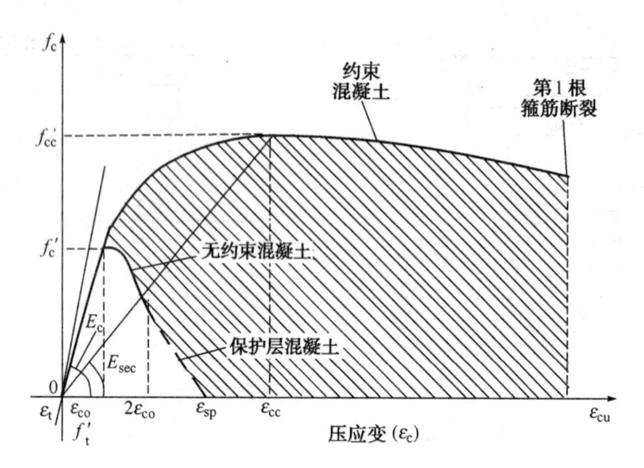

图5—21　约束混凝土的应力—应变关系

钢筋混凝土墩柱的延性指标除通过试验以外，还可以通过塑性铰区截面的"弯矩—曲率"关系从计算上予以确定。在保护层混凝土、核心混凝土和钢筋的应力—应变关系已知的情况下，利用计算机程序进行数值积分，可以计算出塑性铰区截面的弯矩—曲率关系曲线，得到屈服曲率和极限曲率，确定截面的曲率延性系数，进一步得到桥墩的位移延性系数。

在对箍筋约束混凝土桥墩进行截面的弯矩—曲率分析时，可采用平截面假定，桥墩一般视为压弯构件，并假定轴向压力始终保持不变。这样，根据截面的内力平衡关系，可得

$$N=\int\sigma(\varepsilon_y)\mathrm{d}A+\sum_{i=1}^{n}A_{si}\,\sigma(\varepsilon_{yi}) \tag{5—35a}$$

$$M=\int\sigma(\varepsilon_y)y\mathrm{d}A+\sum_{i=1}^{n}A_{si}\,\sigma(\varepsilon_{yi})\,y_{si} \tag{5—35b}$$

式(5—35)中，积分项代表混凝土承担的合力，求和项代表钢筋承担的合力。在上式中，应考虑对保护层混凝土和核心混凝土取不同的应力—应变关系。

在保护层混凝土、核心混凝土和钢筋的应力—应变关系已知的情况下，就可以采用一般的数值积分方法(如梯形法)，通过计算机程序对式(5—35)进行计算，得到截面的弯矩—曲率关系曲线。在计算截面的弯矩—曲率曲线时，一般采用曲率增量或应变增量法，对一系列曲率值计算相应的弯矩值，直至达到规定的极限曲率为止。计算过程需要反复迭代，以使式(5—35)表示的轴力平衡条件得到满足。

2. 钢筋混凝土桥墩的延性构造设计

钢筋混凝土墩柱的细部构造设计是保证桥梁能够发挥预期延性水平的一个重要因素，因此，各国规范都十分重视延性桥墩的构造设计，并都规定了具体的细部构造要求。

以下通过表5—9～表5—12，对美国加州Caltrans抗震设计规范和我国公路抗震规范在横向箍筋配置、纵向钢筋配置、塑性铰区长度和钢筋的锚固与搭接等构造方面进行对比介绍。美国加利福尼亚州是世界著名的强震区，因此加州的桥梁抗震设计规范一直备受瞩目。

表 5—9 塑性铰区横向箍筋的有关规定

规范名称	箍筋间距	屈服应力
Caltrans 规范	$\min(1/5b_{min}, 6d_{bi}, 20cm)$	$f_y \leqslant 400$ MPa
我国公路抗震规范	对位于 8 度和 8 度以上地震区，桥墩箍筋加密区段的螺旋箍筋，其间距不大于 10 cm，直径不小于 8 mm；对矩形箍筋，顺桥向和横桥向体积配箍率均不低于 0.3%	没有规定

注：b_{min}为最小截面尺寸，d_{bi}为纵向钢筋直径。

表 5—10 桥墩纵向钢筋含量的规定

规范名称	下限值	上限值
Caltrans 规范	0.01	0.08
我国公路抗震规范	0.004	没有规定

表 5—11 桥墩中塑性铰区长度的规定

规范名称	塑性铰区长度
Caltrans 规范	$\max(b_{max}, 1/6h_c, 610\ mm)$
我国公路抗震规范	$\max(b_{max}, 1/6h_c, 500\ mm)$

注：b_{man}为最大截面尺寸，h_c 为桥墩净高。

表 5—12 桥墩中钢筋锚固与搭接的规定

规范名称	有 关 规 定
Caltrans 规范	纵向钢筋不应在塑性铰区截面内搭接
我国公路抗震规范	螺旋箍筋接头必须焊接；矩形箍筋应有 135°弯钩，并伸入混凝土核心之内

复习思考题

5—1 试分析桥梁震害的特点，为什么说桥梁上部结构震害常常是由下部结构震害引起的？

5—2 桥梁震害对桥梁抗震设计有哪些教训？

5—3 反应谱法是怎样将动力问题转化为拟静力问题的？

5—4 试述反应谱法用于抗震设计时的优点与不足。

5—5 地基土的硬、软使桥墩振动周期和地震作用如何改变？

5—6 在大跨度桥梁的动力时程分析法中，哪些非线性因素比较重要？哪些因素可以忽略？

5—7 桥梁支座为什么可以起到减隔震的效果？

5—8 何谓多点激励？何谓行波效应？在大跨度桥梁的抗震分析中为什么要考虑多点激励和行波效应？

5—9 桥梁的延性设计反映在哪些方面？

5—10　试述基于延性设计的能力设计原理。

5—11　为何一般在桥墩柱脚设计塑性铰？为什么要重视塑性铰的构造设计？

5—12　墩柱混凝土的约束程度对柱脚塑性铰性能有何影响？

5—13　桥梁抗震的概念设计包括哪些内容？

5—14　桥梁的抗震设计方法，为什么要由传统的承载力设计转向概念设计、延性设计、位移设计、减隔震设计以及基于性能的设计？

第6章　建筑结构抗风设计

学习目的：了解大气层、风的分类，了解风力等级与风速的关系，掌握梯度风高度的概念，了解风致结构破坏现象。理解风压与风速关系的推导过程，掌握风荷载的计算原理和计算方法，了解结构顺风向设计和横风向风振。

教学要求：介绍大气层和风的产生机理，讲解梯度风高度的概念，分析风对结构的影响和风致结构破坏现象。讲解风荷载的计算原理和计算方法，介绍结构顺风向设计和横风向涡流脱落共振等效风荷载计算。

§6—1　风灾及其成因

一、风及其产生机理

风是地球表面的空气运动，由于在地球表面不同地区的大气层所吸收的太阳能量不同，造成了同一海拔高度处大气压的不同，空气从气压大的地方向气压小的地方流动，就形成了风。风是表示空气水平运动的物理量，包括风向、风速，是个二维矢量。风的大小用风力等级来描述，见表6—1。

表6—1　风力等级表

风级	海浪高/m		名称	风速/(m·s^{-1})*	陆地物象	海面波浪	海岸渔船征象
	一般	最高					
0	0	0	无风	0.0～0.2	烟直上	平静	静
1	0.1	0.1	软风	0.3～1.5	烟示风向	微波峰无飞沫	寻常渔船略觉摇动
2	0.2	0.3	轻风	1.6～3.3	感觉有风	小波峰未破碎	渔船张帆随风移行2～3 km/h
3	0.6	1.0	微风	3.4～5.4	旌旗展开	小波峰顶破裂	觉簸动，随风移行2～3 km/h
4	1.0	1.5	和风	5.5～7.9	吹起尘土	小浪白沫波峰	满帆时倾于一方
5	2.0	2.5	劲风	8.0～10.7	小树摇摆	中浪折沫峰群	渔船缩帆
6	3.0	4.0	强风	10.8～13.8	电线有声	大浪到个别飞沫	渔船加倍缩帆
7	4.0	5.5	疾风	13.9～17.1	步行困难	破峰白沫成条	渔船停息港中，在海者下锚
8	5.5	7.5	大风	17.2～20.7	折毁树枝	浪长高有浪花	近港渔船皆停留不出
9	7.0	10.0	烈风	20.8～24.4	小损房屋	浪峰倒卷	汽船航行困难
10	9.0	12.5	狂风	24.5～28.4	拔起树木	海浪翻滚咆哮	汽船航行颇危险

续表 6—1

风级	海浪高/m		名称	风速 /(m·s^{-1})*	陆地物象	海面波浪	海岸渔船征象
	一般	最高					
11	11.5	16.0	暴风	28.5～32.6	损毁普遍	波峰全呈飞沫	汽船遇之极危险
12	14.0	—	飓风	32.7～	摧毁巨大	海浪滔天	海浪滔天

* 注:本表所列风速是指平地上离地 10 m 处的风速值。

工程结构中涉及的风主要有两类:一类是大尺度风(温带及热带气旋);另一类是小尺度的局部强风(龙卷风、雷暴风、焚风、布拉风及类似喷气效应的风等)。所谓尺度是指一个天气系统的空间大小或者时间上持续的长短,各种尺度的分级见表 6—2。

表 6—2　尺度分级

	水平大小	垂直大小	持续时间	例　　子
行星尺度	4 000 km 以上	——	恒久	西风带、东风带
大尺度	400 km 以上	10 km 左右	半个月或以上	西风长波、副热带高气压
中尺度	4～400 km	4～8 km	数天	西风短波、台风、急流
小尺度	少于 4 km	4 km 以下	数小时或更短	龙卷风、海陆风、雷暴风

大气边界层在对流层下部靠近地面的 1.2～1.5 km 范围内的薄层大气,因为贴近地面,空气运动受到地面摩擦作用影响,又称摩擦层。大气边界层厚度也称梯度风高度。结构抗风设计中主要考虑的是大气边界层内的气流(风)。

大气边界层内根据空气受下垫面影响的不同又可分为以下几种:

(1) 紧贴地表面小于 1 cm 的气层,为黏性副层。此层以分子作用为主。

(2) 50～100 m 以下气层(包括黏性副层),称为近地面层。这一层大气受下垫面不均匀影响,有明显的湍流特征。

(3) 近地面层以上至 1～1.5 km 为上部摩擦层。

自由大气层在大气边界层以上,地面摩擦影响减小到可以忽略不计,只受气压梯度力和科里奥利力的影响,这个风速叫梯度风速。有关专家根据多次观测资料分析出不同场地下的风剖面(图 6—1),从中可以看出,开阔场地比在城市中心更快地达到梯度风速;对于 30 m 高处的风速,在城市中心处约为开阔场地的 1/4。

二、风致结构灾害

国内外统计资料表明,在所有自然灾害中,风致结构灾害造成的损失为各类灾害之首。例如,1999 年全球发生严重自然灾害共造成 800 亿美元的经济损失,其中在被保险的损失中,飓风造成的损失占 70%。以下为一些结构物风致损坏的典型事例。

(1) 高层建筑

至今虽未发现高层建筑因大风作用而倒塌的事例,但大风对高层建筑的危害实例已引起人们的高度重视。1926 年美国迈阿密 17 层高的 Meyer—Kiser 大楼在飓风袭击下,其维护结构严重破坏,钢框架结构发生塑性变形,顶部残留位移达 0.61 m,大楼发生剧烈摇晃。1972

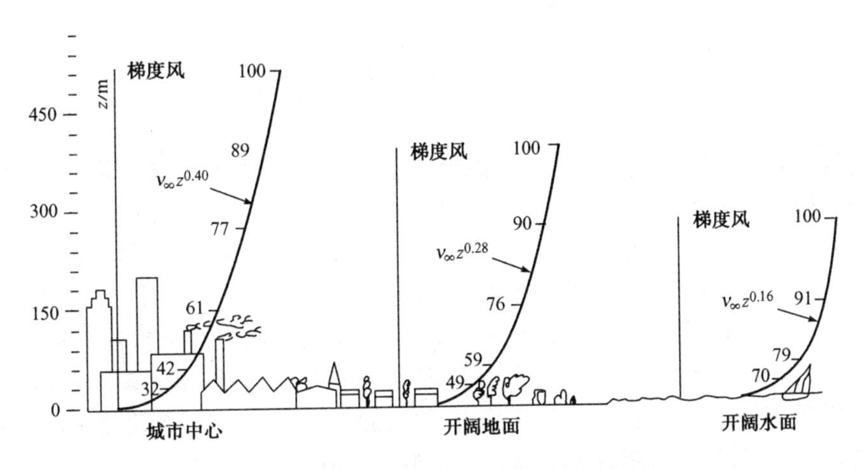

图 6—1　不同地面粗糙度下的平均风剖面

年美国波士顿 60 层高的 John Hancock 大楼在大风作用下，约 170 块玻璃开裂或破坏，事后不得不更换所有约 1 万块玻璃。

(2) 桅杆和输电塔

近年来，世界范围内发生了数十起桅杆和输电塔倒塌实例。1955 年 11 月捷克一桅杆在风速 30 m/s 时因失稳而破坏；1969 年 3 月英国约克郡 Emley Morr 高 386 m 的钢管电视桅杆被风吹倒；1985 年德国 Bielstein 一座 298 m 的无线电视桅杆在大风下倒塌；1988 年美国 Missouri 一座高 610 m 的电视桅杆在阵风下倒塌。1994 年 8 月我国温州遭受强台风袭击，5 座220 kV、5 座 110 kV 输电塔倒塌，35 kV 及以下的线路和杆架严重损坏，温州电厂煤码头两台卸煤机被吹倒，百米高的电视塔、温州市中心公安大楼 80 m 高的通讯铁塔均被风吹倒，直接经济损失巨大。

(3) 悬挑屋盖

英国一座体育场独立主看台悬挑钢屋盖，在大风作用下，由于屋盖下部强大的压力和屋盖上部的吸力，使得覆面结构(石棉板)在固定点处被损坏，大片覆面结构被掀，而屋盖钢结构则基本保持完好。

(4) 冷却塔群

英国 Ferrybridge 热电厂 8 座冷却塔群，每座塔高 116 m，直径 93 m，其中有 3 座塔在 1965 年 11 月的暴风中被风吹毁。实践证明，冷却塔群所受的风效应比独立塔要严重得多。

(5) 桥梁结构

1940 年美国华盛顿主跨 853 m 的悬索桥，建好不到 4 个月，就在一场风速不到 20 m/s 的灾害下产生上下和来回扭曲振动而倒塌。

可见，工程结构在大风作用下，可能发生以下几种破坏情况：

(1) 由于变形过大，隔墙开裂，甚至主体结构遭到损坏。

(2) 由于长时间振动，结构因材料疲劳、失稳而破坏。

(3) 装饰物和玻璃幕墙因较大的局部风压而破坏。

(4) 高楼不停地大幅度摆动，使居住者感到不适和不安。

§6－2　风荷载计算

高层建筑和高耸结构的水平力主要考虑地震作用和风荷载，有时考虑风荷载的荷载组合起控制作用。根据大量风的实测资料可以看出，作用于高层建筑上的风力是不规则的，风压随风速、风向的紊乱变化而不断地改变。从风速记录来看，各次记录值是不重现的，每次出现的波形是随机的，由于目前研究的成果和工程上应用的具体情况，风力可看作为各态历经的平稳随机过程输入。在风的顺风向风速曲线（见图 6－2 所示的风速记录）中，包括两部分：一种是长周期部分（10 min 以上的平均风压），常称稳定风，即图中 $\bar{v}$ 所示，由于该周期远大于一般建筑物的自振周期，因而其作用性质相当于静力，称为静力作用，该作用将使建筑物发生侧移；另一种是短周期部分（只有几秒钟左右），常称阵风脉动，即图中沿 $\bar{v}$ 之上下的波动部分（脉动风速）。脉动风主要是由于大气的湍流引起的，它的强度随时间按随机规律变化，其作用性质是动力的，它引起结构的振动（位移、速度和加速度），使结构在平均侧移的附近左右摇摆。

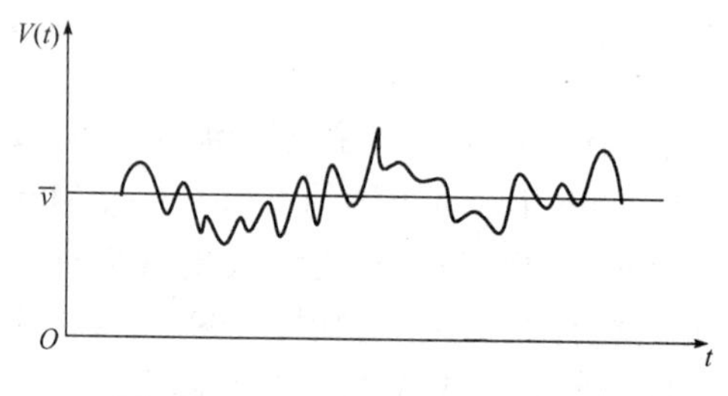

图 6－2　平均风速和脉动风速

一、风压与风速的关系

当风以一定的速度向前运动遇到阻碍时，将对阻碍物产生压力。风压是在最大风速时，垂直于风向的平面上所受到的压力，单位是 kN/m^2。

当速度为 v 的一定截面的气流冲击面积较大的建筑时，由于受阻壅塞，形成高压气幕，使气流外围部分改向，冲击面积扩大，因此建筑物承受的压力是不均匀的，而以中心一束所产生的压力强度最大，这里令它为风压 w，如图 6－3。如果气流原先的压力强度为 w_b，在冲击建筑物的瞬间，速度逐渐减小，当中心一束速度减为零时，产生最大压力 w_m，则建筑物受气流冲击的净压力 $w_m - w_b$ 即为所求的风压 w。

为了求得 w 与 v 的关系，设气流每点的物理量不变，略去微小的位势差影响，取流线中任一小段落 dl，如图 6－3b 所示。设 w_1 为作用于小段左端的压力，则作用于小段右端近高压气幕的压力为 $w_1 + dw_1$。

以顺流向的压力为正，作用于小段 dl 上的合力为

$$w_1 dA - (w_1 + dw_1) dA = -dw_1 dA$$

它等于小段 dl 的气流质量 M 与顺流向加速度 $a(x)$ 的乘积，即

$$-dw_1 dA = Ma(x) = \rho dA dl \frac{dv(x)}{dt}$$

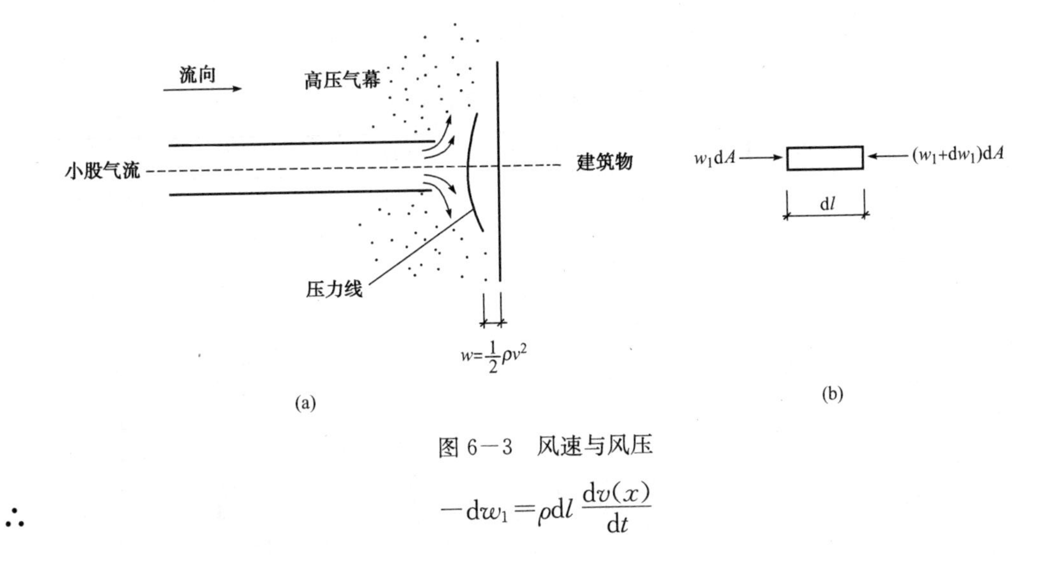

图 6－3　风速与风压

∴
$$-\mathrm{d}w_1=\rho\mathrm{d}l\,\frac{\mathrm{d}v(x)}{\mathrm{d}t}$$

式中　ρ——空气质量密度，它等于$\frac{\gamma}{g}$；

γ——空气重力密度（容重）；

g——重力加速度。

∵
$$\mathrm{d}l=v(x)\mathrm{d}t$$

代入上式得

$$\mathrm{d}w_1=-\rho v(x)\mathrm{d}v(x)$$

∴
$$w_1=-\frac{1}{2}\rho v^2(x)+c \tag{6-1}$$

式中 c 为常数，式(6－1)称为伯努利方程。伯努利方程是空气动力学的一个基本方程，它的实质是表示气体流动的能量守恒定律，即

$$\frac{1}{2}\cdot\frac{\gamma}{g}v_1^2+w_1=\frac{1}{2}\cdot\frac{\gamma}{g}v_2^2+w_2=c\text{（常数）}$$

从上式可以看出，气流在运动中，其压力随流速变化而变化。流速加快，压力减小；流速减缓，则压力增大；流速为零时，压力最大。令 $v_2=0$，$v_1=v$（风来流速度），$w=w_2-w_1$，则建筑物受风气流冲击的净压力为

$$w=\frac{\gamma}{2g}v^2 \tag{6-2}$$

这即为普遍应用的风速—风压关系公式。

取标准大气压 76 cm 水银柱，常温 15℃和在绝对干燥的情况（$\gamma=0.012\ 018\ \mathrm{kN/m^3}$）下，在纬度 45°处，海平面上的重力加速度为 $g=9.8\ \mathrm{m/s^2}$，代入式(6－2)，得标准风压公式

$$w_0=\frac{0.012\ 018}{2\times9.8}v^2\approx\frac{1}{1\ 600}v^2\quad(\mathrm{kN/m^2}) \tag{6-3}$$

风压系数对于不同地区的地理环境和气候条件而有所不同。我国东南沿海的风压系数约为 1/1 700；内陆的风压系数随高度增加而减小，一般地区约为 1/1 600；高原和高山地区，风压

系数减至 1/2 600，见表 6—3。我国《荷载规范》中规定为 1/1 600。

表 6—3　风压系数($\frac{\rho}{2}=\frac{\gamma}{2g}$)之值

地区	地点	海拔高度	$\gamma/2g$	地区	地点	海拔高度	$\gamma/2g$
东南沿海	青岛	77.0	1/1 710	内陆	承德	375.2	1/1 650
东南沿海	南京	61.5	1/1 690	内陆	西安	416.0	1/1 680
东南沿海	上海	5.0	1/1 740	内陆	成都	505.9	1/1 670
东南沿海	杭州	7.2	1/1 740	内陆	伊宁	664.0	1/1 750
东南沿海	温州	6.0	1/1 750	内陆	张家口	712.3	1/1 770
东南沿海	福州	88.4	1/1 770	内陆	遵义	843.9	1/1 820
东南沿海	永安	208.3	1/1 780	内陆	乌鲁木齐	850.5	1/1 800
东南沿海	广州	6.3	1/1 740	内陆	贵阳	1 071.2	1/1 900
东南沿海	韶关	68.7	1/1 760	内陆	安顺	1 392.9	1/1 930
东南沿海	海口	17.6	1/1 740	内陆	酒泉	1 478.2	1/1 890
东南沿海	柳州	97.6	1/1 750	内陆	毕节	1 510.5	1/1 950
东南沿海	南宁	123.2	1/1 750	内陆	昆明	1 891.3	1/2 040
内陆	天津	16.0	1/1 670	内陆	大理	1 990.5	1/2 070
内陆	汉口	22.8	1/1 610	内陆	华山	2 064.9	1/2 070
内陆	徐州	34.3	1/1 660	内陆	五台山	2 895.8	1/2 140
内陆	沈阳	41.6	1/1 640	内陆	茶卡	3 087.6	1/2 250
内陆	北京	52.3	1/1 620	内陆	昌都	3 176.4	1/2 550
内陆	济南	55.1	1/1 610	内陆	拉萨	3 658.0	1/2 600
内陆	哈尔滨	145.1	1/1 630	内陆	日喀则	3 800.0	1/2 650
内陆	萍乡	167.1	1/1 630	内陆	五道梁	4 612.2	1/2 620
内陆	长春	215.7	1/1 630				

二、结构上的平均风荷载

由于大气边界层内地表粗糙元的影响，建筑物的平均风荷载不仅取决于来流速度，而且还与地面粗糙度和高度有关，再考虑到一般建筑物都是钝体(非流线体)，当气流绕过该建筑物时会产生分离、汇合等现象，引起建筑物表面压力分布不均匀。为了反映建筑结构上平均风压受多种因素的影响情况，同时又能便于工程结构抗风设计的应用，我国荷载规范把结构上平均风压计算公式规定为

$$w=\mu_s\mu_z w_0 \tag{6—4}$$

式中　μ_s——风荷载体型系数；

　　　μ_z——风压高度变化系数；

　　　w_0——基本风压(kN/m^2)。

在确定风压时，观察场地周围的地形应空旷平坦，且能反映本地区较大范围内的气象特点，避免局部地形和环境的影响。

三、时距取值

计算基本风压的风速，称为标准风速。关于风速的标准值，各个国家规定的时距不尽相同，我国现行的荷载规范规定为：当地比较空旷平坦地面上离地 10 m 高统计所得的 50 年一遇

10 min 平均最大风速。

由于大气边界层的风速随高度及地面粗糙度变化，所以我国荷载规范统一选 10 m 高处空旷平坦地面作为标准，至于不同高度和不同地貌的影响，则通过其他系数的调整来修正。

平均风速的数值与统计时时距的取值有很大关系。时距太短，则易突出风速时距曲线中峰值的影响，把脉动风的成分包括在平均风中；时距太长，则把候风带的变化也包括进来，这将使风速的变化转为平滑，不能反映强风作用的影响。根据大量风速实测记录的统计分析，10 min～1 h 时距内，平均风速基本上可以认为是稳定值。我国规范规定以 10 min 平均最大风速为取值标准，首先是考虑到一般建筑物质量比较大，且有阻尼，风压对建筑物产生最大动力影响需要较长时间，因此不能取较短时距甚至极大风速作为标准。其次，一般建筑物总有一定的侧向长度，最大瞬时风速不可能同时作用于全部长度上，由此也可见采用瞬时风速是不合理的。而 10 min 平均风速基本上是稳定值，且不受时间稍微移动的影响。

各个国家的时距取值变化较大，从英国和澳大利亚的 3 s 到加拿大的 1 h 不等，由不同时距间可换算。表 6—4 给出了以 1 h 时距时的风压相对值为 1，不同时距间的换算系数。

表 6—4　平均风速值的换算系数

地貌	平均风的时距						
	1 h	20 min	10 min	1 min	30 s	10 s	3 s
A	1.0	1.02	1.05	1.20	1.30	1.35	1.45
B	1.0	1.05	1.10	1.30	1.40	1.50	1.60
C	1.0	1.10	1.20	1.60	1.80	2.00	2.20

四、重现期

我国荷载规范采用了 50 年一遇的年最大平均风速来考虑基本风压的保证率。采用年最大平均风速作为统计量，是因为年是自然界气候有规律周期变化的最基本的时间单位，重现期在概率意义上体现了结构的安全度，称之为不超过该值的保证率。若重现期用 T_0(年)来表示，则不超过基本最大风速的概率为

$$p=1-\frac{1}{T_0} \tag{6—5}$$

上式对于 50 年的重现期，其保证率为 98.00%。

若实际结构设计时所取的重现期与 50 年不同，则基本风压就要修正。以往规范将基本风压的重现期定为 30 年，2001 年新规范改为 50 年，这样，在标准上与国外大部分国家取得一致。经修改后，各地的基本风压值总体上提高了 10%，但有些地区则是根据新的风速观测数据，进行分析后重新确定的。为了能适应不同的设计条件，风荷载也可采用与基本风压不同的重现期，规范给出了全国各台站重现期为 10 年、50 年和 100 年的风压值，其他重现期 R 的相应值可按下式确定：

$$x_R=x_{10}+(x_{100}-x_{10})(\ln R/\ln 10-1) \tag{6—6}$$

对于对风荷载比较敏感的高层建筑和高耸结构，以及自重较轻的钢木主体结构，其基本风

压值可由各结构设计规范根据结构的自身特点，考虑适当提高其重现期。对于围护结构，其重要性比主体结构要低，故可仍取50年。

五、地貌的规定

地表愈粗糙，能量消耗也愈厉害，因而平均风速也就愈低。由于地表的不同，影响着风速的取值，因此有必要为平均风速或风压规定一个共同的标准。

目前风速仪大多安装在气象台，它一般离开城市中心一段距离，且一般周围空旷平坦地区居多，因而规范规定标准风速或风压是针对一般空旷平坦地面的，海洋或城市中心等不同地貌除了实测统计外，也可通过空旷地区的值换算求得。

六、离地面标准高度

风速是随高度变化的，离地面愈近，由于地面摩擦和建筑物等的阻挡而速度愈小，在到达梯度风高度后趋于常值，因而标准高度的规定对平均风速有很大的影响。我国气象台记录风速的风速仪大多安装在8～12 m，而且目前大部分房屋在10 m高左右，因而我国规范以10 m为标准高度。目前世界上以规定10 m作为标准高度的占大多数，如美国、俄罗斯、加拿大、澳大利亚、丹麦等国，日本为15 m，挪威和巴西为20 m。实际上，不同高度的规定在技术上影响是不大的，可以根据风速沿高度的变化规律进行换算。一些资料认为在100 m以下范围，风速沿高度符合对数变化规律，即

$$v_{10}=v_{\mathrm{h}}\frac{\lg 10-\lg z_0}{\lg h-\lg z_0} \tag{6—7}$$

式中 v_{h}——风速仪在高度h处的风速；

z_0——风速等于零的高度，其与地面的粗糙度有关，z_0一般略大于地面有效障碍物高度的1/10，由于气象台常处于空旷地区，z_0较小，有文献建议取0.03 m。

应该注意的是，这里所指风速仪高度是指其感应部分的有效高度，如周围有高大树木等障碍物，则有效高度应为风速仪实际高度减去周围障碍物的高度。实际上，虽然由于不同的地貌，地面粗糙度z_0是一变值，但实用上常取为常数。

我国规范规定，当风速仪高度与标准高度10 m相差过大时，可按下式换算为标准高度的风速：

$$v=v_{\mathrm{z}}\left(\frac{z}{10}\right)^{\alpha} \tag{6—8}$$

式中 v_{z}——风速仪在高度z处的观察风速(m/s)；

z——风速仪实际高度(m)；

α——空旷平坦地区地面粗糙度指数，取0.16。

七、风压高度变化系数

平均风速沿高度的变化规律，常称为平均风速梯度，也称为风剖面，它是风的重要特性之一。由于地表摩擦的结果，使接近地表的风速随着离地面高度的减小而降低。只有离地300～500 m以上的地方，风才不受地表的影响，能够在气压梯度的作用下自由流动，从而达到所谓

梯度风速，出现这种速度的高度叫梯度风高度。梯度风高度以下的近地面层也称为摩擦层。地面粗糙度不同，近地面层风速变化的快慢也不同。开阔场地的风速比在城市中心更快地达到梯度风速，对于同一高度处的风速，在城市中心处远较开阔场地为小。

平均风速沿高度变化的规律可用指数函数来描述，即

$$\frac{\bar{v}}{\bar{v}_s}=\left(\frac{z}{z_s}\right)^{\alpha} \tag{6-9}$$

式中 $\bar{v}$、z——任一点的平均风速和高度；

$\bar{v}_s$、z_s——标准高度处的平均风速和高度，大部分国家标准高度常取 10 m；

α——地面的粗糙度系数，地面粗糙程度愈大，α 也就愈大，通常采用的系数见表 6—5。

表 6—5 地面粗糙度系数 α

	海面	开阔平原	森林或街道	城市中心
α	125～0.100	167～0.125	250	333
$1/\alpha$	8～10	6～8	4	3

上式指数规律对于地面粗糙度影响减弱的上部摩擦层是较适合的，而对于近地面的下部摩擦层比较适合于对数规律，由式(6—7)表示。由于对数规律与指数规律差别不很大，所以目前国内外都倾向于用计算简单的指数曲线来表示风速沿高度的变化规律。

因为风压与风速的平方成正比，因而风压沿高度的变化规律是风速的平方。设任意高度处的风压与 10 m 高度处的风压之比为风压高度变化系数，对于任意地貌，前者用 w_a 表示，后者用 w_{0a}表示。对于空旷平坦地区地貌，w_a 改用 w、w_{0a} 改用 w_0 表示，则真实的风压高度变化系数应为

$$\mu_{z0}(z)=\frac{w_a}{w_{0a}}=\frac{w}{w_0}=\left(\frac{v}{v_0}\right)^2=\left(\frac{\bar{v}}{\bar{v}_0}\right)^2=\left(\frac{z}{10}\right)^{2\alpha} \tag{6-10}$$

由上式，可求得任意地貌 z 高度处的风压为

$$w_a=\mu_{za}(z)\cdot w_{0a}=\left(\frac{z}{10}\right)^{2\alpha}w_{0a} \tag{6-11}$$

对于空旷平坦的地貌，上式变成

$$w=\mu_{za}(z)\cdot w_0=\left(\frac{z}{10}\right)^{2\alpha}w_0 \tag{6-12}$$

为了求出任意地貌下的风压 w_a，必须求得该地区 10 m 高处的风压 w_{0a}，该值可根据该地区风的实测资料，按概率统计方法求得。但是由于目前我国除了空旷地区设置气象台站，并有较多的风测资料外，其他地貌下风的实测资料甚少，因而一般只能通过该地区附近的气象台站的风速资料换算求得。

设基本风压换算系数为 μ_{w0}，即 $w_{0a}=\mu_{w0}\cdot w_0$，因为梯度风高度以上的风速不受地貌影响，因而可根据梯度风高度来确定 μ_{w0}。《荷载规范》建议 α 取 0.16，梯度风高度取 350 m。设其他地貌地区的梯度风高度为 H_T，因为在同一大气环流下，不同地区上空，在其梯度风高度

处的风速(风压)应相同,按式(6—11)、式(6—12)得

$$\left(\frac{350}{10}\right)^{2\times0.16} w_0=\left(\frac{H_T}{10}\right)^{2\alpha} w_{0a}$$

∴
$$w_{0a}=35^{0.32}\left(\frac{H_T}{10}\right)^{-2\alpha} w_0=\mu_{w0}w_0 \tag{6—13}$$

即得任意地区 10 m 高处的风压 w_{0a},代入式(6—11)即得任意高度处的风压 w_a 为

$$w_a=\mu_{za}(z)\mu_{w0}w_0=\left(\frac{z}{10}\right)^{2\alpha}35^{0.32}\left(\frac{H_T}{10}\right)^{-2\alpha} w_0 \tag{6—14}$$

如果对于任何地貌情况下的结构物,均以空旷平坦地区的基本风压 w_0 为基础,则此时的风压高度变化系数 $\mu_z(z)$ 可写成

$$\mu_z(z)=\mu_{2a}(z)\mu_{w0}=\left(\frac{z}{10}\right)^{2\alpha}35^{0.32}\left(\frac{H_T}{10}\right)^{-2\alpha}=\left(\frac{z}{H_T}\right)^{2\alpha}35^{0.32} \tag{6—15}$$

《荷载规范》建议,地貌按地面粗糙度分为 A、B、C、D 四类。

A 类指近海海面和海岛、海岸、湖岸及沙漠地区,取 $\alpha=0.12$;

B 类指田野、乡村、丛林、丘陵以及房屋比较稀疏的乡镇和城市郊区,取 $\alpha=0.16$;

C 类指有密集建筑群的城市市区,取 $\alpha=0.22$;

D 类指有密集建筑群且房屋较高的城市市区,取 $\alpha=0.30$。

现将我国三大城市和国外一些城市的实测结果按 α 的大小列于表 6—6。

表 6—6　我国三大城市和世界部分城市实测 α 值

城市地名	α	城市地名	α	城市地名	α
巴　黎	0.45	伦　敦	0.35	上　海	0.29
圣彼得堡	0.41	基　辅	0.36	蒙特利尔	0.28
莫斯科	0.37	东　京	0.34	圣路易斯	0.25
纽　约	0.39	哥本哈根	0.34	广　州	0.24
南　京	0.22				

由上可以看出,粗糙度小的地区,梯度风高度 H_T 也小,A、B、C、D 四类地貌梯度风高度各取 300 m、350 m、400 m 和 450 m,在该高度以上,风压高度变化系数为常数。由式(6—15),得四类地区以空旷平坦地区的基本风压为基础的风压 w_0 高度变化系数

$$\mu_z^A(z)=\left(\frac{z}{300}\right)^{2\times0.12}35^{0.32}=1.379\left(\frac{z}{10}\right)^{0.24}=0.794z^{0.24} \tag{6—16}$$

$$\mu_z^B(z)=\left(\frac{z}{10}\right)^{2\times0.16}35^{0.32}\left(\frac{10}{350}\right)^{0.32}=0.479z^{0.32} \tag{6—17}$$

$$\mu_z^C(z)=\left(\frac{z}{10}\right)^{2\times0.22}35^{0.32}\left(\frac{10}{400}\right)^{2\times0.22}=0.616\left(\frac{z}{10}\right)^{0.44}=0.224z^{0.44} \tag{6—18}$$

$$\mu_z^D(z)=\left(\frac{z}{10}\right)^{2\times0.30}35^{0.32}\left(\frac{10}{450}\right)^{2\times0.30}=0.318\left(\frac{z}{10}\right)^{0.60}=0.079\,9z^{0.60} \tag{6—19}$$

如式(6—15)所示，风压高度变化系数 $\mu_z(z)$ 是根据原先的风压高度变化系数 $\mu_{za}(z)=\left(\frac{z}{10}\right)^2$ 乘以基本风压换算系数 μ_{w0} 而得。不同地区的 10 m 高处的实际基本风压 w_{0a} 应按式(6—15)计算，如表 6—7 所示。

表 6—7　各地貌下 10 m 高处的实际基本风压

地貌类别	A	B	C	D
α	0.12	0.16	0.22	0.30
H_T/m	300	350	400	450
w_{0a}	1.379 w_0	w_0	0.616 w_0	0.318 w_0

上表中的 w_0 为各类地貌下附近空旷平坦地区的基本风压。对于大城市市区，因距离较小，不予调整。

关于山区风荷载考虑地形影响的问题，较可靠的方法是直接在建设场地进行与临近气象站的风速对比观测。国外的规范对山区风荷载的规定一般有两种形式：一种是规定建筑物地面的起算点，建筑物上的风荷载直接按规定的风压高度变化系数计算；另一种是按地形条件，对风荷载给出地形系数，或对风压高度变化系数给出修正系数。我国新规范采用后一种形式，并参考加拿大、澳大利亚和英国的相应规范，以及欧洲钢结构协会 ECCS 的规定(房屋与结构的风效应计算建议)，对山峰和山坡上的建筑物，给出风压高度变化系数的修正系数。

《荷载规范》规定，对于山区的建筑物，风压高度变化系数除按平坦地面的粗糙度类别，由表 6—5(或由式(6—10))确定外，还应考虑地形条件的修正。修正系数 η 分别按下述规定采用，山顶 B 处(图 6—4)：

$$\eta_B=\left[1+k\tan\alpha\left(1-\frac{z}{2.5H}\right)\right]^2 \tag{6—20}$$

式中　$\tan\alpha$——山顶或山坡在迎风面一侧的坡度，当 $\tan\alpha>0.3$ 时，取 $\tan\alpha=0.3$；

k——系数，对山峰取 3.2，对山坡取 1.4；

H——山顶或山坡全高(m)；

z——建筑物计算位置离建筑物地面的高度(m)，当 $z>2.5H$ 时，$z=2.5H$。

对于山峰和山坡的其他部位，可按图 6—4 所示，取 A、C 处的修正系数 η_A、η_C 为 1，AB 间和 BC 间的修正系数按 η 的线性插值确定。

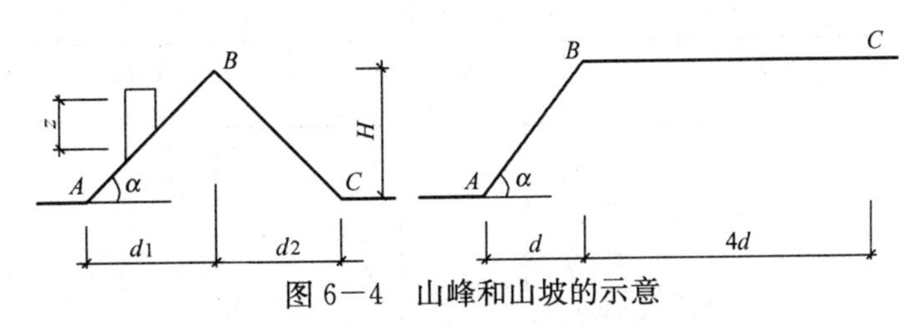

图 6—4　山峰和山坡的示意

山间盆地、谷地等闭塞地形　$\eta=0.75\sim0.85$

与风向一致的谷口、山口　　$\eta=1.20\sim1.50$

对于远海海面和海岛的建筑物或构筑物，风压高度变化系数除按 A 类粗糙度类别，由表 6—5(或由式(6—10))确定外，还应考虑表 6—8 给出的修正系数。

表 6—8 近海海面和海岛的基本风压修正系数

距海岸距离/km	η
<40	1.0
40～60	1.0～1.1
60～100	1.1～1.2

八、风荷载体型系数

不同的建筑物体型，在同样的风速条件下，平均风压在建筑物上的分布是不同的。图6—5、图 6—6 表示长方形体型建筑表面风压分布系数，从中可以看到：

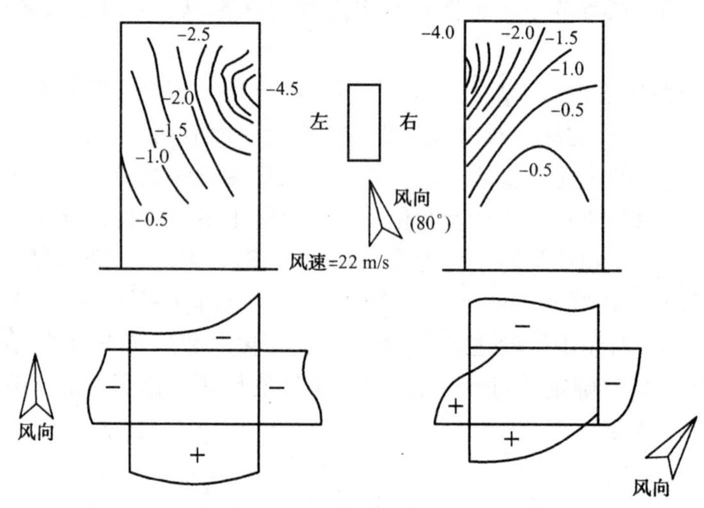

图 6—5 模型上的表面风压分布(风洞试验)

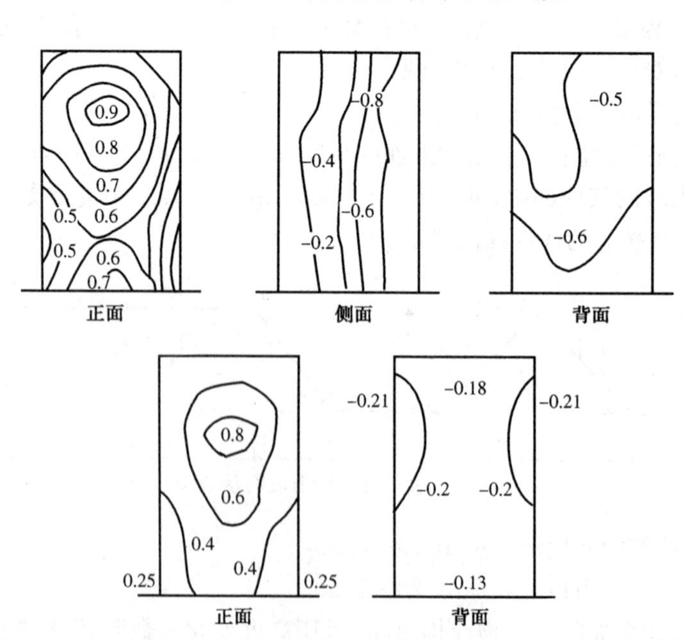

图 6—6 建筑物表面风压分布(现场实测)

(1) 在正风面风力作用下，迎风面一般均受正压力。此正压力在迎风面的中间偏上为最大，两边及底部为最小。

(2) 建筑物的背风面全部承受负压力(吸力)，一般两边略大、中间小，整个背面的负压力分布比较均匀。

(3) 当风平行于建筑物侧面时，两侧一般也承受吸力，一般近侧大、远侧小，分布也极不均匀，前后差别较大。

(4) 由于风向风速的随机性，因而迎风面正压、背风面负压以及两侧负压也是随机变化的。风压除了与建筑物体型直接有关外，还与建筑物的高度与宽度有关。一些资料指出，随着高宽比的增大，μ_s 也增大。

各种体型的体型系数 μ_s 见《荷载规范》，其中迎风面的体型系数常为 0.8，背风面的体型系数常为 −0.5。

应注意到，风荷载体型系数表示风荷载在建筑物上的分布，主要与建筑物的体型有关，并非空气的动力作用。对于外形较复杂的特殊建筑物，必要时应进行风洞模型试验。

《荷载规范》给出的 μ_s 值可供结构设计时选用。对于实际工程设计，可按以下要求予以简化：

(1) 对于方形、矩形平面建筑物，总风压系数 μ_s 取 1.3，但当建筑物的高宽比 $H/d>4$ 而平面长宽比 $l/d=1.0\sim1.5$ 时，μ_s 取 1.4。

(2) 弧形、V 形、Y 形、十字形、双十字形、井字形、L 形和槽形平面建筑物的总风压系数 μ_s 取 1.4。

(3) 圆形平面总风压系数 μ_s 取 0.8。

(4) 正多边形平面的总风压系数

$$\mu_s=0.8+\frac{1.2}{\sqrt{n}}$$

其中，n 为边数。

(5) 作用于 V 形、槽形平面上正、反方向风力常常是不同的，如果按两个方向分别计算，不但增加了分析工作量，而且荷载组合也比较困难，所以，当正、反两个方向风力不同时，可以按两个方向大小相等、符号相反、绝对值取较大的数值，以简化计算。

(6) 验算围护构件及其连接的强度时，其局部风压体型系数对外表面除正压区按表查得外，其负压区：墙面取 −1.0，墙角取 −1.8，屋面局部部位(周边和屋面坡度大于 10°的屋脊部位)取 −2.2，檐口、雨篷、遮阳板等突出构件取 −2.0。对墙角边和屋面局部部位的作用宽度为房屋宽度的 0.1 或房屋平均高度的 0.4，取其小者，但不小于 1.5 m。对封闭式建筑物，考虑到建筑物内实际存在的个别孔口和缝隙，以及机械通风等因素，室内可能存在负压区，参照国外规范，大多取 ±(0.2～0.25)的压力系数。我国规范规定，按外表面风压的正负情况取 −0.2或 0.2。

九、风振系数

在随机脉动风压作用下，结构产生随机振动。结构除了顺风向风振响应外，还有横风向风振响应。对于非圆截面，顺风向风振响应占主要地位。我国《荷载规范》规定：对于基本自振周期 $T_1>0.25$ s 的工程结构，如房屋、屋盖和各种高耸结构(塔架、桅杆、烟囱等)，以及高度大于

30 m 且高宽比大于 1.5 的高柔房屋，均应考虑风压脉动对结构发生顺风向风振的影响。

对于单层和多层结构，其在风荷载作用下的振动方程为

$$[M]\{\ddot{y}\}+[C]\{\dot{y}\}+[K]\{y\}=\{P(t)\} \tag{6-21}$$

式中 $[M]$、$[C]$、$[K]$、$\{P(t)\}$——分别为质量矩阵、阻尼矩阵、刚度矩阵和水平风力列向量。

对于高层和高耸结构，沿高度每隔一定高度就有一层楼板或其他加劲构件，计算时通常假定其在平面刚度为无限大。通常结构设计都尽可能使结构的刚度中心、重心和风合力作用点重合，以避免结构发生扭转。这样结构在同一楼板或其他加劲构件高度处的水平位移是相同的。考虑到上下楼板或其他加劲构件间的间距比楼房的总高要小得多，故可进一步假定结构在同一高度处的水平位移是相同的。这样，对高层、高耸结构可化为连续化杆件处理，属无限自由度体系。当然，也可以将质量集中在楼层处，看成多自由度结构体系。由于无限自由度体系方程具有一般性质，又具有简洁的形式，能明确反映各项因素的影响，又便于制成表格，本书将从无限自由度体系简单说明风振系数的推导过程，把结构作为一维弹性悬臂杆件处理，则其振动方程为

$$m(z)\frac{\partial^2 y}{\partial t^2}+C(z)\frac{\partial y}{\partial t}+\frac{\partial^2}{\partial z^2}\left(EJ(z)\frac{\partial^2 y}{\partial z^2}\right)=p(z,t)=p(z)f(t) \tag{6-22}$$

式中 $m(z)$、$C(z)$、$J(z)$、$p(z)$——分别为在高度 z 处单位高度的质量、阻尼系数、惯性矩和水平风力。

用振型分解法求解，位移按规准化振型函数 $\varphi(z)$ 展开式计算，即

$$y(z,t)=\sum_{i=1}^{\infty}\varphi_i(z)q_i(t) \tag{6-23}$$

式中 $\varphi_i(z)$——i 振型在高度 z 处的规准化振型函数值；

$q_i(t)$——i 振型的正则坐标。

将式(6—23)代入式(6—22)，得

$$m(z)\sum_{i=1}^{\infty}\varphi_i(z)\ddot{q}_i(t)+C(z)\sum_{i=1}^{\infty}\varphi_i(z)\dot{q}_i(t)+\frac{\mathrm{d}^2}{\mathrm{d}z^2}\left(EJ(z)\sum_{i=1}^{\infty}\frac{\mathrm{d}^2\varphi_i(z)}{\mathrm{d}z^2}\right)q_i(t)$$
$$=p(z)f(t)$$

对上式各项乘以 $\varphi_j(z)$，沿全高积分，并考虑正交条件：

$$\int_0^H m(z)\varphi_i(z)\varphi_j(z)\mathrm{d}z=0 \qquad (i\neq j) \tag{6-24}$$

$$\int_0^H \frac{\mathrm{d}^2}{\mathrm{d}z^2}\left(EJ(z)\frac{\mathrm{d}^2\varphi_i}{\mathrm{d}z^2}\right)\varphi_j(z)\mathrm{d}z=0 \qquad (i\neq j) \tag{6-25}$$

得

$$\int_0^H m(z)\varphi_{ij}^2(z)\mathrm{d}z\cdot\ddot{q}_j+\sum_{j=1}^{\infty}\dot{q}_j(t)\int_0^H\varphi_i(z)C(z)\varphi_j(z)\mathrm{d}z+$$
$$\int_0^H\frac{\mathrm{d}^2}{\mathrm{d}z^2}\left(EJ(z)\frac{\mathrm{d}^2\varphi_j(z)}{\mathrm{d}z^2}\right)\varphi_j(z)\mathrm{d}z\cdot q_j(t)$$
$$=\int_0^H\varphi_j(z)p(z)f(t)\mathrm{d}z \tag{6-26}$$

令

$$\omega_j^2=\frac{\frac{\mathrm{d}^2}{\mathrm{d}z^2}\left(EJ(z)\frac{\mathrm{d}^2\varphi_j(z)}{\mathrm{d}z^2}\right)}{m(z)\varphi_j(z)} \tag{6-27}$$

设阻尼为比例阻尼或不耦连，各振型阻尼系数可用各振型阻尼比 ζ_j 表示，令

$$\zeta_j=\frac{C(z)}{2m(z)\omega_j} \tag{6-28}$$

则

$$\ddot{q}_j(t)+2\zeta_j\omega_j\dot{q}_j(t)+\omega_j^2q_j(t)=p_j(t) \tag{6-29}$$

式中，j 振型的 $p_j(t)$ 为

$$p_j(t)=\frac{\int_0^H p(z)\varphi_j(z)\mathrm{d}z\cdot f(t)}{\int_0^H m(z)\varphi_j^2(z)\mathrm{d}z} \tag{6-30}$$

式中 H——结构的总高度；

$p(z)$——高度 z 处单位高度上的水平荷载。

设高度 z 处任一水平位置 x 上的面荷载为 $W(x,z)$，水平宽度为 $L_x(z)$，则上式可写成

$$p_j(t)=\frac{\int_0^H\int_0^{L_x(z)}W(x,z)\varphi_j(z)\mathrm{d}x\mathrm{d}z\cdot f(t)}{\int_0^H m(z)\varphi_j^2(z)\mathrm{d}z} \tag{6-31}$$

由于 $p_j(t)$ 中包含的 $f(t)$ 具有随机性，因而需由随机振动理论求出位移响应的根方差$\sigma_{\mathrm{y}}(z)$。

每一振型都对风振力及响应有所贡献，但第一振型一般起着决定性的作用。《荷载规范》规定，对于一般悬臂型结构，例如构架、塔架、烟囱等高耸结构，以及高度大于 30 m、高宽比大于 1.5 且可忽略扭转影响的高层建筑，均可仅考虑第一振型的影响。因此在考虑位移响应峰因子(保证系数)为 μ_{y} 时，高度 z 处的风振力为

$$p_{\mathrm{m}}(z)=m(z)\omega_1^2\mu_{\mathrm{y}}\sigma_{\mathrm{y}}(z)$$

对于主要承重结构，风荷载标准值的表达有两种形式：一种为平均风压加上由脉动风引起导致结构风振的等效风压；另一种为平均风压乘以风振系数。由于在结构的风振计算中，一般往往是第一振型起主要作用，因而我国与大多数国家相同，采用后一种表达方式，即采用风振系数 β_z，即

$$w_{\mathrm{k}}=\beta_z\mu_{\mathrm{s}}\mu_z w_0 \tag{6-32}$$

式中 w_{k}——风荷载标准值(kN/m^2)；

β_z——高度 z 处的风振系数。综合考虑了结构在风荷载作用下的动力响应，其中包括风速随时间、空间的变异性和结构的阻尼特性等因素。

根据风振系数的定义，考虑空间相关性的风振系数应为

$$\beta(z)=1+\frac{p_{m}(z)}{p_{c}(z)}=1+\frac{m(z)\omega_{1}^{2}\mu_{y}\sigma_{y}(z)}{p_{c}(z)} \tag{6-33}$$

式中　$p_c(z)$——平均风的线荷载，等于由式(6—4)求得的平均风压乘结构 z 高度处的宽度。

经简化后可得

$$\beta(z)=1+\frac{\xi\nu\varphi_{z}}{\mu_{z}} \tag{6-34}$$

式中　ξ——脉动增大系数，按表 6—9 确定；

ν——脉动影响系数；

φ_z——振型系数，按表 6—13 确定；

μ_z——风压高度变化系数，按式(6—16)～式(6—19)确定。

表 6—9　脉动增大系数 ξ

$w_0T_1^2(\mathrm{kN\cdot s^2\cdot m^{-2}})$	钢结构	有填充墙的钢结构房屋	混凝土及砌体结构
0.01	1.47	1.26	1.11
0.02	1.57	1.32	1.14
0.04	1.69	1.39	1.17
0.06	1.77	1.44	1.19
0.08	1.83	1.47	1.21
0.10	1.88	1.50	1.23
0.20	2.04	1.61	1.28
0.40	2.24	1.73	1.34
0.60	2.36	1.81	1.38
0.80	2.46	1.88	1.42
1.00	2.53	1.93	1.44
2.00	2.80	2.10	1.54
4.00	3.09	2.30	1.65
6.00	3.28	2.43	1.72
8.00	3.42	2.52	1.77
10.00	3.54	2.60	1.82
20.00	3.91	2.85	1.96
30.00	4.14	3.01	2.06

注：(1) 计算 $w_0T_1^2$ 时，对地面粗糙度 B 类地区可直接代入基本风压，而对 A 类、C 类和 D 类地区应按当地的基本风压分别乘以 1.38、0.62 和 0.32 后代入。

(2) T 为结构基本自振周期，框架结构可采用 $T=(0.08-0.1)n$；框架—剪力墙和框架—筒体结构可采用 $T=(0.06-0.08)n$；剪力墙结构和筒中筒结构可采用 $T=0.05n$。n 为结构层数。

对于结构迎风面宽度远小于其高度的情况(如高耸结构等)，若外形、质量沿高度比较均匀，脉动影响系数可按表 6—10 确定。

对于高耸构筑物的截面沿高度有变化的，应注意如下问题：对于结构进深尺寸比较均匀的构筑物，即使迎风面宽度沿高度有变化，计算结果表明，与按等截面计算的结果十分接近，故对这种情况仍可用公式(6－34)计算风振系数；对于进深尺寸和宽度沿高度按线性或近似线性变化，而重量沿高度按连续规律变化的构筑物，例如截面为正方形或三角形的高耸塔架及圆形截面的烟囱，计算结果表明，必须考虑外形的影响。此时，除在公式(6－34)中按变截面取结构的振型系数外，上表中的脉动影响系数 ν 应再乘以修正系数 θ_B 和 θ_ν。θ_B 应为构筑物迎风面在 z 高度处的宽度 B_z 与底部宽度 B_0 的比值；θ_ν 可按表 6－11 确定。

表 6－10　结构的脉动影响系数 ν

总高度 H/m		10	20	30	40	50	60	70	80	90	100	150	200	250	300	350	400	450
粗糙度类别	A	0.78	0.83	0.86	0.87	0.88	0.89	0.89	0.89	0.89	0.89	0.87	0.84	0.82	0.79	0.79	0.79	0.79
	B	0.72	0.79	0.83	0.85	0.87	0.88	0.89	0.89	0.90	0.90	0.89	0.88	0.86	0.84	0.83	0.83	0.83
	C	0.64	0.73	0.78	0.82	0.85	0.87	0.88	0.90	0.91	0.91	0.93	0.93	0.92	0.91	0.90	0.89	0.91
	D	0.53	0.65	0.72	0.77	0.81	0.84	0.87	0.89	0.91	0.92	0.97	1.00	1.01	1.01	1.01	1.01	1.00

表 6－11　修正系数 θ_ν

B_H/B_0	1	0.9	0.8	0.7	0.6	0.5	0.4	0.3	0.2	≤0.1
θ_ν	1.00	1.10	1.20	1.32	1.50	1.75	2.08	2.53	3.30	5.60

注：B_H、B_0 分别为构筑物迎风面在顶部和底部的宽度。

结构迎风面宽度较大时，应考虑宽度方向风压空间相关性的情况(如高层建筑等)。若外形、质量沿高度比较均匀，脉动影响系数可根据总高度 H 及其与迎风面宽度 B 的比值，按表 6－12确定。

表 6－12　高层建筑的脉动影响系数 ν

H/B	粗糙度类别	房屋总高度 H/m							
		≤30	50	100	150	200	250	300	350
≤0.5	A	0.44	0.42	0.33	0.27	0.24	0.21	0.19	0.17
	B	0.42	0.41	0.33	0.28	0.25	0.22	0.20	0.18
	C	0.40	0.40	0.34	0.29	0.27	0.23	0.22	0.20
	D	0.36	0.37	0.34	0.30	0.27	0.25	0.24	0.22
1.0	A	0.48	0.47	0.41	0.35	0.31	0.27	0.26	0.24
	B	0.46	0.46	0.42	0.36	0.36	0.29	0.27	0.26
	C	0.43	0.44	0.42	0.37	0.34	0.31	0.29	0.28
	D	0.39	0.42	0.42	0.38	0.36	0.33	0.32	0.31

续表 6—12

H/B	粗糙度类别	房屋总高度 H/m							
		≤30	50	100	150	200	250	300	350
2.0	A	0.50	0.51	0.46	0.42	0.38	0.35	0.33	0.31
	B	0.48	0.50	0.47	0.42	0.40	0.36	0.35	0.33
	C	0.45	0.49	0.48	0.44	0.42	0.38	0.38	0.36
	D	0.41	0.46	0.48	0.46	0.46	0.44	0.42	0.39
3.0	A	0.53	0.51	0.49	0.42	0.41	0.38	0.38	0.36
	B	0.51	0.50	0.49	0.46	0.43	0.40	0.40	0.38
	C	0.48	0.49	0.49	0.48	0.46	0.43	0.43	0.41
	D	0.43	0.46	0.49	0.49	0.48	0.47	0.46	0.45

振型系数应根据结构动力计算确定。对外形、质量、刚度沿高度按连续规律变化的悬臂型高耸结构及沿高度比较均匀的高层建筑，第一振型系数可根据相对高度按表 6—13 确定。

表 6—13　第一振型系数 φ_z

相对高度 z/H	高耸结构					高层建筑
	$B_H/B_0=1$	0.8	0.6	0.4	0.2	
0.1	0.02	0.02	0.01	0.01	0.01	0.02
0.2	0.06	0.06	0.05	0.04	0.03	0.08
0.3	0.14	0.12	0.11	0.09	0.07	0.17
0.4	0.23	0.21	0.19	0.16	0.13	0.27
0.5	0.34	0.32	0.29	0.26	0.21	0.38
0.6	0.46	0.44	0.41	0.37	0.31	0.45
0.7	0.59	0.57	0.55	0.51	0.45	0.67
0.8	0.79	0.71	0.69	0.66	0.61	0.74
0.9	0.86	0.86	0.85	0.83	0.80	0.86
1.0	1.00	1.00	1.00	1.00	1.00	1.00

在一般情况下，对顺风向响应可仅考虑第一振型的影响，对横风向的共振响应，应验算第一至第四振型的频率，高耸结构和高层建筑第二至第四振型的振型系数见《荷载规范》附录 F。

表 6—13 中 φ_z 为结构第一振型的振型系数。为了简化，在确定风荷载时，也可采用近似公式。按结构变形特点，对高耸构筑物可按弯曲型考虑，采用下述近似公式：

$$\varphi_z=\frac{6z^2H^2-4z^3H+z^4}{3H^4} \tag{6—35}$$

对高层建筑，当以剪力墙的工作为主时，可按弯剪型考虑，采用下述近似公式：

$$\varphi_z = \tan\left[\frac{\pi}{4}\left(\frac{z}{H}\right)^{0.7}\right] \tag{6-36}$$

风振系数确定后，结构的风振响应可按静荷载作用下进行计算。

十、高层建筑群

对于多个建筑物特别是群集的高层建筑，当相互间距较近时，由于旋涡的相互干扰，所受的风力要复杂和不利得多，房屋某些部位的局部风压会显著增大，此时宜考虑风力相互干扰的群体效应。一般可将单独建筑物的体型系数 μ_s 乘以相互干扰增大系数，该系数可参考类似条件的试验资料确定，必要时宜通过风洞试验得出。当与邻近房屋的间距小于 3.5 倍的迎风面宽度且两栋房屋中心连线与风向成 45°时，可取大值；当房屋中心连线与风向一致时，可取小值；当与风向垂直时，不考虑；当间距大于 7.5 倍的迎风面宽度时，也可不考虑。

十一、围护结构的风荷载

对于围护结构，由于其刚性一般较大，在结构效应中可不必考虑其共振分量，此时可仅在平均风压的基础上，近似考虑脉动风瞬间的增大因素，通过阵风系数 β_{gz} 来计算其风荷载。参考了国外规范的取值水平，阵风系数 β_{gz} 按下述公式确定：

$$\beta_{gz} = k(1 + 2\mu_f) \tag{6-37}$$

式中 k——地面粗糙度调整系数，对 A、B、C、D 4 种类型，分别取 0.92、0.89、0.85、0.80；

μ_f——脉动系数，按式(6－38)确定。

$$\mu_f = 0.5 \times 35^{1.8(\alpha-0.16)}\left(\frac{z}{10}\right)^{-\alpha} \tag{6-38}$$

由式(6－37)、式(6－38)可得阵风系数 β_{gz} 的计算用表 6－14。

表 6－14 阵风系数 β_{gz}

离地面高度/m	地面粗糙度类别			
	A	B	C	D
5	1.69	1.88	2.30	3.21
10	1.63	1.78	2.10	2.76
15	1.60	1.72	1.99	2.54
20	1.58	1.69	1.92	2.39
30	1.54	1.64	1.83	2.21
40	1.52	1.60	1.77	2.09
50	1.51	1.58	1.73	2.01
60	1.49	1.56	1.69	1.94
70	1.48	1.54	1.66	1.89
80	1.47	1.53	1.64	1.85

续表 6—14

离地面高度/m	地面粗糙度类别			
	A	B	C	D
90	1.47	1.52	1.62	1.81
100	1.46	1.51	1.60	1.78
150	1.43	1.47	1.54	1.67
200	1.42	1.44	1.50	1.60
250	1.40	1.42	1.46	1.55
300	1.39	1.41	1.44	1.51

§6—3 结构顺风向抗风设计

顺风向的风力常分为平均静风力和脉动风力，前者作用于受风面积，后者作用于质量中心。因此要使风荷载作用下不产生扭转，应使刚度中心与受风面积中心、质量中心“三心”一致。一般情况下，要求水平力中心与刚度中心的偏心距 e 不超过垂直于该水平力方向的建筑物边长 L 的 5%，即 $e/L \leqslant 0.05$，这时可不考虑扭转的影响。

风是每天都会遇到的，而且一年之中有一段时间可以达到很大的值，所以抗风设计都考虑在弹性范围内，进行弹性计算，不考虑出现塑性变形的情况。

风荷载作用下结构的层间位移 Δu、顶点位移 u 与层高 h、结构总高度 H 之比值不得超过表 6—15 和表6—16的限值。

表 6—15　$\Delta u/h$ 限值

结构类型			风荷载
框　架	填充墙	实心砖	1/400 (1/400)
		空心砖	1/500 (1/400)
框剪			1/600 (1/400)
剪力墙			1/800 (1/400)
筒体			1/700 (1/400)

注：括号外数字用于钢筋混凝土结构，括号内数字用于钢结构。

表 6—16　u/H 限值

结构类型			风荷载
框　架	填充墙	实心砖	1/450 (1/500)
		空心砖	1/500 (1/500)
框剪			1/800 (1/500)
剪力墙			1/1 000 (1/500)
筒体			1/900(1/500)

注：括号外数字用于钢筋混凝土结构，括号内数字用于钢结构。

对于钢筋混凝土结构，由于应力和应变关系实际并非线性，在较小应力下混凝土也会因为抗拉强度低而开裂，因此结构实际刚度要比弹性刚度低些。在风荷载作用下，钢筋混凝土结构刚度折减系数见表6—17。

表6—17 钢筋混凝土结构刚度折减系数

结构类型		风荷载
墙、柱、框架梁	现浇	0.85
	预制装配	0.7～0.8
框剪体系中的连梁	现浇	0.7
	预制装配	0.5～0.6

为了满足经常性风荷载作用下人体不产生不舒服的感觉，除了振幅以外，还与频率有关，两者到达某一关系时才形成不舒服感。通常对弯曲振动以加速度为度量指标，扭转振动以角速度为度量指标，前者为位移振幅乘以圆频率的平方，后者为扭转角振幅乘以圆频率，表6—18是国内外有关规范的建议值。

表6—18 风力下满足舒适度要求的加速度和角速度限值

振动类型	弯曲振动加速度/($m \cdot s^{-2}$)		扭转振动角速度/($rad \cdot s^{-1}$)
	旅馆、公寓	办公楼	
限值	0.2	0.3	0.001

§6—4 结构横风向风振计算

作用在结构上的风力一般可表示为顺风向风力、横风向风力和扭风力矩，如图6—7。在一般情况下，不对称气流产生的风力矩一般不大，工程设计时可不考虑，但对有较大不对称或较大偏心的结构，应考虑风力矩的影响。

结构在上述3种力作用下，可以发生以下3种类型的振动。

1. 顺风向弯剪振动或弯扭耦合振动

当无偏心力矩时，在顺风向风力作用下，结构将产生顺风向的振动，对高层结构来说，一般可为弯曲型(剪力墙结构)，也有剪切型(框架结构)和弯剪型(框剪结构)。当有偏心力矩时，将产生顺风向和扭矩方向的弯扭耦合振动；当抗侧力结构布置不与x、y轴一致而严重不对称时，还可产生顺、横、扭三向的弯曲耦合振动。

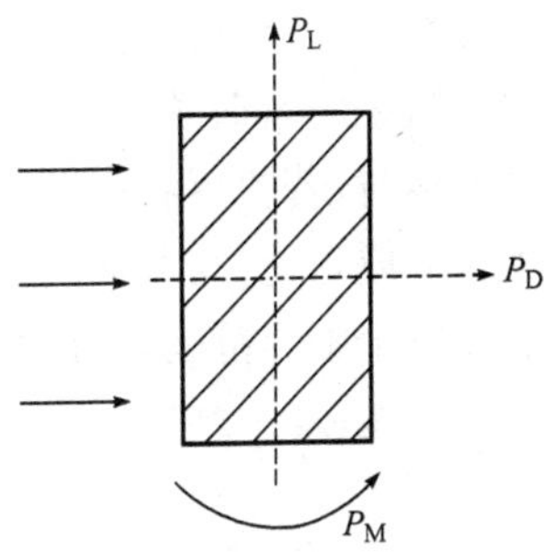

图6—7 结构上的风力

2. 横风向风力下涡流脱落振动

当风吹向结构，可在结构周围产生旋涡。当旋涡脱落不对称时，可在横风向产生横风向风力，所以横风向振动在任意风力情况下都能发生涡激振动现象。在抗风计算时，除了必须注意第一类振动外，还必须同时考虑第二类振动现象。特别是当旋涡脱落频率接近结构某一自振频率时，可产生共振现象，即使在考虑阻尼存在的情况下，仍将产生比横向风力大 10 倍甚至几十倍的效应，必须予以高度重视。

3. 空气动力失稳（弛振、颤振）

结构在顺风向和横风向风力甚至风扭力矩作用下，当有微小风力攻角时，在某种截面形式下，这些风力可以产生负号阻尼效应的力。如果结构阻尼力小于这些力，则结构将处在总体负阻尼效应中，振动将不能随着时间增长而逐渐衰减，却反而不断增长，从而导致结构破坏。这时的起点风速称为临界风速，这种振动犹如压杆失稳一样，但受到的不是轴心压力，而是风力，所以常称为空气动力失稳，在风工程中，通常称为弛振（弯或扭受力）或颤振（弯扭耦合受力）。空气动力失稳在工程上视为是必须避免发生的一类振动现象。

在空气流动中，对流体质点起着主要作用的是两种力：惯性力和黏性力。根据牛顿第二定律，作用在流体上的惯性力为单位面积上的压力 $\frac{1}{2}\rho v^2$ 乘以面积。黏性力是流体抵抗变形能力的力，它等于黏性应力乘以面积。代表抵抗变形能力大小的这种流体性质称为黏性，它是由于传递剪力或摩擦力而产生的，把黏性 μ 乘以速度梯度 dv/dy 或剪切角 γ 的时间变化率，称为黏性应力。

工程科学家雷诺在 19 世纪末期，通过大量实验，首先给出了惯性力与黏性力之比，以后被命名为雷诺数。只要雷诺数相同，动力学便相似，这样，通过风洞实验便可预言真实结构所要承受的力。因为惯性力的量纲为 $\rho v^2 l^2$，而黏性力的量纲是黏性应力 $\mu \frac{v}{l}$ 乘以面积 l^2，故雷诺数（Reynolds number）为

$$Re = \frac{\rho v^2 l^2}{\frac{\mu v}{l} \cdot l^2} = \frac{\rho v l}{\mu} = \frac{vl}{\upsilon} \tag{6-39}$$

式中 υ——动黏性系数，$\upsilon = \frac{\mu}{\rho}$。

由于雷诺数的定义是惯性力与黏性力之比，因而如果雷诺数很小，例如小于千分之一，则惯性力与黏性力相比可以忽略。如果雷诺数很大，例如大于一千，则表示黏性力的影响很小，空气常常是这种情况。

横风向风荷载是一种与顺风向风荷载同时存在的风荷载。对圆截面柱体结构，当发生旋涡脱落时，若脱落频率与结构自振频率相符，将发生共振现象。大量试验表明，旋涡频率 f_s 与风速 v 成正比，与截面的直径 D 成反比。试验表明，涡流脱落振动特征可以由雷诺数 Re 的大小分三个临界范围，雷诺数为

$$Re = \frac{vD}{\upsilon} \tag{6-40}$$

式中 υ——空气运动黏性系数，约为 $1.45 \times 10^{-5}\ m^2/s$。

由此可得

$$Re = 69\ 000\ vD \tag{6-41}$$

当结构沿高度截面缩小时（倾斜度不大于 0.02），可近似取 2/3 结构高度处的风速和

直径。

3 个临界范围的特征为

(1) 亚临界范围

周期脱落振动

$$\left.\begin{array}{l} Re < 3\times 10^5 \\ \mu_L \approx 0.2 \sim 0.5 \end{array}\right\} \tag{6-42}$$

(2) 超临界范围

随机不规则振动

$$\left.\begin{array}{l} 3\times 10^5 \leqslant Re \leqslant 3.5\times 10^6 \\ \mu_L \approx 0.2 \end{array}\right\} \tag{6-43}$$

(3) 跨临界范围

基本上恢复到周期脱落振动

$$\left.\begin{array}{l} Re > 3\times 10^5 \\ \mu_L \approx 0.2 \sim 0.25 \end{array}\right\} \tag{6-44}$$

周期振动可以引起共振(涡流脱落频率接近自振频率),从而产生大振幅振动。由于雷诺数与风速 v 有关,亚临界范围即使共振,由于风速较小,也不致产生严重的破坏。当风速增大而处于超临界范围时,旋涡脱落没有明显的周期,结构的横向振动也呈随机性。所以当风速在亚临界或超临界范围内时,一般情况下,工程上只需采取适当构造措施即可,即使发生微风共振,结构可能对正常使用有些影响,但不至于破坏,设计时只要控制结构顶部风速即可。当风速更大,进入跨临界范围,重新出现规则的周期性旋涡脱落,一旦与结构自振频率接近,结构将发生强风共振。由于风速甚大或已到设计值,因而振幅极大,可产生比静力大几十倍的效应,国内外都发生过很多这类损坏的事例,所以对此必须予以注意。共振临界风速由下式计算:

$$v_c = \frac{D}{T_j \cdot St} \tag{6-45}$$

式中 St——斯特劳哈尔数,由下式计算:

$$St = \frac{f_s D}{v}$$

对圆柱形截面,根据试验确定其斯特劳哈尔数为 0.2,式(6-45)变为

$$v_c = \frac{5D}{T_j}$$

此临界风速在结构上如能发生,才能产生共振,结构顶点风速 v_H 最大,因而 v_c 必须小于 v_H。

$$v_H = \sqrt{\frac{2\,000\gamma_W \mu_H w_0}{\rho}} \tag{6-46}$$

式中 γ_W——风荷载分项系数,取 1.4;

μ_H——结构顶部风压高度变化系数;

w_0——基本风压(kN/m^2);

ρ——空气密度(kg/m³)。

因此圆柱形结构产生横向涡流脱落共振而需加以验算的条件由下列公式确定：

$$\left.\begin{aligned} Re &= 69\ 000\ v_c D > 3.5 \times 10^6 \\ v_c &= \frac{D}{T_j St} < v_H \end{aligned}\right\} \tag{6-47}$$

与临界风速 v_c 对应的高度 H_1 称为共振区起点高度，在该高度以上一般为共振区，都作用着计算的临界风速 v_c 或相应的 w_c，如图 6—8 所示。共振起点高度 H_1 可由风速剖面为指数曲线推出，即

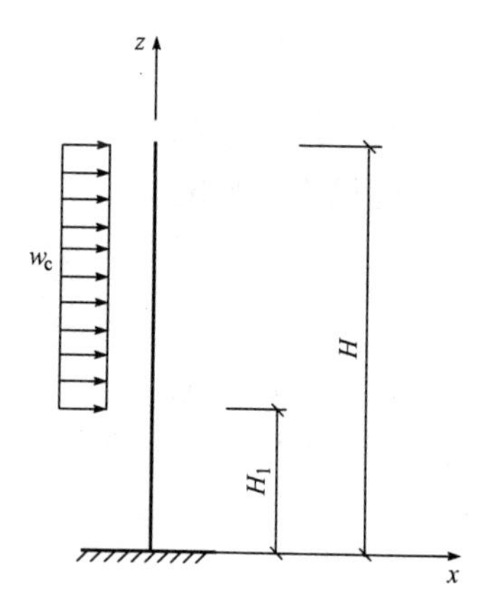

图 6—8　横向共振风力

$$v_0\left(\frac{H_1}{10}\right)^{\alpha} = v_c$$

$$H_1 = 10\left(\frac{v_c}{v_0}\right)^{\frac{1}{\alpha}} \tag{6-48}$$

顶点风速为

$$v_H = v_0\left(\frac{H}{10}\right)^{\alpha}$$

由上式求出 v_0，代入式(6—48)得到 H_1 的另一表达式为

$$H_1 = H\left(\frac{v_c}{v_H}\right)^{\frac{1}{\alpha}} \tag{6-49}$$

按图 6—7，横风向共振时运动方程为

$$m(z)\ddot{x} + c(z)\dot{x} + [EI(z)x'']'' = \frac{1}{2}\rho v_c^2 D\mu_L \sin\bar{\omega}_j t \quad H_1 \rightarrow H \tag{6-50}$$

上式按结构动力学求解为

$$\left.\begin{aligned} x_{\max}(z) &= \frac{v_c^2 \mu_L D\varphi_i(z)\lambda_j}{3\ 200\zeta m\bar{\omega}_j^2} \\ \lambda_j &= \frac{\int_{H_1}^{H} \varphi_J(z)\mathrm{d}z}{\int_0^H \varphi_j^2(z)\mathrm{d}z} \end{aligned}\right\} \tag{6-51}$$

如取 $\mu_L = 0.2$，则相应的横风向共振等效风荷载为

$$p_{Ldj} = m\bar{\omega}_j^2 x\ \max(z) = \frac{v_c^2 D\lambda_j}{16\ 000\zeta_j}\varphi_j(z) \tag{6-52}$$

由于考虑的是共振，因而可与不同振型发生共振关系。一些国外规范建议对一般结构可验算 1～4 个振型，但一般第一、第二振型共振影响最为严重。

当验算横风向共振效应 S_L(内力、变形等)时，应与顺风向相应的荷载效应 S_A 组合，此时顺风向风荷载可不考虑高度变化，即 $\mu_z = 1$，w_c 为

$$w_c = \frac{v_c^2}{1\ 600} \quad (\text{kN/m}^2) \tag{6—53}$$

组合公式为

$$S = \sqrt{S_L^2 + \lambda_j S_A^2} \tag{6—54}$$

式中　λ_j——横风向第 j 振型参与系数，其取值见表 6—19。

表 6—19　等截面横风向第一振型参与系数 λ_j

$\frac{H_1}{H}$	0.0～0.4	0.5	0.6	0.7	0.8	0.9	1.0
弯剪型	1.52～1.23	1.09	0.92	0.73	0.52	0.27	0
弯曲型	1.56～1.42	1.31	1.15	1.07	0.68	0.36	0

在某些国家规范上，H_1 常取 0，国内有关结构设计规范也取此值。此时，由于弯剪型和弯曲型相差不大，而较合理的弯剪型的各阶振型计算较为繁琐，因而也常取弯曲型为准进行计算，取 $H_1=0$，各阶振型计算用表如表 6—20 所示。

表 6—20　等截面各阶振型影响系数 λ_j

λ_j	λ_1	λ_2	λ
数值	1.56	−0.85	0.47

上面有关公式中，Re、μ_L、St 等均按圆柱形结构试验得出，不同形状结构应通过试验研究或参考有关研究成果得出。

复习思考题

6—1　试简述风及其产生机理。

6—2　试分析风对结构的作用及其破坏现象。

6—3　何为梯度风高度？

6—4　现行《荷载规范》对地面粗糙度分哪几类？

6—5　基本风压重现期是多少？

6—6　已知一钢筋混凝土高层建筑，质量和外形等沿高度均匀分布，$H=100$ m，$l_x=30$ m，$m=50$ t/m，基本风压 $w_0=0.65$ kN/m²，D 类地区，已知 $T_1=1.54$ s。求风振系数、基底弯矩。

6—7　一钢筋混凝土高层建筑，等圆截面，$D=15$ m，$H=50$ m，B 类地区，$w_0=0.50$ kN/m²，已知 $T_1=2.5$ s，试验算横风向第一振型共振。

第7章　建筑结构抗火设计

学习目的: 了解火灾的发生、发展及其对结构的影响,了解建筑防火的主要技术措施,了解结构构件抗火设计的一般步骤;掌握混凝土、钢筋、结构钢的高温性能,了解建筑物的耐火等级,了解构件和结构的耐火极限及其主要影响因素;掌握钢筋混凝土轴心受压构件、受弯构件、偏心受力构件在高温下的受力特点和承载力计算的基本方法,了解轴心受压钢构件、钢梁、钢柱在高温下的受力特点和计算方法。

教学要求: 分析火灾及其对结构的作用,讲述建筑材料和结构构件在高温下主要力学性能和受力特点的变化,建立钢筋混凝土结构构件和钢结构构件抗火设计的主要思路和基本方法。

§7—1　火灾及其成因

一、火灾的危害

在人类文明和社会发展过程中,火产生过巨大的推动作用。但是,火失控造成的火灾给人类的生命财产亦带来了巨大的危害。火灾每年要夺走成千上万人的生命和健康,造成数以亿计的经济损失。据统计,全世界每年火灾经济损失可达整个社会生产总值的0.2%。

1978年,美国共发生火灾307万起,经济损失约为44亿美元。日本1980年发生火灾6万起,经济损失约1 460亿日元。我国的火灾次数和经济损失也相当惊人。统计表明,我国火灾每年直接经济损失为:20世纪50年代平均为0.5亿元,60年代平均为1.5亿元,70年代为2.5亿元,80年代为3.2亿元,90年代为12.5亿元。火灾除造成直接损失外,其引发的间接损失亦非常巨大。根据国外统计,火灾间接损失是直接损失的3倍左右。

常见的火灾有建筑火灾、露天生产装置火灾、可燃材料堆场火灾、森林火灾、交通工具火灾等,其中建筑火灾发生次数最多,损失最大,约占全部火灾的80%。

二、建筑火灾

1. 建筑火灾对结构的破坏

对于木结构,由于其组成材料为可燃材料,故发生火灾时,结构本身发生燃烧并不断削弱结构构件的截面,势必造成结构倒塌。对于钢筋混凝土结构和钢结构,虽然其材料本身并不燃烧,但火灾的高温作用将对结构产生以下不利影响:

(1) 在高温下强度和弹性模量降低,造成截面破坏或变形较大而失效、倒塌。

(2) 钢筋混凝土结构中的钢筋虽有混凝土保护,但在高温下其强度仍然有所降低,以致在初应力下屈服而引起截面破坏;混凝土强度和弹性模量随温度升高而降低;构件内温度梯度的存在，造成构件开裂，弯曲变形；构件热膨胀，能使相邻构件产生过大位移。

2. 火灾的发生和发展

建筑物起火的原因是多种多样和复杂的，在生产和生活中，有因为使用明火不慎引起的，有因为化学或生物化学的作用造成的，有因为用电电线短路引起的，也有因为恶意纵火破坏引起的。

火灾是火失去控制而蔓延的一种灾害燃烧现象。火灾的发生必须具备以下 3 个条件：

(1) 存在能燃烧的物质。

(2) 能持续地提供助燃的空气、氧气或其他氧化剂。

(3) 有能使可燃物质燃烧的着火源。

如上述 3 个条件同时出现，就可能引发火灾。建筑物之所以容易发生火灾，就是因为上述 3 个条件同时出现的概率较大。

绝大部分的建筑火灾都是室内火灾。建筑室内火灾的发展可分为 3 个阶段，即初期增长阶段、全盛阶段及衰退阶段，如图 7—1 所示。在初期增长阶段和全盛阶段之间有一个标志着火灾发生质的转变的现象——轰燃现象出现，由于该现象持续时间很短，因此一般不把它作为一个独立的阶段来考虑。轰燃现象是室内火灾过程中一个非常重要的现象。

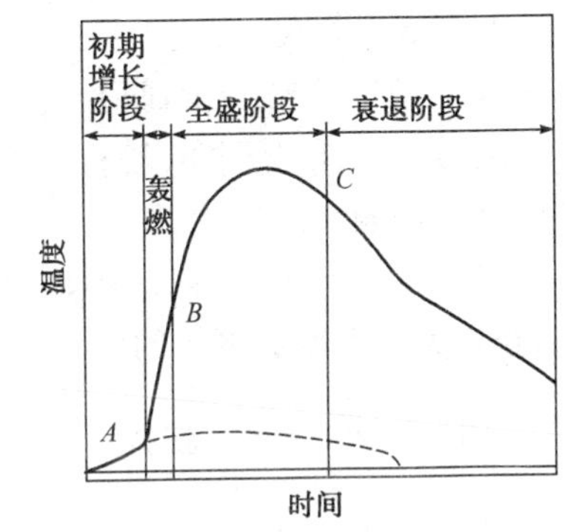

图 7—1　室内火灾的发展阶段

(1) 初期增长阶段

这个阶段的燃烧面积很小而室内温度不高，烟少且流动相当慢。这一阶段的持续时间取决于着火源的类型、物质的燃烧性能和布置方式，以及室内的通风情况等。例如，由明火引燃家具所需要的时间较短，而烟头引燃被褥，由于需经历阴燃，则需要较长的时间。这一阶段是扑灭火灾的最有效的时机。

此时，如果室内通风条件很差，火灾将因缺氧而自动熄灭。如果室内通风条件较好，随着可燃气体充满整个空间，室内可燃装修、家具或织物等将几乎同时开始燃烧，即产生轰燃现象，相当于图 7—1 中 A 点。由于轰燃时间很短（AB 段），火灾随即进入全盛阶段。

(2) 全盛阶段

这一阶段室内进入全面而猛烈的燃烧状态，室内温度达到最高，热辐射和热对流加剧，火焰可能从通风窗口窜出室外。该阶段持续时间的长短及最高温度主要取决于可燃物的质量、门窗部位及其大小、室内墙体热工特性等。当室内大多数可燃物烧尽，室内温度下降至最高温度的 80%（图 7—1 中 C 点）以下时，即认为火势进入衰退阶段。

(3) 衰退阶段

这一阶段室内温度逐渐降低，室内可燃物仅剩暗红色余烬及局部微小火苗，温度在较长的时间内保持 200℃～300℃。当燃烧物全部燃烧光后，火势趋于熄灭。

三、影响火灾严重性的主要因素

建筑火灾的严重性是指建筑中发生火灾的大小及危害程度。火灾严重性取决于火灾达到的最大温度和最大温度燃烧持续的时间，反映火灾对建筑及结构造成损坏和对建筑中生命财产造成危害的趋势。建筑物一旦失火成灾，就受两个条件影响：一是燃料；二是通风情况。当考虑室内火灾升温时，房间的热损失也是一个重要因素。影响火灾严重性的主要因素有可燃材料的燃烧性能、数量、分布，房屋的通风状况，房间的大小、形状和热工特性等。

四、建筑防火技术措施

建筑防火的对策主要分两类：一是预防失火，主要通过消防法规的贯彻执行、消防安全检查、防火宣传教育等手段来达到目的；二是一旦失火，争取初期灭火，使其不致成灾，尽可能减小人民生命财产损失。在建筑防火方面主要采取以下技术措施：

(1) 在建筑物总平面布局时，留有适当防火距离，以减小火灾风险。

(2) 尽量选用非燃、难燃性建筑材料。

(3) 在建筑物平面和竖向合理划分防火区，一旦某区失火，控制火势不致蔓延到其他分区，既可减小损失，又便于扑救。

(4) 合理设计疏散通道，失火时，确保灾区人员安全逃生。

(5) 合理布置消防设施，如消防栓、消防通道、火灾报警、自动喷淋等设施，火灾后，尽早发现，进行初期有效扑救。

(6) 合理设计承重结构及构件，使其在火灾中不致倒塌、失效，确保人员疏散及扑救安全，防止重大恶性倒塌事故的发生。

五、防火、耐火与抗火

防火、耐火与抗火，这3个名词既有联系，又有区别。

1. 防火

当防火指防止火灾时，主要用于建筑防火措施，如防火分区、消防设施布置等。当防火指防火保护时，用于建筑防护的有防护墙、防火门等，用于结构防护的有防火涂料、防火板等。

2. 耐火

耐火主要是指建筑在某一区域发生火灾时能忍耐多长时间而不造成火灾蔓延，以及结构在火灾中能耐多久而不破坏。一般根据建筑与结构构件的重要性及危险性来确定建筑物的耐火等级，并以此为基础，同时考虑消防灭火的时间需要，确定建筑部件(如防火墙、柱、楼板、承重墙)的耐火时间。

3. 抗火

火作为一种环境作用，结构同样需要抵抗。结构抗火一般通过对结构构件采取防火措施，使其在火灾中承载力降低不多而满足受力要求来实现。

可见，抗火主要用于结构，即结构抗火。结构耐火与结构抗火的区别在于：结构耐火强调的是结构耐火时间，该时间只有在结构的荷载和约束状况确定的条件下才有意义；而结构抗火强调的是结构抵御火灾影响(包括温度应力、高温材性变化等)，需要考虑荷载与约束条件。

结构抗火设计，可归结为设计结构防火保护措施，使其在承受确定外载条件下，满足结构耐火时间要求。此也即防火、耐火、抗火的联系。

§7—2 结构抗火设计的一般原则和方法

一、结构抗火设计的意义和发展

进行建筑抗火设计的目的是减小火灾发生的概率，减小火灾的直接经济损失，避免或减小人员的伤亡。而进行结构抗火设计的意义则为：

(1) 减轻结构在火灾中的破坏，避免结构在火灾中局部倒塌而造成灭火及人员疏散困难。

(2) 避免结构在火灾中整体倒塌而造成人员伤亡。

(3) 减小火灾后结构的修复费用，缩短火灾后结构功能恢复周期，减小间接损失。

随着人们对结构抗火认识的不断深化和结构抗火计算与设计理论研究的不断深入，结构抗火设计的方法也在不断发展。抗火设计方法主要包括：

1. 基于试验的构件抗火设计方法

该方法以试验为设计依据，通过进行不同类型构件(梁和柱)在规定荷载分布与标准升温条件下的耐火试验，确定在采取不同防火措施(如防火涂料)后构件的耐火时间。通过进行一系列的试验可确定各种防护措施(包括各种防火措施不同防护程度)相应的构件耐火时间。进行结构抗火设计时，可根据构件的耐火时间要求，直接选取对应的防火措施。目前我国现行《建筑设计防火规范》(GB 50016—2006)正是基于这种方法。

然而，该方法难以对下列因素的影响加以考虑：

(1) 荷载分布与大小的影响。例如，在荷载大小相同的条件下，无偏心轴压柱的耐火时间将比偏心受压柱的耐火时间长；而在荷载分布相同的条件下，显然荷载越大，构件耐火时间越短。由于实际结构构件所受的荷载分布与大小千变万化，结构各构件的实际受载状态与试验的标准受载状态很难完全一致。

(2) 构件的端部约束状态的影响。构件在结构中受到相邻其他构件的约束，构件的端部约束状态不同，构件的承载力及火灾升温所产生的构件温度内力将不同，而这两方面对构件的耐火时间均有重要的影响。结构中构件的端部约束状态同样千变万化，试验很难准确、全面地加以模拟。

2. 基于计算的构件抗火设计方法

为考虑荷载的分布与大小，以及构件的端部约束状态对构件耐火时间的影响，可按所设计结构的实际情况进行一系列构件的耐火试验，但这样做的费用非常昂贵。为解决基于试验的构件抗火设计方法存在的问题，结构构件抗火计算理论研究引起了很多研究者的重视，开展了大量的研究。理论研究以有限元为主，也有的采用经典解析分析方法，基本建立了能考虑任意荷载形式和端部约束状态影响的构件抗火设计方法。目前这种方法已被英国、澳大利亚、欧共体等国家(组织)的结构设计规范采用。我国上海市标准《钢结构防火技术规程》也采用这种方法。

3. 基于计算的结构抗火设计方法

结构的主要功能是作为整体承受荷载。火灾下结构单个构件的破坏，并不一定意味着整体结构的破坏。特别是对于钢结构，一般情况下结构局部少数构件发生破坏，将引起结构内力重分布，结构仍具有一定继续承载的能力。当结构抗火设计以防止整体结构倒塌为目标时，则基于整体结构的承载能力极限状态进行抗火设计更为合理。目前结构火灾下的整体反应分析尚是热门研究课题，还没有提出适用于工程实用的方法被有关规范采纳。

4．基于火灾随机性的结构抗火设计方法

现代结构设计以概率可靠度为目标，因火灾的发生具有随机性，且火灾发生后空气升温的变异性很大，要实现结构抗火的概率可靠度设计，必须考虑火灾及空气升温的随机性。考虑火灾随机性的结构抗火设计方法尚属有待研究的课题，但它将是结构抗火设计的发展方向。

二、基于概率可靠度的极限状态设计方法

目前，国际上结构设计都趋于采用基于概率可靠度的极限状态设计方法，即结构设计以满足各种功能的结构极限状态设计要求为目标。

建筑发生火灾虽然是一偶然事件，但建筑发生火灾后对结构来说应考虑承载力功能，因此，对于结构承载力功能，还应考虑建筑发生火灾的各种荷载作用工况。若结构功能要求相同，则无论是发生火灾还是非火灾条件下的正常情况，结构的设计可靠度（或失效概率＝1.0－可靠度）应是一致的。

设正常情况和火灾下，结构承载力功能设计失效概率分别为 P_N、P_F，结构设计基准期内火灾发生的概率为 $P(F)$，火灾发生条件下结构承载力功能失效的概率为 $P(f/F)$，则

$$P_F = P(F) \cdot P(f/F) \tag{7-1}$$

因 $P(F) < 1$，如要求 $P_F = P_N$ 则 $P(f/F) > P_N$。这说明，对于结构的承载力极限状态，受火条件下结构的设计要求（可靠度或失效概率的大小）与建筑发生火灾的概率有关，建筑如有较好的防火措施（包括防火分隔、自动灭火装置等），则受火条件下结构的设计要求可降低。

三、火灾下结构的极限状态

结构的基本功能是承受荷载。火灾下，随着结构内部温度的升高，结构的承载能力将下降，当结构的承载能力下降到与外荷载（包括温度作用）产生的组合效应相等时，则结构达到受火承载力极限状态。

火灾下，结构的承载力极限状态可分为构件和结构两个层次，分别对应局部构件破坏和整体结构倒塌。

火灾下，结构构件承载力极限状态的判别标准为：

（1）构件丧失稳定承载力。

（2）构件的变形速率为无限大。试验表明，对于钢结构，当钢构件的特征变形速率超过下式确定的数值后，构件将迅速破坏。

$$\frac{d\delta}{dt} \geqslant \frac{l^2}{15h_x} \tag{7-2}$$

式中 δ——构件的最大挠度（mm）；

l——构件的长度（mm）；

h_x——构件的截面高度（mm）；

t——时间（h）。

（3）构件达到不适于继续承载的变形。对于钢结构，具体采用的特征变形可表达为

$$\delta \geqslant \frac{l}{800\ h_x} \tag{7-3}$$

火灾下，结构整体承载力极限状态的判别标准为：

（1）结构丧失整体稳定。

（2）结构达到不适于继续承载的整体变形。其界限值可取为

$$\frac{\delta}{h} \geqslant \frac{1}{30} \tag{7-4}$$

四、火灾下结构的最不利荷载、荷载效应组合

1. 火灾下结构的最不利荷载

框架结构是多层、高层建筑结构常用的结构形式，由于框架结构为超静定结构，在火灾中将产生较大的温度内力。分析表明，框架结构的温度内力在其构件的抗火计算应力中占相当大的比重，因此，框架结构（特别是钢框架结构）构件抗火设计需特别注意温度内力的影响。

框架结构构件较多，如对每一个构件均进行抗火验算或设计，则工作量很大，故进行实际工程设计时并无必要，可只取最不利的构件进行抗火设计。

事实上，常温下框架结构设计时，相同跨度梁，无论在何位置何楼层，一般均按受力最不利的梁归并，设计成相同的截面。而对于受力相近、位置不同的柱，一般也取几个楼层，统一归并为受力最不利的柱所确定的截面。基于上述事实，相同（或比较相近）长度及截面的梁和柱可采用相同的防护措施，可仅选取其中最不利的构件进行抗火设计，选取原则如下：

（1）常温下相对受力（荷载组合作用与承载力之比）最大的构件。

（2）火灾下温度内力最大的构件。对于梁，中跨梁较边跨梁温度内力大；对于柱，下层柱较上层柱温度内力大。

建筑中火灾发生的位置和范围有一定的随机性，为便于工程应用，进行框架结构构件抗火设计时，其最不利火灾位置一般可偏于保守地按如下方式确定：进行哪个构件抗火设计，仅考虑哪个构件受火升温。

2. 火灾下结构的荷载效应组合

目前国外结构抗火设计规范都采用荷载效应线性组合表达式，根据我国荷载代表值及有关参数的具体情况，进行结构抗火设计时，可采用如下荷载效应组合公式：

$$S = \gamma_G G_G G_K + \sum_i \gamma_{Qi} C_{Qi} Q_{iK} + \gamma_W C_W W_K + \gamma_F C_F (\Delta T) \tag{7-5}$$

式中 S——荷载组合效应；

G_K——永久荷载代表值；

Q_{iK}——楼面或屋面活荷载（不考虑屋面雪荷载）标准值；

W_K——风荷载标准值；

ΔT——构件或结构的温度变化（考虑温度效应）；

γ_G——永久荷载分项系数，取 1.05；

γ_{Qi}——楼面或屋面活荷载分项系数，取 0.7；

γ_W——风荷载分项系数，取 0 或 0.3，选不利情况；

γ_F——温度效应的分项系数，取 1.0；

C_G、C_{Qi}、C_W、C_F——分别为永久荷载、楼面或屋面活荷载、风荷载和温度影响的效应系数。

当屋面可用作暂时避难，或专门设计的避难层、避难间以及人员疏散时可滞留地带，楼面或屋面活荷载分项系数 γ_{Qi} 取 1.0。由于火灾是偶然的短期作用，其安全度可适当降低。所以恒荷载取其标准值的 $\gamma_G=1.05$ 倍，其他偶然作用如地震、撞击等不考虑。

五、结构抗火设计方法与要求

1. 标准升温曲线与等效爆火时间

(1) 标准升温曲线

最早人们都是通过抗火试验来确定构件的抗火性能。为了对试验所测得的构件抗火性能能够相互比较，试验必须在相同的升温条件下进行，许多国家和组织都制定了标准的室内火灾升温曲线，供抗火试验和抗火设计使用。我国采用最多的是国际标准组织制定的 ISO 834 标准升温曲线(图 7－2)，其表达式如下：

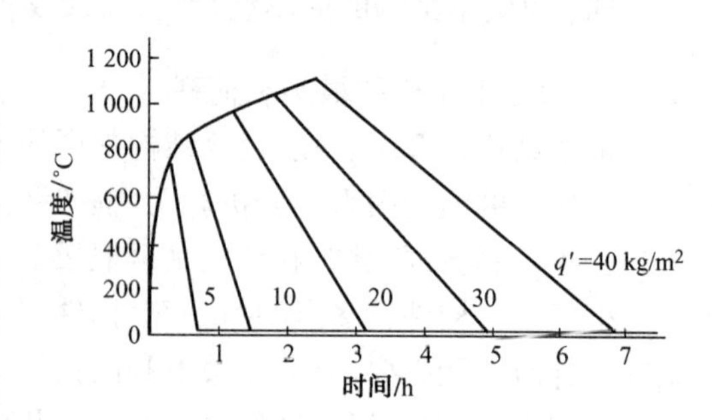

图 7－2　ISO 834 标准升温曲线

升温段($t\leqslant t_h$)

$$T_g - T_{g(0)} = 345\log_{10}(8t+1) \tag{7-6}$$

降温段($t>t_h$)

$$\frac{dT_g}{dt} = -10.417\ ℃/\text{min} \qquad (t_h \leqslant 30\ \text{min}) \tag{7-7a}$$

$$\frac{dT_g}{dt} = -4.167(3-t_h/60)\ ℃/\text{min} \qquad (30\ \text{min} < t_h \leqslant 120\ \text{min}) \tag{7-7b}$$

$$\frac{dT_g}{dt} = -4.167\ ℃/\text{min} \qquad (t_h \geqslant 120\ \text{min}) \tag{7-7c}$$

式中　t_h——升温持续时间，当 $0.02\leqslant\eta\leqslant0.2$，$1\,000\leqslant\sqrt{\lambda\rho c}\leqslant2\,000$ 且 $50\leqslant\frac{A_{fl}}{A_t}\cdot q\leqslant1\,000$ 时，可按下式计算：

$$t_h = 7.8\times10^{-3}\cdot\left(\frac{A_{fl}}{A_t}\cdot q\right)/\eta \tag{7-8}$$

(2) 等效爆火时间

采用标准升温曲线可以给结构抗火设计带来很大方便，但标准升温曲线有时与真实火灾下的升温曲线相差太远，为了更好地反映真实火灾对构件的破坏程度，又保持标准升温曲线的实用性，提出了等效爆火时间的概念，通过等效爆火时间将真实火灾与标准火联系起来。等效爆火时间的确定原则为，真实火灾对构件的破坏程度可等效为相同建筑在标准火作用"等效爆火时间"后对该构件的破坏程度。构件的破坏程度一般用构件在火灾下的温度来衡量。

2. 结构抗火计算模型

结构抗火计算模型与火灾升温模型和结构分析模型有关。火灾升温模型可采用标准升温模型(H_1)、等效标准升温模型(H_2)和模拟分析模型(H_3)，如图 7－3 所示。标准升温模型简单，但与实际火灾升温有时差别较大。而等效标准升温模型则利用标准升温模型，通过等效爆火时间概念，近似考虑室内火灾荷载、通风参数、建筑热工参数等对火灾升温的影响。模拟分析升温模型可考虑很多影响火灾实际升温的因素，但计算复杂，工作量大，目前在工程中还难以推广应用。

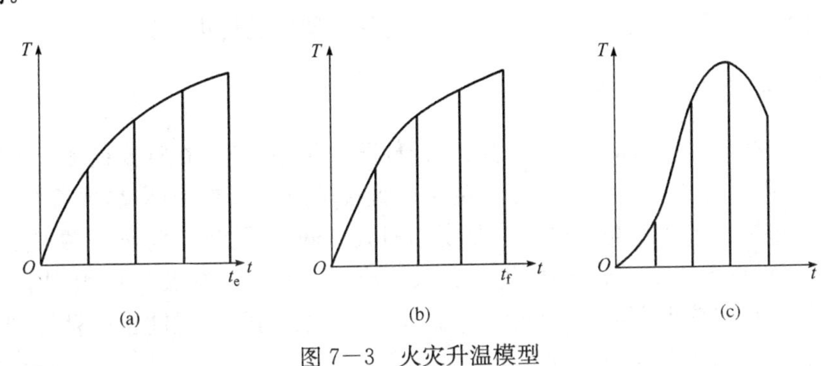

图 7－3　火灾升温模型

(a) 标准升温模型(H_1)；(b) 等效标准升温模型(H_2)；(c) 模拟分析升温模型(H_3)

结构分析模型可采用构件模型(S_1)、子结构模型(S_2)和整体结构模型(S_3)，如图 7－4 所示。构件模型简单，但准确模拟构件边界约束较难；而子结构模型则可解决这一问题，但计算比构件模型要复杂。构件模型和子结构模型均可应用于火灾下构件层次的结构承载力极限状态分析；而整体结构模型主要用于火灾下整体结构层次的结构承载力极限状态分析，但计算工作量非常大。

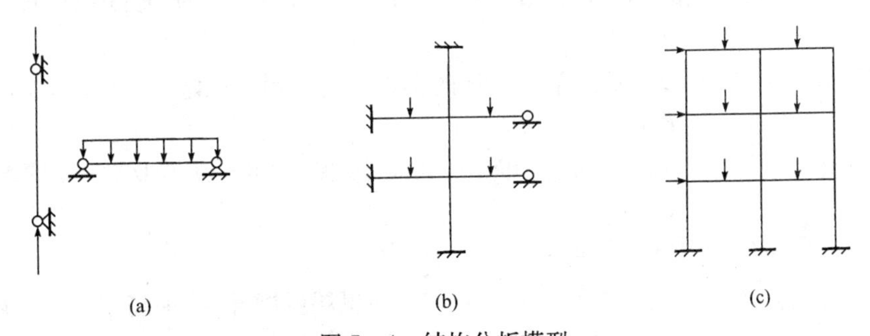

图 7－4　结构分析模型

(a) 构件模型(S_1)；(b) 子结构模型(S_2)；(c) 整体结构模型(S_3)

3. 结构抗火设计要求

对任何结构，无论是构件还是整体结构的抗火设计，均应满足下列要求：

(1) 在规定的结构耐火极限的时间内，结构的承载力 R_d 应不小于各种作用所产生的组合效应 S_m，即

$$R_d \geqslant S_m \qquad (7-9)$$

(2) 在各种荷载效应组合下，结构的耐火时间 t_d 应不小于规定的结构耐火极限 t_m，即

$$t_d \geqslant t_m \tag{7-10}$$

(3) 火灾下，当结构内部温度均匀时，若记结构达到承载力极限状态时的内部温度为临界温度 t_d，则 t_d 应不小于规定的耐火极限时间内结构的最高温度 T_m，即

$$t_d \geqslant T_m \tag{7-11}$$

上述3个要求实际上是等效的，进行结构抗火设计时，满足其一即可。此外，对于耐火等级为一级的建筑，除应进行结构构件层次的抗火设计外，还宜进行整体结构层次的抗火计算与设计。而对其他耐火等级的建筑，则可只进行结构构件层次的抗火设计。

六、结构抗火设计的一般步骤

结构构件抗火设计的目标是，确定适当的构件防火被覆，使其在规定的耐火时间范围内，满足承载能力的要求。如果抗火设计方法定位于直接求取防火被覆厚度，则需先求出构件临界温度，然后再根据临界温度与防火被覆厚度和耐火时间关系，确定防火被覆厚度。然而，确定构件的临界温度一般需要求解非线性方程，实际应用不方便。为便于工程应用，进行构件抗火设计时，可采用初定防火被覆厚度的方式，验算其在规定的耐火时间极限范围内，是否满足承载能力要求。

对于钢结构来说，一般步骤为：

(1) 确定一定的防火被覆。

(2) 计算构件在耐火时间条件下的内部温度。

(3) 采用高温下的材料参数，计算结构构件在外荷载和温度作用下的内力。

(4) 进行荷载效应组合。

(5) 根据构件和受载的类型，进行构件耐火承载力极限状态验算。

(6) 当设定的防火被覆厚度不合适时(过小或过大)，可调整防火被覆厚度，重复上述(1)～(5)步骤。

对于钢筋混凝土结构，如按常温条件设计的构件不满足耐火稳定性条件时，应进行补充设计，重新验算。补充设计可采用下列方法：

(1) 原设计无面层的构件，增加耐火面层，如对梁、板、柱的受火面抹灰，屋架等其他构件喷涂防火材料等。

(2) 加大钢筋净保护层以降低其温度。

(3) 改变配筋方式，如双层布筋，把粗钢筋布置在里层或中部，细钢筋布置在下层或角部。

(4) 轴心受压和小偏心受压构件可提高混凝土强度等级。

(5) 加大截面宽度或配筋量。

(6) 加大建筑物房间开口面积，以减小当量标准升温时间。

§7－3 建筑材料的高温性能

一、钢筋混凝土的高温性能

试验表明，在短期高温作用下，钢筋和混凝土随温度升高，其力学性能均发生变化。测定

钢筋或混凝土短期高温力学性能的试验方法有两种：一种方法是将材料加热到指定温度，并恒温一定时间，使材料内外温度达到一致，然后在此热态下测定其力学性能，此种方法测定的力学性能称为材料高温时的力学性能，用于结构在火灾时的承载力计算；另一种方法是把材料加热到指定温度，然后冷却到室温，在冷态下测定其力学性能，此种方法测定的力学性能称为材料高温后的力学性能，用于结构遭受火灾后的修复补强计算。

1. 混凝土的高温性能

(1) 混凝土的强度

混凝土受到高温作用时，其本身发生脱水，结果导致水泥石收缩，骨料则随温度升高而产生膨胀，两者变形不协调使混凝土产生裂缝，强度降低。此外，由于脱水，混凝土的空隙率增大，密实度降低。温度越高，这种作用就越剧烈。当温度达到 400℃以上，混凝土中 $Ca(OH)_2$ 脱水，生成游离氧化钙，混凝土严重开裂。当温度大于 573℃时，骨料中的石英组分体积发生突变，混凝土强度急剧下降。所以，随着温度的升高，混凝土强度呈下降趋势。

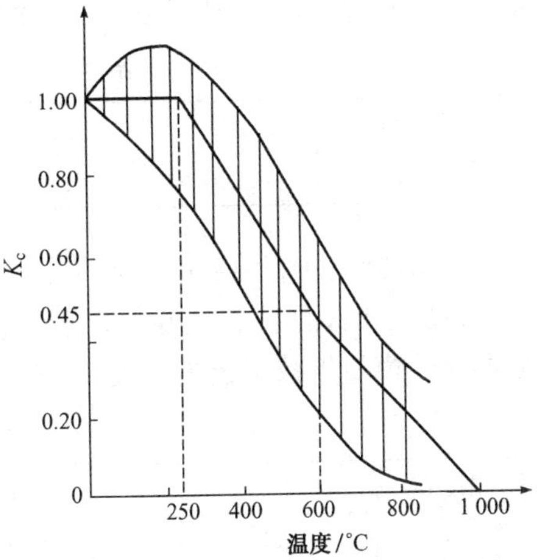

图 7—5　混凝土高温时强度折减系数变化

① 混凝土高温时的强度

影响混凝土高温时抗压强度的因素很多，尤其是加热速度、试件负荷状态、水泥含量、骨料性质等。多年来，世界各国进行了大量的试验研究，图 7—5 给出了已发表的试验结果。图中阴影区为试验值变化范围。

定义混凝土在温度 T 时的抗压强度 f_{cuT} 与常温下的抗压强度 f_{cu} 之比为混凝土的抗压强度折减系数，用 K_c 表示，即

$$K_c = f_{cuT}/f_{cu} \tag{7-12}$$

由图 7—5 可见，混凝土抗压强度折减系数值分散较大。欧洲混凝土协会总结归纳各国的试验结果，推荐下式计算混凝土抗压强度折减系数：

$$K_c = \begin{cases} 1.0 & (T \leqslant 250) \\ 1.0 - 0.001\,57(T-250) & (250 < T \leqslant 600) \\ 0.45 - 0.001\,12(T-600) & (T > 600) \end{cases} \tag{7-13}$$

式中　T——混凝土的受热温度。

式(7—13)所表示的曲线即图 7—5 中实折线。

② 混凝土高温后的强度

试验表明，混凝土受到高温作用然后冷却到室温时，其抗压强度比热态时要低。其混凝土强度折减系数参见表 7—1。

表 7—1　混凝土高温后强度折减系数

温度/℃	100	200	300	400	500	600	700	800
K_c	0.94	0.87	0.76	0.62	0.50	0.38	0.28	0.17

(2) 混凝土的弹性模量

由于随温度升高混凝土出现裂缝，组织松弛，空隙失水而失去吸附力，造成变形增大，弹性模量降低。

① 混凝土高温时的弹性模量

定义混凝土在热态状态下的弹性模量与常温下的弹性模量之比为混凝土的弹性模量折减系数，用 K_{cE}表示，其值随温度的变化情况列于表 7—2。

表 7—2　混凝土高温时弹性模量折减系数

温度/℃	100	200	300	400	500	600	700
K_{cE}	1.00	0.80	0.70	0.60	0.50	0.40	0.30

② 混凝土在高温后的弹性模量

试验表明，混凝土加热并冷却到室温时测定的弹性模量比热态时弹性模量要小。其高温后的弹性模量折减系数参见表 7—3。

表 7—3　混凝土高温后的弹性模量折减系数

温度/℃	100	200	300	400	500	600	700	800
K_c	0.75	0.53	0.40	0.30	0.20	0.10	0.05	0.05

(3) 混凝土的应力—应变曲线

混凝土在高温作用后，其一次加荷下的应力—应变曲线与常温下相似。由于混凝土弹性模量和强度的降低，只是曲线应力峰值降低，曲线更为平缓。对于受热冷却后的混凝土，这种现象更为明显，如图 7—6 所示。其中图 7—6a 为热态时的曲线，图 7—6b 为冷态时的曲线。

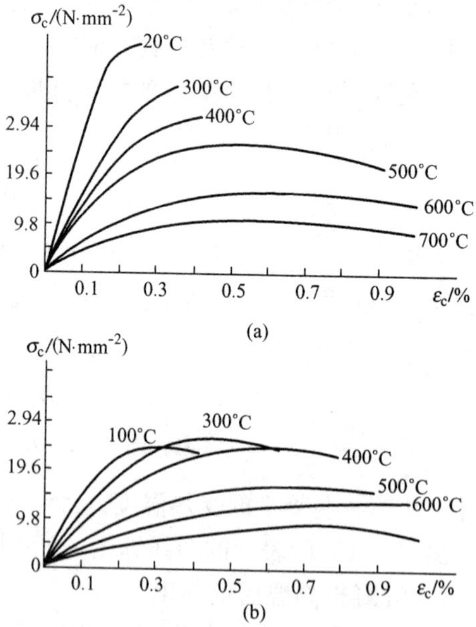

图 7—6　混凝土的应力—应变曲线

2. 钢筋的高温性能

(1) 钢筋的强度

钢筋混凝土结构在火灾温度作用下，其承载力与钢筋强度关系极大。因此，国内外对各类钢筋、钢丝、钢绞线都进行了较为系统的试验研究。结果表明，钢材在热态时的强度大大低于先加温后冷却到室温时测定的强度。所以，构件在火灾时的承载力计算和火灾后修复补强计算时钢筋强度的取用并不一致。

① 钢筋高温时的强度

普通低碳钢筋，随温度升高，屈服台阶逐渐减小。到 300℃时，屈服台阶消失，其屈服强度取决于条件屈服强度。在 400℃以下时，其强度比高温时略高，但塑性降低。超过 400℃时，其强度降低而塑性提高。

定义钢筋在热态状态下的强度与常温时强度之比为钢筋的设计强度折减系数，用 K_s 表示。普通低碳钢筋的 K_s 取值可按表 7—4 采用。

普通低合金钢在 300℃以下时，其强度略有提高但塑性降低；超过 300℃时，其强度降低而塑性增加。低合金钢强度降低幅度比低碳钢稍小。

冷加工钢筋（冷拔、冷拉）在冷加工过程中所提高的强度随温度升高而逐渐减小和消失，但冷加工所减小的塑性可得到恢复。

高强钢丝属硬钢，没有明显的屈服强度，在火灾高温作用下，其极限抗拉强度值降低要比其他钢材更快。普通低合金钢筋、冷加工钢筋、高强钢丝的设计强度折减系数可按表 7－4 采用。

表 7—4　K_s 值

温度/℃	100	200	300	400	500	600	700
普通低碳钢筋	1.00	1.00	1.00	0.67	0.52	0.30	0.05
普通低合金钢筋	1.00	1.00	0.85	0.75	0.60	0.40	0.20
冷加工钢筋	1.00	0.84	0.67	0.52	0.36	0.20	0.05
高强钢丝	1.00	0.80	0.60	0.40	0.20	—	—

② 钢筋高温后的强度

试验表明，钢筋受高温作用后冷却到室温时强度有较大幅度恢复。图 7－7 是根据 $CIBW_{14}$（国际建筑科研与文献委员会第十四分委员会）得出的结论，计算时可直接查用。

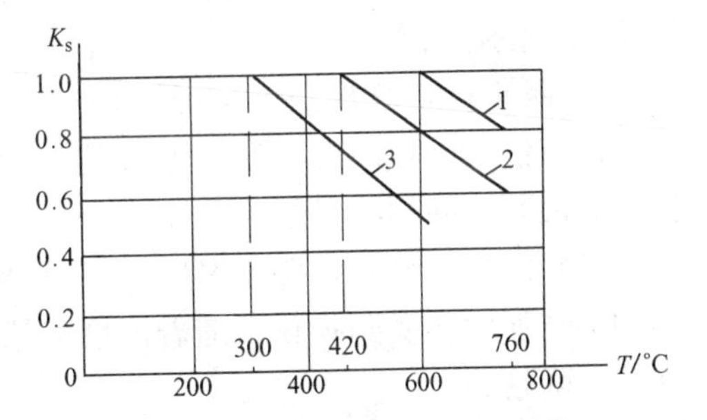

图 7－7　钢筋冷却后强度折减系数

1－热轧钢筋屈服强度；2－冷加工钢筋的屈服强度；3－预应力钢筋的屈服强度

由图 7－7 可知，普通热轧钢筋在 600℃以前，屈服强度没有降低；600℃以后，呈线性降低。预应力钢筋在 300℃以后，强度降低较快，600℃时降低 50%。冷加工钢筋在 420℃以前，屈服强度没有降低；420℃以后线性降低。根据四川消防科研所研究，也得出同样结论，并且证明，钢筋混凝土结构所用 HPB235 级、HRB335 级钢筋，在 600℃以前冷却后各项机械指标均满足工程要求。

最后应该说明，无论是火灾时还是火灾后，钢筋的抗压强度折减系数均可取相应的抗拉强度折减系数相同值。

(2) 钢筋的弹性模量

试验表明，钢筋在火灾时热态弹性模量随温度升高而降低，但同钢筋种类和级别关系不大。其弹性模量折减系数 K_{sE} 可按表 7—5 采用。

四川消防科研所研究表明，钢筋在火灾后即冷态时弹性模量无明显变化，可取常温时的值。

表 7—5　K_{sE} 值

温度/℃	100	200	300	400	500	600	700
K_{sE}	1.00	0.95	0.90	0.85	0.80	0.75	0.70

(3) 钢筋的变形

钢筋在热态下的应力—应变曲线如图 7—8 所示，其中图 7—8a 为软钢的应力—应变曲线，7—8b 为硬钢的变形曲线。

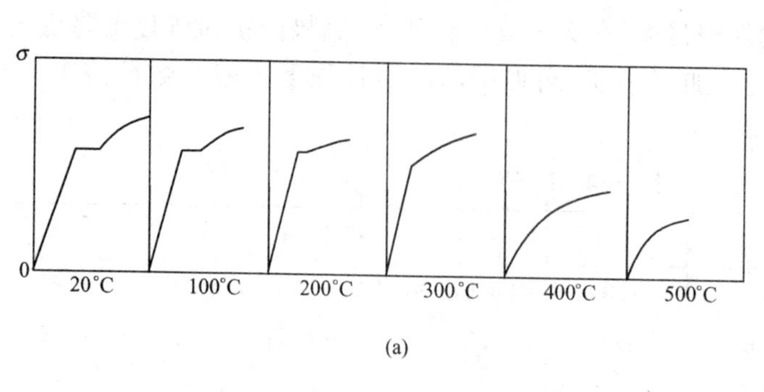

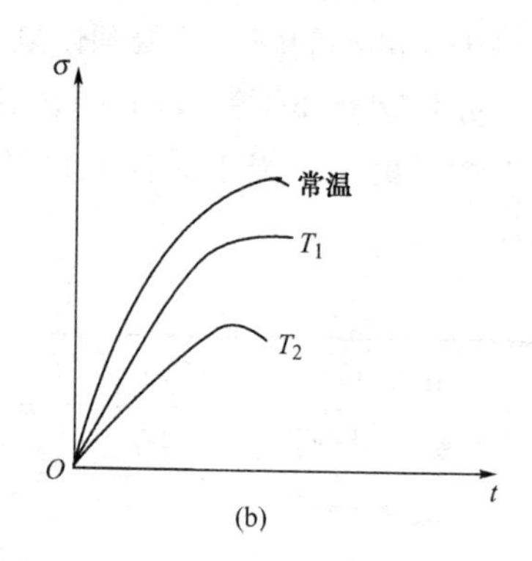

图 7—8 钢筋热态时应力—应变曲线

当钢筋受热温度 $T\leqslant500$℃时，冷却后其应力—应变曲线和常温相同；当受热温度 $T\geqslant500$℃时，屈服平台消失，如图 7—9 所示。

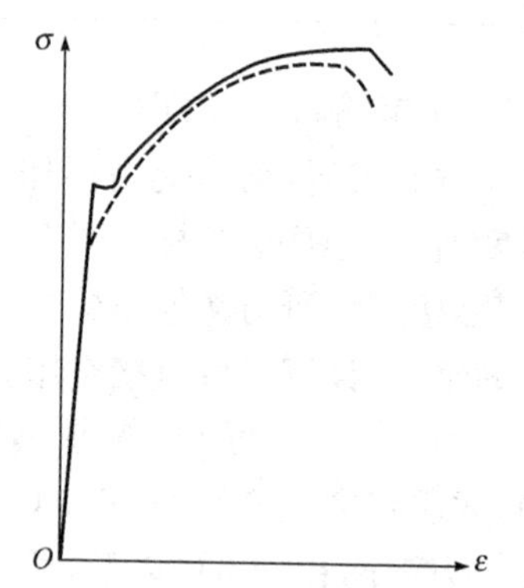

图 7—9 钢筋冷却后应力—应变曲线

3. 钢筋和混凝土之间的黏结力

由于混凝土在高温时和高温后其强度下降，必然引起钢筋和混凝土间黏结强度的降低。

(1) 高温作用下和高温作用冷却后，钢筋和混凝土之间的黏结强度会受到损伤。随着温度的增高，黏结强度呈连续下降趋势。

(2) 混凝土抗压强度的损伤系数和变形钢筋黏结强度的损伤系数是同一数量级，冷却后的抗压强度仅比黏结强度稍大。

(3) 变形钢筋的黏结强度比光面钢筋的黏结强度大得多，严重锈蚀的光面钢筋的黏结强度好于新轧光面钢筋的黏结强度。

(4) 影响黏结强度的因素很多，如强度、试验程序、钢筋形状和混凝土性能等，因而各个试验得出的损伤系数有一定差异，但总的变化趋势是一致的。

(5) 高温下的黏结性能比冷却后的黏结性能稍好一些。

四川消防科研所根据这些普遍结论，同时参考美国和 $CIBW_{14}$ 工作组的研究成果，推荐冷却后的残余黏结强度的损伤系数 K_{τ} 如表 7—6 所示。

表 7—6 K_{τ} 值

温度/℃		100	200	300	400	500	600	700
K_{τ}	变形钢筋	0.93	0.84	0.75	0.58	0.40	0.22	0.05
	光面钢筋	0.84～0.89	0.62～0.75	0.40～0.60	0.20～0.35	0～0.10	—	—

注：光面钢筋为新轧者取下限值，严重锈蚀者取上限值。

二、高温下结构钢的材料特性

1. 高温下结构钢的热物理特性

(1) 热膨胀系数 α_s

当温度升高时，钢结构要发生膨胀。对截面温度均匀分布的静定结构而言，热膨胀只对变形有影响，不会产生附加内力。但当结构和构件的膨胀受到约束时，就会产生附加内力，在进行结构反应分析时，必须考虑这种影响。钢的膨胀系数(这里的膨胀系数特指线膨胀系数)实际随温度的升高会发生变化，但变化幅度不大。

试验结果的分析指出，钢的热膨胀系数随温度的变化而变化，但变化规律不完全是随着温度的升高而升高。试验结果表明，在 0～700℃(钢的温度)，钢的平均热膨胀系数随温度的升高而增大；在温度达到 800℃左右时，构件在原有伸长的基础上出现缩短现象；当温度达到 900℃左右时，又开始膨胀，平均热膨胀系数开始回升。钢的平均热膨胀系数与温度的关系见表 7—7。这种现象称作相位变换现象。

表 7—7 钢的平均热膨胀系数与温度的关系

钢类	在下列温度范围内的平均热膨胀系数($\times10^{-6}$/℃)										
含碳/%	0～100	0～200	0～300	0～400	0～500	0～600	0～700	0～800	0～900	0～1 000	0～1 100	0～1 200
0.06	12.62	13.08	13.46	13.83	14.25	14.65	15.00	14.72	12.89	13.79	14.65	15.37
0.23	12.18	12.66	13.08	13.47	13.92	14.41	14.85	12.64	12.41	13.37	14.16	14.81
0.415	11.21	12.14	13.00	13.58	14.05	14.58	14.85	12.65	12.65	13.59	14.36	15.00

由于一般钢结构的临界温度都在 700℃以下，相位变换现象对结构反应分析没有什么影响。但有些工字梁，火灾时下翼缘的温度比上翼缘的温度高得多，这时下翼缘就有可能进入相位变换的温度范围，有必要考虑其影响。

我国《钢结构规范》规定的常温下钢的膨胀系数为常数：$\alpha_s=1.2\times10^{-5}$ m/(m·℃)；国内在进行钢结构抗火分析时，钢的热膨胀系数一般取常数：$\alpha_s=1.4\times10^{-5}$ m/(m·℃)。

(2) 钢的比热 C_s

钢的比热随温度的变化较大，近似可用下式表示：

$$C_s=38\times10^{-5}T_s^2+0.20T_s+470 \tag{7—14}$$

但当取钢的比热为常数时，可采用 $C_s=600$ J/(kg·℃)。

(3) 钢的导热系数 λ_s

钢的导热系数随温度的升高而减小。日本采用

$$\lambda_s=52.08-5.05\times10^{-5}T_s^2 \tag{7—15}$$

英国规范取常数

$$\lambda_s=37.5 \tag{7—16}$$

欧洲规范提出的随温度变化的导热系数为

$$\lambda_s = 54 - 3.33 \times 10^{-2} T_s^2 \quad (20℃ \leqslant T_s < 800℃) \tag{7-17a}$$

$$\lambda_s = 27.3 \quad (T_s \geqslant 800 ℃) \tag{7-17b}$$

欧洲规范 EUROCODE3 提出的不随温度变化的导热系数为

$$\lambda_s = 45 \tag{7-18}$$

(4) 钢的密度 ρ_s

钢的密度随温度的变化很小,可取常数:$\rho_s = 7\,850\ \text{kg/m}^3$。

2. 高温下结构钢的力学性能

(1) 结构钢高温力学性能试验方法

进行高温下结构钢力学性能试验的试验机是在常规试验机基础上,增加升温设备(一般用电炉)和温度测量、控制设备。测定高温下结构钢的力学性能的试验方法主要有两种:恒荷载升温试验和恒温加载试验。

① 恒荷载升温试验

进行这种试验时,先在常温下给试件加载到一定的应力水平,然后按一定的升温速率给试件升温,直到试件破坏。

② 恒温加载试验

恒温加载试验是在加载前将试件温度升高到一定值,保持一段时间到构件温度均匀、稳定后,开始给构件进行加载试验。加载过程中始终保持温度恒定,这样可测得试件在该温度时的应力—应变曲线。通过对同一种钢材在不同温度时的恒温加载试验即可得到该钢材在各温度的一组应力—应变关系曲线。目前,绝大多数高温材料试验都是采用恒温加载试验。

(2) 应力—应变关系

试验结果表明,当钢的温度在 250℃以下时,钢的弹性模量和强度变化不大;当温度超过 250℃时,即发生所谓的塑性流动;超过 300℃后,应力—应变关系曲线就没有明显的屈服极限和屈服平台,强度和弹性模量明显减小。

高温下钢构件的总应变 ε 包括三部分:由应力产生的瞬时应变 ε_σ、蠕变 ε_{cr} 及由热膨胀产生的应变 ε_{th}:

$$\varepsilon = \varepsilon_\sigma + \varepsilon_{cr} + \varepsilon_{th} \tag{7-19}$$

$$\varepsilon_{th} = \Delta T_s \cdot \alpha_s \tag{7-20}$$

总应变与应力过程和升温过程有关。当构件的升温速度在 5~50℃/min 范围且构件的温度不超过 600℃时,蠕变较小,一般将蠕变包括在 ε_σ 中一起考虑,而不另外考虑蠕变的影响,因而也不考虑应力过程和升温过程对总应变的影响,否则,蠕变的影响要单独考虑。钢的应力—应变关系模型很多,最简单的是分段直线模型。

(3) 高温下结构钢的蠕变

由蠕变试验所得到的蠕变曲线(应变与时间关系曲线)如图 7—10 所示。可以看出,蠕变曲线有如下特点:在加载时产生瞬时应变(应力应变),瞬时应变由弹性应变和时间无关的塑性应变之和构成，在蠕变初期，有一个应变速度随时间而减小的过渡蠕变(瞬时蠕变)阶段，接着出现应变速度大致恒定的稳态蠕变阶段，这个阶段也称为最小蠕变速度阶段，此后是应变速度加快的加速蠕变阶段，最后构件截面失稳断裂。有时，也把上述过渡、稳态、加速蠕变分别称为第一阶段蠕变、第二阶段蠕变、第三阶段蠕变。对应图 7—10 中的Ⅰ、Ⅱ、Ⅲ部分，这 3 个阶段蠕变在整个蠕变中所占比例的大小与试件的应力大小和温度的高低有关。在温度相同的条件下，应力较大时，几乎不会出现稳态蠕变阶段，试件就直接加速蠕变，然后断裂，如图 7—10 的曲线 a；而当应力很小时，稳态蠕变阶段的持续时间就会特别长，如图 7—10 曲线 c。在应力相同的条件下，温度越高，稳态蠕变阶段持续的时间就越短。但总的来说，稳态蠕变的大小在总蠕变中所占的比例较小。

因为火灾的持续时间都比较短，一般都不超过几个小时，因此钢构件在火灾下的蠕变是以过渡蠕变(瞬时蠕变)为主，加之稳态蠕变的大小在总蠕变中所占的比例很小，因此一般可不考虑稳态蠕变的影响。

(4) 高温下结构钢的松弛

在一定的温度下，一个受拉或者受压的金属构件，若使用过程中总变形保持不变，则应力会自发下降，这种现象称为松弛。典型的松弛曲线一般可分为两个阶段，如图 7—11 所示。对于火灾中的松弛问题，松弛的第一阶段起主要作用，一般考虑第一阶段松弛即可。高温下金属材料的松弛起因于蠕变现象，所以可以把它看做是变动应力下的蠕变问题之一。

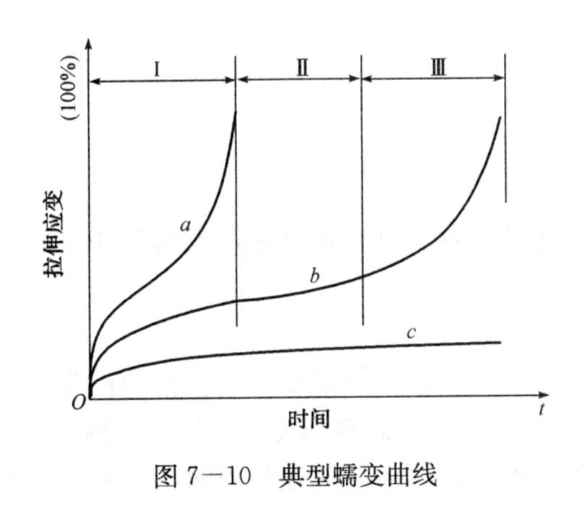

图 7—10　典型蠕变曲线

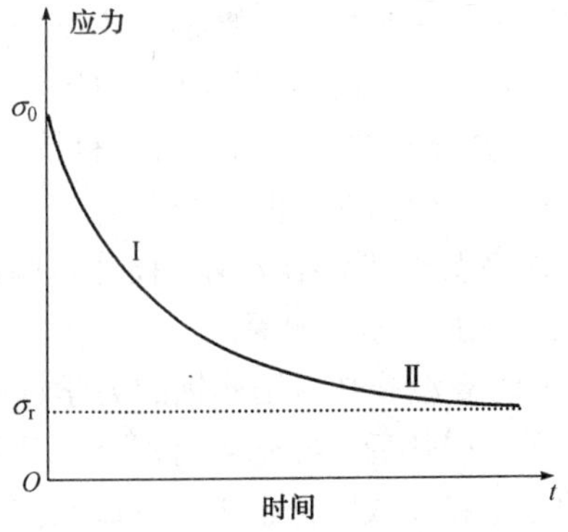

图 7—11　碳钢松弛曲线

钢结构中采用的摩擦型高强螺栓连接是依靠螺栓的预拉力产生挤压后，通过摩擦力来传递荷载。当发生火灾，连接节点温度升高时，由于螺栓产生松弛，螺栓的预拉力就会大大降低，从而严重影响螺栓的连接性能。目前国内外还缺少对火灾下高强螺栓连接性能的详细研究，国外规范仅通过提高连接的耐火时间要求来防止火灾下连接过早地破坏。

(5) 高温下结构钢的力学参数

① 泊松比 υ_s

结构钢的泊松比受温度的影响较小，高温下结构钢的泊松比可取与常温下相同，即

$$\upsilon_s = 0.3 \tag{7—21}$$

② 等效屈服强度

高温下钢的应力—应变关系曲线没有明显的屈服极限和屈服平台。ECCS(European

Convention for Constructional Steelwork)采用应变为0.5%时的应力为屈服应力，而英国规范则分别给出了应变为0.5%、1.5%、2.0%时的应力，根据保护层对结构变形的要求分别采用。EUROCODE3是以应变为2.0%时的应力作为屈服应力。

ECCS给出的高温下结构钢的屈服强度公式为

$$\frac{f_{yT}}{f_y}=1+\frac{T_s}{767\ln\frac{T_s}{1\ 750}} \qquad (0\leqslant T_s\leqslant 600) \qquad (7-22a)$$

$$\frac{f_{yT}}{f_y}=\frac{108\left(1-\frac{T_s}{1\ 000}\right)}{T_s-440} \qquad (600\leqslant T_s\leqslant 1\ 000) \qquad (7-22b)$$

③ 初始弹性模量 E_T

根据试验研究，很多国家给出了钢材弹性模量与温度关系的计算方案，当温度超过500℃时，各方案的弹性模量相差较大。在进行抗火分析时，这种差别会给高温下结构的变形和极限状态计算结果带来较大的差异。目前国内多采用ECCS建议的方案：

$$\frac{E_T}{E}=-17.2\times10^{-12}T_s^4+11.8\times10^{-9}T_s^3-34.5\times10^{-7}T_s^2+15.9\times10^{-5}T_s+1$$

$$(0\leqslant T_s\leqslant 600) \qquad (7-23)$$

式中　E——常温下的弹性模量(N/mm^2)；

E_T——温度为 T_s 时的初始弹性模量(N/mm^2)。

3. 高温冷却后结构钢的材料特性

(1) 结构钢在高温冷却后的表观特征

对高温冷却后结构钢的损伤试验研究发现，冷却后钢材试件表面颜色随曾经经历的最高温度的增加而逐步加深。

(2) 高温冷却后结构钢的力学性能

关于受热后又冷却到常温状态后结构钢的强度及弹性模量，一般认为与受热前的强度和弹性模量相同或降低很少。试验研究表明，经历高温(600℃以内)自然冷却后的结构钢试件在接近破坏时有与常温下一样明显的颈缩现象。自然冷却后结构钢的弹性模量与常温下的相同，屈服强度可用下式表示：

$$\frac{f_{yTm}}{f_y}=1.0 \qquad (T_m\leqslant 400) \qquad (7-24a)$$

$$\frac{f_{yTm}}{f_y}=1+2.23\times10^{-4}(T-20)-5.88\times10^{-7}(T-20)^2 \qquad (400<T_m\leqslant 600)$$

$$(7-24b)$$

式中　T_m——钢材所经历的最高温度；

f_{yTm}——经历最高温度 T_m 自然冷却后钢材的屈服强度。

§7—4 结构构件的耐火性能

一、建筑物耐火等级

各类建筑由于使用性质、重要程度、规模、层数、火灾危险性或火灾扑救难易程度存在差异,所要求的耐火能力可有所不同。根据建筑物不同的耐火能力要求,可将建筑物分成若干耐火等级。我国《建筑设计防火规范》将建筑物耐火等级分成 4 级。

1. 一般民用建筑的耐火等级

消防上,一般民用建筑是指 9 层及 9 层以下的住宅(包括底层设置商业服务网点的住宅)和建筑高度不超过 24 m 的其他民用建筑,以及建筑高度不超过 24 m 的单层公共建筑。上述定义主要是根据我国目前消防设备水平和各地建筑现状做出的。

一般民用建筑的耐火等级与建筑物层数、长度和每层面积的关系见文献 40。其中重要的公共建筑应采用一、二级耐火等级的建筑。商店、学校、食堂、菜市场如采用一、二级耐火等级的建筑有困难,可采用三级耐火等级的建筑。

2. 高层民用建筑的耐火等级

根据高层建筑的使用性质、火灾危险性、疏散和扑救难易程度及建筑楼层总数可将其分为两类,如表 7—8 所示。

表 7—8 高层民用建筑分类

名称	一 类	二 类
居住建筑	19 层及 19 层以上的普通住宅	10～18 层的普通住宅
公共建筑	(1) 医院; (2) 高级旅馆; (3) 建筑高度超过 50 m 或每层面积超过 1 000 m^2 的商业楼、财贸金融楼; (4) 建筑高度超过 50 m 或每层建筑面积超过 1 500 m^2 的商住楼; (5) 中央级和省级(含计划单列市)广播电视楼; (6) 网局级和省级(含计划单列市)电力调度楼; (7) 省级(含计划单列市)邮政楼、防灾指挥楼; (8) 藏书超过 100 万册的图书馆、书库; (9) 重要的办公楼、科研楼、档案楼; (10) 建筑高度超过 50 m 的教学楼和普通的旅馆、办公楼、科研楼、档案楼等	(1) 一类建筑以外的商业楼、展览馆、综合楼、电信楼、财贸金融楼、商住楼、图书馆、书库; (2) 省级以下的邮政楼、防灾指挥调度楼、广播电视楼、电力调度楼; (3) 建筑高度不超过 50 m 的教学楼和普通旅馆、办公楼、科研楼、档案楼等

我国《高层民用建筑设计防火规范》(GB 50045—95)规定:对于一类建筑及一、二类建筑的地下室,其耐火等级不应低于一级;对于二类建筑及附属于高层建筑的裙房,其耐火等级不应低于二级。

3. 厂房建筑的耐火等级

厂房建筑的耐火等级与生产的火灾危险性密切相关。我国根据在厂房建筑内使用或生产物质的起火及燃烧性能,将这些建筑的火灾危险性分成 5 类。各类厂房的耐火等级除与火灾危险性有关外,还与厂房层数、防火分区等有关。

4. 仓库建筑的耐火等级

仓库建筑的耐火等级与储备物品的类别(火灾危险性)及建筑层数、建筑面积等有关。储存物品的火灾危险性可分为5类。高层库房、高架仓库和筒仓的耐火等级不应低于二级;二级耐火等级的筒仓可采用钢板仓。储存特殊贵重物品的库房,其耐火等级宜为一级。

二、建筑结构构件耐火极限

建筑结构构件的耐火极限是指构件受标准升温火灾条件下,从受到火的作用起,到失去稳定性或完整性或绝热性时止,抵抗火作用所持续的时间,一般以小时计。

失去稳定性是指结构构件在火灾中丧失承载力,或达到不适宜继续承载的变形。对于梁和板,不适于继续承载的变形定义为最大挠度超过 $l/20$,其中 l 为试件的计算跨度。对于柱,不适于继续承载的变形可定义为柱的轴向压缩变形速度超过 $3h$(mm/min),其中 h 为柱的受火高度,单位以m计。

失去完整性是指分隔构件(如楼板、门窗、隔墙等)一面受火时,构件出现穿透裂缝或穿火孔隙,使火焰能穿过构件,造成背火面可燃物起火燃烧。

失去绝热性是指分隔构件一面受火时,背火面温度达到220℃,可造成背火面可燃物(如纸张、纺织品等)起火燃烧。

当进行结构抗火设计时,可将结构构件分为两类:一类为兼作分隔构件的结构构件(如承重墙、楼板),这类构件的耐火极限应由构件失去稳定性或失去完整性或失去绝热性3个条件之一的最小时间确定;另一类为纯结构构件(如梁、柱、屋架),该类构件的耐火极限则由失去稳定性单一条件确定。

确定结构构件的耐火极限要求时,应考虑下列因素:

(1) 建筑的耐火等级。由于建筑的耐火等级是建筑防火性能的综合评价或要求,显然耐火等级越高,结构构件的耐火极限要求就越高。

(2) 构件的重要性。越重要的构件,其耐火极限要求应越高。由于建筑结构在一般情况下楼板支撑在梁上,而梁又支撑在柱上,因此梁比楼板更重要,而柱又比梁更重要。

(3) 构件在建筑中的部位。如在高层建筑中,建筑下部的构件比上部的构件更重要。

我国现行有关规范,仅考虑了上述(1)、(2)两个因素,对建筑结构构件的耐火极限作了明确规定,见表7—9所示。表7—9中非燃烧体、难燃烧体和燃烧体是指构件材料的燃烧性能,其定义如下:

① 非燃烧体。指受到火烧或高温作用时不起火、不燃烧、不炭化的材料。用于结构构件的这类材料有钢材、混凝土、砖、石等。

② 难燃烧体。指在空气中受到火烧或高温作用时难起火,当火源移走后,燃烧立即停止的材料。用于结构构件的这类材料有经过阻燃、难燃处理后的木材、塑料等。

③ 燃烧体。指在明火或高温下起火,在火源移走后能继续燃烧的材料。可用于结构构件的这类材料主要有天然木材、竹子等。

我国目前结构构件耐火极限的划分是以楼板为基准的(参见表7—9)。耐火等级为一级建筑的楼板的耐火极限定为1.5 h,二级定为1.0 h,三级定为0.5 h,四级定为0.25 h。确定梁的耐火极限时,考虑梁比楼板耐火极限相应提高,一般提高0.5 h。而柱和承重墙比楼板更重要,则将它们的耐火极限在梁的基础上进一步提高。

表 7—9　建筑结构构件的燃烧性能和耐火极限

燃烧性能/h \ 耐火等级		一级	二级	三级	四级
墙	防火墙	非燃烧体 4.00	非燃烧体 4.00	非燃烧体 4.00	非燃烧体
	承重墙、楼梯间、电梯井的墙	非燃烧体 3.00	非燃烧体 2.50	非燃烧体 2.50	难燃烧体 0.50
柱	支撑多层的柱	非燃烧体 3.00	非燃烧体 2.50	非燃烧体 2.50	难燃烧体
	支撑单层的柱	非燃烧体 2.50	非燃烧体 2.00	非燃烧体 2.00	燃烧体
梁		非燃烧体 2.00	非燃烧体 1.50	非燃烧体 1.00	难燃烧体
楼板		非燃烧体 1.50	非燃烧体 1.00	非燃烧体 0.50	难燃烧体
屋顶承重构件		非燃烧体 1.50	非燃烧体 0.50	燃烧体	燃烧体
疏散楼梯		非燃烧体	非燃烧体	非燃烧体	燃烧体

建筑构件抵抗火烧时间的长短，与构件的厚度或截面尺寸或保护层厚度等有着密切关系。一般来说，相同条件下的受压构件，其厚度或截面尺寸愈大(钢柱与保护层厚度有关)，则耐火极限也愈高。同样，相同条件下的钢筋混凝土或型钢受弯构件，其防火保护层愈厚，则耐火极限也愈高。现分别举例说明如下。

1. 墙

墙是建筑物不可缺少的重要组成部分，它可以起承重作用和围护作用。建筑物广泛采用的有钢筋混凝土墙、普通黏土砖墙、硅酸盐砖墙、加气混凝土砌块墙板、石膏墙板、石膏珍珠岩空心隔墙、石棉水泥蜂窝板隔墙等。

(1) 普通黏土砖墙、钢筋混凝土墙

试验证明，普通黏土砖墙、硅酸盐砖墙、混凝土墙、钢筋混凝土墙等，当它们的厚度相同时，其耐火极限也基本是相同的。比如，厚度分别为 12 cm、18 cm、24 cm、37 cm 的墙，则其耐火基本极限分别为 2.50 h、3.50 h、5.50 h、10.50 h。从这些数值可以明显看出，墙的厚度与耐火极限是成比例增加的线性关系。

试验还指出，砖墙在火灾温度作用下产生龟裂现象，主要是由于冷热不均匀而形成的内部热应力造成的。特别是扑救火灾射水时，墙的表面骤然冷却，受火表面层的砖出现片状脱落现象，墙体横截面减少，也相应地降低了墙的承载能力。

(2) 加气混凝土墙

加气混凝土制品，具有容重轻、保温效果好、吸音能力强和耐火性较高等优点，它可以方便地制成墙板、砌块、屋面板等。它主要是由水泥、矿渣、砂以及发气剂(如铝粉)、气泡稳定剂(油酸、三乙醇胺)、调节剂(纯碱、硼砂、水玻璃、菱苦土)、钢筋等原材料经加工而成。它的耐火极限与其厚度也基本上是成比例增加的。比如，厚度分别为 7.5 cm、10 cm、15 cm、20 cm 的加气混凝土砌块等制品，试验表明，其耐火极限分别为 2.50 h、3.75 h、5.75 h、8.00 h。

加气混凝土非承重垂直墙板，试验表明，板的背火面温度未达到 220℃时，则因接缝处窜火而失去隔火作用，或板与板之间相互变形，致使其较快地失去了支持能力，这就是它的耐火极限比水平墙板低的缘故。如厚度均为 15 cm 的非承重水平墙板的耐火极限为 6.00 h，而非承重垂直墙板的耐火极限为 3.00 h。

(3) 轻质隔墙

轻质隔墙被广泛用作建筑的隔墙，耐火能力较好。如轻钢龙骨，内填矿棉或玻璃棉两面黏贴 1 cm 厚的纤维石膏板隔墙，耐火极限为 1 h；又如石膏珍珠岩空心条板，当其厚度为6 cm 时，耐火极限为 1.50 h，当其厚度为 9 cm 时，耐火极限为 2.50 h；再如木龙骨，板条抹 2 cm 厚、1∶4 水泥石棉隔热菱苦土灰浆，耐火极限为 1.25 h；等等。

(4) 金属墙板

金属墙板一般采用铝、钢、铝合金钢、镀锌、防锈钢、不锈铜等金属薄板制成，其中以铝和钢两种最为普遍。为了延长板的使用寿命，一般对金属墙板还要进行保护处理。其处理方法主要有：一是镀锌、镀铝或镀铝合金；二是涂各种釉质材料或环氧树脂等；三是综合处理，即以镀锌或涂料作底层，另做装饰面层等。为了加强金属墙板的刚性和具有美观的外形，它的外表还压成 V 形、山形、波形、曲线形、箱形、肋形等多种形状。

金属隔墙内填 8～10 cm 的矿棉或玻璃棉，两面钉金属板，或一面为金属板(外墙面)，另一面(内墙面)为石膏板、矿棉板，其耐火极限为 1.5～2.0 h 。

2. 柱

柱是垂直受压构件(中心或偏心受压)，它承受着梁、板或无梁楼板传来的荷载。因此，柱抵抗火烧时间(耐火极限)的长短，对于建筑物在火灾时的破坏和修复补强工作起着十分重要的作用。柱主要有钢筋混凝土柱和钢柱等。

(1) 钢筋混凝土柱

钢筋混凝土柱，按截面形状分，有方形、矩形、异形和圆形等。火灾时，一般是周围受火烧，所以，其耐火极限主要是以失去支持能力这个条件来确定。试验证明，这种柱失去支持能力的原因比较复杂，但归纳起来有以下 3 个方面：

① 混凝土在火烧或高温作用下的强度变化。普通混凝土的强度从常温到 200℃范围内，一般是随着温度上升而略有提高，而水泥在 200℃以后，含水硅酸钙的脱水作用加剧，在一定程度上减少了强度；当温度达到 500℃以后，由于含水硅酸钙的脱水，水泥砂石结构被破坏，加之混凝土内各种材料的热应力变化，使混凝土强度很快降低；当温度达到 800℃～900℃时，其内部游离水、结晶水等基本上消失，强度几乎全部丧失。

② 受压钢筋在火烧或高温作用下的强度变化。由于火烧时温度不断升高，混凝土保护层的热量逐步传递给内部的钢筋，使钢筋因受热膨胀。由于钢筋和混凝土的膨胀系数不同，使两者的黏着力逐步破坏，造成了互相脱离，降低了整个构件的强度。研究表明，当普通混凝土温度达到 300℃～400℃时，钢筋和混凝土间的黏着力基本丧失。同时，随着温度的提高，钢筋的抗拉强度显著下降，直至全部失去支持能力。

③ 在火灾温度作用下，柱体内温度是由表及里递减的，其强度下降的大小也是从表到里，由大到小的。当火灾温度不断上升，随着时间的延续，则柱体将由表到里逐渐丧失强度，直到

完全失去支持能力而破坏。

钢筋混凝土柱的耐火极限，在通常情况下，是随着截面增大而增大的。例如，20 cm×20 cm 的柱，耐火极限为 1.40 h；30 cm×30 cm 的柱，耐火极限为 3.00 h；30 cm×50 cm 的柱，耐火极限为 3.50 h；37 cm×37 cm 的柱，耐火极限为 5.00 h；等等。

(2) 钢柱

试验和火灾实例都证明，无防火保护层的钢柱，耐火极限一般在 0.25 h。因此，采用钢结构的高层建筑，必须根据建筑物使用性质，选用较高耐火极限的防火保护层钢柱。由于保护层的材料、厚度不同，其耐火极限也不同，一般可达到 1～4 h 。

3. 梁

(1) 钢筋混凝土梁

钢筋混凝土梁的耐火极限主要取决于保护层厚度和梁所承受的荷载。试验证明，当钢筋混凝土梁按照常温下设计的荷载加荷时，在火灾高温作用下，梁的耐火极限与主钢筋下的保护层厚度成正比关系。一般来说，保护层愈薄，则钢筋的受热温度就愈高。由于梁内主筋的物理和机械特性、混凝土强度以及钢筋与混凝土的黏着力等发生变化，梁的挠度增大而失去支承能力。

(2) 钢梁

无保护层的钢梁，在常温下的受拉性能很好，但它的耐火极限却很低，远不如钢筋混凝土构件。试验证明，在火灾温度作用下，当温度达到 700℃左右，梁的挠度增加迅速，并且很快失去了支持能力，这说明钢梁如不加防火保护层等保护措施，在火灾温度作用下，耐火时间仅为 15 min 左右。钢梁耐火极限低的主要原因，是钢材高温作用下逐渐软化，其强度和刚度大幅度下降的缘故。为了提高钢梁等构件的耐火极限，可采取有效的防火保护措施。

4. 楼板

楼板是直接承载人和物的水平承重构件，起分隔楼层(垂直防火分隔物)和传递荷载的作用。不同建筑根据不同要求，广泛采用各种类型的钢筋混凝土楼板。楼板的耐火极限一般取决于板的保护层厚度。例如，简支的钢筋混凝土板，保护层厚度为 1 cm 时，耐火极限为 1.15 h；保护层厚度为 2 cm 时，耐火极限为 1.75 h；保护层厚度为 3 cm 时，耐火极限为 2.30 h；等等。楼板的耐火极限除了取决于上述因素外，还受板的支承情况及制作等因素的影响。试验证明，在同样设计荷载及相同保护层的情况下，四面简支现浇钢筋混凝土楼板的耐火极限大于非预应力钢筋混凝土预制板的耐火极限，非预应力钢筋混凝土楼板的耐火极限大于预应力钢筋混凝土楼板的耐火极限。预应力楼板耐火极限偏低的主要原因：一是由于钢筋经冷拔、冷拉后产生的高强度，在火灾温度作用下下降很快；二是在火灾温度作用下，钢筋的蠕变要比非预应力丧失快几倍，因而挠度变化快，导致很快失去支持能力。为了实际耐火的需要，可以对预应力楼板采取提高耐火极限的措施。

5. 吊顶

吊顶在建筑中起隔热、隔音以及平整屋顶或楼板的作用。应采用具有一定耐火能力的非燃烧体或难燃烧体做吊顶，以便为人员安全疏散创造有利条件。

常用的吊顶材料和构造种类包括木吊顶搁栅钢丝网抹灰、板条抹灰、钢丝网抹 1∶4 水泥石棉灰浆、板条抹 1∶4 水泥石棉灰浆，钢吊顶搁栅钉石棉板、钉石棉水泥板、石膏板以及钢丝网抹灰等。这些吊顶均为非燃烧材料或难燃烧材料，具有较好的耐火能力。如木吊顶搁栅钢丝网抹灰或板条抹 1∶4 水泥石棉灰浆，当厚度为 2 cm 时，耐火极限均可达 0.50 h，木吊顶搁栅钢丝抹灰，当厚度为 1.5 cm 时，耐火极限可达 0.25 h；钢吊顶搁栅钉 1 cm 厚的石棉板，耐火极限可达 0.80 h。

6. 屋顶构件

屋顶构件包括屋架、屋面板等构件。现代建筑采用的屋架主要有钢屋架、钢筋混凝土屋架。屋面板主要有空心、槽形、波形等钢筋混凝土屋面板。

火灾实例说明，木屋架以及无保护层的钢屋架，其耐火极限很差，在火灾高温作用下，一般 15 min 左右就塌落。因此，某些大跨度、大空间的建筑(如大餐厅、礼堂、影剧院等)，必须采用钢屋架时，应喷涂防火保护层，提高耐火能力。

钢筋混凝土屋架的耐火极限取决于主钢筋保护层的厚度，一般情况下，其钢筋保护层厚度为 2.5～3.0 cm 时，耐火极限可达到 1.50～1.70 h。但预应力钢筋混凝土屋架的耐火极限比普通钢筋混凝土梁低。

型钢和钢筋混凝土的组合屋架，其耐火极限一般为 0.25 h，因此应按无保护层的金属屋架来考虑。

三、影响建筑结构构件耐火极限的其他因素

1. 火灾荷载

建筑物内火灾荷载越大(燃烧物越多)，火灾的持续时间就越长；反之，火灾荷载越小，火灾的持续时间就越短。建筑构件的耐火极限应考虑火灾荷载大小的影响，火灾荷载很小时，因火灾持续时间不长，构件的耐火极限可降低，而当火灾荷载过大时，构件可能经受不住长时间大火而破坏，此时耐火极限应提高。因此建议，对于耐火等级为二级或二级以下建筑物内当火灾荷载密度超过 200 kg/m^2 的房间，其相关结构构件的耐火极限可按提高一级建筑物的耐火等级确定；而对于耐火等级为三级或三级以上建筑物内当火灾荷载密度小于 50 kg/m^2 的房间，其相关结构构件的耐火极限可按降低一级建筑物的耐火等级确定。

2. 自动灭火设备

目前世界上应用较普遍的建筑自动灭火设备为自动喷水灭火系统，该系统由水源、加压送水设备、报警阀、管网、喷头以及火灾探测系统组成，一般安装在建筑物的顶棚或安装在构筑物、设备的上部，发生火灾时，能自动喷水灭火、控火并发出报警信号。

建筑物安装自动灭火设备，可减小火灾发生的危险性，即自动灭火设备可提高建筑构件的耐火时间。因此建议，如建筑的耐火等级按没有安装自动灭火设备确定时，如安装了自动灭火设备，则三级及三级以上建筑结构构件的耐火时间可按耐火等级降低一级确定。

3. 建筑物的重要性

建筑物的重要性一般可分为三类。目前，我国有关建筑设计防火规范仅对Ⅰ类建筑和Ⅱ类建筑的耐火等级作了规定，而无Ⅲ类建筑耐火等级的规定。显然，Ⅲ类建筑的耐火等级可降低。

四、建筑结构的耐火极限

建筑结构整体的耐火极限定义为：建筑某区域发生火灾，受火灾影响的有关结构构件在标准升温条件下，使整体结构失去稳定性所用的时间，以小时(h)计。

我国现行的《建筑防火设计规范》尚未对建筑结构整体的耐火极限做出规定，但根据结构

抗火设计的目的，建筑结构整体的耐火极限可按该建筑中所有构件耐火极限的最大值确定。

§7—5　钢筋混凝土构件抗火计算与设计

一、钢筋混凝土构件截面温度场计算

1. 温度场

为了计算火灾时钢筋混凝土构件的承载力，必须了解构件内温度的分布。在某一瞬时，空间各点温度分布的总体称为温度场，它是以某一时刻在一定时间内所有点上的温度值来描述的，可以表示成空间和时间坐标的函数。在直角坐标系中，温度场可描述为

$$T=f(x,y,z,t) \tag{7—25}$$

若温度场各点的值均不随时间而变化，则温度场为稳定温度场；否则，称为不稳定温度场。

2. 结构构件温度场实用计算

对于给定的钢筋混凝土梁、板、柱，根据其边界条件和初始条件，由热传导微分方程，可求出构件的温度场。

对于钢筋混凝土构件表面带有抹灰或其他饰面材料，如果饰面材料是非燃的，则对构件起到保护作用。此时，计算饰面层下构件温度场时应考虑面层的影响。建议把面层厚度换算成混凝土的折算厚度，然后按增大后的截面确定温度场。

二、轴心受力钢筋混凝土构件抗火计算

1. 轴心受拉构件正截面承载力计算

轴心受拉构件主要用作屋架下弦杆及柱间支撑，其受火条件可按四面受火情况考虑。在高温条件下，当截面达到其承载力极限状态时，混凝土已经产生贯通裂缝，荷载仅由钢筋抵抗，其承载力应考虑钢筋抗拉设计强度的折减，其折减系数可由处于温度场中钢筋的温度通过查表确定。

如某屋架下弦杆，$b\times h=200\ \mathrm{mm}\times 140\ \mathrm{mm}$。C25混凝土，配4$\phi$16钢筋，$A_s=804\ \mathrm{mm^2}$。在标准火灾持续1.0 h后，钢筋温度$T=597$℃，查表得$K_s=0.406$，$N_{uT}=\sum K_{si}A_{si}f_y=0.406\times 804\times 310=101.2\ \mathrm{kN}$，此时，构件承载力仅为常温时的40.6%。

2. 轴心受压构件正截面承载力计算

轴心受压构件的外荷载由钢筋和混凝土共同承担。对于钢筋，只要求得钢筋的温度，可通过钢筋强度折减系数求出钢筋所承担的外力。对于混凝土，由于截面上各处温度不同，故把截面分成网格，分别求出每一网格的中点温度，进而求出单元的混凝土强度折减系数和该单元所能抵抗的外力，然后通过求各单元混凝土承载力之和确定整个截面混凝土所承担的外力。同时，对于轴压构件，纵向弯曲所引起的承载力降低可通过纵向弯曲稳定系数予以考虑。

三、受弯构件抗火计算

对于单筋矩形梁，耐火试验表明，火灾时其正截面有两种破坏形式：受拉破坏和受压破坏。

（1）受拉破坏

受弯构件当承受给定荷载后，受拉钢筋中产生初始拉应力，受压区混凝土产生初始压应力。当构件遭受火后，其温度不断升高，钢筋的屈服强度和混凝土的抗压强度不断降低。当受拉区受火时，钢筋强度降低快于混凝土。如果钢筋的屈服强度高于初应力，则截面的初始应力状态基本保持不变，内力臂也不变。此时即使混凝土的应力图形改变，也将维持合力和形心位置不变。当钢筋的屈服强度进一步下降到初始拉应力时，钢筋屈服，变形加大，中和轴上移，混凝土受压区高度减小，压应变进一步发展，最终使受压边缘处混凝土的压应变达到极限压应变，混凝土被压碎而截面破坏。当受压区受火时，随混凝土温度升高而强度降低，应变发展，受压高度增加，内力臂变小。为维持平衡，所以钢筋应力必然要增大。如果梁的配筋率不是太高，在混凝土的最大压应变达到极限压应变前，钢筋应力将达到屈服强度。此后梁的破坏过程和受拉区受火时相同。这种钢筋先屈服混凝土后压碎的破坏形式称为受拉破坏。此时，截面承载力主要取决于受拉钢筋。跨中截面即受拉区受火时肯定发生受拉破坏，支座截面即受压区受火时既可能发生受拉破坏又可能发生受压破坏。受拉破坏当钢筋屈服时构件尚可延长支持时间，但已经非常接近最终破坏。

（2）受压破坏

受压破坏是受拉钢筋屈服前由于受压区混凝土被压碎而引起的破坏，这种破坏形式只发生在支座截面。当受压边缘处的混凝土的抗压强度随温度升高而降低到该处混凝土的初始压应力时，该处混凝土就会向其内侧混凝土纤维卸荷，本身进入应力—应变曲线下降段。混凝土的应力图形开始改变。随着混凝土强度的降低，应变发展，受压区高度增加，内力臂变小，所以钢筋应力必然增大。当配筋率较高或钢筋得到较好保护时（如花篮形或十字形截面），钢筋温度降低不大，而混凝土应变在不断发展，最终必然会使受压边缘处的混凝土应变达到极限压应变，混凝土被压碎而截面破坏，但此时钢筋应力尚没达到屈服强度，截面承载力由受压区混凝土控制。

此外，在受弯构件耐火试验中，除上述两种破坏形式外，尚未发现因钢筋和混凝土的黏结力破坏引起的破坏形式。

分析梁在火灾作用下的正截面承载力时，可采用如下假定：

（1）高温下钢筋的应力—应变曲线如图 7－12 所示。钢筋的高温设计强度取为 $K_s f_y$。

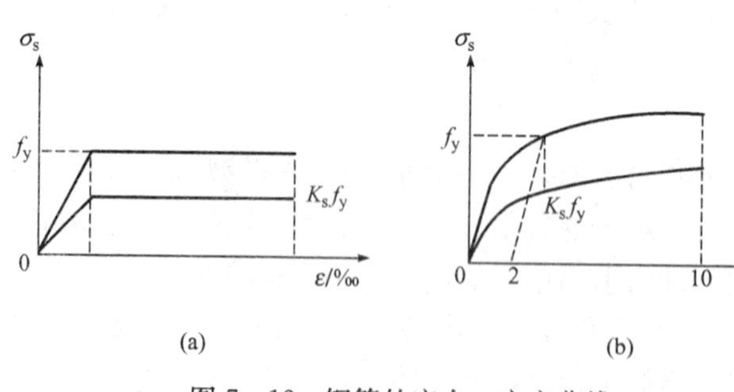

图 7－12　钢筋的应力—应变曲线

（a）软钢；（b）硬钢

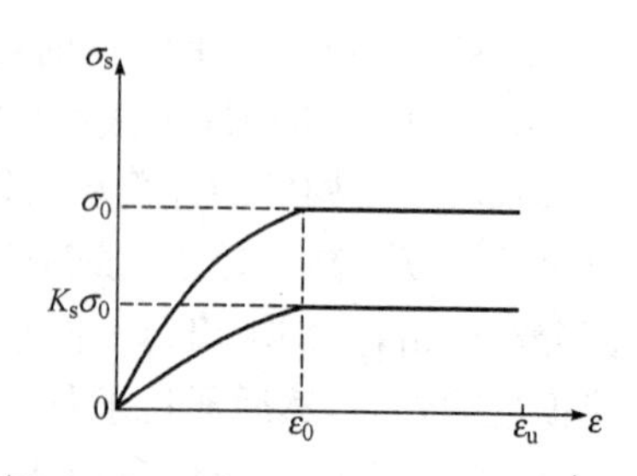

图 7－13　混凝土的应力—应变曲线

（2）混凝土在高温时应力 — 应变曲线如图 7 － 13 所示，并取 $\varepsilon_0 = 0.002$，$\varepsilon_u = 0.0033$。

（3）截面应变为线性分布。即在温度和弯矩共同作用下，截面仍保持平面。

(4) 截面受拉区拉力全部由钢筋承担。

(5) 用截面宽度折减系数，把受压区折算成阶梯形(受压区受火时)和矩形(受拉区受火时)，如图 7—14 所示。

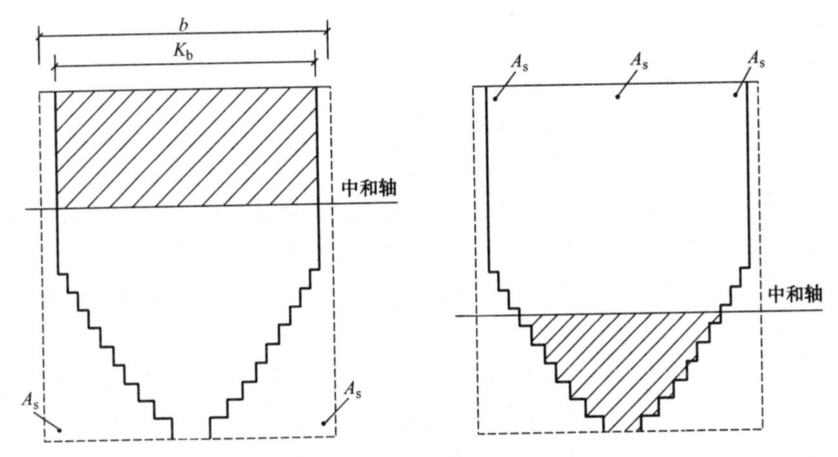

图 7—14 矩形受火后的有效截面

上述假定和常温下受弯构件正截面承载力计算时所采用的假定相同或相似，仅支座截面的受压区简化为阶梯形，故在常温下的正截面承载力计算原理同样适用于高温下正截面承载力的计算。

对于双筋矩形梁，其在高温下的正截面承载力计算与单筋梁相同，但需考虑受压钢筋的作用。

§7—6 钢结构构件抗火计算与设计

一、钢结构构件升温计算

根据钢构件本身的截面特性，可将其分为轻型钢构件和重型钢构件。因为钢是一种导热性非常好的材料，轻型钢构件可假定其截面温度均匀分布(截面上各点温度相同)，而重型钢构件因为其截面比较大，截面上各点温度还是不完全相同的。据此可分为截面温度均匀分布钢构件和截面温度非均匀分布钢构件。一般根据单位长度构件表面积与体积之比 F/V 来划分钢构件是轻型钢构件还是重型钢构件。

在实际工程中，按钢构件表面有无隔热层，又可将钢构件分成有保护层钢构件和无保护层钢构件。

对于无保护层的构件，ISO 834 标准升温条件下钢构件的温度与 F/V(称为构件的截面形状系数)有关，可查阅参考文献 39 进行确定。

二、轴心受压钢结构构件抗火计算和设计

1. 基本假定

(1) 火灾下钢构件周围环境的升温时间过程按国际标准组织(ISO)推荐的标准升温曲线

采用，即

$$T_g = 20 + 345\ \log_{10}(8t+1) \tag{7-26}$$

式中 T_g——环境温度(℃)；

t——升温时间(min)。

(2) 钢构件内部的温度在各瞬时都是均匀的。

(3) 钢构件为等截面构件，且防火被覆均匀分布。

2. 高温下轴心受压钢构件临界应力的计算

我国《钢结构规范》，按1/1 000杆长的初始弯曲，同时考虑残余应力的影响计算常温下轴压杆的极限承载力，并且按截面形式的不同，将轴压稳定系数 φ 归类为 a、b、c 类3条曲线。计算高温下轴心受压钢构件的极限承载力(或临界应力)时，可采用与常温下同样的假定和计算方法。

杆件两端在轴心压力作用下，当杆件中点截面边缘屈服时，塑性变形迅速发展，而在杆中点形成塑性铰，杆件丧失稳定，因此可将杆件中点截面边缘屈服时平均应力状态作为杆件的极限承载应力状态(临界应力)。根据常温下轴压构件临界应力计算公式的推导过程，可建立高温下轴压杆件临界应力的计算公式如下：

$$\sigma_{crT} = \frac{(1+e_0)\sigma_{ET} + f_{yT} - \sqrt{[(1+e_0)\sigma_{ET} + f_{yT}]^2 - 4f_{yT}\sigma_{ET}}}{2} \tag{7-27}$$

式中 e_0——考虑残余应力影响的等效初偏心率；

f_{yT}——高温下钢材的屈服强度；

σ_{ET}——$\sigma_{ET} = \pi^2 E_T/\lambda^2$，$E_T$ 为杆件在高温下的弹性模量，λ 为杆件的长细比。

f_{yT}/f_y、E_T/E 随温度的变化见图7－15，其中 f_y、E 分别为常温下钢材的屈服强度和弹性模量。

为便于应用，可将 σ_{crT} 表示为

$$\sigma_{crT} = \varphi_T f_{yT} \tag{7-28}$$

式中 φ_T——高温下轴压钢杆的稳定系数。

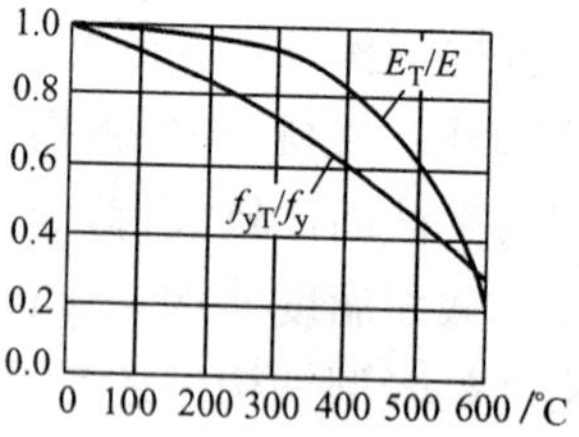

图7－15 f_{yT}/f_y、E_T/E 随温度的变化

根据式(7－28)可计算出高温下各类截面杆件的 φ_T/φ(φ 为常温下轴压钢杆的稳定系数)与长细比 λ 的关系曲线。φ_T/φ 随温度 T_s 的变化可分为3个阶段。第一阶段是 $0 \leqslant T_s \leqslant 400$℃。这一阶段 φ_T/φ 随 T_s 的上升而增大，原因是这一阶段钢材弹性模量降低的速度小于屈服强度降低的速度(参见图7－15)。第二阶段是 $400℃ \leqslant T_s \leqslant 500℃$。这一阶段 φ_T/φ 基本保持不变，原因是这一阶段钢材弹性模量降低的速度接近屈服强度降低的速度(参见图7－15)。第三阶段是 $500℃ \leqslant T_s \leqslant 600℃$。这一阶段 φ_T/φ 随 T_s 的上升而减小，原因是这一阶段钢材弹性模量降低的速度大于屈服强度降低的速度(参见图7－15)。特别是当约为575℃时，钢材弹性模量相对降低量与屈服强度相对降低量相等，此时 $\varphi_T/\varphi=1$。而当 T_s 继续上升时，φ_T/φ 变为小于1。

求得轴心受压构件的整体稳定系数后，可按下式对其进行抗火验算：

$$\frac{N}{\varphi_T A} \leqslant f_{yT} \tag{7-29}$$

式中　f_{yT}——高温下钢的屈服强度，与钢的设计强度有如下关系：

$$f_{yT} = \gamma_R f_T \tag{7-30}$$

式中　γ_R——钢的抗力系数，$\gamma_R = 1.1$；

f_T——高温下钢的设计强度。

三、钢梁抗火计算和设计方法

当截面无削弱时，钢梁的承载力由整体稳定控制。根据弹性理论，可建立常温下和高温下常用的绕强轴受弯的单轴(或双轴)对称截面钢梁的临界弯矩 M_{cr}、M_{crT}。

为简化计算，梁的临界弯矩又可写成

$$M_{cr} = \varphi_b W f_y \tag{7-31}$$

$$M_{crT} = \varphi_{bT} W f_{yT} \tag{7-32}$$

式中　W——梁的截面抵抗矩；

M_{cr}、M_{crT}——分别为常温和高温下梁的临界弯矩；

φ_b、φ_{bT}——分别为常温和高温下梁的整体稳定系数；

f_y、f_{yT}——分别为常温和高温下梁的屈服强度。

常温和高温下可取同样的抗力分项系数，则由式(7—31)、式(7—32)可得

$$\partial = \frac{\varphi_{bT}}{\varphi_b} = \frac{M_{crT} f_y}{M_{cr} f_{yT}} \tag{7-33}$$

可进一步化简为

$$\partial = \frac{E_T}{E} \cdot \frac{f_y}{f_{yT}} \tag{7-34}$$

式中，f_{yT}/f_y、E_T/E 的取值可参见文献 39。

由∂则可方便地通过常温下梁的整体稳定系数求出高温下梁的整体稳定系数，即

$$\varphi_{bT} = \partial \varphi_b \tag{7-35}$$

则高温下梁的承载力验算公式为

$$\frac{M}{W \varphi_{bT}} \leqslant f_{yT} \tag{7-36}$$

式中　M——梁所受的最大弯矩。

上述关于 φ_{bT}的计算是以梁处于弹性状态工作为条件的。当梁处于弹塑性状态时，需考虑对 φ_{bT}的修正。

四、偏心受压钢柱抗火计算和设计

偏心受压钢柱的承载力一般由整体稳定控制。我国现行的《钢结构设计规范》将常温下钢

柱的整体稳定分为平面内和平面外两种状态分别验算。

考虑与现行设计规范协调，高温下钢柱的整体稳定验算公式采用与常温下相似的形式，即

平面内
$$\frac{N}{\varphi_{xT}A}+\frac{\beta_m M_x}{\gamma W_x(1-0.8N/N_{EXT})}\leqslant\gamma_R f_T \tag{7-37}$$

平面外
$$\frac{N}{\varphi_{yT}A}+\frac{\beta_t M_x}{W_x\varphi_{bT}}\leqslant\gamma_R f_T \tag{7-38}$$

式中 f_T——常温下柱强度设计值；

N——轴力；

M_x——轴各截面的最大弯矩；

A——轴截面积；

W_x——弯矩作用平面内柱截面抵抗矩；

φ_{xT}、φ_{yT}——分别为高温下弯矩作用平面内、平面外轴压构件整体稳定系数；

φ_{bT}——高温下均匀受弯构件整体系数；

γ——塑性发展系数；

β_m、β_t——等效弯矩系数，见规范规定；

N_{EXT}——高温下弯矩作用平面内欧拉临界力

$$N_{EXT}=\sigma_{EXT}A \tag{7-39}$$

σ_{EXT}——高温下弯矩作用平面内欧拉临界力

$$\sigma_{EXT}=\frac{\pi^2 E_T}{\lambda_x^2} \tag{7-40}$$

λ_x——弯矩作用平面内柱长细比；

E_T——高温下钢材弹性模量。

φ_{bT} 可按式(7－35)计算，但应注意到此时式中的 φ_b 应按均匀受弯情况确定。对于工字形截面绕强轴弯曲柱

$$\varphi_b=\frac{4\ 320Ah}{\lambda_y^2 W_x}\sqrt{1+\left[\frac{\lambda_y t_f}{4.4\ h}\right]^2} \tag{7-41}$$

式中 h——柱截面高度；

t_f——柱翼缘厚度；

λ_y——弯矩作用平面外柱长细比。

当 $\varphi_{bT}>0.6$ 时，需用 $\varphi'_{bT}=1.1-0.464\ 6/\varphi_{bT}+(0.126\ 9/\varphi_{bT})^{1.5}$ 代替 φ_{bT} 值。对于箱形截面柱，一般可取 $\varphi'_{bT}=1.0$。

偏心受压钢柱临界温度(即柱达极限承载力时的温度)可按式(7－37)、式(7－38)所建立的方程确定。实际工程中，可采用查表法分别计算平面内和平面外稳定的临界温度，其较小值即为偏心受压钢柱的临界温度。

复习思考题

7—1 试对比分析混凝土、钢筋和结构钢在常温下和高温下主要力学性能的变化。

7—2 试分析建筑物的耐火等级、耐火极限及其影响因素。

7—3 试简述钢筋混凝土轴心受力构件、受弯构件、偏心受力构件在高温下的受力特点和破坏规律。

7—4 试简述轴心受压构件、钢梁、钢柱在高温下的受力特点、破坏规律和计算方法。

参考文献

1 中华人民共和国国家标准. 建筑结构荷载规范(GB 50009—2001). 北京:中国建筑工业出版社,2001

2 中华人民共和国国家标准. 建筑抗震设计规范(GB 50011—2010). 北京:中国建筑工业出版社,2010

3 中华人民共和国国家标准. 混凝土结构设计规范(GB 50010—2010). 北京:中国建筑工业出版社,2010

4 中华人民共和国国家标准. 建筑结构可靠度设计统一标准(GB 50068—2001). 北京:中国建筑工业出版社,2001

5 中华人民共和国国家标准. 钢结构设计规范(GB 50017). 北京:中国建筑工业出版社,2001

6 网架结构设计与施工规程(JGJ 7—91). 北京:中国建筑工业出版社,1992

7 高层民用建筑钢结构技术规程(JGJ 99—98). 北京:中国建筑工业出版社,1998

8 交通部. 公路工程抗震设计规范(JTJ 004—89). 北京:人民交通出版社,1990

9 铁道部. 铁路工程抗震设计规范(GBJ 111—87). 北京:中国铁道出版社,1988

10 东南大学. 建筑结构抗震设计. 北京:中国建筑工业出版社,1999

11 胡聿贤. 地震工程学. 北京:地震出版社,1988

12 王光远. 建筑结构的振动. 北京:科学出版社,1978

13 龙驭球,包世华. 结构力学. 北京:高等教育出版社,1983

14 丰定国,王清敏,等. 工程结构抗震. 北京:地震出版社,1994

15 胡庆昌. 钢筋混凝土房屋抗震设计. 北京:地震出版社,1991

16 唐九如. 钢筋混凝土框架节点抗震. 南京:东南大学出版社,1989

17 刘大海,杨翠如. 高层结构抗震设计. 北京:中国建筑工业出版社,1998

18 刘大海,杨翠如,钟锡根. 高楼结构方案优选. 西安:陕西科学技术出版社,1992

19 王松涛,曹资,等. 现代抗震设计方法. 北京:中国建筑工业出版社,1997

20 郭继武. 建筑抗震设计. 北京:高等教育出版社,1990

21 钱培风. 结构抗震分析. 北京:地震出版社,1983

22 赵西安. 高层建筑结构设计. 北京:中国建筑工业出版社,1995

23 中国建筑科学研究院建筑结构研究所. 高层建筑结构设计. 北京:科学出版社,1982

24 何广乾,陈祥福,徐至钧. 高层建筑设计与施工. 北京:科学出版社,1992

25 蓝天,张毅刚. 大跨度屋盖结构抗震设计. 北京:中国建筑工业出版社,2000

26 周福霖. 工程结构减震控制. 北京:地震出版社,1997

27 唐家祥,刘再华. 建筑结构基础隔震. 武汉:华中理工大学出版社,1993

28 日本免震构造协会. 图解隔震结构入门. 叶列平译. 北京:科学出版社,1998
29 刘恢先. 唐山大地震震害(第三册). 北京:地震出版社,1986
30 李国豪. 桥梁结构稳定与振动(修订版). 北京:中国铁道出版社,1996
31 范立础. 桥梁抗震. 上海:同济大学出版社,1997
32 叶爱君. 桥梁抗震. 北京:人民交通出版社,2002
33 Priestley M J N. etc. 桥梁抗震设计与加固. 袁万城译. 北京:人民交通出版社,1997
34 范立础,卓卫东. 桥梁延性抗震设计. 北京:人民交通出版社,1996
35 小西一郎. 钢桥. 第十分册. 北京:人民铁道出版社,1981
36 张相庭. 结构风压和风振计算. 上海:同济大学出版社,1985
37 张相庭. 高层建筑抗风抗震设计计算. 上海:同济大学出版社,1997
38 黄本才. 结构抗风分析原理及应用. 上海:同济大学出版社,2001
39 李国强,蒋首超,林桂祥. 钢结构抗火计算与设计. 北京:中国建筑工业出版社,1999
40 路春森,屈立军,薛武平,等. 建筑结构耐火设计. 北京:中国建材工业出版社,1995
41 唐九如. 唐山地震钢筋混凝土多层框架震害实例. 南京工学院学报(土木工程专辑),1984
42 宋雅桐. 人造地震波的研究. 南京工学院学报,1980(2)
43 王亚男,等. 结构抗震时程分析法输入地震记录的选择方法及其应用. 建筑结构,1992(5)
44 章丛俊,高振世,赵海. 高层框架—筒体结构弹塑性地震反应分析. 南京建筑工程学院学报,1996(3)
45 钟义村,任富栋,田家骅. 二层双跨钢筋混凝土框架弹塑性性能试验研究. 建筑结构学报,1981(3)
46 高振世,王安宝,庞同和. 低周反复载荷载作用下钢筋混凝土框架的延性和强度. 东南大学学报,1991,21(4)
47 高振世,朱续澄,等. 建筑结构抗震设计. 北京:中国建筑工业出版社,1997
48 Housner G W, Bergman L A, Caughey T K. Structural Control: Past, Present and Future. Journal of Engineering Mechanics, 1997,123(9)
49 Constantinou M C, Symans M D. Experimental and Analytical Investigation of Seismic Response of Structures with Supplemental Fluid Viscous Dampers[R]. NCEER Rep-92-0032, State Univ. of New York at Baffalo, Baffalo, New York,1992
50 叶正强,李爱群,程文瀼,等. 采用黏滞流体阻尼器的工程结构减振设计研究. 建筑结构学报,2001,22(4)
51 Makris N, Constantinou M C. Viscous Damper: Testing, Modeling and Application in Vibration of Seismic Isolation. NCEER Rep-90-0028, State Univ. of New York at Baffalo, Baffalo, New York,1990
52 Soong T T,Dargush G F. Passive Energy Dissipation Systems in Structural Engineering, John Wiley & Sons,1997
53 李爱群,瞿伟廉. 南京电视塔风振的混合振动控制研究. 建筑结构学报,1996,17

54 程文瀼，隋杰英，等. 宿迁市交通大厦采用黏弹性阻尼器的减震设计与研究. 建筑结构学报，2000，21(3)

55 Park Y J，Ang A H—S. Mechanistic Seismic Damage Model for Reinforced Concrete. ，Journal of Structural Engineering，ASCE，Vol. lll，No. 4，1985

56 Park B，Chapman H E，Cormack L G，North P J. New Zealand Contributions to The International Workshop on the Seismic Design and RetrOIT of Reinforced Concrete Bridges Bormio，Italy，April 2—4，1991

57 EUROCODE 8. Structures in Seismic Region Desig. Part2：Bridges，April 1993

58 [美]应用技术委员会. 美国公路桥梁抗震设计准则. 北京：人民交通出版社，1988

59 范立础. 桥梁非线性地震反应分析. 土木工程学报，1981(2)

60 袁万城，范立础，项海帆. 大跨度桥梁空间非线性地震反应分析. 同济大学学报，1991(19)

61 李爱群. 工程结构减振控制. 北京：机械工业出版社，2007